人力资源和社会保障部职业能力建设司推荐
冶金行业职业教育培训规划教材

高炉炼铁基础知识

(第2版)

主　编　贾　艳　李文兴
副主编　张宝全

北　京
冶　金　工　业　出　版　社
2024

内 容 提 要

本书为冶金行业职业技能培训教材，是参照冶金行业职业技能标准和职业技能鉴定规范，根据现代高炉生产工艺特点和岗位群的技能要求编写的。书稿经人力资源和社会保障部职业培训教材工作委员会办公室组织专家评审通过，由人力资源和社会保障部职业能力建设司推荐作为冶金行业职业技能培训教材。

书中阐述了炼铁生产基本常识，简明扼要地介绍了高炉炼铁的主要理论和设备，全书分为两大篇，第一篇原理篇，第二篇设备篇，共18章。

本书可作为冶金行业职业技术教育、岗位培训教材，也可作为高职高专冶金技术专业学生的教学用书。

图书在版编目(CIP)数据

高炉炼铁基础知识/贾艳，李文兴主编. —2版. —北京：冶金工业出版社，2010.6(2024.1重印)
冶金行业职业教育培训规划教材
ISBN 978-7-5024-5131-8

Ⅰ.①高… Ⅱ.①贾… ②李… Ⅲ.①高炉炼铁—技术培训—教材 Ⅳ.①TF53

中国版本图书馆CIP数据核字(2010)第067980号

高炉炼铁基础知识

出版发行 冶金工业出版社　　**电　　话** (010)64027926
地　　址 北京市东城区嵩祝院北巷39号　　**邮　　编** 100009
网　　址 www.mip1953.com　　**电子信箱** service@mip1953.com

责任编辑 宋 良 高 娜　美术编辑 彭子赫　版式设计 葛新霞
责任校对 石 静　责任印制 禹 蕊
三河市双峰印刷装订有限公司印刷
2005年3月第1版；2010年6月第2版，2024年1月第9次印刷
787mm×1092mm 1/16；17.25印张；456千字；254页
定价 40.00 元

投稿电话 (010)64027932　投稿信箱 tougao@cnmip.com.cn
营销中心电话 (010)64044283
冶金工业出版社天猫旗舰店 yjgycbs.tmall.com
(本书如有印装质量问题，本社营销中心负责退换)

冶金行业职业教育培训规划教材
编辑委员会

序

吴溪淳

改革开放以来，我国经济和社会发展取得了辉煌成就，冶金工业实现了持续、快速、健康发展，钢产量已连续数年位居世界首位。这其间凝结着冶金行业广大职工的智慧和心血，包含着千千万万产业工人的汗水和辛劳。实践证明，人才是兴国之本、富民之基和发展之源，是科技创新、经济发展和社会进步的探索者、实践者和推动者。冶金行业中的高技能人才是推动技术创新、实现科技成果转化不可缺少的重要力量，其数量能否迅速增长、素质能否不断提高，关系到冶金行业核心竞争力的强弱。同时，冶金行业作为国家基础产业，拥有数百万从业人员，其综合素质关系到我国产业工人队伍整体素质，关系到工人阶级自身先进性在新的历史条件下的巩固和发展，直接关系到我国综合国力能否不断增强。

强化职业技能培训工作，提高企业核心竞争力，是国民经济可持续发展的重要保障，党中央和国务院给予了高度重视，明确提出人才立国的发展战略。结合《职业教育法》的颁布实施，职业教育工作已出现长期稳定发展的新局面。作为行业职业教育的基础，教材建设工作也应认真贯彻落实科学发展观，坚持职业教育面向人人、面向社会的发展方向和以服务为宗旨、以就业为导向的发展方针，适时扩大编者队伍，优化配置教材选题，不断提高编写质量，为冶金行业的现代化建设打下坚实的基础。

为了搞好冶金行业的职业技能培训工作，冶金工业出版社在人力资源和社会保障部职业能力建设司和中国钢铁工业协会组织人事部的指导下，同河北工业职业技术学院、昆明冶金高等专科学校、吉林电子信息职业技术学院、山西工程职业技术学院、山东工业职业学院、安徽工业职业技术学院、武汉钢铁集团公司、山钢集团济钢公司、云南文山铝业有限公司、中国职工教育和职业培训协会冶金分会、中国钢协职业培训中心、中国钢协人力资源与劳动保障工作委员会教育培训研究会等单位密切协作，联合有关冶金企业、高职院校和本科院校，编写了这套冶金行业职业教育培训规划教材，并经人力资源和社会保障部职业培训教材工作委员会组织专家评审通过，由人力资源和社会保障部职业能力建设司给予推荐，有关学校、企业的编写人员在时间紧、任务重的情况下，克服困难，辛勤工作，在相关科研院所的工程技术人员的积极参与和大力支持下，出色地完成了前期工作，为冶金行业的职业技能培训工作的顺利进行，打下了坚实的基础。相信这套教材的出版，将为冶金企业生产一线人员理论水平、操作水平和管理水平的进一步提高，企业核心竞争力的不断增强，起到积极的推进作用。

随着近年来冶金行业的高速发展，职业技能培训工作也取得了令人瞩目的成绩，绝大多数企业建立了完善的职工教育培训体系，职工素质不断提高，为我国冶金行业的发展提供了强大的人力资源支持。今后培训工作的重点，应继续注重职业技能培训工作者队伍的建设，丰富教材品种，加强对高技能人才的培养，进一步强化岗前培训，深化企业间、国际间的合作，开辟冶金行业职业培训工作的新局面。

展望未来，任重而道远。希望各冶金企业与相关院校、出版部门进一步开拓思路，加强合作，全面提升从业人员的素质，要在冶金企业的职工队伍中培养一批刻苦学习、岗位成才的带头人，培养一批推动技术创新、实现科技成果转化的带头人，培养一批提高生产效率、提升产品质量的带头人；不断创新，不断发展，力争使我国冶金行业职业技能培训工作跨上一个新台阶，为冶金行业持续、稳定、健康发展，做出新的贡献！

第2版前言

本书是2005年出版的《高炉炼铁基础知识》的修订再版。自2005年《高炉炼铁基础知识》出版发行以来，经五次印刷受到了广大读者的欢迎。为使教材更适合当前炼铁技术的发展，对原有内容进行了更新和充实。

本书是按照人力资源和社会保障部的规划，受中国钢铁工业协会和冶金工业出版社的委托，在编委会的组织安排下，参照冶金职业技能标准和职业技能鉴定规范，根据冶金企业的生产实际和岗位群的技能要求编写的。书稿经人力资源和社会保障部职业培训教材工作委员会办公室组织专家评审通过，由人力资源和社会保障部职业能力建设司推荐作为冶金行业职业技能培训教材。

本次修订的原则和重点是：

（1）在保持第1版的体系下，力求贯彻少而精的原则，在内容的叙述上尽量做到简明扼要，理论联系实际。充实一些新技术，如无钟炉顶布料的基础知识、高炉长寿的护炉知识和冷却技术。

（2）更新和补充了一些插图，以利于读者更加直观的理解。

本书主编为河北工业职业技术学院材料系的贾艳、李文兴，副主编为石家庄钢铁集团公司张宝全，参编为石家庄钢铁集团公司赵雷、邯郸钢铁集团张红岗、程子波等，山西工业职业技术学院侯向东。全书由贾艳汇总统编。

编写过程中，参考了国内同行的部分专著的有关数据及资料，在此向有关作者深表谢意。由于编者水平所限，书中不足之处，恳请广大读者批评指正。

编　者

2009年10月

第1版前言

本书是按照劳动和社会保障部的规划，受中国钢铁工业协会和冶金工业出版社的委托，在编委会的组织安排下，参照冶金职业技能标准和职业技能鉴定规范，根据冶金企业的生产实际和岗位群的技能要求编写的。书稿经劳动和社会保障部职业培训教材工作委员会办公室组织专家评审通过，由劳动和社会保障部培训就业司推荐作为冶金行业职业技能培训教材。

目前，我国冶金行业发展迅猛，高炉炼铁技术已成为现代钢铁生产的重要工艺之一。随着高炉炼铁的发展，对操作人员的技术水平要求也越来越高。为了适应高炉炼铁技术发展的需要，我们编写了《高炉炼铁基础知识》一书。

书中内容主要包括高炉炼铁原料、炼铁基本原理、高炉炼铁设备、炼铁技术新进展及技术经济指标等。在具体内容的组织安排上，力求少而精，通俗易懂，便于自学。

本书主编为河北工业职业技术学院材料系贾艳、李文兴，副主编为石家庄钢铁集团公司张宝全，参编人员有石家庄钢铁集团公司赵雷，山西工业职业技术学院侯向东。

在编写本书时还参阅了有关炼铁方面的著作、杂志以及有关人员提供的资料与经验总结，在此向有关作者和出版单位致谢。

本书对冶金类高职高专师生、现场从事炼铁工作的技术人员、技术工人、技工学校师生亦有一定的参考价值。

由于编者水平有限，加之完稿时间仓促，不足之处，敬请广大读者批评指正。

编　者

目　　录

第一篇　高炉炼铁原料及原理

第二篇 高炉炼铁设备

第一篇　高炉炼铁原料及原理

1　高炉炼铁简述

1.1　高炉炼铁的任务及工艺流程

高炉炼铁的任务是用还原剂(焦炭、煤等)在高温下将铁矿石或含铁原料还原成液态生铁的过程。高炉生产要求以最小的投入获得最大的产出,即做到高产、优质、低耗,有良好的经济效益。

高炉生产是借助高炉本体和其他辅助设备来完成的。高炉本体是冶炼生铁的主体设备。高炉是一个竖式的圆筒形炉子,其本体包括炉基、炉壳、炉衬、冷却设备及炉顶装料设备等。高炉的内部空间称为炉型,从上到下分为五段,即炉喉、炉身、炉腰、炉腹、炉缸。整个冶炼过程是在高炉内完成的。高炉炉型如图 1-1 所示。

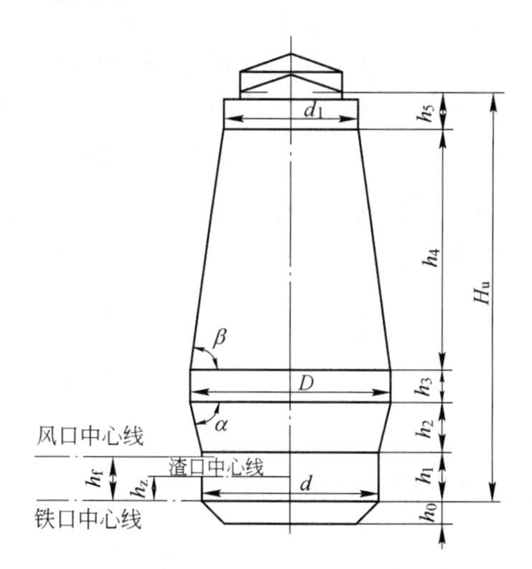

图 1-1　五段式高炉炉型图

(1) 炉基:高炉基础由上下两部分组成。上面部分用耐热混凝土制成,称为基墩;下面用钢筋混凝土制成,称为基座。

(2) 炉壳:炉壳是用钢板焊接而成的,它起着承受负荷、强固炉体、密封炉墙等作用。

(3) 冷却设备:在炉壳与炉衬之间,带走高炉散出的热量,起着保护炉衬、炉壳及延长高炉寿命的作用。冷却介质多采用水,冷却形式较多。

(4) 炉衬:是用耐火砖砌筑而成,它在高温下工作,主要作用是维持高炉合理的内型,为高炉的冶炼创造条件。

要完成高炉炼铁生产,除高炉本体外,还必须有其他附属系统的配合,高炉炼铁生产工艺流程如图1-2所示。

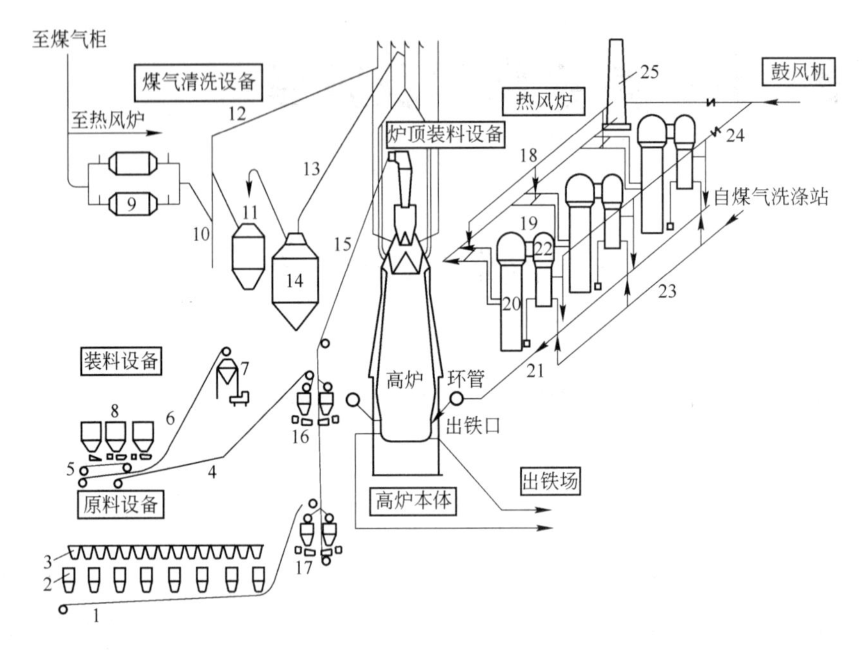

图1-2　高炉炼铁生产工艺流程

1—矿石输送皮带机;2—称量漏斗;3—贮矿槽;4—焦炭输送皮带机;5—给料机;6—粉焦输送皮带机;7—粉焦仓;8—贮焦槽;9—电除尘器;10—调节阀;11—文氏管除尘器;12—净煤气放散管;13—煤气下降管;14—重力除尘器;15—上料皮带机;16—焦炭称量漏斗;17—矿石称量漏斗;18—冷风管;19—烟道;20—蓄热室;21—热风主管;22—燃烧室;23—煤气主管;24—混风管;25—烟囱

(1) 供料系统:包括贮矿槽、贮焦槽、称量与筛分等一系列设备,其任务是将高炉冶炼所需原燃料通过上料系统装入高炉炉顶布料设备。

(2) 送风系统:包括鼓风机、热风炉及一系列管道和阀门等,其任务是连续可靠地供给高炉冶炼所需的热风。

(3) 煤气除尘系统:包括煤气管道、重力除尘器、洗涤塔、文氏管、脱水器等,其任务是将高炉冶炼所产生的煤气,经过一系列的净化使其含尘量降至10 mg/m^{3}以下,以满足用户对煤气质量的要求。

(4) 渣铁处理系统:包括出铁场、开铁口机、堵渣口机、炉前吊车、铁水罐车及水冲渣设备等,其任务是及时处理高炉排放出的渣、铁,保证高炉生产正常进行。

(5) 喷吹燃料系统:包括原煤的储存和运输、煤粉的制备和收集及煤粉喷吹等,其任务是均匀稳定地向高炉喷吹大量煤粉,以煤代焦,降低焦炭消耗。

高炉炼铁过程是连续不断进行的,高炉上部不断装入炉料和导出煤气,下部不断鼓入空气(有时富氧)和定期排放出渣铁。入炉料主要有含铁物料、焦炭和熔剂等。

1.2　高炉冶炼产品及其用途

高炉生产的产品是生铁,副产品有炉渣、煤气及煤气带出的炉尘。

1.2.1　生铁

生铁按化学成分和用途可分为三种。

1.2.1.1 炼钢生铁

炼钢生铁是炼钢的主要原料。表1-1列出了炼钢生铁标准。一般情况下,生产炼钢生铁主要需控制其硅、硫含量。

表1-1 炼钢用生铁牌号及化学成分(GB/T 717—1998)

牌号			炼04	炼08	炼10
化学成分/%	C		≥3.50		
	Si		≤0.45	<0.45~0.85	<0.85~1.25
	Mn	一组 二组 三组	≤0.40 >0.40~1.00 >1.00~2.00		
	P	特级 一级 二级 三级	≤0.100 >0.100~0.150 >0.150~0.250 >0.250~0.400		
	S	特类 一类 二类 三类	<0.020 >0.020~0.030 >0.030~0.050 >0.050~0.070		

1.2.1.2 铸造生铁

铸造生铁用于铸造生铁铸件,主要用于机械行业。其要求含硅高含硫低,以便降低工件硬度易于加工;又要含一定量的锰,以利于铸造,使固态有一定韧性。表1-2是铸造生铁标准。

表1-2 铸造用生铁铁号及化学成分(GB/T 718—2005)

铁种			铸造用生铁					
铁号	牌号		铸34	铸30	铸26	铸22	铸18	铸14
	代号		Z34	Z30	Z26	Z22	Z18	Z14
化学成分/%	C		>3.3					
	Si		≥3.20~3.60	≥2.80~3.20	≥2.40~2.80	≥2.00~2.40	≥1.60~2.00	≥1.25~1.60
	Mn	一组 二组 三组	≤0.50 >0.50~0.90 >0.90~1.30					
	P	一级 二级 三级 四级 五级	≤0.060 >0.060~0.100 >0.100~0.200 >0.200~0.400 >0.400~0.900					
	S	一类 二类 三类	≤0.030 ≤0.040 ≤0.050					

1.2.1.3 铁合金

高炉可生产品位较低的硅铁、锰铁等铁合金。铁合金用于炼钢脱氧、合金化或其他特殊用途。

1.2.2 高炉炉渣

高炉炉渣中含 CaO、SiO_2、MgO、Al_2O_3 等。一般将其冲制成水渣，用作水泥原料；也可制成渣棉作隔音、保温材料。

1.2.3 高炉煤气

高炉煤气中可燃成分（以 CO 为主）为22%～30%，是良好的气体燃料，经除尘后可用作热风炉燃料等。

1.3 高炉生产主要技术经济指标

衡量高炉炼铁生产技术水平和经济效果的技术经济指标，主要有：

（1）高炉有效容积利用系数（η_V）。高炉有效容积利用系数是指每昼夜每立方米高炉有效容积的生铁产量，即高炉每昼夜的生铁产量 P 与高炉有效容积 $V_{有}$ 之比：

$$\eta_V=\frac{P}{V_{有}}$$

η_V 是高炉冶炼的一个重要指标，η_V 愈大，高炉生产率愈高。目前，一般大型高炉的 η_V 超过2.5 t/（m^3·d），一些中型高炉可达到4.2 t/（m^3·d）。

（2）焦比（K）。焦比是指冶炼每吨生铁消耗的干焦炭量，即每昼夜的焦炭消耗量 Q_K 与每昼夜生铁产量 P 之比：

$$K=\frac{Q_K}{P}$$

焦炭消耗量约占生铁成本的30%～40%，欲降低生铁成本必须力求降低焦比。焦比大小与冶炼条件密切相关，一般情况下焦比为400 kg/t 左右，喷吹煤粉可以有效地降低焦比。

（3）煤比（Y）。冶炼每吨生铁消耗的煤粉量称为煤比。当每昼夜煤粉的消耗量为 Q_Y 时，则：

$$Y=\frac{Q_Y}{P}$$

单位质量的煤粉所代替的焦炭量称为煤焦置换比，它表示煤粉利用率的高低。一般煤粉的置换比为0.7～0.9。

（4）冶炼强度（I）。冶炼强度是每昼夜每立方米高炉有效容积燃烧的焦炭量，即高炉一昼夜的焦炭消耗量 Q_K 与有效容积 $V_{有}$ 的比值：

$$I=\frac{Q_K}{V_{有}}$$

冶炼强度表示高炉的作业强度，它与鼓入高炉的风量成正比，反映了炉料的下降速度。当前国内外大型高炉（>2000 m^3）为1.10 t/（m^3·d）左右，中型高炉（800～2000 m^3）为1.25 t/（m^3·d）左右，小型高炉（300～800 m^3）为1.6 t/（m^3·d）左右。

（5）生铁合格率。化学成分符合国家标准的生铁称为合格生铁，合格生铁占总产生铁量的百分数为生铁合格率。它是衡量产品质量的指标。

（6）生铁成本。生产1 t 合格生铁所消耗的所有原料、燃料、材料、水电、人工等一切费用的总和。

（7）休风率。休风率是指高炉休风时间占高炉规定作业时间的百分数。休风率反映高炉设备维护和操作水平,先进高炉休风率小于1%。实践证明,休风率降低1%,产量可提高2%。

（8）高炉一代寿命。高炉一代寿命是指从点火开炉到停炉大修之间的冶炼时间,或是指高炉相邻两次大修之间的冶炼时间。大型高炉一代寿命为10~15年或更长。

复习思考题

1-1　高炉冶炼的产品都有哪些,各有何用途?

1-2　简述高炉生产的工艺流程。

1-3　评价高炉生产都有哪些技术经济指标,各有何意义?

2 炼铁原料及其质量要求

高炉生产所用的原料有铁矿石、燃料、熔剂和一些辅助原材料。铁矿石是高炉炼铁的主要原料。铁矿石一般分为天然矿(富矿)和人造富矿(主要有烧结矿和球团矿)。前者开采后只作物理处理,后者需人工造块(烧结和球团)。

2.1 天然铁矿石

自然界中的铁均以化合物的形态存在,以氧化物为主。含铁矿石按其矿物组成主要分为四大类:赤铁矿、磁铁矿、褐铁矿和菱铁矿。由于它们的化学成分、结晶构造以及生成的地质条件不同,因此各种铁矿石都具有不同的外部形态和物理特征。主要铁矿物主要特征见表2-1。

表2-1 主要铁矿物特征

矿石名称	化学式	理论含铁量(质量分数)/%	矿石密度/t·m^{-3}	颜色	冶炼性能		
					实际含铁量(质量分数)/%	有害杂质	强度及还原性
磁铁矿	Fe_3O_4	72.4	5.2	黑色	45~70	S、P高	坚硬、致密、难还原
赤铁矿	Fe_2O_3	70.0	4.9~5.3	红色	55~60	S、P低	软、较易破碎、易还原
褐铁矿	$2Fe_2O_3\cdot H_2O$ $Fe_2O_3\cdot H_2O$ $3Fe_2O_3\cdot 4H_2O$ $2Fe_2O_3\cdot 3H_2O$	66.1 62.9 60.9 60.0	4.0~5.0 4.0~4.5 3.0~4.4 3.0~4.2	黄褐色 暗褐色 绒褐色	37~55	S低 P高低不等	疏松、易还原
菱铁矿	$FeCO_3$	48.2	3.8	灰色带 黄褐色	30~40	S低 P高	易破碎、焙烧后易还原

(1) 磁铁矿。磁铁矿化学式为Fe_3O_4,结构致密,晶粒细小,呈黑色条痕,具有强磁性,含硫、磷较高,还原性差。

(2) 赤铁矿。赤铁矿化学式为Fe_2O_3,呈砖红色条痕,具有弱磁性,含硫、磷较低,易破碎、易还原。

(3) 褐铁矿。褐铁矿是含结晶水的氧化铁,呈褐色条痕,还原性好,化学式为$nFe_2O_3\cdot mH_2O$($n=1\sim3$,$m=1\sim4$)。褐铁矿中绝大部分含铁矿物是以$2Fe_2O_3\cdot 3H_2O$的形式存在的。

(4) 菱铁矿。菱铁矿化学式为$FeCO_3$,颜色为灰色带黄褐色。菱铁矿经过焙烧,分解出CO_2气体,含铁量即提高,矿石也变得疏松多孔,易破碎,还原性好。其含硫低,含磷较高。

铁矿石质量的优劣直接影响着高炉冶炼过程的进行和技术经济指标的好坏,优质铁矿石是使高炉生产达到优质、高产、低耗和长寿的重要条件。

高炉冶炼对铁矿石的质量要求主要有以下几个方面:

(1) 铁矿石品位。铁矿石的品位即指铁矿石的含铁量,以w(TFe)表示,是评价铁矿石质量的主要指标。矿石有无开采价值,开采后能否直接入炉冶炼及其冶炼价值如何,均取决于矿石的含铁量。铁矿石含铁量高有利于降低焦比和提高产量。根据生产经验,矿石品位提高1%,焦比降低2%,产量提高3%。因为随着矿石品位的提高,脉石数量减少,熔剂用量和渣量也相应减少,既节省热量消耗,又有利于炉况顺行。从矿山开采出来的矿石,含铁量一般在30%~60%。

品位较高，经破碎筛分后可直接入炉冶炼的称为富矿；而品位较低，不能直接入炉的称为贫矿。贫矿必须经过选矿和造块后才能入炉冶炼。

（2）脉石成分。铁矿石中除铁矿物外的物质统称为脉石。铁矿石中的脉石成分绝大多数为酸性，以 SiO_2 为主。在现代高炉冶炼条件下，为了得到一定碱度的炉渣，就必须在炉料中配加一定数量的碱性熔剂（石灰石）与 SiO_2 作用造渣。铁矿石中 SiO_2 含量愈高，需加入的石灰石也愈多，生成的渣量也愈多，这样，将使焦比升高，产量下降。所以要求铁矿石中含 SiO_2 愈低愈好。

脉石中含碱性氧化物（CaO、MgO）较多的矿石，冶炼时可少加或不加石灰石，对降低焦比有利，具有较高的冶炼价值。

（3）有害杂质和有益元素的含量。矿石中的有害杂质是指那些对冶炼有妨碍或使矿石冶炼时不易获得优质产品的元素，主要有 S、P、Pb、Zn、As、K、Na 等。

1）S：硫在矿石中主要以硫化物状态存在。硫的危害主要表现在：

① 当钢中的含硫量超过一定量时，会使钢材具有热脆性。这是由于 FeS 熔点仅为 1190℃，特别是 FeS 和 Fe 结合成低熔点（985℃）合金，冷却时最后凝固成薄膜状，并分布于晶粒界面之间，当钢材被加热到 1150～1200℃时，硫化物首先熔化，使钢材沿晶粒界面形成裂纹。

② 对铸造生铁，硫会降低铁水的流动性，阻止 Fe_3C 分解，使铸件产生气孔、难以切削并降低其韧性。

③ 硫会显著地降低钢材的焊接性、抗腐蚀性和耐磨性。

国家标准对生铁的含硫量有严格规定，炼钢铁，最高允许含硫质量分数不能超过 0.07%，铸造铁不超过 0.06%。虽然高炉冶炼可以去除大部分硫，但需要高炉温、高炉渣碱度，对增铁节焦是不利的。因此矿石中的含硫质量分数必须小于 0.3%。

2）P：磷以 Fe_2P、Fe_3P 形态溶于铁水，也是钢材的有害成分。因为磷化物是脆性物质，冷凝时聚集于钢的晶界周围，减弱晶粒间的结合力，使钢材在冷却时产生很大的脆性，从而造成钢的冷脆现象。由于磷在选矿和烧结过程中不易除去，在高炉冶炼中又几乎全部还原进入生铁。所以控制生铁含磷的唯一途径就是控制原料的含磷量。

3）Pb、Zn：铅和锌常以方铅矿（PbS）和闪锌矿（ZnS）的形式存在于矿石中。在高炉内铅是易还原元素，但铅又不溶于铁水，其密度大于铁水，所以还原出来的铅沉积于炉缸铁水层以下，渗入砖缝破坏炉底砌砖，甚至使炉底砌砖浮起，造成炉底穿透事故；铅又极易挥发，在高炉上部被氧化成 PbO，黏附于炉墙上，易引起炉墙结瘤。一般要求矿石中的含铅质量分数低于 0.1%。

高炉冶炼中锌全部被还原，其沸点低（905℃），不溶于铁水，但很容易挥发，在炉内又被氧化成 ZnO，部分 ZnO 沉积在炉身上部炉墙上，形成炉瘤，部分渗入炉衬的孔隙和砖缝中，引起炉衬膨胀而破坏炉衬。矿石中的含锌质量分数应低于 0.1%。

4）As：砷在矿石中含量较少，与磷相似，在高炉冶炼过程中全部被还原进入生铁。钢中含砷也会使钢材产生“冷脆”现象，并会降低钢材焊接性能，因此要求矿石中的含砷质量分数小于 0.07%。

5）K、Na：碱金属主要指钾和钠，一般以硅酸盐形式存在于矿石中。冶炼过程中，在高炉下部高温区被直接还原生成大量碱蒸气，随煤气上升到低温区又被氧化成碳酸盐沉积在炉料和炉墙上，部分随炉料下降，从而反复循环积累。其危害主要为：与炉衬作用生成钾霞石（$K_2O \cdot Al_2O_3 \cdot 2SiO_2$）体积膨胀 40% 而损坏炉衬；与炉衬作用生成低熔点化合物，黏结在炉墙上，易导致结瘤；与焦炭中的碳作用生成化合物（CK_8、CNa_8）体积膨胀很大，破坏焦炭高温强度，从而影响高炉下部料柱透气性。因此要限制矿石中碱金属的含量。

6) Cu：铜在钢材中具有两重性，铜还原并进入生铁。当钢中含铜质量分数小于0.3%时能改善钢材抗腐蚀性；当超过0.3%时会降低钢材的焊接性，并引起钢的“热脆”现象，使轧制时产生裂纹。一般铁矿石允许含铜质量分数不超过0.2%。

矿石中有益元素主要指对钢铁性能有改善作用或可提取的元素，如锰(Mn)、铬(Cr)、钴(Co)、镍(Ni)、钒(V)、钛(Ti)等。当这些元素达到一定含量时，可显著改善钢的可加工性、强度和耐磨、耐热、耐腐蚀等性能。同时这些元素的经济价值很大，当矿石中这些元素含量达到一定数量时，可视为复合矿石，加以综合利用。

(4) 铁矿石的还原性。铁矿石的还原性是指铁矿石被还原性气体 CO 或 H_2 还原的难易程度。它是一项评价铁矿石质量的重要指标。铁矿石的还原性好，有利于降低焦比。

影响铁矿石还原的因素主要有矿物组成、矿物结构的致密程度、粒度和气孔率等，一般磁铁矿结构致密，最难还原。赤铁矿中有中等的气孔率，比较容易还原。褐铁矿和菱铁矿容易还原，因为这两种矿石分别失去结晶水和去掉 CO_2 后，矿石气孔率增加。烧结矿和球团矿的气孔率高，其还原性一般比天然富矿的还要好。

(5) 矿石的粒度。矿石的粒度是指矿石颗粒的直径。它直接影响着炉料的透气性和传热、传质条件。通常，入炉矿石粒度在5~35 mm之间，小于5 mm的粉末是不能直接入炉的。确定矿石粒度必须兼顾高炉的气体力学和传热、传质几方面的因素。在有良好透气性和强度的前提下，尽可能降低炉料粒度。

(6) 铁矿石的机械强度。衡量铁矿石机械强度的指标主要有落下强度指标、抗压强度指标、转鼓强度指标及抗磨强度指标。这些指标反映了高炉条件下，矿石经受的破坏作用形态，为保证高炉稳定顺行，力求其强度高一些为好。

(7) 铁矿石的高温冶金性能。高炉冶炼是在高温条件下将铁矿石变为铁水的过程，为了保证高炉冶炼的顺利进行，必须保证铁矿石在高温条件下的性能，主要包括热强度、软化性及熔滴性。

1) 热强度。铁矿石的热强度是指矿石在高炉条件下，受结晶水的蒸发、矿石结构的变化或还原反应的进行，矿石强度变弱或产生裂缝的程度。主要指标有热爆裂性、低温还原粉化率和热膨胀性，为保证高炉上部炉料的透气性，力求三个指标低些为好。

2) 软化性。铁矿石的软化性包括铁矿石的软化温度和软化温度区间两个方面。软化温度是指铁矿石在一定的荷重下受热开始变形的温度；软化温度区间是指矿石开始软化到软化终了的温度范围。高炉冶炼要求铁矿石的软化温度要高，软化温度区间要窄。

3) 熔滴性。矿石软化后，在高炉内继续下行，被进一步加热和还原，并开始熔融。此时软熔层透气性极差，为了保证煤气流顺利通过，要求熔滴温度高些、区间窄些。

(8) 铁矿石各项指标的稳定性。铁矿石的各项理化指标保持相对稳定，才能最大限度地提高生产效率。在前述各项指标中，矿石品位、脉石成分与数量、有害杂质含量的稳定性尤为重要。高炉冶炼要求成分波动范围：含铁原料 $w(TFe) < \pm 0.5\%$；$w(SiO_2) < \pm(0.2\% \sim 0.3\%)$；烧结矿的碱度为 $\pm(0.03 \sim 0.05)$。

为了确保矿石成分的稳定，加强原料的整粒和混匀是非常必要的。

2.2 烧结矿和球团矿

目前我国高炉生产中以烧结矿和球团矿为主，配以少量的天然块矿作为主要的含铁原料。烧结矿和球团矿的性能优于天然矿石，大大改善了高炉冶炼过程，使高炉生产指标有了大幅度提高。

2.2.1 烧结矿

烧结生产过程可以改善原料的理化性质。烧结矿的成分稳定,减少了冶炼时的波动。在烧结过程中加入生石灰可以生产熔剂性烧结矿,进而在高炉冶炼中可以不加或少加石灰石,减少了热量消耗,降低了产生的不利影响。烧结矿粒度均匀,气孔度高、易于还原,软化性能好,适于高炉强化冶炼、降低焦比。烧结过程中还可去除部分硫、砷、氟等有害元素。烧结生产中还可利用高炉除尘灰、轧钢皮等。

2.2.1.1 烧结矿的种类

烧结矿按其碱度可分为三种,即非熔剂性烧结矿、自熔性烧结矿和高碱度烧结矿。高碱度烧结矿,碱度大多在1.8~2.5,由于具有优良的冶金性能、高的强度和适宜的碱度,是目前烧结矿生产的首选品种。而非熔剂性烧结矿和自熔性烧结矿因强度差、还原性差、软熔温度低、燃料单耗高而被淘汰。高炉使用高碱度烧结矿,不仅有利于改善高炉块状带和软熔带透气性,而且可降低高炉辅助原料用量,降低了高炉上部熔剂分解吸热和高炉炉墙结瘤的危险,高炉造渣制度控制更为简单灵活。

高碱度烧结矿的优点是:

(1) 有良好的还原性,铁矿石还原性每提高10%,焦比可下降8%~9%。

(2) 较好的冷强度和低的还原粉化率。

(3) 较高的荷重软化温度。

(4) 良好的熔融、滴落和渣铁流动性能。

2.2.1.2 对烧结矿的质量要求

(1) 含铁品位高,化学成分稳定,有害杂质少。

(2) 机械强度好,粒度均匀,入炉粉末少。

(3) 有良好的冶金性能,即还原、软化和熔滴性能好。

(4) 低温还原粉化率低。

2.2.2 球团矿

球团矿的优点是含铁品位高,耐压强度和转鼓指数高,冶金性能好,是高炉“精料”的重要组成部分。世界上生产的球团矿有酸性球团矿、白云石熔剂性球团矿和自熔性球团矿三种,但目前高炉生产普遍使用的是酸性球团矿。酸性球团矿的碱度一般在0.03~0.3。

2.2.2.1 球团矿的优点

(1) 可以用品位很高的细磨铁精矿生产,其酸性球团矿品位可以达到68%,SiO_2含量仅1.15%。

(2) 矿物主要为赤铁矿,FeO含量很低(1%以下)。

(3) 冷强度好,转鼓指数可高达95%,粒度均匀,8~16 mm粒级可达90%以上。

(4) 自然堆角较烧结矿要小。

(5) 还原性能好,低温还原粉化率低,能改善高炉块状带料柱的透气性。

2.2.2.2　对球团矿的质量要求

(1) 含铁品位高,化学成分稳定,有害杂质少。

(2) 机械强度好,粒度均匀。

(3) 有良好的冶金性能,即还原、软化和熔滴性能好。

(4) 还原膨胀率低。

2.2.3　天然块矿

天然块矿按矿物主要类型可分为赤铁矿、磁铁矿、褐铁矿、黄褐铁矿、菱铁矿、黑铁矿和磷铁矿等。其中赤铁矿易破碎、较软、易还原,可直接入炉。天然块矿如直接入炉冶炼,要求其品位高、有害杂质少、冶金性能好。

我国国内富矿资源少,95%以上是贫矿。我国使用的天然块矿主要是进口矿,如巴西矿、澳大利亚矿、印度矿、南非矿等。国内的海南岛矿因品位低、含 SiO_2 高,可作为辅助原料。

2.2.3.1　天然块矿的优点

天然块矿的主要优点是品位高可以直接入炉,价格便宜,可以降低铁前成本。

2.2.3.2　对块矿的质量要求

(1) 入炉品位高,一般要求其 $w(TFe)$ 应大于62%,且成分基本稳定,波动小。

(2) 要有一定的机械强度,耐磨、耐压、耐冲击碰撞,转鼓指数应大于80%,抗磨指数应低于10%。

(3) 入炉块矿粒度宜小而均匀,一般要求与烧结矿和球团矿相当,在5~35 mm范围内。

(4) 天然块矿的还原性相差很大,要求还原度大于55%的才可直接入炉。

(5) 高温冶金性能:软化温度高于1050℃,软化温度区间低于200℃。

2.3　燃料

2.3.1　焦炭

2.3.1.1　焦炭在高炉冶炼中的作用

焦炭是高炉冶炼的重要燃料。其作用为:

(1) 燃烧时放热作热源。焦炭在风口前燃烧放出大量热量并产生煤气,煤气在上升过程中将热量传给炉料,使高炉内的各种物理化学反应得以进行。高炉冶炼过程中的热量有70%~80%来自焦炭的燃烧。

(2) 焦炭燃烧产生的CO气体及焦炭中的碳还原金属氧化物作还原剂。

(3) 支承料柱起“骨架”作用。焦炭在料柱中占1/3~1/2的体积,尤其是在高炉下部高温区只有焦炭是以固体状态存在,它对料柱起骨架作用,高炉下部料柱的透气性完全由焦炭来维持。将煤粉等从风口喷入高炉,可代替焦炭起前两个作用。

另外,焦炭还是生铁的渗碳剂。焦炭燃烧还为炉料下降提供自由空间。

2.3.1.2　高炉冶炼对焦炭质量的要求

焦炭质量的好坏,直接影响高炉冶炼过程的进行及能否获得好的技术经济指标,因此对入炉焦炭有一定质量要求。

A　焦炭的化学成分

焦炭的化学成分常以焦炭的工业分析结果来表示。工业分析项目包括固定碳、灰分、硫分、挥发分和水分的含量。

a　固定碳和灰分

焦炭中的固定碳和灰分的含量是互为消长的。固定碳 $w(C)_{固}$(%)按下式计算:

$$w(C)_{固}=[1-(w(灰分)+w(挥发分)+w(硫))]\times100\%$$

要求焦炭中固定碳含量尽量高,灰分尽量低。因为固定碳含量高,则发热量高利于降低焦比。

生产实践证明:固定碳含量升高1%,可降低焦比2%。焦炭中灰分的主要成分是 SiO_2、Al_2O_3。灰分高,则固定碳含量少,而且使焦炭的耐磨强度降低,熔剂消耗量增加,渣量亦增加,使焦比升高。生产实践还证明:灰分增加1%,焦比升高2%,产量降低3%。我国冶金焦炭灰分一般为11%~14%。

b　硫和磷

在一般冶炼条件下,高炉冶炼过程中的硫有80%是由焦炭带入的,因此降低焦炭中的含硫量对降低生铁含硫量有很大作用。在炼焦过程中,能够去除一部分硫,但仍然有70%~90%的硫留在焦炭中,因此要降低焦炭的含硫量必须降低炼焦煤的含硫量。焦炭中含磷一般较少。

c　挥发分

焦炭中的挥发分是指在炼焦过程中未分解挥发完的 H_2、CH_4、N_2 等物质。挥发分本身对高炉冶炼无影响,但其含量的高低表明焦炭的结焦程度,正常情况下,挥发分一般在0.7%~1.2%。含量过高,说明焦炭的结焦程度差,生焦多,强度差;含量过低,则说明结焦程度过高,易碎。因此焦炭挥发分高低将影响焦炭的产量和质量。

d　水分

焦炭中的水分是湿法熄焦时渗入的,通常为2%~6%。焦炭中的水分在高炉上部即可蒸发,对高炉冶炼无影响。但要求焦炭中的水分含量要稳定,因为焦炭是按重量入炉的,水分的波动将引起入炉焦炭量波动,会导致炉缸温度的波动。可采用中子测水仪测量入炉焦炭的水分,从而控制入炉焦炭的重量。

B　焦炭的物理性质

a　机械强度

焦炭的机械强度是指焦炭的耐磨性和抗撞击能力,包括转鼓强度、落下强度、热强度。它是焦炭的重要质量指标。高炉冶炼要求焦炭的机械强度要高。否则,机械强度不好的焦炭,在转运过程中和高炉内下降过程中破裂产生大量的粉末,进入初渣,使炉渣的黏度增加,增加煤气阻力,造成炉况不顺。

b　粒度均匀、粉末少

对于焦炭粒度,既要求块度大小合适,又要求粒度均匀。大型高炉焦炭粒度范围为20~60 mm,中小高炉用焦炭,其粒度分别以20~40 mm和大于15 mm为宜。但这并不是一成不变的标准。高炉使用大量熔剂性烧结矿以来,矿石粒度普遍降低,焦炭和矿石间的粒度差别扩大,这不利于料柱透气性,因此,有必要适当降低焦炭粒度,使之与矿石粒度相适应。

C　焦炭的化学性质

焦炭的化学性质包括焦炭的燃烧性和反应性两方面。

燃烧性是指焦炭在一定温度下与氧反应生成 CO_2 的速度即燃烧速度，其反应式为：

$$C + O_2 = CO_2$$

反应性是指焦炭在一定温度下和 CO_2 作用生成 CO 的速度，反应式为：

$$C + CO_2 = 2CO$$

若这些反应速度快，则表明燃烧性和反应性好。一般认为，为了提高炉顶煤气中的 CO_2 含量，改善煤气利用程度，在较低温度下，要求焦炭的反应性差些为好；为了扩大燃烧带，使炉缸温度及煤气流分布更为合理，使炉料顺利下降，亦要求焦炭的燃烧性差一些为好。

2.3.1.3 焦炭在高炉内的变化

高炉解剖研究焦炭在高炉内的变化为从炉身中部开始，焦炭平均粒度变小，强度变差，气孔率增大，反应性、碱金属含量和灰分都增加，含硫量降低。各种变化的程度以靠近炉墙的焦炭最剧烈，并与炉内的气流分布和温度分布密切相关。

焦炭从料线到风口，平均粒度减小 20% ~30%。在块状带，粒度无明显变化；在软熔带、滴落带焦炭粒度都有很大变化，这是碳溶反应的结果。

2.3.2 煤粉

1964 年我国首先在首钢成功地向高炉喷吹无烟煤粉，作为辅助燃料置换一部分昂贵的焦炭，降低了生铁成本。

现在，我国高炉都采用喷吹煤粉的工艺，并且开始逐步扩大到喷吹其他含挥发分较高的煤种。

高炉喷吹用的煤粉，对其质量有如下要求：

(1) 灰分含量低，固定碳含量高。

(2) 含硫量低。

(3) 可磨性好(即将原煤制成适合喷吹工艺要求的细粒煤粉时所耗能量少，同时对喷枪等输送设备的磨损也弱)。

(4) 粒度细。根据不同条件，煤粉应磨细至一定程度，以保证煤粉在风口前完全气化和燃烧。一般要求粒度小于 0.074 mm 的占 80% 以上。细粒煤粉也便于输送。目前西欧有的高炉正在推广喷吹粒煤的工艺。为了保证煤尽量多地(例如 85% 以上)在风口带内气化，应喷吹含挥发分较高的烟煤。国外钢铁企业大多采用这种喷吹工艺，煤中的挥发分的质量分数一般控制在 22% ~25%。

(5) 爆炸性弱，以确保在制备及输送过程中人身及设备安全。

(6) 燃烧性和反应性好。煤粉的燃烧性表征煤粉与 O_2 反应的快慢程度。煤粉从插在直吹管上的喷枪喷出后，要在极短暂的时间内(一般为 0.01 ~0.04 s)燃烧而转变为气体。如果在风口带不能大部分气化，剩余部分就随炉腹煤气一起上升。这一方面影响喷煤效果，另一方面大量的未燃煤粉会使料柱透气性变差，甚至影响炉况顺行。在反应性上，与上述焦炭的情况相反，人们希望煤粉的反应性好，以使未能与 O_2 反应的煤粉能很快与高炉煤气中的 CO_2 反应而气化。高炉生产的实践表明，约有喷吹量的 15% 的煤粉是与煤气中的 CO_2 反应而气化的。这种气化应对高炉顺行生产和提高煤粉置换比都是有利的。

2.4 熔剂

高炉冶炼中，除主要加入铁矿石和焦炭外，还要加入一定量的助熔物质，即熔剂。

2.4.1 熔剂的作用

熔剂在冶炼过程中的主要作用有两个:实现渣、铁的良好分离,并使其顺利从炉缸流出。具有一定碱度的炉渣,可以去除有害杂质硫,确保生铁质量。

2.4.2 熔剂的种类

根据矿石中脉石成分的不同,高炉冶炼使用的熔剂,按其性质可分为碱性、酸性和中性三类:

(1) 碱性熔剂。矿石中的脉石主要为酸性氧化物时,则使用碱性熔剂。由于燃料灰分的成分和绝大多数矿石的脉石成分都是酸性的,因此,普遍使用碱性熔剂。常用的碱性熔剂有石灰石($CaCO_3$)、白云石($CaCO_3 \cdot MgCO_3$)、菱镁石($MgCO_3$)。

(2) 酸性熔剂。高炉使用主要含碱性脉石的矿石冶炼时,可加入酸性熔剂。酸性熔剂主要有硅石(SiO_2)、蛇纹石($3MgO \cdot 2SiO_2 \cdot 2H_2O$)、均热炉渣(主要成分为 $2FeO \cdot SiO_2$)及含酸性脉石的贫铁矿等。生产中用酸性熔剂的很少,只有在某些特殊情况下才考虑加入酸性熔剂。

(3) 中性熔剂。中性熔剂亦称高铝质熔剂。当矿石和焦炭灰分中 Al_2O_3 很少,渣中 Al_2O_3 含量很低,炉渣流动性很差时,在炉料中加入高铝原料作熔剂,如铁矾土和黏土页岩。生产上极少遇到这种情况。

2.4.3 高炉炼铁对碱性熔剂的质量要求

(1) 碱性氧化物($CaO + MgO$)含量高,酸性氧化物($SiO_2 + Al_2O_3$)愈少愈好。否则,冶炼单位生铁的熔剂消耗量增加,渣量增大,焦比升高。一般要求石灰石中 CaO 的质量分数不低于50%,SiO_2 和 Al_2O_3 的总质量分数不超过3.5%。

(2) 有害杂质硫、磷含量要少。石灰石中一般硫的质量分数只有0.01%~0.08%,磷的质量分数为0.001%~0.03%。

(3) 要有较高的机械强度,粒度要均匀,大小适中。适宜的石灰石入炉粒度范围是:大中型高炉为20~50 mm,小型高炉为10~30 mm。

当炉渣黏稠引起炉况失常时,还可短期适量加入萤石(CaF_2),以稀释炉渣和洗掉炉衬上的堆积物。因此常把萤石称洗炉剂。

2.5 辅助原料

2.5.1 碎铁

碎铁包括废弃铁制品,机械加工的残屑、余料、钢渣加工回收的小块铁、铁水罐中的残铁。以及不合格的硅铁、镜铁等,铁分在50%~90%之间。

所有碎铁必须进行加工处理,防止大块造成装料和布料设备故障,清除残渣、破砖等杂物。

2.5.2 轧钢皮与均热炉渣

轧钢皮是钢材轧制过程中所产生的氧化铁鳞片,其大部分小于10 mm,在料场筛分后,大于10 mm 的部分可作为炼铁原料。

均热炉渣是钢锭、钢坯在均热(或加热)炉中的熔融产物。这类产物质地致密且氧化亚铁含量很高,在高炉上部很难还原。集中使用时,可起洗炉剂的作用。

2.5.3 萤石

萤石是高炉洗炉用的原料,因它对炉衬侵蚀严重,已不常用。

2.5.4 钛渣及含钛原料

钛渣及含钛原料叫做含钛物料,可作为高炉的护炉料。在高炉中加入适量的含钛物料,可使侵蚀严重的炉缸、炉底转危为安。含钛物料主要有钒钛磁铁块矿、钒钛球团矿、钛精矿、钛渣、钒钛铁精矿粉等。

加入方法为:

(1) 当炉缸炉底侵蚀严重时,可以将钒钛块矿、钛渣从炉顶装入高炉(也可以在烧结配料中加入铁精矿粉,得到钒钛烧结矿)。

(2) 当对炉缸局部区域护炉时,可以从对应的风口喷入钒钛精矿粉。

(3) 当对铁口区域护炉时,可以将钒钛精矿粉加入到炮泥中,打入到铁口。国内外生产实践表明,一般含钛物料的用量为 TiO_2 7 ~ 12 kg/t。含钛物料护炉原理:在含钛物料中起护炉作用的是炉料中的 TiO_2 的还原生成物。含钛物料中的 TiO_2 在高炉内的高温还原气氛下还原生成 TiC、TiN 及其连接固溶体 Ti(C,N),这些钛的碳化物和氮化物在炉缸炉底生成和集结,与铁水和铁水中析出的石墨等凝结在离冷却壁较近的被侵蚀严重的炉缸、炉底的砖缝和内衬表面,由于 TiC、TiN 的熔化温度很高,纯 TiC 为 3150℃、TiN 为 2950℃,Ti(CN)是固溶体,熔点也很高,从而对炉缸、炉底内衬起到了保护作用。

2.5.5 天然锰矿石

天然锰矿石用以满足冶炼铸造生铁或其他铁种的含锰量的要求,也可用作洗炉剂。

复习思考题

2-1 解释概念:矿石、脉石、品位、富矿、贫矿、自熔性铁矿石、热脆性、冷脆性、铁矿石还原性、铁矿石熔化性。

2-2 按矿物组成铁矿石可分为几大类?简述各类的主要特征。

2-3 评定铁矿石质量有哪几项指标?

2-4 试述铁矿石品位、脉石成分和数量、有害元素、还原性、软化性、粒度和气孔度、强度、化学成分的稳定性对高炉冶炼的影响。

2-5 熔剂在高炉冶炼中的作用是什么?

2-6 高炉冶炼使用的熔剂分为几类,最常用的是哪类?

2-7 试述对石灰石的质量要求。

2-8 焦炭在高炉炼铁中的作用是什么?

2-9 高炉冶炼对焦炭的质量有什么要求,为什么?

3 高炉解剖研究

3.1 高炉解剖研究的意义

高炉冶炼是个连续生产过程。整个过程是从风口前燃料燃烧开始的。燃烧产生向上流动的高温煤气与下降的炉料相向运动。高炉内的一切反应均发生于煤气和炉料的相向运动和互相作用之中。它们包括炉料的加热、蒸发、挥发和分解,氧化物的还原,炉料的软熔、造渣,生铁的脱硫、渗碳等,并涉及气、固、液多相的流动,发生传热和传质等复杂现象。高炉是一个密闭的连续的逆流反应器,对这些过程不能直接观察,难于测试,人们主要是靠仪表反映和实践经验进行分析判断。冶金工作者采取了很多测试、取样、模拟实验等手段,取得了很多成果,加深了人们对高炉内部状况的了解,但仍不能确切而直观地了解炉内情况。当前直接而有效的办法是对高炉进行解剖研究。

3.2 国内外高炉解剖研究的研究现状

高炉解剖是把正在进行冶炼中的高炉,突然停止鼓风,并且急速降温以保持炉内原状,然后将高炉剖开,进行全过程的观察、录像、分析化验等各个项目的研究考察,人们对此项工作称高炉解剖研究。

从20世纪50年代开始一直到最近,国外和国内解剖了多座高炉,观察发现了炉料分布状况、焦炭的变化情况、各元素的还原过程、煤气流和温度、压力的分布等等,获得了许多新知识,对理论发展和生产操作起到了重大指导作用。

从解剖研究的结果可知,高炉内炉料基本上是按装料顺序层状下降的,依炉料的状态不同从上到下可分为五个区域,如图3-1所示。

(1) 块状带。炉料软熔前的区域。矿石与焦炭始终保持着固态的层次缓缓下降,但层状逐渐趋于水平,而且厚度也逐渐变薄。

(2) 软熔带。炉料从开始软化到熔化所占的区域。它由许多固态焦炭层和黏结在一起的半熔融的矿石层组成,焦炭矿石相间,层次分明,由于矿石呈软熔状,透气性极差,煤气主要从焦炭层通过,像窗口一样,因此称为“焦窗”。软熔带的上沿是软化线,下沿是熔化线,它们之间是软熔带,软熔带随着原料条件与操作条件的变化,软熔带的形状与位置都随之而改变。

软熔带的形状主要有倒V形、V形、W形,目前倒V形软熔带被公认为是最佳软熔带,如图3-2所示。由于其中心温度高,边缘温度低,煤气利用较好,而且对高炉冶炼过程一系列反应有着很好的影响。各种形状软熔带对冶炼进程的影响列于表3-1。

表3-1 软熔带形状对高炉冶炼进程的影响

影响内容 \ 形状	倒V形	V形	W形
铁矿石预还原	有 利	不 利	中 等
生铁脱硫	有 利	不 利	中 等
生铁含硅	有 利	不 利	中 等
煤气利用	利用好	不 好	中 等
炉缸中心活跃	中心活跃	不活跃	中 等

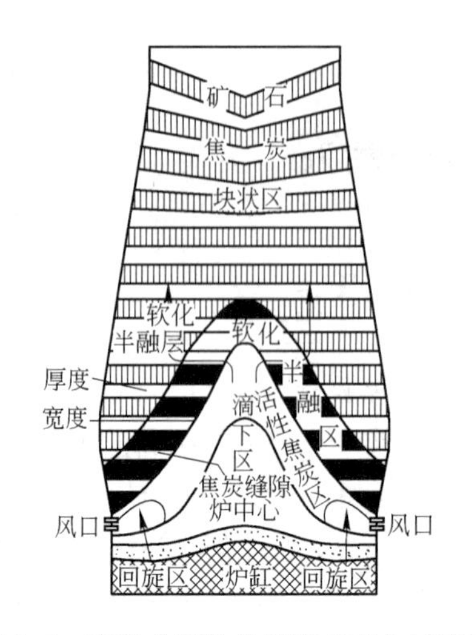

图 3-1　高炉内固体炉料形态变化示意图

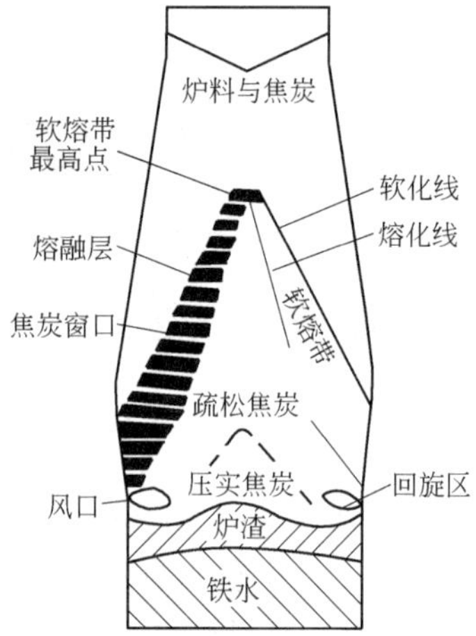

图 3-2　软熔带示意图

根据高炉解剖研究及矿石的软熔特性，软熔带形状与炉内等温线相适应，而等温线又与煤气中 CO_2 分布相适应的特点，在高炉操作中炉喉煤气 CO_2 曲线形状主要靠改变装料制度调节，其次受送风制度影响。因此，软熔带的形状主要受装料制度与送风制度影响。前者属上部调剂，后者属下部调剂。例如，对正装比例为主的高炉，一般都是接近倒 V 形的软熔带；如果以倒装为主或全倒装的高炉，基本上属 V 形软熔带；对正、倒装都占一定比例的高炉，一般属于接近 W 形的软熔带。

（3）滴落带。熔化后的渣铁像雨滴一样穿过焦炭而向下滴落。在滴落带内焦炭长时间处于基本稳定状态的区域称“中心呆滞区”（死料柱）。焦炭松动下降的区域称活动性焦炭区。而煤气大量通过焦炭的缝隙，渣铁滴落时继续进行还原、渗碳等反应，所以滴落带是高温物理化学反应的主要区域。

（4）风口带。风口前在鼓风动能作用下焦炭作回旋运动的区域又称“焦炭回旋区”。焦炭在回旋运动的气流中悬浮并燃烧，是高炉内热量和气体还原剂的主要产生地，也是初始煤气流分布的起点。回旋区的径向深度达不到高炉中心，因而在炉子中心仍然堆积着一个圆丘状的焦炭死料柱，构成了滴落带的一部分。

（5）渣铁带。在炉缸下部，主要是液态渣铁以及浸入其中的焦炭。在铁滴穿过渣层以及在渣铁界面时最终完成必要的渣铁反应，得到合格的生铁，并间断地或连续地排出炉外。各带主要反应及特征见表 3-2。

表 3-2　高炉内各区域的主要反应及特征

区　域	相 向 运 动	热　交　换	反　　应
块状带	固体（矿、焦）在重力作用下下降，煤气在强制鼓风作用下上升	上升煤气对固体炉料进行预热和干燥	矿石间接还原，炉料中水分蒸发、分解
软熔带	影响煤气流分布	上升煤气对软化半融层进行传热熔化	矿石进行直接还原和渗碳，焦炭的 $CO_2+C═══2CO$ 气化反应
滴落带	固体（焦炭）、液体（铁水熔渣）下降，煤气上升向回旋区供给焦炭	上升煤气使铁水、熔渣、焦炭升温，滴下的铁水、熔渣和焦炭进行热交换	非铁元素的还原，脱硫、渗碳，焦炭的 $CO_2+C═══2CO$ 气化反应
风口带	鼓风使焦炭作回旋运动	反应放热，使煤气温度上升	鼓风中的氧和蒸汽使焦炭燃烧
渣铁带	铁水、炉渣存放，出铁时，铁水和炉渣作环流运动，而“浸入渣铁中的焦炭则随出渣铁而作缓慢的沉浮运动，部分被挤入风口燃烧带气化”	铁水、熔渣和缓慢运动的焦炭进行热交换	最终的渣、铁反应

国内外的高炉解剖研究还发现了焦炭在高炉内的性状变化。从炉身中部开始,焦炭粒度变小,强度变差,气孔率增大,反应性、碱金属含量和灰分都增高,含硫量降低,各种变化程度在靠近炉墙处最剧烈,还与炉内的气流分布和温度分布有关,而炉内的气流分布和温度分布又与炉内的透气性有关,焦炭的质量是决定炉内透气性的主要因素。因此如何提高焦炭的强度尤其是热态强度越来越受到高炉操作者的重视。

复习思考题

3-1 高炉解剖的目的是什么?

3-2 高炉解剖有哪些成果?

3-3 高炉中从上到下分为哪几个带,各带在高炉什么部位,各有哪些反应?

3-4 高炉内为何存在软熔带,影响软熔带形状的因素有哪些?

3-5 软熔带形状对高炉进程有哪些影响?

3-6 什么样软熔带最好,为什么,如何达到?

4 炉料的蒸发、挥发与分解

4.1 水分的蒸发与水化物的分解

炉料从炉顶装入高炉后，在下降过程中被上升的煤气流加热，首先水分蒸发。装入高炉的炉料，除烧结矿等熟料之外，在焦炭及有些矿石中均含有较多的水分。炉料中的水分分为吸附水（也称物理水）和化合水（也称结晶水）。

4.1.1 吸附水的蒸发

存在于焦炭和矿石表面及孔隙中的吸附水加热到105℃时就迅速干燥和蒸发。高炉炉顶温度用冷料时为150～250℃，用热的熟料时能达400～500℃，炉内煤气流速度快，因此，吸附水在高炉上部很快蒸发。蒸发时消耗的热量是高炉上部不能再利用的余热。所以对焦比和炉况均没什么影响。相反，给高炉生产带来一定好处。如吸附水蒸发时吸收热量，使煤气温度降低，体积缩小，煤气流速减小，使炉尘吹出量减少，炉顶设备的磨损相应减弱。有时（很少）为了降低炉顶温度，还有意向焦炭加水。但吸附水的波动会影响配料称量的准确度，对焦炭的水分含量尤其应予重视。

4.1.2 结晶水的分解

在炉料中以化合物存在的水称为结晶水，也称为化合水。这种含有结晶水的化合物也称为水化物。高炉料中的结晶水一般存在于褐铁矿（$n\mathrm{Fe_2O_3} \cdot m\mathrm{H_2O}$）和高岭土（$\mathrm{Al_2O_3} \cdot 2\mathrm{SiO_2} \cdot 2\mathrm{H_2O}$）中，即黏土的主要组成物。

褐铁矿中的结晶水在200℃左右开始分解，400～500℃时分解速度激增。高岭土中的结晶水在400℃时开始分解，但分解速度很慢，到500～600℃时才迅速进行，结晶水分解除与温度有关外，还与其粒度和气孔度等有关。

由于结晶水分解，使矿石破碎而产生粉末，炉料透气性变坏，对高炉稳定顺行不利。部分在较高温度分解出的水汽还可与焦炭中的碳素反应，消耗高炉下部的热量。其反应如下：

在500～1000℃时 $$\mathrm{2H_2O + C_{焦} = CO_2 + 2H_2} \quad -83134\ \mathrm{kJ} \tag{4-1}$$

在1000℃以上时 $$\mathrm{H_2O + C_{焦} = CO + H_2} \quad -124450\ \mathrm{kJ} \tag{4-2}$$

这些反应大量耗热并且消耗焦炭，同时减小风口前燃烧的碳量。使炉温降低，焦比增加。反应虽产生还原性气体（CO），但因在炉内部位较高，利用不充分，因而不能补偿其有害作用。

4.2 挥发物的挥发

4.2.1 燃料挥发分的挥发

燃料挥发分存在于焦炭及煤粉中。焦炭中挥发分的高低是评价焦炭质量的指标之一。挥发分高的焦炭，强度较差，对高炉冶炼不利。国家标准中规定，冶金焦的挥发分应该小于1.2%（按质量计）。焦炭中一般含挥发物0.7%～1.3%（按质量计），其主要成分是$\mathrm{N_2}$、CO和$\mathrm{CO_2}$等气体。焦炭到达风口前，被加热到1400～1600℃时，挥发物全部挥发。挥发物的量少，对煤气成分和冶炼过程影响不大。但在高炉喷吹燃料的条件下,特别是大量喷吹含挥发物较高的煤粉时,将引起炉缸煤气成分的明显变化,对还原的影响是不能忽视的。

4.2.2 其他物质的挥发

高炉中很多化合物或元素都能或多或少的挥发,其中最易挥发的是碱金属(K 和 Na)化合物,此外还有 Zn、Mn、SiO 等。

(1) 锌的挥发。Zn 在炉料中以 ZnO 的状态存在,在高炉中能还原成 Zn。Zn 很易挥发,但上升到高炉上部又被 CO_2 或 H_2O 氧化成 ZnO,其中有一部分氧化锌被煤气带出炉外,另一部分粘附在炉料上,又随炉料下降,再被还原,再被挥发,造成循环。一部分 Zn 蒸气渗入炉衬中,冷凝下来被氧化成 ZnO,体积增大,胀裂炉衬;另一部分 ZnO 附在炉墙的内壁上,严重时也会形成炉瘤,破坏炉料的顺行。

(2) 锰的挥发。在冶炼锰铁时,有 8% ~12% 的锰挥发。挥发的锰随煤气上升至低温区又氧化成极细的 Mn_3O_4,随煤气逸出,增加了煤气清洗的困难。

(3) 氧化硅的挥发。SiO 也易挥发,这种挥发的 SiO 在高炉上部重新被氧化,凝成白色的 SiO_2 微粒,一部分随煤气逸出炉外,增加了煤气清洗的困难,另一部分沉积在炉料的孔隙中,堵塞煤气上升的通道,使料柱的透气性变坏,导致炉料难行。

不过冶炼炼钢生铁和铸造生铁时,在温度不是特别高的情况下,Mn 和 SiO 的挥发不多,影响不大。

4.2.3 碱金属的挥发与危害

大量事实表明,碱金属对高炉生产危害很大,如碱金属能使焦炭强度大大降低甚至粉化;使炉墙结厚甚至结瘤;使风口大量烧坏等等,导致各项技术经济指标恶化。

4.2.3.1 高炉内碱金属的循环

钾、钠等碱金属大都以各种硅酸盐的形态存在于炉料而进入高炉,比如 $2K_2O \cdot SiO_2$、$2Na_2O \cdot SiO_2$、$Na_2O \cdot SiO_2$ 等,也有少量 K_2O、Na_2O、K_2CO_3、Na_2CO_3 等形态存在于矿石脉石中。

以硅酸盐形式存在的碱金属,在低于1500℃时是很稳定的,而当温度高于1500℃时,且有碳存在条件下,它能被 C 还原。以氧化物或碳酸盐存在的碱金属,能在较低温度下被 CO 还原。如:

$$K_2(Na_2)SiO_3 + 3C = 2K(Na)_{气} + Si + 3CO$$

$$K_2(Na_2)SiO_3 + 3C = 2K(Na)_{气} + SiO_2 + 3CO$$

$$K_2(Na_2)O + CO = 2K(Na)_{气} + CO_2$$

$$K_2(Na_2)CO_3 + CO = 2K(Na)_{气} + 2CO_2$$

还原出来的 K 在766℃气化,Na 在890℃气化进入煤气流。部分气化的 K、Na 在高温下,将与 N_2 和 C 反应成氰化物:

$$2K(Na)_{气} + 2C + N_2 = 2K(Na)CN_{气}$$

KCN 和 NaCN 的熔点分别为662℃和562℃,沸点分别为1625℃和1530℃。由此可知,碱金属将以气态形式随煤气上升;而碱金属的氰化物多以物状液体的形态随煤气向上运动,而这些气态或物状液体上升至低于800℃的温度区域,就会被 CO_2 氧化而以碳酸盐形态凝结在炉料表面:

$$2K(Na)_{气} + 2CO_2 = K_2(Na_2)CO_3 + CO$$

$$2K(Na)CN_{液} + 4CO_2 = K_2(Na_2)CO_3 + N_2 + 5CO$$

被冷凝下来的碱金属碳酸盐，一部分(约10%)随炉料的粉末一起，被带出炉外，大部分则随炉料下降，降至高温区后又被还原生成碱蒸气，如同 $K_2(Na_2)CO_3 + CO = 2K(Na)_{气} + CO_2$ 反应。

但由于动力学条件的限制，炉料中原有碱金属硅酸盐，及再生的碱金属碳酸盐，都将有一部分不能被还原而直接进入炉渣，并随炉渣排出炉外。

由此可见，炉料中带入的碱金属在炉内的分配是：少量被煤气带走和炉渣带走，而多数在炉内往复，循环富集，严重时炉内碱金属量高于入炉量的10倍以上，以致祸及高炉生产。

从碱金属(K、Na)在炉内的分布来看，各类矿石、焦炭所含的碱金属量，都在1000℃左右开始增多，矿石在熔化前的软熔层内含碱量出现最高值，再往下炉渣中的碱金属含量降低。焦炭在低于软熔带位置碱金属含量最高，在接近燃烧带时下降。

炉内物料中碱含量最高值在软熔层下部附近，其分布状态与炉内温度分布和软熔带形状相一致。即以气态上升的碱金属，来自燃烧带或滴落带。从1000℃左右到风口平面的区域就是碱金属循环区域。

4.2.3.2 碱金属对高炉冶炼的危害

(1) 碱金属是碳气化反应的催化剂。实验表明，当焦炭中碱金属量增大时，碳的气化反应速度增加，而且对反应性愈低的焦炭，碱金属对加速气化反应的影响愈大。

碱金属的催化作用，必然使碳的气化反应开始温度降低，即气化反应在高炉内开始反应的位置上移，从而使高炉内直接还原区扩大，间接还原区相应缩小，进而引起焦比升高，降低料柱特别是软熔带气窗的透气性，引起风口大量破损等。

(2) 降低焦炭强度。

1) 因碱金属促进碳的气化反应发展，以及氰化物的形成，其结果必然使焦炭的基质变弱，在料柱压力作用和风口回旋区高速气流的冲击下，焦炭将碎裂，碎焦增多，平均粒度减小。

2) 碱金属蒸气渗入焦炭孔隙内，促进焦炭的不均匀膨胀而产生局部应力，造成焦炭的宏观龟裂和粉化。

(3) 恶化原料冶金性能。球团矿含碱金属在还原过程中将产生异常膨胀，烧结矿含碱金属将加剧还原粉化，结果造成块状带透气性变差，严重时将产生上部悬料。

(4) 促使炉墙结厚甚至结瘤。碱金属蒸气在低温区冷凝，除吸附于炉料外，一部分凝结在炉墙表面，若炉料粉末多，就可能一齐黏结在炉墙表面逐步结厚，严重时形成炉瘤。因钾挥发量大于钠，故钾的危害更大。

(5) 碱蒸气对高炉炉衬高铝砖、黏土砖有侵蚀作用。

4.2.3.3 防止碱金属危害的措施

(1) 减少和控制入炉碱金属量。如碱金属以芒硝形态存在，则可经破碎，水洗而去除大部分。

(2) 借助炉渣排碱是最有效和具有实际意义的途径。其方法是降低炉渣碱度，采用酸性渣操作。据钾钠化合物的稳定性可知：在高炉低温区，以 Na_2CO_3、K_2CO_3 最稳定，K_2SiO_3、Na_2SiO_3 次之；在中温区，以 K_2SiO_3、Na_2SiO_3 最稳定，KCN、NaCN 次之，K_2O、Na_2O 最不稳定；在高温区，只有钾钠硅酸盐和钠氰化物能够存在，但不稳定。所以降低炉渣碱度，增加渣中 SiO_2 活度，以增加碱金属硅酸盐稳定存在的条件，从而提高炉渣排碱量。基于上述原因，使用含碱金属高的炉料时，采用酸性渣冶炼以促进炉渣排碱，降焦顺行；而脱硫则靠炉外进行。

此外,大渣量增加炉渣的排碱能力,但在实际生产中除矿石品位低渣量大外,一般不可能人为的增大渣量,顾此失彼,不一定有利。

(3) 根据前面所述碱金属的反应可知,增加压力有利于反应向左进行,减少碱金属的气化量。

(4) 适当降低燃烧带温度,可以减少 K、Na 的还原数量。

(5) 提高冶炼强度,缩短炉料在炉内的停留时间,可以减少炉内碱金属的富集量。

(6) 对冶炼碱金属含量高的高炉,可定期采用酸性渣洗炉,以减少炉内碱金属的积累量。

4.3 碳酸盐的分解

炉料中的碳酸盐常以 $CaCO_3$、$MgCO_3$、$FeCO_3$、$MnCO_3$ 等形态存在,以前两种为主。它们中很大部分来自熔剂即石灰石或白云石,后两种来自部分矿石。这些碳酸盐受热时分解。其中大多分解温度较低,一般在高炉上部已分解完毕,对高炉冶炼过程影响不大。但 $CaCO_3$ 的分解温度较高,对高炉冶炼有较大影响。

4.3.1 石灰石的分解

石灰石的主要成分是 $CaCO_3$,其分解反应为:

$$CaCO_3 = CaO + CO_2 \quad -178000\ \text{kJ} \tag{4-3}$$

反应达到平衡时,CO_2 的压力称为 $CaCO_3$ 的分解压力,可用符号 p_{CO_2} 表示。分解压随温度升高而升高。当分解压力等于周围环境中 CO_2 的分压力(p'_{CO_2})时,$CaCO_3$ 开始分解。此时的温度称为开始分解温度。当分解压力等于环境中气相的总压力($p_{总}$)时,$CaCO_3$ 剧烈分解,称为化学沸腾,此时温度称化学沸腾温度。

$CaCO_3$ 在高炉内的开始分解温度为 740℃,化学沸腾温度为 960℃,但因石灰石还有一定的块度,同时分解是由料块表面开始逐渐向内部进行。分解一定时间后,石灰石表面形成一层石灰层(CaO)。在相同条件下,无论大块或小块的石灰石,分解形成的石灰层厚度几乎相同。由于粒度愈小,开始分解的总表面积愈大,而且在石灰层厚度相同情况下,小块的分解速度比大块的要大。再则,由于石灰层导热性很差,石灰石中心不易达到分解温度。或者说,石灰石料块中心达到分解温度时,料块表面温度早已超过 1000℃,因此高炉内大块的石灰石要比小块的需到更高的温度区域(1000℃以上)才能完全分解。而在高温区分解出的 CO_2 会与焦炭中的碳发生以下反应:

$$CO_2 + C = 2CO \quad -165800\ \text{kJ} \tag{4-4}$$

这个反应称贝波反应,或称碳的气化反应。据测定,在正常冶炼情况下,高炉中石灰石分解后,大约有 50% 的 CO_2 参加以上贝波反应,因此要消耗一定量的碳。

4.3.2 石灰石分解对高炉冶炼的影响

(1) $CaCO_3$ 分解反应是吸热反应,据计算分解 1 kg $CaCO_3$ 要消耗约 1780 kJ 的热量。

(2) 在高温区产生贝波反应的结果,不但吸收热量,而且还消耗碳并使这部分碳不能到达风口前燃烧放热(要注意,这里是双重的热消耗)。

(3) $CaCO_3$ 分解放出的 CO_2,冲淡了高炉内煤气的还原气氛,降低了还原效果。

由于以上影响,增加石灰石(熔剂)的用量,将使高炉焦比升高,据统计每吨铁少加 100 kg 石灰石,可降低焦比 30 ~ 40 kg/t。

4.3.3 消除石灰石不良影响的措施

（1）采用熔剂性烧结矿（或球团矿），高炉内不加或少加石灰石，对使用熟料率低的高炉可配加高碱度或超高碱度的烧结矿。

（2）缩小石灰石的粒度，使其在高炉的上部尽可能分解完毕，减少在高炉下部高温区产生贝波反应。

复习思考题

4-1　为什么吸附水蒸发焦比不升高？

4-2　为什么结晶水分解焦比升高？

4-3　试说明 Zn、K、Na、SiO 挥发对高炉冶炼的影响。

4-4　简述石灰石在高炉内分解对冶炼过程的影响及消除不良影响的措施。

5　还原过程与生铁的生成

5.1　还原反应的基本理论

金属与氧的亲和力很强，除个别的金属能从其氧化物中分解出来外，几乎所有金属都不能靠简单加热的方法从氧化物中分离出来，必须靠某种还原剂夺取氧化物中的氧使之变成金属元素。高炉冶炼过程基本上就是铁氧化物的还原过程。除铁的还原外高炉内还有少量的硅、锰、磷等元素的还原。炉料从高炉顶部装入后就开始还原，直到下部炉缸（除风口区域），还原反应几乎贯穿整个高炉冶炼的始终。

对金属氧化物的还原反应可按通式（5-1）表示：

$$MeO + B = Me + BO \tag{5-1}$$

式中　MeO——被还原的金属氧化物；

Me——还原得到的金属；

B——还原剂，可以是气体或固体，也可以是金属，或非金属；

BO——还原剂夺取金属氧化物中的氧后被氧化得到的产物。

从上式看出，MeO 失去 O 被还原成 Me，B 得到 O 而氧化成 BO。从电子论的实质看，氧化物中金属离子是获得电子的过程；还原剂是失去电子的过程。那么什么物质可以充当还原剂夺取氧化物中的氧，取决于以下两个方面。

一方面看它们与氧的化学亲和力大小。凡是与氧亲和力比金属元素 Me 的亲和力大的物质，都可以作为该金属氧化物的还原剂。显然，还原剂与氧的亲和力越大，夺取氧的能力越强，或者说还原能力越强。对被还原的金属氧化物来说，其金属元素与氧的亲和力越强，该氧化物越难还原。某物质与氧亲和力的大小，用该物质氧化物的分解压衡量。氧化物分解压（p_{O_2}）越大，说明该物质与氧亲和力小，氧化物不稳定，易分解，反之则相反。所以还原反应的必备条件是：

$$p_{O_2(BO)} < p_{O_2(MeO)} \tag{5-2}$$

即还原剂氧化物的分解压 $p_{O_2(BO)}$ 小于金属氧化物的分解压 $p_{O_2(MeO)}$。

另一方面，看其氧化物的标准生成自由能（$\Delta G^\ominus$）。

还原反应进行的条件是 $\Delta G^\ominus < 0$，即

$$\Delta G^\ominus_{BO} < \Delta G^\ominus_{MeO} \tag{5-3}$$

这里 $\Delta G^\ominus_{MeO}$、$\Delta G^\ominus_{BO}$ 分别是 MeO 和 BO 的标准生成自由能。就是说还原剂氧化物 BO 的标准生成自由能必须小于（负值大于）被还原氧化物的标准生成自由能。

生成自由能的大小说明该氧化物的稳定程度。生成自由能越小（负值越大）则它的化学稳定性越好。因此，只有其氧化物生成自由能小于（负值大于）被还原元素氧化物的生成自由能，才能起到还原剂的作用。

图 5-1 列举了高炉中常见氧化物的标准生成自由能随温度变化的关系（对 1 mol O_2 而言）。

在图上位置越低的氧化物，其 $\Delta G^\ominus$ 值越小（负值越大）该氧化物越稳定，越难还原。凡是在铁以下的物质，其单质都可用来还原铁的氧化物，例如：Si 可以还原 FeO，如果两线有交点，则交点温度即为开始还原温度。高于交点温度，下面的单质能还原上面的氧化物；低于交点温度，则反应逆向进行。如两线在图中无交点，那么下面的单质一直能还原上面的氧化物。从热力学的有关手册

数据以及图中可了解到，在高炉冶炼常遇到的各种金属元素还原难易的顺序，由易到难依次排列为：Cu，Pb，Ni，Co，Fe，Cr，Mn，V，Si，Ti，Al，Mg，Ca。从理论上讲，按上面排列的各元素中，排在铁后面的各元素，均可作为铁氧化物的还原剂。但是，根据高炉生产的特定条件，在高炉生产中作为还原剂的是焦炭中的固定碳和焦炭燃烧后产生的 CO，以及鼓风水分和喷吹物分解产生的 H_2。

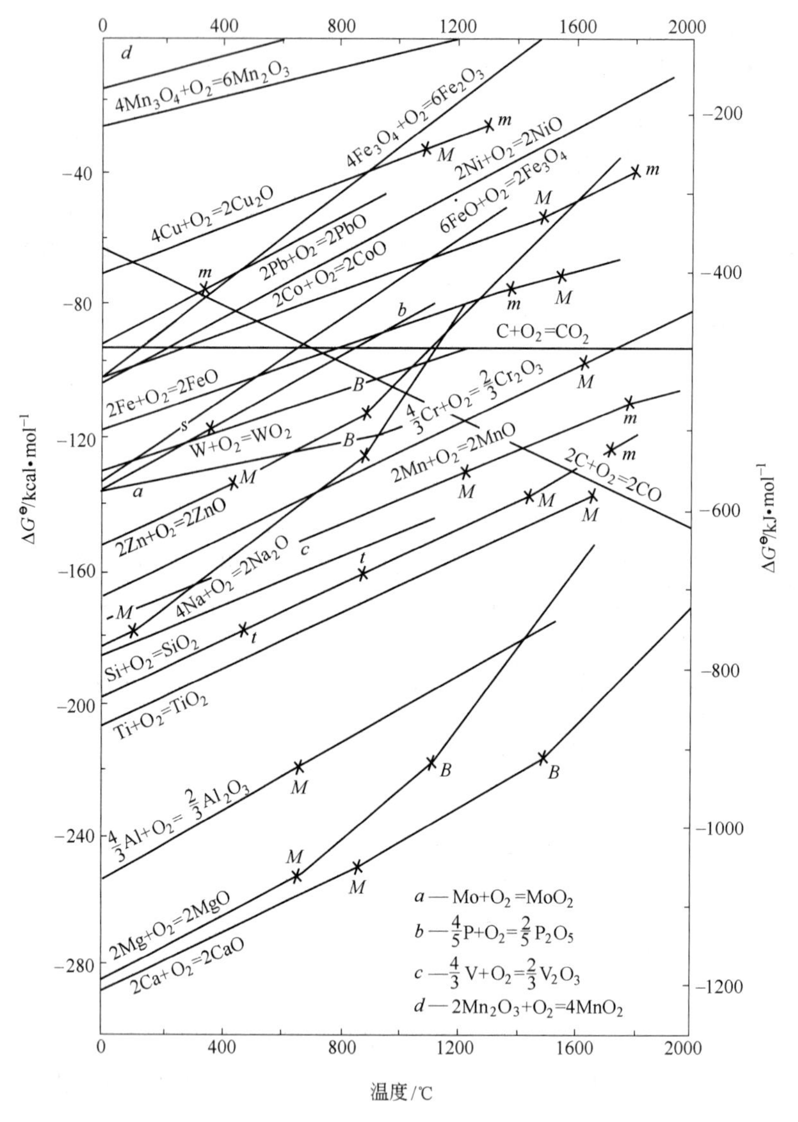

图 5-1　与 1 mol O_2 结合成氧化物的标准自由能变化与温度的关系

（图中 *M*、*B*、*t* 各点分别代表物质（大写是指金属，小写是指氧化物）的熔点、沸点和晶型转变点；s 为升华点）

从以上又可得出在高炉冶炼条件下：Cu、Pb、Ni、Co、Fe 为易全部被还原的元素；Cr、Mn、V、Si、Ti 只能部分被还原；Al、Mg、Ca 不能被还原。

5.2　铁氧化物的还原

炉料中铁的氧化物存在形态有 Fe_2O_3、Fe_3O_4、FeO 等，但最后都是经 FeO 的形态被还原成金属 Fe。

各种铁氧化物的还原顺序相同于分解顺序：$Fe_2O_3 \longrightarrow Fe_3O_4 \longrightarrow FeO \longrightarrow Fe$ 其各阶段的失氧量可写为：

$$3Fe_2O_3 \longrightarrow 2Fe_3O_4 \longrightarrow 6FeO \longrightarrow 6Fe$$

1/9 2/9 6/9

可见第一阶段（$Fe_2O_3 \rightarrow Fe_3O_4$）失氧数量少，因而还原是容易的，越到后面，失氧量越多，还原越困难。一半以上（6/9）的氧是在最后阶段即从 FeO 还原到 Fe 的过程中夺取的，所以铁氧化物中 FeO 的还原具有最重要的意义。

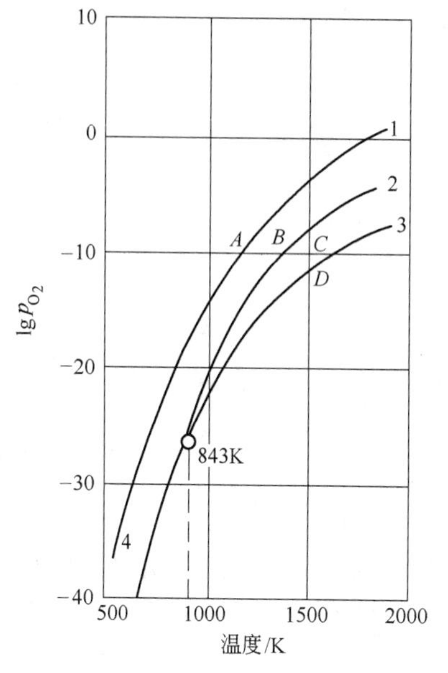

图 5-2 铁氧化物分解压与温度的关系

1—Fe_2O_3；2—Fe_3O_4；3—FeO

A—Fe_2O_3 稳定区；B—Fe_3O_4 稳定区；

C—FeO 稳定区；D—Fe 稳定区

铁氧化物的分解压与温度关系如图 5-2 所示。低于 570℃时，$p_{O_2(FeO)} > p_{O_2(Fe_3O_4)}$，FeO 不稳定，会立即按下式分解：

$$4FeO \longrightarrow Fe_3O_4 + Fe$$

所以此时还原顺序是：$Fe_2O_3 \longrightarrow Fe_3O_4 \longrightarrow Fe$

温度高于 570℃还原顺序：$Fe_2O_3 \longrightarrow Fe_3O_4 \longrightarrow FeO \longrightarrow Fe$

铁的高价氧化物分解压比低价氧化物的大，Fe_3O_4 和 FeO 的分解压则低得多，FeO 的分解压则更低。故在高炉的温度条件下，除 Fe_2O_3 不需要还原剂（只靠热分解）就能得到 Fe_3O_4 外，Fe_3O_4、FeO 必须要还原剂夺取其氧。高炉内的还原剂是固定碳及气体 CO 和 H_2。

5.2.1 用 CO 还原铁氧化物

矿石入炉后，在加热温度未超过 1000℃的高炉中上部，铁氧化物中的氧是被煤气中 CO 夺取而产生 CO_2 的。这种还原过程不是直接用焦炭中的碳作还原剂，故称为间接还原。

小于 570℃时还原反应分两步：

$$3Fe_2O_3 + CO = 2Fe_3O_4 + CO_2 \quad +27130\ kJ$$

$$Fe_3O_4 + 4CO = 3Fe + 4CO_2 \quad +17160\ kJ \tag{5-4}$$

$$\tag{5-5}$$

大于 570℃反应分三步：

$$3Fe_2O_3 + CO = 2Fe_3O_4 + CO_2 \quad +27130\ kJ$$

$$Fe_3O_4 + CO = 3FeO + CO_2 \quad -20888\ kJ \tag{5-6}$$

$$FeO + CO = Fe + CO_2 \quad +13600\ kJ \tag{5-7}$$

上述诸反应的特点是：

（1）从 Fe_2O_3 还原成 FeO，除反应式（5-6）为吸热反应外，其余反应均为放热反应。

（2）Fe_2O_3 分解压力较大，可以被 CO 全部还原成 Fe_3O_4。

（3）除从 Fe_2O_3 还原成 Fe_3O_4 的反应不可逆外，其余反应都是可逆的，反应进行的方向取决于气相反应物和生成物的含量。

当 Fe_2O_3、Fe_3O_4 等为纯物质时，其活度 $a_{Fe_2O_3} = a_{Fe_3O_4} = 1$，因此这些反应的平衡常数 $K_p = p_{CO_2}/p_{CO} = \varphi(CO_2)/\varphi(CO)$。由于气相中 $\varphi(CO) + \varphi(CO_2) = 100\%$，联解可得：

$$\varphi(CO)\% = 100\%/(K_p + 1) \tag{5-8}$$

对不同温度和不同铁氧化物而言 K_p 值不同，故可求得某温度下的平衡气相成分 $\varphi(CO)$ 和 $\varphi(CO_2)$，绘成图 5-3。

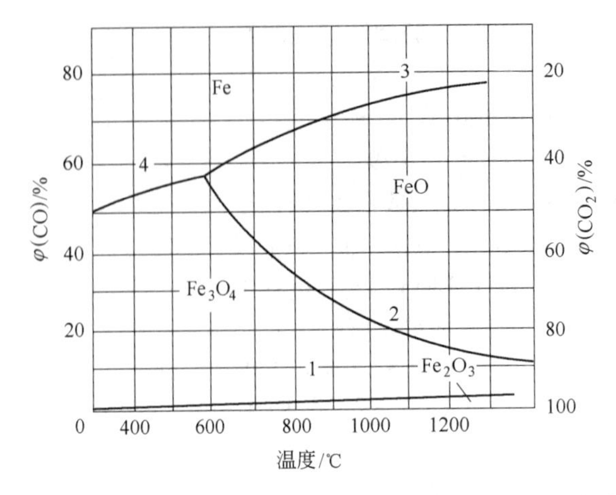

图 5-3 CO 还原铁氧化物的平衡三相成分与温度的关系

图中曲线 1 为反应 $3Fe_2O_3 + CO \xlongequal{} 2Fe_3O_4 + CO_2$ 的平衡气相成分与温度的关系线。它的位置很低，说明平衡气相中 CO 含量很低，几乎全部为 CO_2，换句话讲，只要少量的 CO 就能使 Fe_2O_3 还原。这是因为 $3Fe_2O_3 + CO \xlongequal{} 2Fe_3O_4 + CO_2$ 反应的平衡常数 K_p 在不同温度下的值都很大，或者说 Fe_2O_3 的分解压很大，其反应很容易向右进行。一般把它看为不可逆反应。该反应在高炉上部低温区就可全部完成，还原成 Fe_3O_4。

曲线 2 是反应式 $Fe_3O_4 + CO \xlongequal{} 3FeO + CO_2$ 的平衡气相与温度关系线。它向下倾斜，说明平衡气相中 CO 的含量随温度的升高而降低，随温度升高，CO 的利用程度提高。也说明这个反应是吸热反应，温度升高有利反应向右进行。

当温度一定时，平衡气相成分是定值。如果气相中的 CO 含量高于这一定值，反应则向右进行，低于这一定值，反应向左进行，使 FeO 进一步被氧化而成 Fe_3O_4。

曲线 3 是反应式 $FeO + CO \xlongequal{} Fe + CO_2$ 的平衡气相成分与温度关系线。它向上倾斜，即反应平衡气相中 CO 的含量随温度升高而增大，说明 CO 的利用程度是随温度升高而降低，并且还是放热反应，升高温度不利该反应向右进行。

曲线 4 是反应式 $Fe_3O_4 + 4CO \xlongequal{} 3Fe + 4CO_2$ 的平衡气相与温度关系线。它与曲线 3 一样是向上倾斜的，并在 570℃ 的位置与曲线 2、3 相交，这说明反应仅在 570℃ 以下才能进行。升高温度对该反应不利。由于温度低，反应进行的速度很慢，该反应在高炉中发生的数量不多，其意义也不大。

曲线 2、3、4 将图 5-3 分为三部分，分别称为 Fe_3O_4、FeO、Fe 的稳定存在区域。稳定区的含义是该化合物在该区域条件下能够稳定存在，例如在 800℃ 条件下，还原气相中保持 $\varphi(CO) = 20\%$，那么投进 Fe_2O_3，它将被还原成 Fe_3O_4。而投进 FeO 则被氧化成 Fe_3O_4，所以稳定存在的物质是 Fe_3O_4。若在 800℃ 下要得到 FeO 或 Fe，必须把 CO 的含量相应保持在 28.1% 或 65.3% 以上才有可能，所以稳定区的划分取决于温度和气相成分。

由于 Fe_3O_4 和 FeO 的还原反应均属可逆反应，即在某温度下有固定平衡成分（$K_p = \varphi(CO_2)/\varphi(CO)$），故按以上反应式（5-6）、式（5-7）和式（5-8），即用 1 molCO 不可能把 1 molFe_3O_4（FeO）还原为 3 molFeO（金属 Fe），而必须要有更多的还原剂 CO，才能使反应后的气相成分满足平衡条件需要，或者说，为了使 1 molFe_3O_4 或 FeO 能彻底还原，必须要加过量的还原剂 CO 才行。所以正确的反应式应写为：

$t > 570℃$时 $$Fe_3O_4 + nCO \longrightarrow 3FeO + CO_2 + (n-1)CO$$

$$3FeO + nCO \longrightarrow 3FeO + CO_2 + (n-1)CO$$

$t < 570$℃时 $$Fe_3O_4 + 4nCO \longrightarrow 3Fe + 4CO_2 + 4(n-1)CO$$

式中 n 为还原剂的过量系数，其大小与温度有关，其值大于 1。n 可根据平衡常数 K_p 求得，也可按平衡气相的成分求得。

$$K_p = \varphi(CO_2)/\varphi(CO) = 1/(n-1) \tag{5-9}$$

则
$$n = 1 + 1/K_p \tag{5-10}$$

$K_p = \varphi(CO_2)/\varphi(CO)$代入式(5-10)，得

$$n = 1 + (\varphi(CO)/\varphi(CO_2)) = (\varphi(CO_2) + \varphi(CO))/\varphi(CO_2)$$

$$\varphi(CO_2) + \varphi(CO) = 100\%$$

$$n = 100/\varphi(CO_2) \tag{5-11}$$

式中，$\varphi(CO_2)$或 $\varphi(CO)$为在某温度下，反应处于平衡状态时 CO_2 或 CO 的含量。

5.2.2 用固定碳还原铁的氧化物

用固定碳还原铁的氧化物生成的气相产物是 CO，这种还原称为直接还原。如：$FeO + C \xlongequal{} Fe + CO$。由于矿石在下降过程中，在高炉上部的低温区已先经受了高炉煤气的间接还原，即矿石在到达高温区之前，都已受到一定程度的还原，残存下来的铁氧化物主要以 FeO 形式存在（在崩料、坐料时也可能有少量未经还原的高价铁氧化物落入高温区）。

矿石在软化和熔化之前与焦炭的接触面积很小，反应的速度则很慢，所以直接还原反应受到限制。在高温区进行的直接还原实际上是通过下述两个步骤进行的。

第一步：通过间接还原

$$Fe_3O_4 + CO \xlongequal{} 3FeO + CO_2$$

$$FeO + CO \xlongequal{} Fe + CO_2$$

第二步：间接还原的气相产物与固定碳发生反应（前面提到的贝波反应），是以上两个步骤的最终结果。直接还原

$$FeO + CO \xlongequal{} Fe + CO_2 \qquad +13600\ kJ$$

$$CO_2 + C \xlongequal{} 2CO \qquad -165800\ kJ$$

$$\overline{FeO + C \xlongequal{} Fe + CO \qquad -152200\ kJ} \tag{5-12}$$

以上两步反应中，起还原作用的仍然是气体 CO，但最终消耗的是固定碳，故称为直接还原。

二步式的直接还原不是在任何条件下都能进行。这是因为贝波反应是可逆反应，只有该反应在高温下向右进行，直接还原才存在。而 $CO_2 + C \xlongequal{} 2CO$ 反应前后气相体积发生变化（由 1 molCO_2 变为 2 molCO），因此反应的进行不仅与气相成分有关，亦与压力有关。提高压力，反应有利向左进行，一般由于高炉正常生产时的压力变化不大，下面只讨论温度与平衡气相成分的影响。

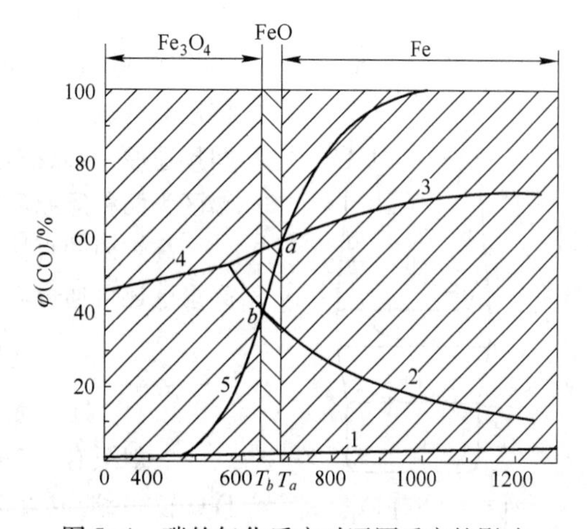

图 5-4 碳的气化反应对还原反应的影响

图 5-4 是将反应 $CO_2 + C \xlongequal{} 2CO$ 在 1×10^5 Pa 下，平衡气相成分与温度关系曲线绘在图 5-3中的合成图。

图中曲线 5 分别与曲线 2、3 交于 b 和 a，两

点对应的温度分别是 $t_b=647℃$，$t_a=685℃$（此时总压力 $p=p_{CO}+p_{CO_2}=1\times10^5$ Pa）。

由于碳的气化（贝波）反应的存在，图中的三个稳定存在区域发生了变化。在温度大于685℃的区域内，曲线5下面部分，CO的含量都低于贝波反应达到平衡时气相中CO的含量，而且高炉内又有大量碳存在，所以碳的气化反应总是向右进行，直到气相成分含量达到曲线5为止。由此看，在685℃以上区域，气相中CO含量总是高于曲线1、2、3的平衡气相中CO的含量，使反应向右进行，直到FeO全部还原到Fe为止。所以说，大于685℃的区域是铁的稳定存在区。

温度小于647℃区域，曲线5的位置很低，与前面分析情况相反，碳的气化反应向左进行，则发生CO的分解反应。气相中CO减少，CO_2 增多，最后导致 Fe_3O_4 与FeO的还原反应也都向左进行，直到全部Fe氧化成 Fe_3O_4 并使反应达到平衡为止。所以在温度小于647℃的区域为 Fe_3O_4 的稳定存在区。

温度在647～685℃，曲线5的位置高于曲线2，低于曲线3。同理可知，曲线2，Fe_3O_4 被CO还原的还原反应向右进行，曲线3，FeO被CO还原的还原反应向左进行，所以该区为FeO的稳定存在区。

综上所述，有碳的气化反应存在，铁氧化物稳定区域发生变化，由主要依据煤气成分变化变为以温度界限划分。但高炉内的实际情况又与以上分析不相符。在高炉内低于685℃的低温区，已见到有Fe被还原出来，其主要原因有以下几方面：

（1）上述的讨论是在平衡状态下的结论，而高炉内由于煤气流速很大，煤气在炉内停留时间很短（2～6 s），煤气中CO的含量又很高，使还原反应未达到平衡。

（2）碳的气化反应在低温下有利反应向左进行。但任何反应在低温下反应速度都很慢，反应达不到平衡状态，所以气相中CO成分含量在低温下远远高于其平衡气相成分含量。故在高炉中除在风口前的燃烧区域为氧化区域外，都是较强的还原气氛。铁的氧化物则易被还原成Fe。

（3）685℃是在压力为 $p_{CO}+p_{CO_2}=1\times10^5$ Pa前提获得，而实际高炉内的 $\varphi(CO)+\varphi(CO_2)=40\%$ 左右，即 $p_{CO}+p_{CO_2}=0.4\times10^5$ Pa。外界压力降低，碳的气化反应平衡曲线应向左移动，故交点应低于685℃。

（4）碳的气化反应不仅与温度、压力有关，还与焦炭的反应性有关。据测定，一般冶金焦炭在800℃时开始气化反应，到1100℃时激烈进行。此时气相中CO含量几乎达100%，而 CO_2 含量几乎为零。这样可认为高炉内低于800℃的低温区不存在碳的气化反应也就不存在直接还原，故称间接还原区域。大于1100℃时气相中不存在有 CO_2，也可认为不存在间接还原，所以把这区域称为直接还原区。而在800～1100℃的中温区为两种还原反应都存在的区域，如图5-5所示。

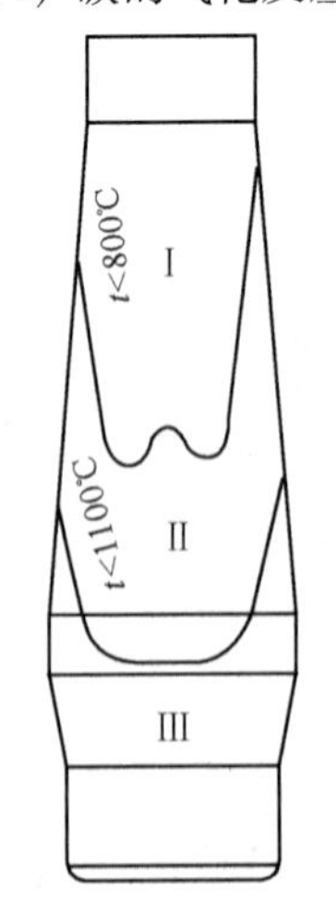

图5-5　高炉内铁的还原区示意图

高炉内的直接还原除了以上提到的两步反应方式外，在下部的高温区还可通过以下方式进行：

$$(FeO)_{液}+C_{焦}=[Fe]_{液}+CO\uparrow$$

$$(FeO)_{液}+[Fe_3C]_{液}=4[Fe]_{液}+CO\uparrow$$

一般只有0.2%～0.5%的Fe进入炉渣中。如遇炉况失常渣中FeO较多，造成直接还原反应增加，而且由于大量吸热反应会引起炉温剧烈波动。

5.2.3　用氢还原铁的氧化物

在不喷吹燃料的高炉上,煤气中的 H_2 含量只是1.8% ~2.5%。它主要是由鼓风中的水分在风口前高温分解产生的。在喷吹燃料(特别是重油、天然气)的高炉,煤气中 H_2 含量显著增加,可达5% ~8%。氢和氧的亲和力很强,所以氢也是高炉冶炼中的还原剂。氢的还原也称间接还原。

用氢还原铁氧化物的顺序与CO还原时一样,在温度高于570℃还原反应分三步进行:

$$Fe_2O_3 + H_2 = 2Fe_3O_4 + H_2O \quad +21800\ kJ \tag{5-13}$$

$$Fe_3O_4 + H_2 = 3FeO + H_2O \quad -63570\ kJ \tag{5-14}$$

$$FeO + H_2 = Fe + H_2O \quad -27700\ kJ \tag{5-15}$$

低于570℃时反应分两步进行:

$$3Fe_2O_3 + H_2 = 2Fe_3O_4 + H_2O \quad +21800\ kJ$$

$$Fe_3O_4 + 4H_2 = 3Fe + 4H_2O \quad -146650\ kJ \tag{5-16}$$

上述反应除式(5-13)是不可逆反应外,其余均为可逆反应。即在一定温度下有固定的平衡常数。$K_p = p_{H_2O}/p_{H_2} = \varphi(H_2O)/\varphi(H_2)$。其平衡气相与温度关系如图5-6所示。

曲线1、2、3、4相应表示反应式(5-13)、式(5-14)、式(5-15)和式(5-16)。曲线2、3、4向下倾斜,表示均为吸热反应,随温度升高,平衡气相中的还原剂量降低,而 H_2O 的含量增加,这与CO的还原不同。

为了比较,将图5-6与图5-4绘在一起如图5-7所示。可见,用 H_2 和CO还原 Fe_3O_4 和FeO时的平衡曲线的交点温度都为810℃。

当温度低于810℃时:$p_{H_2O}/p_{H_2} < p_{CO_2}/p_{CO}$

当温度等于810℃时:$p_{H_2O}/p_{H_2} = p_{CO_2}/p_{CO}$

当温度高于810℃时:$p_{H_2O}/p_{H_2} > p_{CO_2}/p_{CO}$

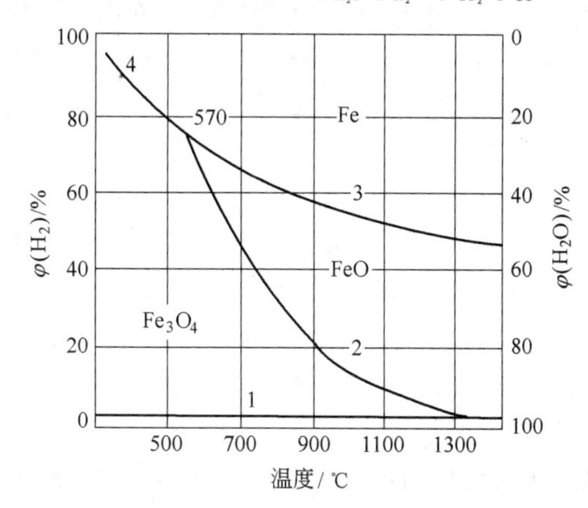

图5-6　用氢还原铁氧化物的平衡气相成分与温度的关系

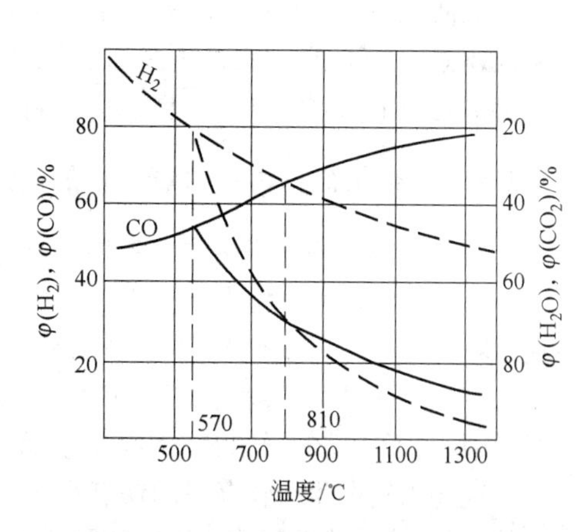

图5-7　铁氧碳与铁氧氢气相平衡成分比较

以上说明 H_2 的还原能力随温度升高不断提高,在810℃时 H_2 与CO的还原能力相同。在810℃以上 H_2 的还原能力高于CO的还原能力。而在810℃以下CO的还原能力高于 H_2 的还原能力。

H_2 的还原有以下特点:

(1) 与CO还原一样,均属间接还原,反应前后气相(H_2 与 H_2O)体积没有变化,即反应不受压力影响。

(2) 除 Fe_2O_3 的还原外,Fe_3O_4、FeO的还原均为可逆反应。在一定温度下有固定的平衡气相成分,为了铁的氧化物还原彻底,都需要过量的还原剂。

(3) 反应为吸热过程，随着温度升高，平衡气相曲线向下倾斜，说明 n 值降低，也即是 H_2 的还原能力提高。

(4) 从热力学因素看 810℃以上，H_2 还原能力高于 CO 还原能力。810℃以下时，则相反。

(5) 从反应的动力学看，因为 H_2 与其反应产物 H_2O 的分子半径均比 CO 与其反应产物 CO_2 的分子半径小，因而扩散能力强。以此说明不论在低温或高温下，H_2 还原反应速度都比 CO 还原反应速度快（当然任何反应速度都是随温度升高而加快的）。

(6) 在高炉冶炼条件下，H_2 还原铁氧化物时，还可促进 CO 和 C 还原反应的加速进行。因为 H_2 还原时的产物 $H_2O_{气}$，会同 CO 和 C 作用放出氧，而 H_2 又重新被还原出来，继续参加还原反应。如此，H_2 在 CO 和 C 的还原过程中，把从铁氧化物中夺取的氧又传给了 CO 或 C，起着中间媒介传递作用。

在低温区 H_2 还原时的产物 H_2O 与 CO 作用

$$\begin{array}{r}FeO + H_2 = Fe + H_2O \\ H_2O + CO = H_2 + CO_2 \\ \hline FeO + CO = Fe + CO_2\end{array}$$

在高温区，H_2O 与 C 作用：

$$\begin{array}{r}FeO + H_2 = Fe + H_2O \\ H_2O + C = H_2 + CO \\ \hline FeO + C = Fe + CO\end{array}$$

可见 H_2 在中间积极参与还原反应，而最终消耗的还是 C 和 CO。H_2 在高炉冶炼过程中，只能一部分参加还原，得到产物 H_2O。据统计，在入炉 H_2 总量中，有 30% ~50% 的 H_2 参加还原反应并变为 $H_2O_{气}$，而大部分 H_2 则随煤气逸出炉外。

如何提高 H_2 的利用率，是改善还原强化冶炼的一个重要课题。实践表明，H_2 在高炉下部高温区还原反应激烈，为在炉内参加还原 H_2 量的 85% ~100%。而直接代替 C 还原的 H_2 约占炉内参加还原 H_2 量的 80% 以上，另一小部分则代替了 CO 的还原。

5.2.4　复杂化合物中的铁氧化物的还原

高炉原料中的铁氧化物常常与其他物质结合为复杂化合物。例如，酸性烧结矿中的铁橄榄石（Fe_2SiO_4）；自熔性烧结矿、自熔性球团矿和熔剂性烧结矿中的钙铁橄榄石（$CaFeSiO_4$）和铁酸钙（$CaO \cdot Fe_2O_3$）；钒钛磁铁矿中的钛铁矿（$FeCO_3$）和钛铁晶石（Fe_2TiO_4），此外还有蓝铁矿（$Fe_3(PO_4)_2 \cdot 8H_2O$）、菱铁矿（$FeCO_3$）和褐铁矿（$2Fe_2O_3 \cdot 2H_2O$）等。同时，在高炉的还原与造渣过程中，还形成铁钙橄榄石（$CaFeSiO_4$）和 $FeSiO_3$ 等矿物。

这些以复杂化合物存在的铁氧化物，一般都比纯铁氧化物难还原。首先它们必须分解成自由的铁氧化物，然后再被还原剂还原，因此还原比较困难，会消耗更多的燃料。下面只讨论常见的 Fe_2SiO_4 的还原情况。

Fe_2SiO_4 的还原可按如下先分解后还原的方式进行：

$$Fe_2SiO_4 \longrightarrow 2FeO + SiO_2 \qquad -47311\ kJ \tag{5-17}$$

$$2FeO + 2CO \longrightarrow 2Fe + SiO_2 + 2CO \qquad +27214\ kJ \tag{5-18}$$

$$Fe_2SiO_4 + 2CO \longrightarrow 2Fe + SiO_2 + 2CO \qquad -20097\ kJ \tag{5-19}$$

由上可见，Fe_2SiO_4 中的 FeO 被 CO 还原要吸收热量，而 FeO 的还原却放出热量，因此 Fe_2SiO_4 比纯 FeO 难还原得多。根据热力学理论计算得出：在 900℃时，用 CO 还原 FeO 的平衡成

分为 $\varphi(CO_2)$33%，$\varphi(CO)$67%；而在同一温度下，用 CO 还原 Fe_2SiO_4 的平衡成分却为 $\varphi(CO_2)$ 15%，$\varphi(CO)$85%。

5.3 铁氧化物的直接还原和间接还原对焦比的影响

5.3.1 直接还原度的概念

高炉内进行的还原方式共有三种，即直接还原、间接还原和氢的还原（也可列为间接还原）。各种还原在高炉内的发展程度分别用直接还原度、间接还原度和氢的还原度来衡量。直接还原度又可分为铁的直接还原度和高炉的综合直接还原度两个不同的概念。

铁的直接还原度（r_d）。假定铁的高级氧化物（Fe_2O_3，Fe_3O_4）还原到低级氧化物（FeO）全部为间接还原。则 FeO 中以直接还原的方式还原出来的铁量与铁氧化物中还原出来的总铁量之比，称铁的直接还原度，以 r_d 表示：

$$r_d = m(\mathrm{Fe})_{直}/(m(\mathrm{Fe})_{生铁} - m(\mathrm{Fe})_{料}) \tag{5-20}$$

式中 $m(\mathrm{Fe})_{直}$——FeO 以直接还原方式还原出的铁量；

$m(\mathrm{Fe})_{生铁}$——生铁中的含 Fe 量；

$m(\mathrm{Fe})_{料}$——炉料中以元素铁的形式带入的铁量，通常指加入废铁中的铁量。

相应铁的间接还原度为 $r_i = 1 - r_d$，通常 r_d 处于 0～1 之间，常为 0.4～0.6 之间。

5.3.2 直接还原与间接还原对焦比的影响

在高炉内如何控制各种还原反应来改善燃料的热能和化学能的利用，是降低焦比的关键问题。高炉最低的燃料消耗，并不是全部为直接还原或是全部为间接还原，而是在两者适当比例下获得。这一理论可以通过下面的计算与分析证明。

5.3.2.1 还原剂碳量消耗（以吨铁为计算单位）

A 用于直接还原铁的还原剂碳量消耗 $m(\mathrm{C})_d$

$$m(\mathrm{C})_d = 12/56 r_d m(\mathrm{Fe}) = 0.214 r_d m(\mathrm{Fe})$$

式中 $m(\mathrm{Fe})$——1 t 生铁中的铁量，kg；

r_d——铁的直接还原度，%。

B 用于间接还原铁的还原剂 CO 的碳量消耗 $m(\mathrm{C})_i$

这里只讨论 FeO 的间接还原，因为 FeO 是各类铁氧化物还原中最难还原的，只要能满足 FeO 还原的还原剂，其他铁氧化物还原也可满足。

$$\mathrm{FeO} + n\mathrm{CO} = \mathrm{Fe} + \mathrm{CO_2} + (n-1)\mathrm{CO}$$

可知

$$m(\mathrm{C})_i = 12/56 n r_i$$

式中，r_i 为间接还原度。

对铁的还原来说，$r_d + r_i = 1$，即 $r_i = 1 - r_d$（氢的还原归于间接还原中）。这里的关键是找到恰当的 n 值。

在高炉风口区燃烧生成的煤气中的 CO 首先遇到 FeO 进行还原，见图 5-8。

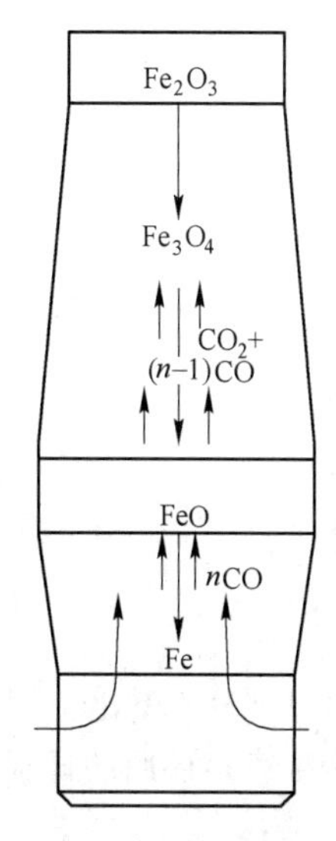

图 5-8 高炉内 CO 还原铁氧化物示意图

$$\mathrm{FeO} + n_1\mathrm{CO} = \mathrm{Fe} + \mathrm{CO_2} + (n_1-1)\mathrm{CO}$$

$$n_1 = 1/(K_{p_1} + 1)$$

式中，K_{p_1}为平衡常数。

还原 FeO 之后的气相产物 CO_2 和 CO 上升中遇到 Fe_3O_4，如果能保证从 Fe_3O_4 中还原出相应数量的 FeO 时，下列反应就可成立。

$$\frac{1}{3}Fe_3O_4 + CO_2 + (n_1 - 1)CO = FeO + \frac{4}{3}CO_2 + \left(n_1 - \frac{4}{3}\right)CO$$

该反应平衡常数为：　$K_{p_2} = \varphi(CO_2)\% / \varphi(CO)\% = \frac{4}{3} \Big/ \left(n_1 - \frac{4}{3}\right)$

则求出：　$n_1 = \frac{4}{3}[(1/K_{p_2}) + 1]$

为区别 FeO 的还原，这里把 Fe_3O_4 还原的过量系数 n_1 改写，即 $n_2 = \frac{4}{3}[(1/K_{p_2}) + 1]$；当$n_1 = n_2$ 时，FeO 与 Fe_3O_4 还原时的耗碳量均可满足，此时的温度应该认为是铁氧化物全部还原的最低温度。相应的碳消耗也是最低的理论碳消耗（$n_1 = n_2 = n$）。

分别求出不同温度下的 n_1 和 n_2 的值，列于表 5-1。

表 5-1　不同温度下的 n_1 与 n_2 值

反应式的 n 值 \ 温度/℃	600	700	800	900	1000	1100	1200
$FeO \xrightarrow{n_1 CO} Fe$	2.12	2.5	2.88	3.17	3.52	3.82	4.12
$\frac{1}{3}Fe_3O_4 \xrightarrow{n_2 CO} FeO$	2.42	2.06	1.85	1.72	1.62	1.55	1.50

将数值绘成图，见图 5-9。比较两个反应，由于 FeO 的还原是放热反应，所以 n_1 随温度升高而上升。而 Fe_3O_4 的还原为吸热反应，故 n_2 随温度升高而降低。若同时保证两个反应，应取其中最大值。当 $n_1 = n_2 = n$ 的情况是保证两个反应都能完成的最小还原剂消耗量。从图 5-9 可见，630℃时，$n_1 = n_2 = 2.33$，从而可计算出间接还原时还原剂的最小消耗量为：

$$m(C)_i = n \times (12/56)(1 - r_d)m([Fe]) = 0.4993(1 - r_d)m([Fe])(kg)$$

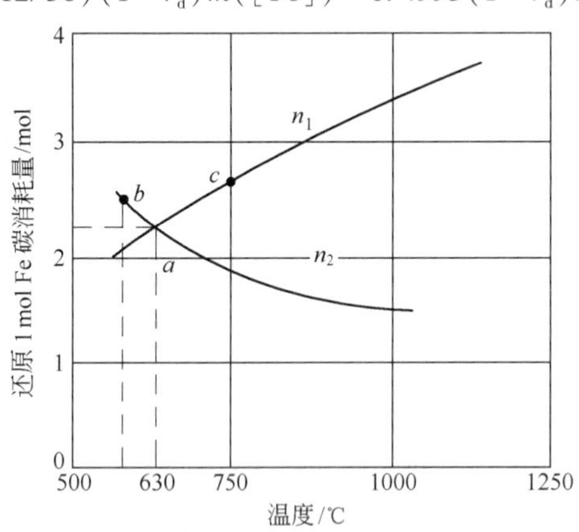

图 5-9　CO 还原铁氧化物 n 值与温度的关系

由以上分析看出，只从还原剂消耗看，还原产出 1 t 生铁（不包括其他元素等直接还原耗碳），全部直接还原的耗碳量要比全部为间接还原所消耗的碳量要少。

5.3.2.2　发热剂的碳量消耗

从还原反应热效应看，间接还原是放热反应：

$$FeO + CO \xlongequal{} Fe + CO_2 \quad +13600\ kJ$$

可计算出还原 1 kg Fe 的放热量为 13600/56 = 243 kJ，而直接还原则是吸热反应：

$$FeO + C \xlongequal{} Fe + CO \quad -152200\ kJ$$

即 1 kg Fe 的吸热量为 152200/56 = 2720 kJ，二者绝对值相差 10 倍以上，所以从热量的需求看发展间接还原大为有利。

综上所述，高炉中碳的消耗应满足三方面需求，即作为还原剂消耗在直接还原和间接还原方面，同时还应满足碳作为发热剂方面的消耗。为了说明清楚，把 $m(C)_d$、$m(C)_i$ 和冶炼 1 t 生铁时的热量消耗 Q（该数据将在热平衡计算中说明）及以上三者与直接还原度 r_d 的关系绘在同一图上。如图 5-10 所示。

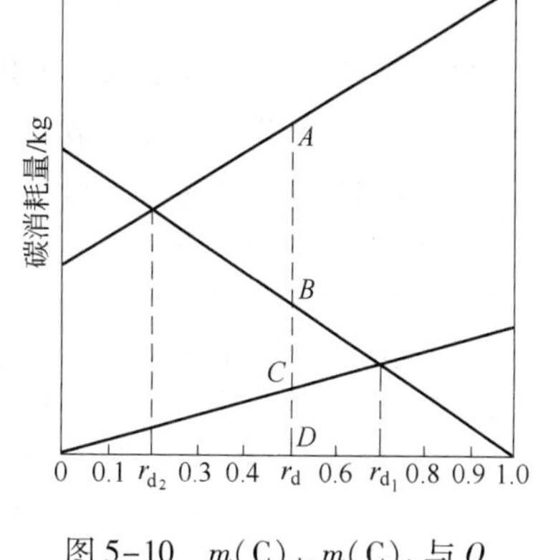

图 5-10　$m(C)_d$、$m(C)_i$ 与 Q 三者与 r_d 之间的关系

横坐标为铁的直接还原度 r_d，纵坐标是单位生铁的碳量消耗（只考虑铁氧化物还原），左端纵轴代表全部为间接还原行程，右端纵轴代表全部为直接还原行程。对单位生铁的热耗 Q 折算成相应的碳耗（它也是 r_d 的函数），由于生产中热损失有所不同，对应 Q 线在图中会有相互平行的上、下移动。从该图可分析以下几点：

（1）当高炉生产处于 r_d 时，如 D 点，直接还原所消耗的碳量为 $\overline{CD}$ 值，间接还原消耗的碳量为 $\overline{BD}$ 值。最终的碳量消耗应是二者中的大者，而不是二者之和，即等于 $\overline{BD}$ 值。原因是在高炉下部直接还原生成的 CO 产物，在上升过程中仍能继续用于高炉上部的间接还原。所以在 r_d 时最低还原剂消耗量，应该是 $m(C)_d = m(C)_i$，即 $m(C)_d$ 与 $m(C)_i$ 线之交点。

（2）若同时考虑热量消耗所需碳量时，如高炉之 r_d 仍处于 D 点，则此时为了保证热量消耗，在风口前要燃烧 $\overline{AC}$ 数量的碳量才行，那么高炉所需的最低焦比应该是 $\overline{AD}$ 所确定的值，而不是 $\overline{AD}$ 和 $\overline{BD}$ 之和，即取 Q 与 $m(C)_i$ 之间的大值（$\overline{AC}$）再加上 $\overline{CD}$。原因是为了满足 Q，需在风口前燃烧碳，产生热量。而燃烧生成的 CO 在上升中能继续用于间接还原，所以取 Q 与 $m(C)_i$ 之间的大者。而直接还原消耗的碳仍需保证，所以焦比的碳量为 $\overline{AD}$ 值。由此可见理想高炉行程既非全部直接还原，又非全部间接还原，而是二者有一定比例。

（3）高炉冶炼处于 D 点时，直接还原消耗碳量 $\overline{CD}$ 值，而热量消耗需在风口前燃烧的碳量 $\overline{AC}$ 值。风口前燃烧和直接还原都生成 CO，其中有 $\overline{BD}$ 部分用在间接还原，而 $\overline{AB}$ 部分以 CO 形式离开高炉，此即高炉煤气中化学能未被利用的部分。它是通过改变操作等方法可以继续挖取的潜力。请注意，$\overline{AB}$ 并不等于炉顶煤气中 CO 的值，因为 $\overline{BD}$ 中包含一部分为可逆反应平衡所需的 CO，这部分 CO 加上 $\overline{AB}$ 段 CO，再扣去铁、锰等高价氧化物还原剂 FeO，MnO 所消耗的 CO，才是最终从炉顶离开的 CO 量。

（4）现实高炉的 $r_d > r_{d_2}$，故高炉焦比主要取决于热量消耗，严格说取决于热量消耗的碳量与直接还原消耗的碳量之和，而不取决于间接还原的碳消耗量，此即高炉焦比由热平衡来计算的理论依据。由此推论，一切降低热量消耗的措施均能降低焦比。目前高炉 $r_d > r_{d_2}$，高炉工作者当前的奋斗目标仍是降低 r_d。不能因为 100% 间接还原是非理想行程，而对间接还原的关注不够，降低 r_d 是当前降低焦比的一个有效措施。

（5）单位生铁的热量消耗降低时（如渣量减少，石灰用量减少，控制低[Si]含量，减少热损失等），Q 线则平行下移，此时理想的 r_d 值向右移动，高炉更容易实现理想行程。r_{d_2} 的焦比就是在某冶炼条件下的理论最低焦比。r_{d_2} 又称为理想的直接还原度（或称适宜的直接还原度），一般为 0.2～0.3，而对一些小高炉由于热损失过大，使 Q 线上移，r_{d_2} 点还要小于 0.2～0.3。我国目前的实际直接还原度往往在 0.5～0.6。

5.3.3　降低焦比的基本途径

降低高炉热量消耗和直接还原度能降低焦比。此外，增加非焦炭的热量和碳量收入以代替焦炭提供的热量和碳量也能降低焦比。因此，降低焦比的基本途径有四条：

（1）降低热量消耗。

（2）降低直接还原度。

（3）增加非焦炭的热量收入。

（4）增加非焦炭的碳量收入。

高炉内消耗热量主要有下列几项：

（1）直接还原（Fe、Mn、Si、P、CO_2 等）吸热。

（2）碳酸盐分解吸热。

（3）水分蒸发、化合水分解，H_2O 在高温区与 C 反应吸热。

（4）脱 S 吸热。

（5）炉渣、生铁、煤气带出炉外的热量。

（6）冷却水和高炉炉体散热。

降低热量消耗从上述各项看出：第一项是降低直接还原度的问题；第三项中主要是化合水分解吸热，可通过炉外焙烧消除；第五项的铁水带出炉外的热量是必须的，不能降低。而煤气带出炉外的热量多少与煤气量的多少及高炉内的热交换好坏有关，煤气量少和热交换好时，炉顶温度低，煤气带出炉外的热量就少。反之，炉顶温度高，煤气带出炉外的热量就多。所以，要降低煤气带出炉外的热量，就要降低煤气量和改善炉内热交换。第六项冷却水带走和炉体散热是一项损失，一般来说，它的数值是一定的。因此，当产量提高时，单位生铁的热损失就降低，反之则升高，所以它只与产量有关。其他各项消耗热量多少的关键是原料性能。例如：降低焦炭的灰分和含硫量，提高矿石品位，采用高碱度烧结矿，可以少加或不加熔剂，降低渣量，从而能降低碳酸盐分解吸热和炉渣带出炉外的热量。

降低直接还原度，包括改善 CO 的间接还原和氢的还原，主要措施有：改善矿石的还原性；控制炉内煤气流的合理分布，合理利用煤气能量；高炉综合喷吹（喷吹燃料配合富氧鼓风等）。

增加非焦炭的热量收入和碳量收入的办法主要有提高风温和喷吹燃料等。

目前国内外为了降低焦比而采取的精料、高风温、富氧鼓风、喷吹燃料等技术措施都是基于上述四条基本途径。

5.4　非铁元素的还原

高炉内除铁元素外，还有锰、硅、磷等其他元素的还原。根据各氧化物的分解压的大小，可知铜、砷、钴、镍最易还原，在高炉内几乎全部被还原；锰、钒、硅、钛等较难还原，只有部分被还原进入生铁。

5.4.1　锰的还原

锰是高炉冶炼中常遇到的金属，高炉中的锰主要由锰矿石带入，一般铁矿石中也都含有少量锰。高炉内锰氧化物的还原也是从高价向低价逐级进行的。

其顺序为：$6MnO_2 \longrightarrow 3Mn_2O_3 \longrightarrow 2Mn_3O_4 \longrightarrow 6MnO \longrightarrow 6Mn$

失氧量 3/12 1/12 2/12 6/12

气体还原剂（CO，H_2）把高价锰氧化物还原到低价 MnO 是比较容易的，因为 MnO_2 和 Mn_2O_3 的分解压都比较大。在 $p_{O_2}=98066.5$ Pa 时，MnO_2 分解温度为565℃，Mn_2O_3 分解温度为1090℃，其反应可认为是不可逆反应：

$$2MnO_2 + CO = Mn_2O_3 + CO_2 \quad +226690 \text{ kJ} \tag{5-21}$$

$$3Mn_2O_3 + CO = 2Mn_3O_4 + CO_2 \quad +170120 \text{ kJ} \tag{5-22}$$

Mn_3O_4 的还原则为可逆反应：

$$Mn_3O_4 + nCO = 3MnO + CO_2 + (n-1)CO \quad +51880 \text{ kJ} \tag{5-23}$$

在1400 K（1127℃）以下 Mn_3O_4 没有 Fe_3O_4 稳定，即是说，Mn_3O_4 比 Fe_3O_4 易还原。

但 MnO 是相当稳定的化合物，其分解压比 FeO 分解压小得多。在1400℃的纯 CO 的气流中，只能有极少量的 MnO 被还原，平衡气相中的 CO_2 含量只有0.03%，由此可见，高炉内 MnO 不能进行间接还原。MnO 的直接还原也是通过气相反应进行的，反应式如下：

$$MnO + CO = Mn + CO_2 \quad -121500 \text{ kJ}$$

$$CO_2 + C = 2CO \quad -165690 \text{ kJ}$$

$$\overline{MnO + C = Mn + CO \quad -287190 \text{ kJ}} \tag{5-24}$$

还原1 kgMn 耗热为287190/55=5222 kJ，它比直接还原1 kg Fe 的耗热（2720 kJ）约高一倍，即比铁难还原，所以高温是锰还原的首要条件。

由于 Mn 在还原之前已进入液态炉渣，在1100～1200℃时，能迅速与炉渣中 SiO_2 结合成 $MnSiO_3$，此时要比自由的 MnO 更难还原。

$MnSiO_3$ 与 Fe_2SiO_4 的还原相类似，当渣中 CaO 含量高时，可将 MnO 置换出来，还原变得容易些。

$$MnSiO_3 + CaO = CaSiO_3 + MnO \quad +58990 \text{ kJ}$$

$$MnO + C = Mn + CO \quad -287190 \text{ kJ}$$

$$\overline{MnSiO_3 + CaO + C = Mn + CaSiO_3 + CO \quad -228200 \text{ kJ}} \tag{5-25}$$

如碱度更高时，形成 Ca_2SiO_4，此时锰还原耗热更少些。此外，高炉内有已还原的 Fe 存在，有利于锰的还原，因为锰能溶于铁水，降低[Mn]的活度，故有利还原。

锰在高炉内有部分随煤气挥发，它到高炉上部又被氧化成 Mn_3O_4。在冶炼普通生铁时，约有40%～60%锰进入生铁，有5%～10%的锰挥发入煤气，其余进入炉渣。

5.4.2 硅的还原

不同的铁种对其含硅量有不同要求。一般炼钢生铁含硅应小于1%。目前高炉冶炼低硅炼钢生铁，其含硅量已降低到0.2%～0.3%，甚至0.1%或更低。铸造生铁则要求含硅在1.25%～4.0%，对硅铁合金则要求含硅愈高愈好。

生铁中的硅主要来自矿石的脉石和焦炭灰分中的 SiO_2，特殊情况下高炉亦可加入硅石。SiO_2 是比较稳定的化合物，其分解压很低（1500℃时为 3.6×10^{-19} MPa），生成热很大。所以 Si 比 Fe 和 Mn 都难还原。SiO_2 只能在高温下（液态）靠固定碳直接还原，其反应为：

$$SiO_2 + 2C = Si + 2CO \quad -627980 \text{ kJ} \tag{5-26}$$

还原1 kg Si 的耗热为627980/28=22430 kJ。相当于还原1 kg Fe（直接还原）所需量的8倍，是还原 1 kgMn 耗热的 4.3 倍。Si 还原的顺序是逐级进行，在 1500℃ 以下为 $SiO_2 \rightarrow Si$，1500℃ 以上为 $SiO_2 \rightarrow SiO \rightarrow Si$。还原的中间产物 SiO 的蒸气压比 Si 和 SiO_2 的蒸气压都大。在 1890℃时可达 98066.5 Pa。所以 SiO 在还原过程中可挥发成气体，高炉风口附近温度高于 1900℃，故炉内 SiO 的挥发条件是存在的。另外由于气态 SiO 的存在改善了与焦炭接触条件，有利于 Si 的还原。其反应为：

$$SiO_2 + C = SiO + CO \tag{5-27}$$

$$SiO + C = Si + CO \tag{5-28}$$

SiO_2 的还原也可借助于被还原出来的 Si 进行，即 $SiO_2 + Si = 2SiO$。未被还原的 SiO 在高炉上部重新被氧化，凝成白色的 SiO_2 微粒，部分随煤气逸出，部分随炉料下降。在炼硅铁时，挥发量高达 10% ~25%，冶炼高硅铸造铁时在 5% 左右。

高炉内由于有 Fe 的存在，还原出来的 Si 能与 Fe 在高温下形成很稳定的硅化物 FeSi（包括 Fe_3Si 和 $FeSi_2$ 等）而溶解于铁中，因此降低了还原时的热消耗和还原温度，从而有利 Si 的还原。其反应为：

$$\begin{aligned} SiO_2 + 2C &= Si + 2CO \qquad -627980\ kJ \\ Si + Fe &= FeSi \qquad +80333\ kJ \\ \hline SiO_2 + 2C + Fe &= FeSi + 2CO \qquad -547647\ kJ \end{aligned} \tag{5-29}$$

与锰的还原类似，从矿石（特别是烧结矿）的硅酸盐中或从炉渣中还原 Si 要比从自由的 SiO_2 中还原困难得多，即使有 Fe 存在也比较困难。

高炉解剖表明，在炉料熔融之前，硅在铁中含量极低，到炉腹处硅含量剧增，通过风口带以后，硅含量又降低。

改善及控制硅还原的条件主要是：

（1）提高高炉下部温度。提高炉缸温度，更确切地说是提高炉渣温度有利于硅的还原。研究表明，渣温越高，硅还原量越大（原因是渣温高时，渣中 FeO 低，有利于硅的还原，并使硅的再氧化量少）。所以生产中常以生铁含硅高低来判断炉温水平。不过[Si]含量的多少，一般表示化学热的高低，不能完全代表炉缸的实际温度水平，如冶炼低硅生铁，往往是硅低温高（化学热、物理热高）。当然正常的情况下，生铁含硅高，炉温也相应高。

提高风温、富氧鼓风都有利于提高生铁含硅量。因为硅还原需要高温高热，故冶炼硅铁的焦比，一般为炼钢生铁的 2 ~2.5 倍；冶炼铸造铁的焦比，也比炼钢生铁高 5% ~30%。

（2）适宜的造渣制度。高熔点的炉渣可以提高高炉下部温度，促进硅的还原，但应防止炉渣黏稠。碱度低的炉渣，渣中 SiO_2 的活度增加，也有利于硅的还原。国内生产经验表明，冶炼炼钢生铁时，炉渣二元碱度可控制高一些，以便于炼制低硅低硫生铁。

（3）注意原料的选择。由前分析可知，Fe 能促进硅的还原，因此应尽可能选择铁矿物易还原，而脉石难熔化的矿石进行冶炼高硅铁或硅铁。

5.4.3 磷的还原

炉料中的磷主要以磷酸钙 $(CaO)_3 \cdot P_2O_5$（又称磷灰石）形态存在，有时也以磷酸铁 $(FeO)_3 \cdot P_2O_5 \cdot 8H_2O$（又称蓝铁矿）形态存在。

蓝铁矿脱水后比较容易还原，在 900℃时用 CO（用 H_2 则为 700℃）可以从蓝铁矿中还原出 P 来。温度低于 950 ~1000℃时是进行间接还原：

$$2[(FeO)_3 \cdot P_2O_5] + 16CO = 3Fe_2P + P + 16CO_2 \tag{5-30}$$

温度高于950～1000℃进行直接还原，

$$2[(FeO)_3 \cdot P_2O_5] + 16CO \xlongequal{} 3Fe_2P + P + 16CO \quad (5\text{-}31)$$

还原生成的 Fe_2P 和P都溶于铁水中。

磷灰石是较难还原的，它在高炉内首先进入炉渣，被炉渣中的 SiO_2 置换出自由态的 P_2O_5 再进行直接还原：

$$2[(CaO)_3 \cdot P_2O_5] + 3SiO_2 \xlongequal{} 3Ca_2SiO_4 + 2P_2O_5 \quad -917340\ kJ$$

$$2P_2O_5 + 10C \xlongequal{} 4P + 10CO \quad -1921290\ kJ$$

$$2Ca_3(PO_4)_2 + 3SiO_2 + 10C \xlongequal{} 3Ca_2SiO_4 + 4P + 10CO \quad -2838630\ kJ \quad (5\text{-}32)$$

可换算出还原出1 kg P需要耗热为2838630/(4×31)=22892 kJ。可见反应要吸收大量的热，P属难还原元素。但在高炉条件下，一般能全部还原，这是由于炉内有大量的碳，炉渣中又有过量的 SiO_2，而还原出的P又溶于生铁生成 Fe_2P，并放出热量。置换出的自由 P_2O_5 易挥发，改善了与碳的接触条件，这些都促进P的还原。P本身也很易挥发，而挥发的P随煤气上升，在高炉上部又全部被海绵铁吸收。在这些十分有利的条件下，可认为在冶炼普通生铁时，P能全部还原进入生铁。因此要控制生铁中的含磷量，只有控制原料的含P量，使用低磷的原料。

有人认为当炉料中含P较高时，采用高碱度炉渣冶炼可以阻止10%～20%的磷酸钙还原，使其直接进入炉渣。

5.4.4 铅、锌、砷的还原

铅在炉料中以 $PbSO_4$、PbS等形式存在，Pb是易还原元素，可全部还原，其反应为：

$$PbSO_4 + Fe + 4C \xlongequal{} FeS + Pb + 4CO \quad (5\text{-}33)$$

或者是PbS借助CaO的置换作用，生成PbO，再被CO间接还原。还原出的Pb不溶于铁水，由于其密度大于生铁（Pb：$11.34 \times 10^3\ kg/m^3$，Fe：$7.86 \times 10^3\ kg/m^3$）而熔点又低（327℃），还原出的Pb很快穿入炉底砖缝，破坏炉底的衬砖。Pb在1550℃沸腾，在高炉内有部分Pb挥发上升，而后又被氧化并随炉料下降，再次还原从而循环富集，有时也能形成炉瘤破坏炉衬。我国鞍山和龙烟铁矿中均含有微量的Pb。

有的铁矿中含少量的锌（南京凤凰山矿）。锌在矿石中常以ZnS的形态存在，有时也以碳酸盐或硅酸盐状态存在。随着温度升高，碳酸盐能分解成ZnO和 CO_2。硅酸盐也将被CaO取代出来。ZnO可被CO、H_2 和固定碳所还原。

$$ZnO + CO \xlongequal{} Zn + CO_2 \quad -65980\ kJ \quad (5\text{-}34)$$

$$ZnO + H_2 \xlongequal{} Zn + H_2O \quad -107280\ kJ \quad (5\text{-}35)$$

Zn在高炉内400～500℃就开始还原，一直到高温区才完全还原。还原出的Zn易于挥发，在炉内循环。部分渗入炉衬的Zn蒸气在炉衬中冷凝下来，并氧化成ZnO，其体积膨胀，破坏炉衬，凝附在内壁的ZnO积久形成炉瘤。ZnS能借助Fe的作用得到还原。

通常铁矿中砷的含量不多，As还原后进入生铁与铁化合成FeAs，会显著降低钢的焊接性。生铁砷含量最好不要超过0.1%。As属易还原元素。试验表明，无论高炉冷行、热行、炉渣碱度高低，As均能被还原进入生铁。

5.5 生铁的形成与渗碳过程

生铁的形成过程主要是已还原出来的金属铁中逐渐溶入其他合金元素和渗碳的过程。

在高炉上部有部分铁矿石在固态时就被还原成金属铁，随着温度升高逐渐有更多的铁被还原出来。刚被还原出的铁呈多孔的海绵状,故称海绵铁。这种早期出现的海绵铁成分比较纯,几乎不含碳。海绵铁在下降过程中,不断吸收碳并熔化,最后得到含碳较高的(一般为4%左右)液态生铁。

高炉内生铁形成(除了硅、锰、磷和硫等元素的渗入或去除外)的主要特点是必须经过渗碳过程。现在研究认为,高炉内渗碳过程大致可分三个阶段。

第一阶段:此阶段是固体金属铁的渗碳,即海绵铁的渗碳。其反应为:

$$2CO = CO_2 + C_{黑}$$
$$3Fe_{固} + C_{黑} = Fe_3C_{固}$$
$$3Fe_{固} + 2CO = Fe_3C_{固} + CO_2 \tag{5-36}$$

CO在低温下分解产生的炭黑(粒度极小的固定碳)化学活泼性很强。一般说这阶段的渗碳发生在800℃以下的区域,即在高炉炉身的中上部位,有少量金属铁出现的固相区域。这阶段的渗碳量占全部渗碳量的1.5%左右。

第二阶段:此阶段为液态铁的渗碳。这是在铁滴形成之后,铁滴与焦炭直接接触,渗碳反应为:$3Fe_{液} + C_{焦} = Fe_3C$。据高炉解剖资料分析:矿石在高炉内下降过程中随着温度的升高,由固相区的块状带经过半熔融状态的软熔带进入液相滴落带,矿石在进入软熔带以后,其还原可达70%,此时出现致密的金属铁层和具有炉渣成分的熔结聚体。再向下,随温度升高到1300~1400℃,形成由部分氧化铁组成的低碱度的渣滴。而在焦炭空隙之间,出现的金属铁的"冰柱",此时金属铁以γ铁形态,含碳量达0.3%~1.0%。由相图分析得知此金属仍属固体。继续下降至1400℃以上区域,"冰柱"经炽热焦炭的固相渗碳,熔点降低,才熔化为铁滴并穿过焦炭空隙流入炉缸。由于液体状态下与焦炭接触条件得到改善,加快了渗碳过程,生铁含碳量立即增加到2%以上,到炉腹处的金属铁中已含有4%的碳了,与最终生铁的含碳量差不多。

第三阶段:炉缸内的渗碳过程。炉缸部分只进行少量渗碳,一般渗碳量只有0.1%~0.5%。

由以上可知,生铁的渗碳是沿着整个高炉高度上进行的,在滴落带尤为迅速。这三个阶段中任何阶段的渗碳量增加都会导致生铁含碳量的增高。生铁的最终含碳量,还与生铁中其他元素的含量有关,特别是Si和Mn。

Mn、Cr、V、Ti等能与C结合成碳化物而溶于生铁,因而能提高生铁含碳量。例如,Mn含量为15%~20%的锰铁,其含碳量常在5%~5.5%左右。Mn含量为80%的锰铁,含碳量达7%左右。

Si、P、S能与铁生成化合物,即促进碳化物分解。这些元素阻止渗碳,能促使生铁含碳量降低。故铸造铁由于含Si较高,含碳量只有3.5%~4.0%,硅铁含碳量更低(只有2%左右),一般炼钢生铁的含碳量在3.8%~4.2%。

在凝固的生铁中碳的存在形态有两种,或呈化合物状态(Fe_3C,Mn_3C)或呈石墨碳(又称游离碳)。如果是以碳化物状态存在时,其生铁的断面呈银白色,这种生铁又称白口铁。如果以石墨状态存在时则生铁断口呈暗灰色,这种生铁又称灰口铁。碳元素在生铁中存在的形态,一方面与生铁中Si、Mn等元素的含量有关,另一方面又与铁水的冷却速度有关。例如,Si可促使Fe_3C分解,而析出石墨碳,成灰口铁,所以铸造铁一般都是灰口铁,而炼钢生铁含Si较低,往往成白口铁。锰铁中的碳成化合状态的多,故为白口断面。当生铁中Si、Mn及其他元素含量相同时,其冷却速度愈慢,则析出石墨碳愈多,成灰口铁断面,常用下列经验公式估算生铁含碳量:

$$w([C]) = 4.3 - 0.27w([Si]) - 0.32w([P]) + 0.3w([Mn]) - 0.032w([S]) \tag{5-37}$$

或 $$w([C]) = 1.31 + 0.026T - 0.34w([Si]) - 0.33w([P]) + 0.3w([Mn]) - 0.33w([S]) \tag{5-38}$$

式中　T——铁水温度。

应当指出，炼铁工作者对生铁含碳量历来不够重视，生产中也不作化验分析。认为生铁中含碳量不好控制。近年来发现生铁含碳量普遍提高，生铁平均含碳量为5.1%（过去认为在4%～4.5%）。这现象普遍引起人们重视，开始对渗碳过程进行新的研究。目前研究认为，影响生铁含碳量的因素是多方面的。近年来采用高压操作使炉内压力不断提高，生铁含碳量也相应提高，并且，炉内压力每提高10 kPa，生铁含碳量提高0.045%。随着炉料还原性的改善，生铁含碳量也有增加。采用自熔性烧结矿冶炼比用生矿或普通烧结矿冶炼时，生铁含碳量高。采用球团矿时生铁含碳量又高于以前。高炉内生铁的渗碳不仅决定于生铁的成分和铁水温度，还在很大程度上决定于炉内的压力、炉料的性质、煤气成分、氧化带尺寸等工艺因素，即生铁含碳量和高炉冶炼的一系列过程有关。

复习思考题

5-1　写出还原反应的通式。作为还原剂的条件是什么，高炉内还原剂有哪些？

5-2　写出铁氧化物的还原顺序。

5-3　简述用CO还原铁氧化物的特点。

5-4　简述用H_2还原铁氧化物的特点。

5-5　简述用C还原铁氧化物的特点。

5-6　什么是直接还原反应，什么是间接还原反应，比较两种还原反应的特点。

5-7　写出直接还原度的定义，并写出表达式。

5-8　说明高炉中锰还原的条件。

5-9　说明高炉中硅还原的条件。

5-10　说明高炉中磷100%还原的原因。

5-11　高炉内直接还原、间接还原区域是如何划分的？

5-12　生铁形成过程中，碳是如何进入生铁的？

6 炉渣与脱硫

高炉生产不仅要从铁矿石中还原出金属铁,而且还原出的铁与未还原的氧化物和其他杂质都能熔化成液态,并能分开,最后以铁水和渣液的形态顺利流出炉外。炉渣数量及其性能直接影响高炉的顺行,以及生铁的产量、质量及焦比。因此,选择好合适的造渣制度是炼铁生产优质、高产、低耗的重要环节。炼铁工作者常说:"要炼好铁,必须造好渣"。这是多年实践的总结。

高炉生产从使用天然矿逐渐改为使用自熔性(或熔剂性)的熟料后,大大改善了各项技术经济指标,其重要原因之一就是原料性质的改善使高炉内造渣和脱硫条件有了很大变化。按我国目前使用的原料条件,每炼1 t生铁大约产生300~600 kg炉渣,国外已达250 kg左右。

6.1 高炉炉渣的来源

高炉炉渣的来源主要是铁矿石中的脉石、焦炭(或其他燃料)燃烧后剩余的灰分以及高炉配加熔剂中的氧化物。

它们大多以酸性氧化物为主,即 SiO_2 及 Al_2O_3。其熔点各自在1728℃及2050℃。即使混合在一起,它们的熔点仍很高(约1545℃)。在高炉中只能形成一些黏稠的物质,这会造成渣铁不分,难于流动。因此必须加入碱性助熔物质,如石灰石、白云石等作为熔剂。尽管熔剂中的CaO和MgO自身熔点也很高(CaO:2570℃,MgO:2800℃),但它们能同 SiO_2 和 Al_2O_3 结合成低熔点(低于1400℃)的化合物,在高炉内足以熔化,形成流动性良好的炉渣。它与铁水的密度不同(铁水密度7.0 g/cm^3,炉渣为2.2~2.5 g/cm^3),渣铁分离而畅流,高炉正常生产。

高炉生产中总是希望炉渣愈少愈好,但完全没有炉渣是不可能的(也是不可行的),高炉工作者的责任是在一定的矿石和燃料条件下,选定熔剂的种类和数量,配出最有利的炉渣成分,以满足冶炼过程的要求。

6.2 高炉炉渣的成分与作用

6.2.1 高炉炉渣的成分

一般的高炉炉渣主要由 SiO_2、Al_2O_3、CaO、MgO等氧化物组成。此外还有少量的其他氧化物和硫化物。用焦炭冶炼的高炉炉渣成分大致范围是:

成　分	SiO_2	Al_2O_3	CaO	MgO	MnO	FeO	CaS	K_2O+Na_2O
质量分数/%	30~40	8~18	35~50	<12	3	<1	<2.5	<1~1.5

这些成分与其数量,主要取决于原料的成分和高炉冶炼的铁种。冶炼特殊铁矿的高炉炉渣还会有其他成分,如冶炼包头含氟矿石时,渣中含有18%左右的 CaF_2,冶炼攀枝花钒钛磁铁矿时渣中含有20%~25% TiO_2,冶炼酒泉的含BaO高硫镜铁矿时,炉渣含BaO6%~10%。在冶炼锰铁时,渣中含MnO8%~20%。此外我国还有一些分布较广的高 Al_2O_3 和高MgO的铁矿,有些小高炉采用,其炉渣中 Al_2O_3 含量高达20%~30%,MgO含量高达20%~25%。

炉渣中的各种成分可分为碱性氧化物和酸性氧化物两大类。炉渣离子理论认为,熔融炉渣中能提供氧离子 O^{2-} 的氧化物称为碱性氧化物,反之能吸收氧离子的氧化物称酸性氧化物。有些既能提供又能吸收氧离子的氧化物则称为中性氧化物或两性氧化物，按从碱性到酸性排列顺序为：

$K_2O \longrightarrow Na_2O \longrightarrow BaO \longrightarrow PbO \longrightarrow CaO \longrightarrow MnO \longrightarrow FeO \longrightarrow ZnO \longrightarrow MgO \longrightarrow CaF_2 \longrightarrow Fe_2O_3 \longrightarrow Al_2O_3 \longrightarrow TiO_2 \longrightarrow SiO_2 \longrightarrow P_2O_5$

其中在 CaF_2 以前可视为碱性氧化物，Fe_2O_3、Al_2O_3、TiO_2 为中性氧化物（TiO_2 也有划为酸性的），SiO_2、P_2O_5 为酸性氧化物。碱性氧化物可与酸性氧化物结合形成盐类，如 $CaO \cdot SiO_2$、$2FeO \cdot SiO_2$ 等。酸碱性相距越大，结合力就越强。以碱性氧化物为主的炉渣称碱性炉渣，以酸性氧化物为主的称酸性炉渣。炉渣的很多物理化学性质与其酸碱性有关，表示炉渣酸碱性指数的称为炉渣碱度（R）。通常是以炉渣中的碱性氧化物与酸性氧化物的质量百分数之比来表示碱度，有以下三种表示：

（1）$R=(w(CaO)+w(MgO))/(w(SiO_2)+w(Al_2O_3))$，称四元碱度，又称为全碱度。在一定的冶炼条件下，渣中 Al_2O_3 含量比较固定，生产过程中也难以调整，故常在计算中不考虑 Al_2O_3 这一项。

（2）$R=(w(CaO)+w(MgO))/w(SiO_2)$，称三元碱度。同样，炉渣中 MgO 也常是比较固定的，一般情况下生产中也不常调整，故往往不用 MgO 一项。

（3）$R=w(CaO)/w(SiO_2)$，称二元碱度。由于二元碱度计算比较简单，调整方便，又能满足一般生产工艺的需要。因此在实际生产中大部分使用二元碱度这一指标。

在生产中常把碱度大于 1.0 的炉渣称为碱性炉渣，把碱度小于 1.0 的称为酸性炉渣。我国大中型钢铁厂高炉选用的炉渣碱度（$w(CaO)/w(SiO_2)$）一般波动在 1.0 ~ 1.2 之间，少数小高炉可达 1.3。三元碱度（$w(CaO)+w(MgO))/w(SiO_2)$）波动在 1.2 ~ 1.4 之间。

6.2.2 高炉炉渣的作用

炉渣和生铁相伴随生成，它是高炉冶炼的副产品，但它对高炉冶炼过程、生铁的质量、高炉的顺行、高炉的寿命、炉缸热制度等起着不容忽视的重要作用。

（1）促使渣铁分离，得到纯净的生铁。炉渣具有熔点低，密度小（炉渣密度一般为 2.2 ~ 2.5 t/m^3，铁水密度为 7.0 t/m^3）和不溶于生铁的特点，能使渣铁分离，得到纯净的生铁，并能自由地流出炉外，这是高炉造渣过程的基本作用。

（2）炉渣成分具有调整生铁成分的作用。去除生铁中的硫和有利于选择或抑制 Si、Mn 等元素的还原，起着控制生铁成分的作用。例如，高碱度炉渣能促进脱硫反应，有利于锰的还原，从而改善生铁质量；SiO_2 含量高的炉渣能促进 Si 的还原，从而控制生铁 Si 含量等。

（3）控制高炉煤气流分布及炉缸工作状态。炉渣的生成形成了高炉内的软熔带及滴落带，对炉内煤气流分布及炉料的下降都有很大的影响，因此，炉渣的性质和数量，生成的位置对炉料顺行和炉缸热制度起着直接作用。

（4）保证合理炉型，延长高炉寿命。炉渣附着在炉墙上形成渣皮，起着保护炉衬的作用。但是，有时也可能侵蚀炉衬，起着破坏作用。因此，炉渣成分和性质直接影响高炉寿命。

在控制和调整炉渣成分和性质时，必须兼顾上述几方面的作用。

上述作用主要取决于炉渣的性质，即炉渣的黏度、熔化性和稳定性，而这些又主要由炉渣的化学成分（或碱度）以及矿物组成所决定，同时操作制度对这些性质也有重大影响。

6.3 高炉炉渣的性质及其影响因素

高炉炉渣的性质与其化学成分有着密切关系，其中碱度对炉渣的性质影响很大。对高炉生产有直接影响的炉渣性质是熔化性、黏度、稳定性和脱硫能力等。这些性质直接影响高炉下部各种物理化学过程的进行。在高炉生产中为实现高产、优质、低耗，就希望高炉炉渣具有适宜的熔化温度，较小的黏度，良好的稳定性和较高的脱硫能力。

6.3.1　高炉炉渣的熔化性

熔化性是指炉渣熔化的难易程度。它可用熔化温度和熔化性温度这两个指标来表示。

6.3.1.1　熔化温度

炉渣的熔化温度是指熔渣完全熔化为液相时的温度，或液态炉渣冷却时开始析出固相的温度，即相图中的液相线或液相面的温度。炉渣不是纯物质，没有一个固定的熔点，炉渣从开始熔化到完全熔化是在一定的温度范围内完成的，即从固相线到液相线的温度区间。对高炉而言固相线表示软熔带的上沿，液相线表示软熔带的下沿或滴落带的开始。熔化温度是炉渣熔化性的标志之一，熔化温度高表明它难熔，熔化温度低表明它易熔。

对炉渣熔化温度研究比较早的是 $CaO-SiO_2-Al_2O_3$ 三元渣系。近几十年来 MgO 已经成为高炉渣中不可缺少的成分，对 $CaO-SiO_2-MgO-Al_2O_3$ 四元渣系熔化温度的研究很多。四元系相图为立体图形，而高炉渣中的 Al_2O_3 含量一般不高于 20%，故往往固定 Al_2O_3 含量为 5%、10%、15% 和 20%，在 $CaO-SiO_2-MgO-Al_2O_3$ 四元相图中切取四个断面图形。其平面图则为三元相图。三边坐标轴的分度加上 Al_2O_3 的含量后正好为 100%，分别用图 6-1 ~ 图6-4 表示。

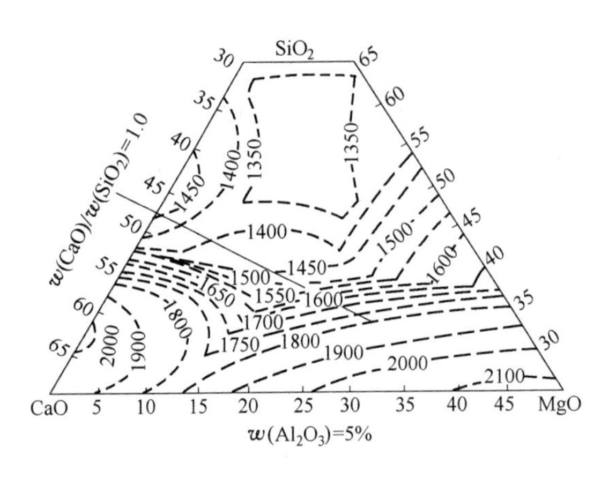

图 6-1　$CaO-SiO_2-Al_2O_3-MgO$ 四元系等熔化温度图

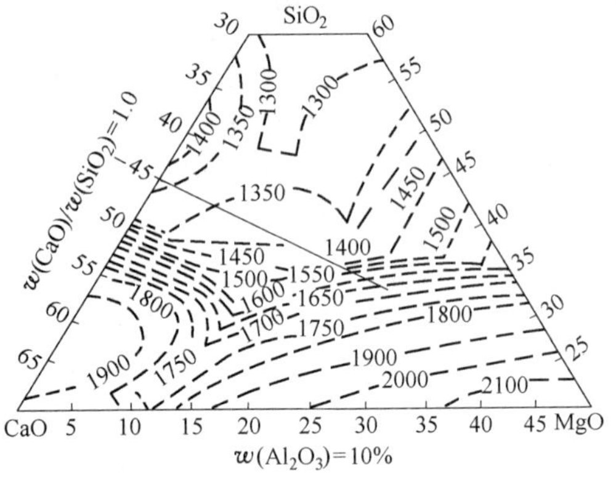

图 6-2　$CaO-SiO_2-Al_2O_3-MgO$ 四元系等熔化温度图

当 $w(Al_2O_3)=5\%\sim20\%$，$w(MgO)\leqslant20\%$ 时，在 $w(CaO)/w(SiO_2)\approx1.0$ 左右的区域里其熔化温度比较低。当 Al_2O_3 含量低时，随着碱度的增加，熔化温度增加比较快。$w(Al_2O_3)>10\%$ 以后，随碱度增加熔化温度增加得较慢，低熔化温度区域扩大，炉渣稳定性提高，这是 Al_2O_3 所起的作用。由于有较多的 Al_2O_3 存在削弱了 $w(CaO)/w(SiO_2)$ 变化的影响。在碱度（$w(CaO)/w(SiO_2)$）低于 1.0 的区域熔化温度也不高，但因脱硫能力和炉渣流动性不能满足高炉要求，所以一般不选用。如果碱度超过 1.0 很多，使炉渣成分处于高熔化温度区域也不合适，这样的炉渣在炉缸温度下不能完全熔化而且极不稳定。

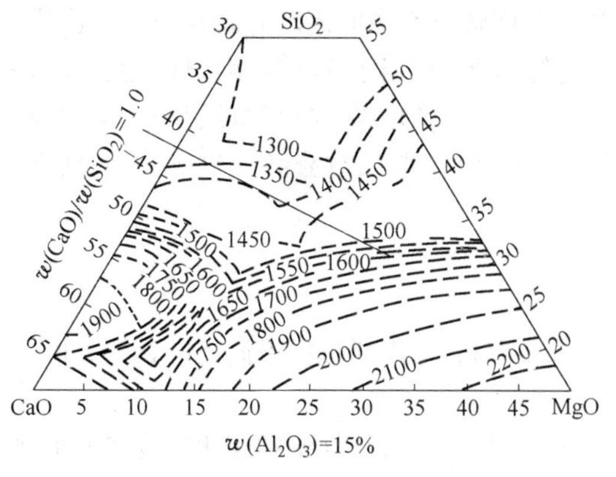

图 6-3 $CaO-SiO_2-Al_2O_3-MgO$ 四元系等熔化温度图

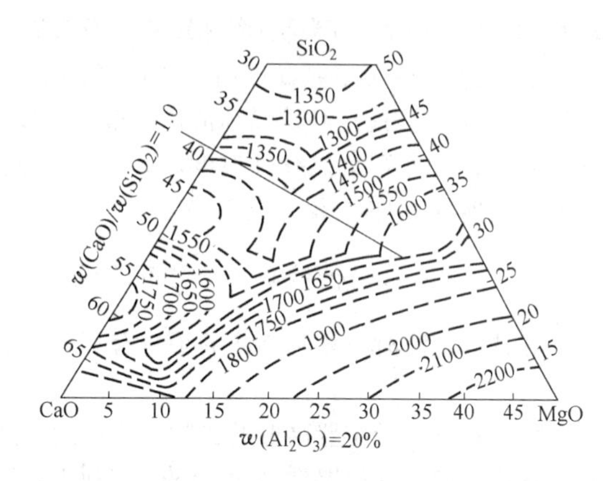

图 6-4 $CaO-SiO_2-Al_2O_3-MgO$ 四元系等熔化温度图

选择熔化温度时，必须兼顾流动性和热量两个方面因素。各种不同成分炉渣的熔化温度可以从四元系熔化温度图中查得。

实际高炉炉渣的成分除了以上四种主要成分外还有其他成分，查图时有两种处理方法：一种是只取 CaO、SiO_2、MgO 和 Al_2O_3 四种化合物的百分数值，舍弃其他成分，再将四种化合物折算成 100%，查图找出其熔化温度；另一种是把性质相似的成分合并，如将 MnO、FeO 并入 CaO 中，而后再查四元相图，找出熔化温度。但应注意，从图中查出的熔化温度数值要比该成分炉渣的熔点高 100 ~ 200℃，而与炉渣出炉时温度基本相似。这是因为相图是按四元系做出的，而实际炉渣是多元系，其熔点要低一些，从高炉里能流出来的炉渣实际温度，一般都要高出其熔点。

在高炉渣中增加任何其他氧化物都能使熔化温度降低，尤其是 CaF_2（萤石或包头含氟矿）能显著降低炉渣熔点，渣中 MnO 含量增加也能降低其熔点。

6.3.1.2 熔化性温度

要求高炉炉渣在熔化后必须具有良好的流动性。有的炉渣（特别是酸性渣），加热到熔化温度后并不能自由流动，仍然十分黏稠，例如 $w(SiO_2)=62\%$，$w(Al_2O_3)=14.25\%$，$w(CaO)=22.25\%$ 的炉渣在 1165℃熔化后再加 300 ~ 400℃它的流动性仍很差，又如 $w(CaO)=24.1\%$，$w(SiO_2)=47.2\%$，$w(Al_2O_3)=18.6\%$ 的炉渣，在 1290℃熔化，再加热到 1400℃就能自由流动。所以说，对高炉生产有实际意义的不是熔化温度而是熔化性温度，熔化性温度是指炉渣从不能流动转变为能自由流动时的温度。熔化性温度高，则表示渣难熔，反之，则易熔。熔化性温度可通过测定该渣在不同温度下的黏度，画出黏度 - 温度（$\eta-T$）曲线来确定。曲线上的转折点所对应的温度即是炉渣的熔化性温度，如图 6-5 所示。

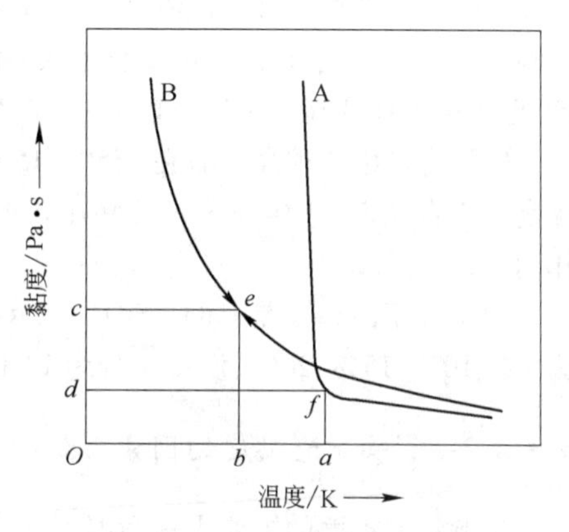

图 6-5 炉渣黏度 - 温度图

A 渣的转折点为 f，当温度高于 T_a 时，渣的黏度较小（d 点），有很好的流动性。当温度低于 T_a 之后黏度急骤增大，炉渣很快失去流动性。T_a 就是 A 渣的熔化性温度。一般碱性渣属这种情况，取样时渣滴不能拉成长丝，渣样断面呈石头状，俗称短渣或石头渣。B渣黏度随温度降低逐渐升高，在 $\eta-T$ 曲线上无明显转折点，一般取其黏度值为2.0～2.5 Pa·s时的温度（相当于 T_b）为熔化性温度。2.0～2.5 Pa·s为炉渣能从高炉顺利流出的最大黏度。为统一标准起见，常取45°直线与 $\eta-T$ 曲线相切点 e 所对应的 T_b 为熔化性温度。一般酸性渣类似B渣特性，取样时渣滴能拉成长丝，且渣样断面呈玻璃状，俗称长渣或玻璃渣。

6.3.1.3 炉渣熔化性对高炉冶炼的影响

在选择炉渣时究竟是难熔的炉渣有利还是易熔炉渣有利，这需要根据不同情况具体分析，具体对待。

（1）对软熔带位置高低的影响。难熔炉渣开始软熔温度较高，从软熔到熔化的范围较小，则在高炉内软熔带的位置低，软熔层薄，有利于高炉顺行。当难熔炉渣在炉内温度不足的情况下可能黏度升高，影响料柱透气性，这不利于顺行。易熔炉渣在高炉内软熔带位置较高，软熔层厚，料柱透气性差。另外，易熔炉渣流动性能好，有利于高炉顺行。

（2）对高炉炉缸温度的影响。难熔炉渣在熔化前吸收的热量多，进入炉缸时携带的热量多，有利于提高炉缸的温度。相反，易熔渣对提高炉缸温度不利。冶炼不同的铁种时应控制不同的炉缸温度。

（3）影响高炉内的热消耗和热量损失。难熔渣要消耗更多的热量，流出炉外时炉渣带出热量较多，热损失增加，使焦比增高。反之，易熔炉渣有利于降低焦比。

（4）对炉衬寿命的影响。当炉渣的熔化性温度高于高炉某处的炉墙温度时，在此炉墙处炉渣容易凝结而形成渣皮，对炉衬起到保护作用。易熔炉渣的熔化性温度低，则在此处炉墙不能形成保护炉衬的渣皮，相反由于其流动性过大会冲刷炉衬。

6.3.2 高炉炉渣的黏度

炉渣黏度直接关系到炉渣流动性，而炉渣流动性又直接影响高炉顺行和生铁的质量等指标。炉渣黏度是高炉工作者最关心的炉渣性能指标。

6.3.2.1 炉渣黏度

炉渣黏度是流动性的倒数。炉渣黏度是指速度不同的两层液体之间的内摩擦系数。黏度越大，流动性越差。炉渣黏度单位用Pa·s（帕·秒）表示。

炉渣黏度随温度升高而降低，流动性变好。但对长渣和短渣有区别。一般短渣在高于熔化性温度后黏度比较低，以后的变化不大；而长渣在高于熔化性温度后虽然黏度仍随温度升高而降低，但黏度值往往高于短渣，这点在炉渣离子理论中可得到解释。

实际生产中要求高炉渣在1350～1500℃时有较好的流动性，一般在炉缸温度范围内适宜的黏度值应在0.5～2.0 Pa·s，最好在0.4～0.6 Pa·s。过低时流动性过好，对炉衬有冲刷侵蚀作用。

图6-6至图6-9是 $CaO-SiO_2-MgO-Al_2O_3$ 四元系炉渣黏度图。其中 Al_2O_3 含量分别固定为5%、10%、15%、20%，温度又分为1400℃和1500℃两种。

6.3.2.2 影响炉渣黏度的因素

影响炉渣黏度的主要因素为温度和炉渣成分。

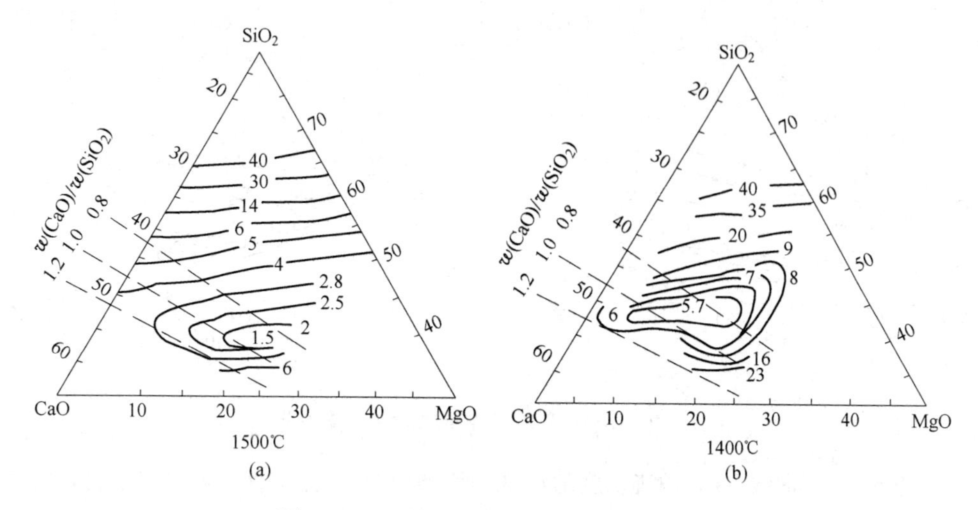

图 6-6　$w(Al_2O_3)=5\%$ 的四元系等黏度图

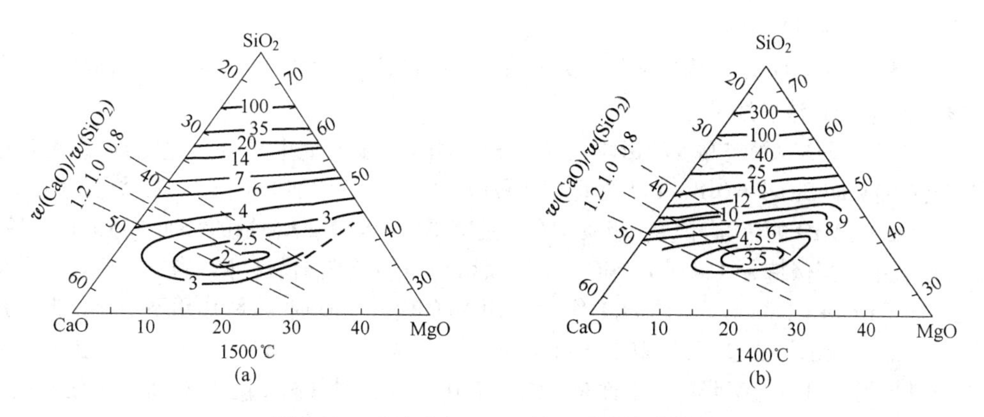

图 6-7　$w(Al_2O_3)=10\%$ 的四元系等黏度图

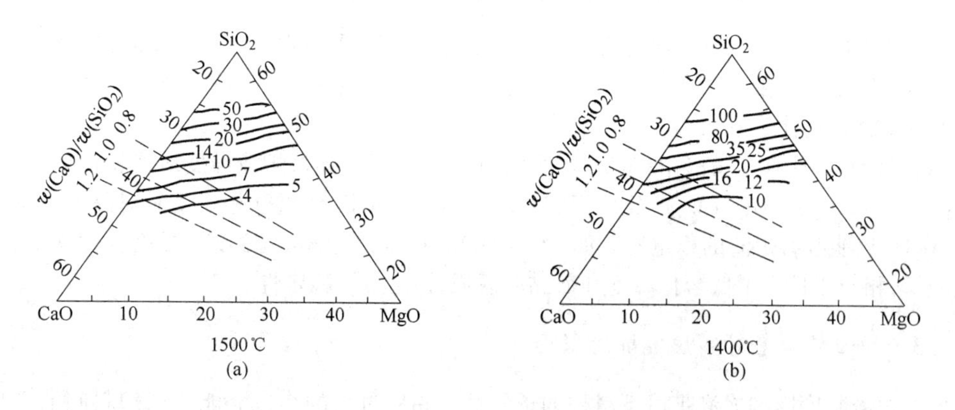

图 6-8　$w(Al_2O_3)=15\%$ 的四元系等黏度图

A　温度的影响

随着温度的升高，所有液态炉渣质点的热运动能量均增加，离子间的静电引力减弱，因而黏度降低。

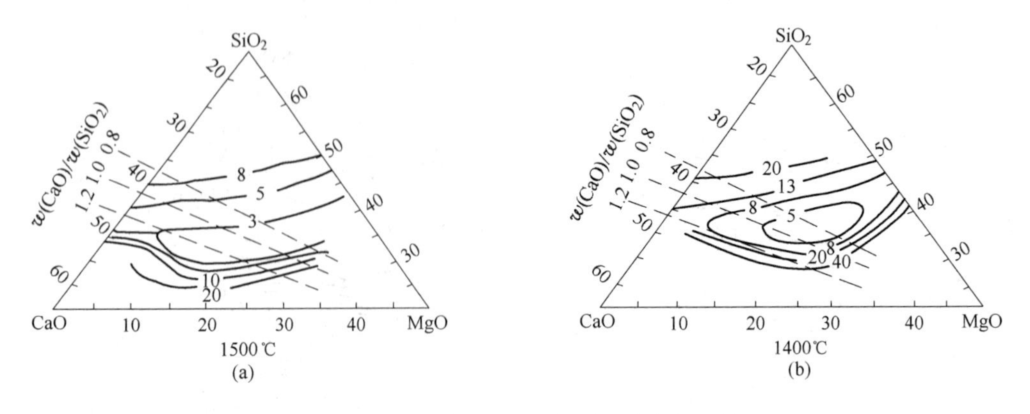

图 6-9　$w(Al_2O_3)=20\%$ 的四元系等黏度图

从炉渣的 $\eta-T$ 曲线看出，炉渣黏度随温度的增加而减少，流动性变好。但是，碱性渣和酸性渣有区别。一般碱性渣在高于熔化性温度后黏度比较低，以后变化不大；而酸性渣高于熔化性温度后，虽然黏度仍随温度升高而降低，但黏度仍高于碱性渣。

B　炉渣成分对炉渣黏度的影响

(1) SiO_2。SiO_2 含量在35%左右黏度最低，若再增加渣中 SiO_2 含量其黏度逐渐增加。此时黏度线几乎与 SiO_2 浓度线平行。

(2) CaO。CaO 对炉渣黏度的影响正好与 SiO_2 相反。随着渣中 CaO 含量增加，黏度逐渐降低，当 $w(CaO)/w(SiO_2)=0.8\sim1.2$ 之间黏度最低。之后继续增加 CaO 含量，黏度急剧上升。

(3) MgO。MgO 的影响与 CaO 相似。在一定范围内随着 MgO 含量的增加炉渣黏度下降，特别在酸性渣中。当保持 $w(CaO)/w(SiO_2)$ 不变而增加 MgO 含量时，这种影响更为明显。如果三元碱度 $(w(CaO)+w(MgO))/w(SiO_2)$ 不变，而用 MgO 代替 CaO 时，这种作用不明显。但无论何种情况，MgO 含量都不能过高，否则由于 $(w(CaO)+w(MgO))/w(SiO_2)$ 比值太大，会使炉渣难熔，造成黏度增高且脱硫率降低。下面是一组炉渣在 1350℃时其黏度随 MgO 含量变化的数据。

渣中 $w(MgO)$/%	1.52	5.10	7.35	8.68	10.79
黏度/Pa·s	2.45	1.92	1.52	1.18	1.18

可见在1350℃之下，MgO 含量从1.52%增加至7%时，黏度降低近一半，超过10%以后，黏度不再降低。所以一般认为炉渣中 MgO 含量不宜太高，维持在7%～12%较为合适。同时亦有利于改善炉渣的稳定性和难熔性。

(4) Al_2O_3。Al_2O_3 一般为酸性物质，所以当 Al_2O_3 含量高时，炉渣碱度应取得高些。当渣中 $w(CaO)/(w(SiO_2)+w(Al_2O_3))$ 比值固定，SiO_2 含量与 Al_2O_3 含量互相变动时对黏度没有影响。渣中 Al_2O_3 还能改善炉渣的稳定性。如 $w(Al_2O_3)>10\%$，炉渣熔化温度与黏度变化均随碱度的变化减缓，相当于扩大了低熔化温度和低黏度区域，即增加了稳定性。

6.3.2.3　炉渣的黏度对高炉冶炼的影响

(1) 炉渣黏度影响成渣带以下料柱的透气性。黏度过大的初成渣能堵塞炉料间的空隙，使料柱透气性变坏从而增加煤气通过时的阻力。这种炉渣也易在高炉炉腹的墙上结成炉瘤，会引起炉料下降不顺，形成崩料和悬料等生产故障。

(2) 炉渣黏度大小影响炉缸工作。过于黏稠的炉渣（终渣）容易堵塞炉缸，不易从炉缸中自由流出，使炉缸壁结厚，缩小炉缸容积，造成操作上的困难。有时还会引起渣口和风口大量烧坏。

（3）炉渣黏度影响炉渣的脱硫能力。炉渣的脱硫能力与其流动性也有一定关系。炉渣流动性好，有利于脱硫反应时的扩散作用。对含 CaF_2 和 FeO 较高的炉渣，流动性过好，反而对炉缸和炉腹的砖墙有机械冲刷和化学侵蚀的破坏作用。生产中应通过配料计算，调整终渣化学成分达到适当的流动性。一般在 1500℃时，黏度应小于 0.2 Pa·s 或不大于 1.0 Pa·s。

（4）炉渣黏度影响炉前操作。黏度高的炉渣易发生黏沟、渣口凝渣等现象，造成放渣困难。

6.3.3 高炉炉渣的稳定性

炉渣的稳定性是指炉渣的化学成分或外界温度波动时，对炉渣物理性能影响的程度。它由化学稳定性和热稳定两个指标来衡量。若炉渣的化学成分波动后对炉渣物理性能影响不大，此渣具有良好的化学稳定性。同理，如外界温度波动对其炉渣物理性能影响不大，则称此渣具有良好的热稳定性。生产过程中由于原料条件和操作制度常有波动，以及设备故障等都会使炉渣化学成分或炉内温度波动，炉渣应具有良好的稳定性。

判断炉渣化学稳定性的依据是炉渣的等熔化性温度图和等黏度图，如该炉渣成分位于图中等熔化性温度线或等黏度线密集的区域内，当化学成分略有波动时，则熔化性温度或黏度波动很大，说明化学稳定性很差；相反，位于等熔化性温度线或等黏度线稀疏区域的炉渣，其化学稳定性就好。通常在炉渣碱度位于 1.0 ~ 1.2，炉渣的熔化性温度和黏度都比较低，可认为稳定性好，是适于高炉冶炼的炉渣。碱度小于 0.9 的炉渣其稳定性虽好，但由于脱硫效果不好，故生产中不常采用。渣中含有适量的 MgO（5% ~ 15%）和适量的 Al_2O_3（≤15%），都有助于提高炉渣的稳定性。

在高炉冶炼过程中，由于原料成分、操作制度的变化，炉渣成分和炉温必然会或多或少的波动，如果这时使用稳定性比较好的炉渣，其炉渣仍能保持良好的流动性，从而可维持高炉正常生产。若使用稳定性比较差的炉渣，将会导致炉渣熔化温度和黏度突然升高，轻则引起炉况不顺，严重时会造成炉缸冻结，所以高炉生产要求炉渣具有较高的稳定性。

6.4 高炉内的成渣过程

煤气与炉料在相对运动中，前者将热量传给后者，炉料在受热后温度不断提高。不同的炉料在下降过程中其变化不同。矿石中的氧化物逐渐被还原，而脉石部分首先是软化，而后逐渐熔融、熔化、滴落穿过焦炭层汇集到炉缸。石灰石在下降过程中受热后逐渐分解，到 1000℃以上区域才能分解完毕。分解后的 CaO 参与造渣。焦炭在下降过程中起料柱的骨架作用，一直保持固体状态下到风口，与鼓风相遇燃烧，剩下的灰分进入炉渣。

现代高炉多用熔剂性熟料冶炼，一般不直接向高炉加入熔剂。由于在烧结（或球团）生产过程中熔剂已先矿化成渣，大大改善了高炉内的造渣过程。高炉渣从开始形成到最后排出，经历了一段相当长的过程。开始形成的渣称为“初成渣”或“初渣”，最后排出炉外的渣称“末渣”，或称“终渣”。从初成渣到末渣之间，其化学成分和物理性质处于不断变化过程的渣称“中间渣”。

6.4.1 初成渣的生成

初成渣生成包括固相反应、软化、熔融、滴落几个阶段。

6.4.1.1 固相反应

在高炉上部的块状带发生游离水的蒸发、结晶水或菱铁矿的分解，矿石产生间接还原（还原度可达 30% ~40%）。同时，在这个区域发生各物质的固相反应，形成部分低熔点化合物。固相反应主要是在脉石与熔剂之间或脉石与铁氧化物之间进行。当用生矿冶炼时其固相反应是在矿块内部 SiO_2 与 FeO 之间进行，形成 FeO - SiO_2 类型低熔点化合物，还在矿块表面脉石（或铁的氧化物）与黏附的粉状 CaO 之间进行，形成 CaO - Fe_2O_3 或 CaO - SiO_2 以及 CaO - FeO - SiO_2 等类型的低熔点化合物。

当高炉使用自熔性烧结矿（或自熔性球团矿）时，固相反应主要在矿块内部脉石之间进行。

6.4.1.2　*矿石的软化（在软熔带）*

由于固相反应形成低熔点化合物，在进一步加热时开始软化。同时由于液相的出现改善了矿石与熔剂间的接触条件，继续下降和升温，液相不断增加，最终软化熔融，进而呈流动状态。矿石的软化到熔融流动是造渣过程中对高炉行程影响较大的一个环节。

各种不同的矿石具有不同的软化性能。矿石的软化性能表现在两个方面：一是开始软化的温度；二是软化的温度区间。很明显，矿石开始软化的温度愈低，则高炉内液相初渣出现得愈早；软化温度区间愈大，则增大阻力的塑性料层愈厚。矿石的软化温度与软化区间要通过试验确定。

6.4.1.3　*初渣生成*

从矿石软化到熔融滴落就形成了初渣。初成渣中 FeO 含量较高。矿石愈难还原，则初渣中的 FeO 就愈高，一般在 10% 以下，少数情况高达 30%，流动性也欠佳，初渣形成的早与晚，在高炉内位置的高低，都对高炉顺行影响较大。高炉内生成初成渣的区域称软熔带（过去亦称成渣带）。

6.4.2　中间渣的变化

初渣在滴落和下降过程中，FeO 不断还原而减少，SiO_2 和 MnO 的含量也由于 Si 和 Mn 的还原进入生铁而有所降低。另外由于 CaO 不断溶入渣中使炉渣碱度不断升高。同时，炉渣的流动性随着温度升高而变好。当炉渣经过风口带时，焦炭灰分中大量的 Al_2O_3 与一定数量的 SiO_2 进入渣中，则炉渣碱度又降低。所以中间渣的化学成分和物理性质都处在变化中，它的熔点、成分和流动性之间互相影响。中间渣的这种变化反映出高炉内造渣过程的复杂性和它对高炉冶炼过程的明显影响。特别是使用天然矿和石灰石的高炉，熔剂在炉料中的分布不可能很均匀，加上铁矿石品种和成分方面的差别，在不同高炉部位生成的初渣，从一开始它们的成分和流动性就不均匀。在以后下降过程中总的趋势是化学成分渐趋均匀，但在局部区域内成分变化可能是较大的，从而影响高炉内煤气流的正常分布，高炉不顺行，甚至悬料和结瘤。反之使用成分较稳定的自熔性或熔剂性熟料冶炼时，因为在入炉前已完成了矿化成渣，故在高炉内的成渣过程较为稳定，只要注意操作制度和炉温的稳定就可基本排除以上弊病。当然使用高温强度好的焦炭可保证炉内煤气流的正常分布，这是中间渣顺利滴落的基本条件。

6.4.3　终渣的形成

中间渣经过风口区域后，其成分与性能再一次变化（碱度与黏度降低）后趋于稳定。此外在风口区被氧化的部分铁及其他元素将在炉缸中重新还原进入铁水，使渣中 FeO 含量有所降低。当铁流或铁滴穿过渣层和渣铁界面进行脱硫反应后，渣中 CaS 含量将有增加。最后从不同部位和不同时间集聚到炉缸的炉渣相互混匀，形成成分和性质稳定的终渣，定期排出炉外。通常所指的高炉渣均系指终渣。终渣对控制生铁的成分、保证生铁的质量有重要影响。终渣的成分是根据冶炼条件经过配料计算确定的。在生产中若发现不当,可通过配料调整,使其达到适宜成分。

6.5 高炉内的脱硫

硫在生铁中是有害的元素,高硫生铁铸造时产生热脆,还会降低铁水在铸造时的填充性能。对炼钢生铁来说炼钢过程中脱硫困难,保证获得含硫合格的铁水是高炉冶炼中的重要任务。

6.5.1 硫在高炉中的变化及决定生铁含硫量的因素

高炉的硫来自矿石、焦炭和喷吹燃料,使用天然矿冶炼时熔剂也会带入少量的硫。冶炼每吨生铁时由炉料带入的总硫量称硫负荷。

炉料中的焦炭带入的硫量最多,占60% ~80%,而矿石带入的硫一般不超过三分之一。硫负荷一般要求每吨铁在10 kg以下(见图6-10)。

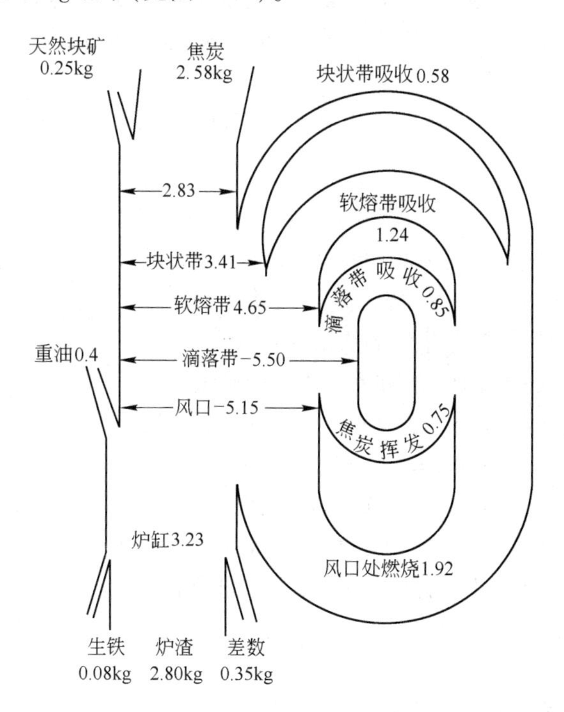

图6-10 硫在炉内循环(以1 t铁为单位)

焦炭中的硫主要是有机硫,另一部分以FeS和硫酸盐的形态存在于灰分中。矿石及熔剂中的硫则主要以黄铁矿(FeS_2)的形态存在,有少量以硫酸钙、硫酸钡及其他金属(Cu、Zn、Pb)的硫化物形态存在。

随着炉料的下降,一部分硫逐渐挥发进入煤气,当炉料到达风口时,剩下的硫量一般为原有硫量的50% ~75%,这部分硫在风口前燃烧成SO_2进入煤气。但接着在炉子下部的还原气氛下,又被固定碳还原生成CO和硫的蒸气:

$$SO_2 + 2C = 2CO + S \tag{6-1}$$

FeS_2在下降过程中,温度达到565℃以上时开始按式(6-2)分解:

$$FeS_2 = FeS + S \tag{6-2}$$

生成硫的蒸气,在有SiO_2与之接触时,硫酸钙在高炉中有以下反应:

$$CaSO_4 + SiO_2 = CaSiO_3 + SO_3 \tag{6-3}$$

分解出来的 SO_3 又被 CO 和 C 还原成 S，当有铁存在时生成 FeS。由于 $CaSO_4$ 较难分解，高炉中更多的可能是：

$$CaSO_4 + 4C = CaS + 4CO \tag{6-4}$$

CaS 直接进入炉渣。

挥发上升的 S、H_2S 等气体，有一部分随煤气逸出，另一部分则在途中被 CaO、Fe 和铁的氧化物等吸收，随着炉料下降，形成循环富集现象。从图 6-10 可清楚看出，每吨铁炉料带入的硫量是 2.83 kg，重油带入 0.4 kg，风口处燃烧生成的 S = 1.92 kg，在燃烧之前先挥发了 0.75 kg，这些硫在上升到软熔滴落带时，被滴落的渣和铁吸收 0.85 kg。煤气中硫浓度降低，继续上升到软熔带，该处透气性很差，炉料（半融的渣和铁）吸硫能力很强，被吸收了 1.24 kg/t，而至块状带则吸硫较少（0.58 kg/t）。由于硫在炉内的循环，在软熔滴落带的总硫量比实际炉料带入的硫量要多。硫在炉内的分布情况与煤气分布一致。最终从煤气挥发带走的硫量应包括在差额 0.35 kg 中。硫最后以 FeS 的形态溶于铁水之中。可见炉料带入高炉的硫，在炉内分配于铁水、炉渣和煤气三部分中。进入铁水的硫量可根据硫的平衡计算：

$$m(S)_{料} = m(S)_{铁} + m(S)_{渣} + m(S)_{挥}$$

若以 kg 生铁为计算单位，上式可写成

$$m([S]) = m(S)_{料} - m(S)_{挥} - nm(S) \tag{6-5}$$

式中　$m(S)_{料}$——炉料带入的总硫量（以 1t 铁计），kg；

$m(S)_{挥}$——随煤气挥发的硫量（以 1t 铁计），kg；

n——渣比，1 kg 生铁的渣量，kg/kg；

$m(S)$，$m[S]$——分别为炉渣中和铁水中的含硫量，kg。

硫在渣铁之间的分配是以分配系数 $L_S = m(S)/m[S]$ 表示，代入式（6-5）得：

$$m[S] = (m(S)_{料} - m(S)_{挥})/(1 + nL_S) \tag{6-6}$$

从上式看出，铁水含硫高低决定于以下四方面因素：

（1）冶炼单位生铁炉料带入的总硫量即硫负荷。硫负荷对生铁质量有直接关系，炉料（矿石和燃料）中带入的硫量愈少生铁含硫愈低，生铁质量愈有保证。同时由于硫负荷减少，可减轻炉渣的脱硫负担，从而减少熔剂用量并降低渣量，这对降低燃料消耗和改善炉况顺行都是有利的。

降低矿石含硫，主要是通过选矿、焙烧和烧结。目前高炉原料在采用烧结和球团矿的条件下，由矿石和熔剂带入的硫量不多，主要应重视燃料（焦炭和喷吹煤粉）含硫量的降低。降低燃料含硫的措施一是选用低硫的燃料，二是洗煤过程中加强去除无机硫。

高炉生产中操作人员应根据炉料的变化情况掌握和校核硫负荷的大小和变动，做到心中有数。这对经常变料的中小高炉尤为重要。现场对硫负荷（kg/t）的计算实例如下：

$$硫负荷 = \frac{每批料（焦炭 + 烧结矿 + 矿石 + 熔剂）入炉硫的总和}{每批料的出铁量}$$

已知条件：

原料名称	料批组成/kg	$w(Fe)/\%$	$w(S)/\%$
烧结矿	7000	50.8	0.028
海南岛矿	500	54.5	0.148
锰　矿	170	12.0	—
干　焦	2420	—	0.74

先计算各种原料带入的S和Fe量：

	$m(\mathrm{Fe})/\mathrm{kg}$	$m(\mathrm{S})/\mathrm{kg}$
烧结矿	$7000\times0.508=3556$	$7000\times0.00028=1.96$
海南岛矿	$500\times0.545=272.5$	$500\times0.00148=0.74$
锰　矿	$170\times0.12=20.4$	
焦　炭		$2420\times0.0074=17.908$

每批料的出铁量为：　$3848.9/0.94=4094.57\ \mathrm{kg}$

上式中0.94为生铁的含铁量。

所以硫负荷　$20.608/(4094.57\times10^{-3})=5.03\ \mathrm{kg/t}$

（2）随煤气挥发的硫。挥发逸出炉外的硫实际只占气体硫中的一部分。影响挥发硫量的主要因素有两方面：

1）焦比和炉温。焦比和炉温升高时，生成的煤气量增加，煤气流速加快，煤气在炉内的停留时间缩短，则被炉料吸收的硫量减少而增加了随煤气挥发的硫量。当然，由于焦比提高而造成硫负荷的提高也不可忽视。

2）碱度和渣量。石灰和石灰石的吸硫能力很强，当炉渣碱度高时，增加炉料的吸硫能力。当碱度不变而增加渣量，也会增加吸硫能力而减少硫的挥发。据生产统计，冶炼不同品种生铁时，由于高炉热制度、炉渣碱度和渣量以及煤气在高炉内的分布等因素不同，挥发的硫量比例如下：

生铁品种	炼钢生铁	铸造生铁	硅铁及锰铁
$w(\mathrm{S})_{挥}/\%$	<10	15~20	40~60

（3）相对渣量。前两个因素不变时，相对渣量愈大，生铁中的硫量愈低。但一般不采用这一措施去硫，因为增加渣量必然升高焦比反而使硫负荷增加，同时焦比和熔剂用量的增加也增加了生铁的成本。还有增加渣量会恶化料柱透气性，使炉况难行和减产。

（4）硫的分配系数L_S。硫的分配系数L_S代表炉渣的脱硫能力，L_S愈高，生铁中的硫量愈低。硫负荷和渣量主要与原料条件（即外部条件）有关。硫的分配系数则与炉温、造渣制度及作业的好坏有密切关系。

6.5.2　炉渣的脱硫能力

在一定冶炼条件下，生铁的脱硫主要是通过如何提高高炉渣的脱硫能力，即提高L_S来实现。

6.5.2.1　炉渣的脱硫反应

高炉解剖研究证实，铁水进入炉缸前的含硫量比出炉铁水含硫量高得多，由此认为，正常操作中主要的脱硫反应是在铁水滴穿过炉缸时的渣层和炉缸中渣铁相互接触时发生的。

炉渣中起脱硫反应的主要是碱性氧化物CaO、MgO、MnO等（或其离子）。从热力学看，CaO是最强的脱硫剂，其次是MnO，最弱的是MgO。按分子理论观点，渣铁间脱硫反应分以下步骤：

$$[\mathrm{FeS}] = (\mathrm{FeS}) \tag{6-7}$$

$$(\mathrm{FeS}) + (\mathrm{CaO}) = (\mathrm{CaS}) + (\mathrm{FeO}) \tag{6-8}$$

$$(\mathrm{FeO}) + \mathrm{C} = [\mathrm{Fe}] + \mathrm{CO}\uparrow \tag{6-9}$$

即在渣铁界面上首先是铁中的[FeS]向渣面扩散并溶入渣中，然后与渣中的（CaO）作用生成CaS和FeO，因为CaS只溶于渣而不溶于铁；FeO则被固定碳还原生成CO气体离开反应界面，同时产生搅拌作用，将聚积在渣铁界面的生成物CaS带到上面的渣层，加速CaS在渣内的扩散，从而加速炉渣的脱硫反应。总的脱硫反应可写成：

$$[FeS] + (CaO) + C = [Fe] + (CaS) + CO \quad -149140kJ \tag{6-10}$$

6.5.2.2 影响高炉渣脱硫能力的因素

A 炉渣化学成分的影响

（1）炉渣碱度。炉渣碱度（$w(CaO)/w(SiO_2)$）是影响脱硫的重要因素，碱度高则CaO含量多，增加了渣中（O^{2-}）的浓度，从而使炉渣脱硫能力提高。但实践经验表明：在一定炉温下有一个合适的碱度，碱度过高反而降低脱硫效率。其原因是碱度太高，炉渣的熔化性温度升高，在渣中将出现$2CaO \cdot SiO_2$固体颗粒，降低炉渣的流动性，影响脱硫反应进行时离子间的相互扩散。再则高碱度渣稳定性不好，容易造成炉况不顺。

（2）MgO、MnO。MgO、MnO等碱性氧化物的脱硫能力较CaO弱，但加入少量MgO、MnO，能降低炉渣熔化温度和黏度，也有利于脱硫。但以MgO、MnO代替CaO，将降低脱硫能力。

（3）FeO。FeO是最不利于脱硫的因素。在实际生产中，炉渣的FeO含量通常很低（<1%）。只有当发生异常的炉凉时，FeO含量才会较高，这时L_S将急剧降低，使铁水中硫急剧升高，导致生铁不合格。

（4）Al_2O_3。在一定温度和总碱度下，L_S随着Al_2O_3的增加而降低，因此不利于脱硫。

B 炉渣温度对脱硫的影响

高温会提供脱硫反应所需的热量，加快脱硫反应速度。高温还能加速FeO的还原，减少渣中（FeO）的含量。同时高温使铁中[Si]含量提高，增加铁水中硫的活度系数。另外，高温能降低炉渣黏度，有利于扩散进行，这些都有利于L_S的提高。所以炉温的波动即是生铁含硫波动的主要因素，控制稳定的炉温是保证生铁合格的主要措施。对高碱度炉渣，提高炉温更有意义。

C 炉渣黏度对脱硫的影响

降低炉渣黏度，改善CaO和CaS的扩散条件，都有利于脱硫（特别在反应处于扩散范围时）。

D 其他因素

除以上因素外，为提高生铁的合格率和提高炉内的脱硫效率，应重视和改进生产操作。若炉况顺行，炉缸工作均匀且活跃，炉料与煤气分布合理，则脱硫良好，L_S大；当煤气分布不合理，炉缸热制度波动，高炉结瘤和炉缸中心堆积等都会导致炉渣的脱硫能力降低，生铁含硫量增加。

总之，高炉内脱硫情况取决于多方面因素。既要考虑炉渣的脱硫能力又需从动力学方面创造条件使其反应加快进行，后者更为重要。

必须指出，小型高炉比大高炉的脱硫率低，其原因大致有以下几点：

（1）小高炉焦比高，因此原料（主要是焦炭）带入高炉的相对总硫量要比大高炉多，即硫负荷较高。

（2）小高炉的炉温较低，渣中（FeO）含量往往比较高，降低了炉渣的脱硫能力。

（3）由于焦比高，渣中Al_2O_3含量较高，即使有些炉渣碱度$w(CaO)/w(SiO_2)$不低，CaO在渣中的绝对量并不多，这也使炉渣脱硫能力降低。

（4）小高炉铁水的含碳量较大高炉低，影响脱硫率。

6.5.3 实际生产中有关脱硫问题的处理

（1）如果炉渣碱度未见有较大波动，但炉温降低，[S]含量有上升出格趋势，此时首先解决炉温问题，如有后备风温时尽量提高风温，有加湿鼓风时要关闭。如果下料过快要及时减风，控制料速。如有长期性原因导致炉温降低,应考虑适当减轻焦炭负荷。

(2) 炉渣碱度变低,炉温又降低时,应在提高炉缸温度的同时,适当提高炉渣碱度,待变料下达,看碱度是否适当。亦可临时加20~30批稍高碱度的炉料,以应急防止[S]含量的升高(但需注意炉渣流动性)。

(3) 炉温高,炉渣碱度也高而生铁含[S]不低时,要校核硫负荷是否过高,如有此因,要及时调整原料。如原料硫负荷不高,脱硫能力差,系因炉渣流动性差,炉缸堆积所造成,应果断降低炉渣碱度以改善流动性提高 L_S 值。

(4) 炉温高,炉渣碱度与流动性合适而生铁含[S]不低,主要原因是硫负荷过高。应选用低硫焦炭,如是矿石硫高应先焙烧去硫或采用烧结、球团等熟料。

6.6 生铁的炉外脱硫

6.6.1 炉外脱硫的目的和必要性

生铁中的硫不仅能在炉内去除,也可在炉外脱去。炉外脱硫的原因有两方面:一是高炉内未能使[S]含量降到合格范围,为避免产生废品,采用炉外脱硫办法来补救。近年来由于原燃料质量逐步改善,高炉操作技术不断提高,除极个别钢铁厂在必要时采用以外,一般很少采用了。其二,把炉外脱硫作为生产上的必要环节。近些年来,天然高质量的原燃料资源愈显贫乏,特别是国内有些厂原料中碱金属含量很高(碱负荷每吨铁在12~15 kg以上),严重影响着炼铁生产。为适应高碱金属原料的冶炼和提高高炉生产能力,迫使寻求新的生产工艺,即采用低碱度渣操作并进行铁水的炉外脱硫。炉外脱硫的目的:

(1) 优质钢生产要求生铁含[S]小于0.01%甚至0.005%。

(2) 对生产普通钢也要求生铁含[S]在0.02%~0.05%以下。

(3) 生产球墨铸铁要求低[S]、低[P]的生铁。

(4) 世界上低硫的优质焦煤日趋短缺,高硫焦炭以及高硫喷吹燃料的使用必然导致生铁含硫升高。

(5) 采用铁水炉外脱硫,除有效提高生铁质量外,还可实现低碱度渣操作,可增加炉渣排除碱金属的能力,同时减少渣量,降低焦比,提高高炉生产率。

铁水炉外脱硫技术的开发,对高炉冶炼技术的发展具有现实意义。

6.6.2 炉外脱硫剂和脱硫方法

当前国内外采用的炉外脱硫方法有许多种:

(1) 用苏打在炉外脱硫。在出铁时把苏打均匀加在铁水沟或铁水罐内,其脱硫反应:

$$Na_2CO_3 = Na_2O + CO_2$$

$$Na_2O + FeS = Na_2S + FeO$$

$$Na_2CO_3 + FeS = Na_2S + FeO + CO_2 \quad -205518\ \text{kJ} \tag{6-11}$$

反应生成的 Na_2S 不溶于铁水而上浮成渣,生成的 CO_2 对铁水起搅动作用。铁水中部分[Si]、[Mn]被氧化成 SiO_2 及 MnO,由于反应吸热和铁水搅动,铁水温度要降温30~50℃。当生铁含[S]为0.1%时,加入铁水量1%的 Na_2CO_3,脱硫效率可达70%~80%。但是脱硫剂本身的利用率太低,一般仅为25%~30%,有时甚至不到10%。

Na_2CO_3 的利用率及脱硫效率受多方面因素影响:

1) 铁水原来含硫高,其脱硫率亦高;反之,则低。

2）由于 Na_2CO_3 的脱硫反应为吸热反应，因此必须注意保持铁水有较高的温度。

3）为了保证反应完全，加入 Na_2CO_3 后，必须有一定的停留时间。时间太长，Na_2O 很容易侵蚀炉衬并与炉衬中的 SiO_2 与 Al_2O_3 生成低熔点炉渣，降低炉渣的脱硫能力，同时产生回硫现象，因此应及时扒渣。

4）Na_2CO_3 与铁水的接触情况。这主要决定于 Na_2CO_3 的加入方法是否恰当。如果加入的 Na_2CO_3 与铁水混合得好，脱硫效率提高，Na_2CO_3 的利用率也大大改善。

用 Na_2CO_3 脱硫时会产生大量 SO_2 和 CO_2 的热气，恶化环境。此外，Na_2CO_3 价格较贵，对工业还有更重要的用途，用于生铁脱硫是不合理和不经济的，必须寻求节省 Na_2CO_3 或取代 Na_2CO_3 的途径。

（2）石灰粉（CaO）脱硫。其脱硫反应为：

$$CaO + FeS + C = CaS + Fe + CO \qquad (6\text{-}12)$$

用专门的喷吹设备将 CaO 粉喷入铁水罐，加以搅拌，加速反应产物 CaS 在铁水中的扩散，可使[S]含量降至 0.03%。CaO 来源广、价格低。我国某厂试验用压缩空气吹石灰脱硫，在 7 分钟内其脱硫效率能达到 70% 以上。

要求脱硫剂应有较高浓度，根据国内外试验，每立方米气体吹入 30 ~ 40 kg 的石灰粉。石灰粉的粒度小于 0.3 mm，保证纯净。吹粉用的气体最好是非氧化性的。如有特殊需要，可在石灰粉中加入部分强还原剂（如镁粉、铝粉等），可使铁水中的硫降低到 0.004% 以下。

（3）电石（CaC_2）脱硫。需先制成粉末状，再用有效的喷吹机械和搅拌设备喷入铁水，可脱硫至 0.01% 以下。

$$CaC_2 + FeS = CaS + 2C + Fe \qquad (6\text{-}13)$$

电石（CaC_2）与 S 的结合能力很强，而且 CaC_2 熔点高（2300℃），在铁水中不熔化，故要求将 CaC_2 制成很细的粉。该脱硫反应是放热反应。脱硫过程的降温比较小。生成的 CaS 可牢固地结合在渣中，不产生回硫现象，这是因有以下反应：

$$CaC_2 + FeO = CaO + 2C + Fe \qquad (6\text{-}14)$$

（4）混合脱硫剂。据国外试验，有两种混合脱硫剂的效果比较好：

1）60% 熟石灰，25% ~ 30% 食盐，10% ~ 15% 萤石。

2）50% 生石灰，20% 焙烧苏打，30% 萤石。

预先把混合剂磨碎并熔化后使用。此外，还有试用电石（CaC_2），NaOH，以及苏打、石灰、萤石粉或 CaO、NaCl 等混合脱硫剂的。

除以上脱硫方法外，国内外正在进行的试验还有真空脱硫、电解脱硫、金属脱硫以及电磁搅拌等许多方法，有的停留在实验室，有的已开始用于生产。

综上所述，高炉炉外脱硫是今后的发展方向，当前应考虑：

（1）寻求一种廉价而实用的脱硫剂。

（2）寻求简便而有效的操作工艺和设备，达到高效率、低成本。

（3）为渣、铁的接触创造良好而有效的条件，并保持铁水有一定温度。

（4）创造还原性或中性的脱硫气氛，防止高硫渣及杂质混入铁水。

6.7　炉渣成分的选择

如何选择炉渣成分是高炉配料计算预先考虑的重要问题。根据使用的不同原燃料条件（主要是含硫量）以及冶炼生铁的规格，主要是[Si]、[Mn]含量，应选择不同的炉渣成分。首先是炉渣碱度，它能反映炉渣成分的变化和炉渣的性能。

适合于冶炼不同生铁的炉渣成分与性能：

（1）碱度。近年来随着精料和冶炼技术的改善，硫负荷逐渐降低，所以炉渣碱度有降低的趋势。大中型高炉炉渣碱度 $w(CaO)/w(SiO_2)$ 在 0.95～1.15，通常铸造生铁比炼钢生铁的炉渣碱度低 0.05～0.10。硫负荷较高时则采用高碱度炉渣。为了改善炉渣的稳定性和流动性，渣中的 (MgO) 含量在 7%～10% 较合适。MgO 能改善炉渣的流动性（过多则不利），这对难熔的高碱度炉渣更为重要。

我国有些小高炉使用灰分较高的焦炭，有的因矿石中 Al_2O_3 含量高，高炉渣中 Al_2O_3 含量常在 20% 以上，为了改善炉渣流动性，适当提高 $(w(CaO)+w(MgO))/w(SiO_2)$ 的比值是合理的，要求在配料中适当增加熔剂用量。

（2）Al_2O_3 含量。一般高炉渣中 Al_2O_3 含量不应超过 15%～18%，否则炉渣难熔且黏度大。炼铸造生铁时使用较高含量 Al_2O_3 炉渣便于提高炉缸温度，但渣中 Al_2O_3 含量主要取决于所用矿石的脉石成分和焦比，高炉工长所能调整的范围极为有限。

（3）熔渣的难熔性和黏度。炉渣中 CaO、MgO、SiO_2、Al_2O_3 等数量确定以后，检查该炉渣的熔化性、黏度等物理性质是否符合所冶炼生铁的要求，还应当衡量炉渣的热稳定性和化学稳定性（可查阅炉渣的熔化性温度和黏度的四元系相图）。

（4）渣量。渣量决定于矿石的品位、脉石成分和焦炭的灰分，在保证脱硫的前提下，一般尽量争取渣量少。对铸造生铁，由于要还原较多的 SiO_2，渣量过小时容易引起较大波动，渣铁比最好在 0.5～0.6 左右，有个别厂在炼铸造生铁时还配加些硅石。

复习思考题

6-1　炉渣的成分有哪些？

6-2　什么是炉渣碱度，表示方法有哪些，常用哪一种，为什么？

6-3　炉渣的作用是什么？

6-4　什么是炉渣的熔化性？

6-5　什么是炉渣黏度，试表述其单位及物理意义？

6-6　炉渣黏度对高炉冶炼有何影响？

6-7　什么是炉渣稳定性，热稳定性，化学稳定性？

6-8　试述影响炉渣黏度的因素。

6-9　简述炉料下降过程中的变化。

6-10　成渣带高低对高炉冶炼有何影响？

6-11　试述生铁中硫的来源。

6-12　试述高炉内生铁脱硫的基本原理。

6-13　影响炉渣脱硫能力的因素有哪些？

7　炉缸燃烧与煤气在上升过程中的变化

7.1　焦炭和其他燃料的燃烧

焦炭是高炉炼铁的主要燃料，入炉焦炭中的碳除了少部分消耗于直接还原和溶解于生铁（渗碳）外，大部分在风口前与鼓入的热风相遇燃烧。此外还有从风口喷入的燃料（煤粉、重油、天然气），也要在风口前燃烧。

风口前碳的燃烧反应是高炉内最重要的反应之一，它对高炉冶炼的作用是：

（1）燃料燃烧后产生还原性气体 CO 和少量的 H_2，并放出大量热，满足高炉对炉料的加热、分解、还原、熔化、造渣等过程的需要，即燃烧反应既提供还原剂，又提供热能。

（2）燃烧反应使固定碳不断气化，在炉缸内形成自由空间，为上部炉料不断下降创造先决条件。风口前燃料燃烧是否均匀有效，对炉内煤气流的初始分布、温度分布、热量分布以及炉料的顺行情况都有很大影响。所以说，没有燃料燃烧，高炉冶炼就没有动力和能源，就没有炉料和煤气的运动。一旦停止向高炉内鼓风（休风），高炉内的一切过程都将停止。

（3）炉缸内除了燃料的燃烧外，还包括直接还原、渗碳、脱硫等尚未完成的反应，都要集中在炉缸内最后完成，最终形成流动性较好的铁水和熔渣，自炉缸内排出。因此说，炉缸反应既是高炉冶炼过程的开始，又是高炉冶炼过程的归宿。炉缸工作的好坏对高炉冶炼过程起决定作用。

7.1.1　燃烧反应

高炉炉缸内的燃烧反应与一般的燃烧过程不同，它是在充满焦炭的环境中进行，即在空气量一定而焦炭过剩的条件下进行的。由于没有过剩的氧，燃烧反应的最终产物是 CO、H_2 及 N_2，没有 CO_2。

7.1.1.1　焦炭的燃烧

焦炭中的碳除部分参与直接还原、进入生铁和生成碳氢化合物外，有 70% 以上在风口前燃烧。碳与氧的燃烧反应如下：

在风口前氧气比较充足，最初有完全燃烧和不完全燃烧反应同时存在，产物为 CO 和 CO_2，反应式为：

完全燃烧　$$C + O_2 = CO_2 \quad +4006600\ \text{kJ} \tag{7-1}$$

（相当于 1 kg C 放热 33390kJ）

不完全燃烧　$$C + \frac{1}{2}O_2 = CO \quad +117490\ \text{kJ} \tag{7-2}$$

（相当于 1 kg C 放热 9790 kJ）

在离风口较远处，由于自由氧的缺乏及大量焦炭的存在，而且炉缸内温度很高，即使在氧充足处产生的 CO_2 也会与固定碳进行碳的气化反应

$$CO_2 + C = 2CO \quad -165800\text{kJ}$$

干空气的成分为 $\varphi(O_2):\varphi(N_2) = 21:79$，而氮气不参加化学反应，这样在炉缸中的燃烧反应的最终产物是 CO 和 N_2，总的反应可表示为：

$$2C + O_2 + \frac{79}{21}N_2 = 2CO + \frac{79}{21}N_2 \tag{7-3}$$

鼓风中还含有一定量的水分，水分在高温下与碳发生以下反应：

$$H_2O + C = H_2 + CO \quad -124390\ kJ \tag{7-4}$$

所以在实际生产条件下，焦炭燃烧的最终产物由 CO、H_2 和 N_2 组成。

7.1.1.2　喷吹燃料的燃烧

高炉采用喷吹技术时，煤粉、重油、天然气等作为喷吹燃料使用。我国采用喷吹煤粉。

无论是无烟煤或烟煤，它们的主要成分碳的燃烧，与前述焦炭的燃烧具有类似的反应。但是由于煤粉和焦炭有不同的性状差异，所以燃烧过程不同。煤粉在风口前首先被加热，继之所含挥发分气化并燃烧，挥发分中的碳氢化合物 C_nH_m 裂解为 CO 和 H_2，最后碳进行不完全燃烧反应：

$$2C + O_2 = 2CO \tag{7-5}$$

7.1.1.3　焦炭与喷吹燃料燃烧的差异

尽管焦炭和喷吹燃料的燃烧都提供热源和还原剂，但是它们所起的作用和影响是不尽相同的。主要表现为：

（1）喷吹燃料都有热分解反应，先吸热后燃烧。燃料中氢碳比愈高，分解需热愈多。各种燃料的分解热：无烟煤 837 ~ 1047 kJ/ kg；重油 1465 ~ 1884 kJ/ kg；天然气 3140 ~ 3559 kJ/ kg。

（2）喷吹燃料带入炉缸的物理热比焦炭低。焦炭下降到风口前已加热到 1450 ~ 1500℃，而喷吹燃料均不大于 100℃。

（3）焦炭和喷吹燃料燃烧产生的还原性气体及煤气体积不同。各种喷吹燃料燃烧后，煤气体积都比焦炭有所增加，还原气体含量增多，尤以天然气为最高，这就改善了煤气的还原能力。

7.1.2　炉缸煤气成分和数量计算

从式(7-3)可知，1 m^3 的 O_2 燃烧后生成 2 m^3 的 CO 和$\frac{79}{21}$ m^3 的 N_2，则 1 m^3 干风（不含水分的空气）的燃烧产物为：

$$\varphi(CO) = 2 \times \frac{100}{2 + \frac{79}{21}}\% = 34.7\%$$

$$\varphi(N_2) = \frac{79}{21} \times \frac{100}{2 + \frac{79}{21}}\% = 65.3\%$$

当鼓风中有一定水分时，从式(7-4)可知，随鼓风湿度的增加，煤气中 H_2 和 CO 的量将会增加，而且吸收热量。煤气成分的计算：

设鼓风湿度（%）为 f，则 1 m^3 湿风中的干风体积（m^3）为 $(1-f)$

1 m^3 湿风中含氧量（m^3）为 $0.21(1-f) + 0.5f = 0.21 + 0.29f$

1 m^3 湿风含 N_2 量（m^3）为 $0.79(1-f)$

1 m^3 湿风的燃烧产物成分为：

$$V(CO) = 2 \times (0.21 + 0.29f)$$

$$\varphi(CO) = \frac{V(CO) \times 100\%}{V(CO) + V(N_2) + V(H_2)}$$

$$V(H_2)=f$$

$$\varphi(H_2)=\frac{V(H_2)\times 100\%}{V(CO)+V(N_2)+V(H_2)}$$

$$V(N_2)=0.79(1-f)$$

$$\varphi(N_2)=\frac{V(N_2)\times 100\%}{V(CO)+V(N_2)+V(H_2)}$$

对不同鼓风湿度，炉缸煤气成分计算结果列入表7-1。

表7-1　不同鼓风湿度时炉缸煤气成分　　(%)

鼓风湿度	炉缸煤气成分		
	$\varphi(CO)$	$\varphi(N_2)$	$\varphi(H_2)$
0	34.7	65.3	0
1.0	34.96	64.22	0.82
2.0	35.21	63.16	1.63
3.0	35.45	62.12	2.43

同理可计算富氧鼓风时的炉缸煤气成分。表7-2是首钢某高炉富氧鼓风后炉缸煤气成分的变化。

表7-2　富氧鼓风时炉缸煤气成分的变化

鼓风 O_2 含量/%	鼓风湿度/%	喷吹量/ $kg\cdot t^{-1}$	炉缸煤气成分/%		
			$\varphi(CO)$	$\varphi(N_2)$	$\varphi(H_2)$
21.0	0.75	145	33.6	62.2	4.2
22.5	0.94	219	34.8	59.6	5.6
23.3	1.19	181	35.9	58.7	5.4
24.6	1.13	265	36.7	56.0	7.3
25.5	1.95	323	37.8	54.7	7.6

增加鼓风湿度（加湿鼓风）时，炉缸煤气中 H_2 和CO含量增加，N_2 含量减少。

富氧鼓风时，炉缸煤气中 N_2 含量减少，CO含量相对增加。

喷吹燃料时，炉缸煤气中 H_2 含量显著增加，CO和 N_2 的含量相对降低。这些措施都相对富化了还原性煤气，均有利于强化高炉冶炼和降低焦比。

7.1.3　炉缸煤气成分沿半径方向的变化

上述炉缸煤气成分及数量是燃烧后的最终结果。那么在燃烧过程中，沿炉缸不同半径处的煤气成分是如何变化的呢？这与焦炭在风口前的燃烧情况有关。风口前有两种不同的燃烧形式：

(1) 层状燃烧。人们认为风口前的燃烧反应是在固定的料层中进行的，即与竖炉炉条上的燃烧过程相似，炉料只有垂直下降，没有水平方向的移动。高炉在小风量操作时确是如此。

风口前燃料燃烧反应的区域称为燃烧带，它包括氧气区和还原区。图7-1表示沿风口径向煤气成分的变化，亦称“经典曲线”。

有自由氧存在的区域称氧气区，其反应为：

$$C + O_2 === CO_2$$

从自由氧消失直到 CO_2 消失处称 CO_2 还原区，此区域内反应为：

$$CO_2 + C === 2CO$$

由于燃烧带是高炉内唯一属于氧化气氛的区域，因此也称为氧化带。

在燃烧带中，当氧过剩时，碳首先与氧反应生成 CO_2，只有当氧开始下降时，CO_2 才与 C 反应，使 CO 含量急剧增加，CO_2 含量逐渐消失。燃烧带的范围可按 CO_2 消失的位置确定，常以 CO_2 含量降到 1% ~2% 的位置定为燃烧带的边界。喷吹燃料后，还必须考虑到 H_2O 的含量。H_2O 作为喷吹燃料中碳氢化合物的燃烧产物，和 CO_2 一样，起着把氧搬到炉缸深处的作用。喷吹时有部分碳被 H_2O 中的氧燃烧，这种燃烧只在煤气中自由氧浓度很低或消失之后，才能大量开始。因此，喷吹燃料后，燃烧带应理解为碳将鼓风 CO_2 及 H_2O 中氧消耗而进行燃烧反应的空间，可按 H_2O 含量 1% ~2% 为燃烧带边缘来确定。

（2）回旋运动燃烧。现代高炉由于冶炼强度高和风口风速大（100 ~ 200 m/s），在强大气流冲击下，风口前焦炭已不是处于静止状态下燃烧，即非层状燃烧，而是随气流一起运动，在风口前形成一个疏散而近似球形的自由空间，通常称为风口回旋区，如图 7-2 所示。

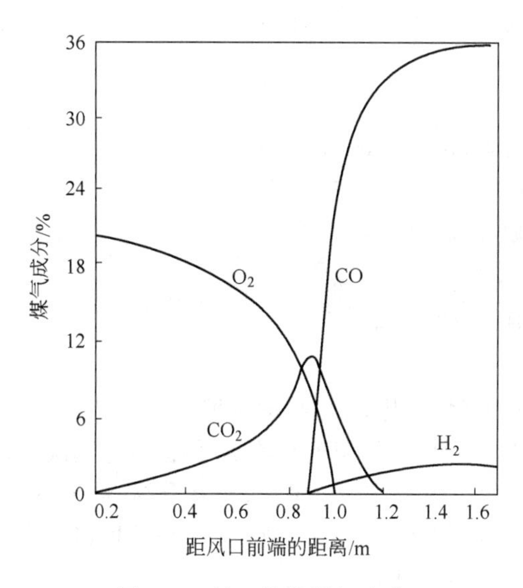

图 7-1 风口前的煤气成分

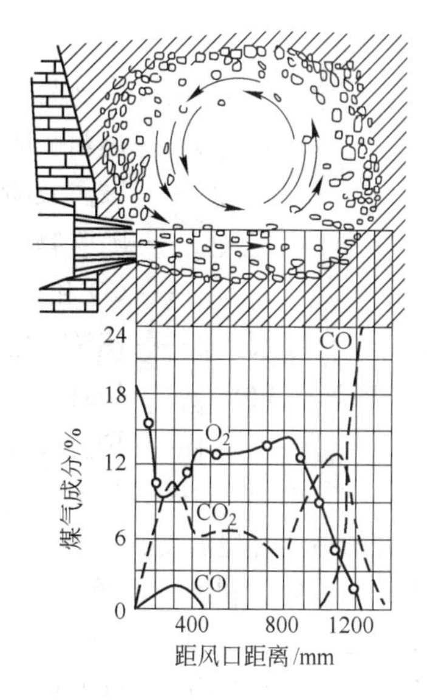

图 7-2 燃烧带煤气成分

风口回旋区与燃烧带范围基本一致，但回旋区是指在鼓风动能的作用下焦炭作机械运动的区域，而燃烧带是指燃烧反应的区域，它是根据煤气成分来确定的。回旋区的前端即是燃烧带氧气区的边缘，而还原区是在回旋区的外围焦炭层内，故燃烧带比回旋区略大些。

与以上燃烧特点相对应，煤气成分的分布情况也发生了变化，如图 7-2 下部所示。自由氧不是逐渐地而是跳跃式减少。自由氧含量在离风口 200 ~ 300 mm 处有增加，在 500 ~ 600 mm 的长度内保持相当高的含量，直到燃烧的末端急剧下降并消失。CO_2 含量的变化与 O_2 含量的变化相对应。分别在风口附近和燃烧带末端，在 O_2 含量急剧下降处出现两个高峰。

当出现第一个 CO_2 含量高峰，O_2 含量急剧下降，并有少量 CO 的出现，这是由于煤气成分受到从上面回旋运动而来的煤气流的混合，加之 C 与 CO 被氧化因而使 CO_2 含量迅速升高，O_2 含量急剧下降。在两个 CO_2 含量最高点和 O_2 含量最低点之间，气流相遇到的焦炭较少，故气相中保持较高的 O_2 含量和较低的 CO_2 含量。当气流到回旋区末端时，由于受致密焦炭层的阻碍而转向上方运动，此时气流与大量焦炭相遇，燃烧反应激烈进行，出现 CO_2 含量第二个高峰，同时 O_2 含量急剧下降到消失。O_2 含量急剧下降前出现的高峰是因取样管与上转气流中心相遇的结果，因为在流股中心保持有较高的 O_2 含量。

风口前焦炭的回旋运动已被高炉解剖研究所证实。

7.2　理论燃烧温度与炉缸内的温度分布

7.2.1　理论燃烧温度

理论燃烧温度（$t_{理}$）是指风口前焦炭和喷吹物燃烧所能达到的最高的绝热温度，即假定风口前燃料燃烧放出的热量（化学热）以及热风和燃料带入的物理热全部传给燃烧产物时达到的最高温度，也就是炉缸煤气尚未与炉料参与热交换前的原始温度，用式（7–6）表示。

$$t_{理} = \frac{Q_{碳} + Q_{风} + Q_{燃} - Q_{水} - Q_{喷}}{c_{CO}, c_{N_2}(V(CO) + V(N_2)) + c_{H_2}V(H_2)} = \frac{Q_{碳} + Q_{风} + Q_{燃} - Q_{水} - Q_{喷}}{Vc_{P煤}} \tag{7-6}$$

式中　$Q_{碳}$——风口区碳燃烧生成 CO 时放出的热量，kJ/t；

$Q_{风}$——热风带入的物理热，kJ/t；

$Q_{燃}$——燃料带入的物理热，kJ/t；

$Q_{水}$——鼓风及喷吹物中水分的分解热，kJ/t；

$Q_{喷}$——喷吹物的分解热，kJ/t；

c_{CO}, c_{N_2}——CO 和 N_2 的比热容，kJ/(m³ · ℃)；

c_{H_2}——H_2 的比热容，kJ/(m³ · ℃)；

$V(CO), V(N_2), V(H_2)$——炉缸煤气中 CO、N_2、H_2 的体积，m³/t；

V——炉缸煤气的总体积，m³/t；

$c_{P煤}$——理论温度下炉缸煤气的平均比热容，kJ/(m³ · ℃)。

适宜的理论燃烧温度，应能满足高炉正常冶炼所需的炉缸温度和热量，保证液态渣铁充分加热和还原反应的顺利进行。随 $t_{理}$ 提高，渣铁温度相应提高，但 $t_{理}$ 过高，压差升高，炉况不顺；过低渣铁温度不足，严重时会导致风口涌渣。我国喷吹的高炉一般控制在 2000 ~ 2300℃，日本高炉较大，一般控制在 2100 ~ 2400℃。$t_{理}$ 是高炉操作中重要的参考指标。

生产中所指的炉缸温度，常以渣铁水的温度为标志。从式（7–6）可知，$t_{理}$ 的高低与以下因素有关：

（1）鼓风温度。当鼓风温度升高，鼓风带入的物理热增加，$t_{理}$ 升高。一般每改变 100℃ 风温 $t_{理}$ 改变 80℃。

（2）鼓风富氧率。当鼓风含 O_2 增加，鼓风中 N_2 含量减少，此时虽因风量的减少而减少了鼓风带入的物理热，但由于 V_{N_2} 降低的幅度较大，煤气总体积减少，$t_{理}$ 会显著升高。鼓风含 O_2 量每增（减）1%，影响 $t_{理}$ 增（减）35 ~ 45℃。

（3）鼓风湿度。鼓风湿度增加，分解热增加，则 $t_{理}$ 降低。鼓风中每增加 1 g/m³ 湿分相当于降低 9℃ 风温。

（4）喷吹燃料。由于喷吹物的加热、分解和裂化，$t_{理}$ 降低。各种燃料由于分解热不同，对 $t_{理}$ 影响也不同。每喷吹 10 kg 煤粉，$t_{理}$ 降低 20 ~ 30℃，无烟煤为下限，烟煤为上限。

（5）炉缸煤气体积不同时，会直接影响到 $t_{理}$，炉缸煤气体积增加，$t_{理}$ 降低，反之则升高。

7.2.2 炉缸煤气温度的分布

燃料在炉缸内燃烧产生高温煤气，在炉料被煤气加热的同时，煤气本身的温度逐渐降低。因为间接还原反应是放热反应，因此煤气温度的降低又会受到一定限制。为了充分利用煤气的热能，高炉炉顶温度应尽可能低些，使热量集中于最需要热能的炉缸，由于煤气是高炉内唯一的载热体，炉内的热量分布与煤气分布有密切关系。煤气在炉内分布合理与否对煤气热能的利用有重要意义。

产生煤气的燃烧带是炉缸内温度最高的区域。在燃烧带内其温度又与煤气中 CO_2 含量相对应，CO_2 含量高的地方，也是温度的最高点（即燃烧焦点）。炉缸内由边缘向中心其煤气量逐渐减少，温度分布也逐渐降低，如图 7-3 所示。

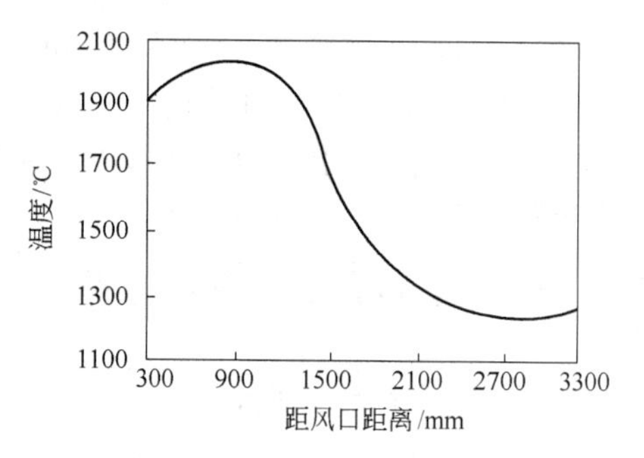

图 7-3 沿半径方向炉缸温度的变化

对不同的高炉，由炉缸边缘向中心的温度降低的程度是相同的。大中型高炉的燃烧焦点温度可高达 1900℃ 以上，但炉缸中心的温度则因各方面因素不同，降低很多。高炉操作人员的责任就是设法使炉缸内煤气分布和温度分布达到均匀合理。

冶炼过程中应提高或保持足够的炉缸中心温度。当冶炼制钢生铁时，炉缸中心温度不应低于 1350～1400℃，炼锰铁或硅铁时，燃烧焦点温度可达 2000℃ 甚至更高，而炉缸中心温度应在 1500～1650℃ 以上。富氧鼓风时炉缸温度比普通情况要高些。炉缸中心温度过低，会使中心的炉料得不到充分加热和熔化从而造成“中心堆积”，炉缸工作不均匀，严重影响冶炼进程。

影响炉缸中心温度的主要因素如下：

（1）焦炭负荷和煤气热能利用情况。

（2）风温、鼓风的成分以及炉缸中心煤气量分布的状况。

（3）所炼生铁的品种及造渣制度（主要指炉渣熔化性）。

（4）炉缸内直接还原度。

（5）燃料的物理化学性质及炉缸料柱的透气性。

炉缸内的温度分布不仅沿炉缸半径方向不均匀，沿炉缸圆周的温度分布也不完全均匀。表 7-3 中是某高炉的 8 个风口中 4 个风口前温度的测定数据。

表 7-3 各风口前温度

测定日期	各风口前平均温度/℃				全部风口前的平均温度/℃
	2	4	6	8	
第一天	1675	1775	1800	1650	1725
第二天	1650	1750	1800	1650	1710
第三天	1750	1850	1700	1600	1725
第四天	1825	1775	1800	1700	1775
10 天平均	1729	1778	1778	1693	1742

各风口前温度不同，有以下原因：

（1）炉料偏行，布料不匀，煤气分布不合理产生管道行程，某些地区下料过快，造成局部直接还原相对增加，温度则比其他地区降低。

（2）风口进风不均匀，靠近热风主管一侧的风口可能进风稍多些，另一侧的风量就小些，另外在热风管混风不匀的情况下，也可能造成进风时的风温和风量的不均匀。如果结构上不合理（例如各风口直径不一，进风环管或各弯管的内径不同），将使各风口前温度有更大的差别。

（3）铁口和渣口位置的影响。一般在渣铁口附近的下料比其他部位要快，铁口附近更为明显。在表7-3中的8号风口位于铁口方向，它前面的温度较低。

为使高炉炉缸工作均匀、活跃和炉缸中心有足够的温度，其重要措施是采用合理的送风制度和装料制度。生产中常采用不同口径风口可调剂各风口前的进风情况，以达到炉缸温度分布尽可能均匀和合理。操作人员可通过各个风口窥视孔观察和比较其亮度及焦炭的活跃情况，判断炉缸的热制度和圆周的下料情况。

7.3　燃烧带的大小及影响因素

7.3.1　燃烧带的大小对高炉冶炼的影响

7.3.1.1　燃烧带的大小对炉内的煤气温度和炉缸温度分布的影响

燃烧带是高炉煤气的发源地。燃烧带的大小和分布决定着炉缸煤气和煤气的初始分布，在较大程度上决定煤气流在高炉内上升过程中的第二次分布（软熔带处的煤气分布）和第三次分布（块状带）。煤气分布合理，则煤气的热能和化学能利用充分，高炉顺行，焦比就降低。

燃烧带若伸向炉缸中心，中心煤气流就发展，炉缸中心温度则升高。相反，燃烧带缩小至炉缸边缘，此时边缘煤气流发展，炉缸中心温度则降低，这对炉缸内的化学反应不利。炉缸中心不活跃和热量不充足，对高炉冶炼极为不利。通常，希望燃烧带较多地伸向炉缸的中心，但燃烧带过分向中心发展会造成“中心过吹”，而边缘煤气流不足。增加炉料与炉墙之间的摩擦阻力（边缘下料慢），不利于高炉顺行。如燃烧带较小而向风口两侧发展，又会造成“中心堆积”，同时煤气流对炉墙的过分冲刷使高炉寿命缩短。因此，为了保证炉缸工作的均匀和活跃，必须有适当大小的燃烧带。

7.3.1.2　燃烧带的大小对高炉顺行的影响

燃料在燃烧带燃烧，为炉料的下降腾出了空间，它是促进炉料下降的主要因素。在燃烧带上方的炉料总是比其他地方松动，而且下料快。适当扩大燃烧带（包括纵向和横向），可以缩小炉料的呆滞区域，扩大炉缸活跃区域面积，整个高炉料柱就比较松动，有利于高炉的顺行。从炉料顺行看，燃烧带的水平投影面积愈大愈好。但即使燃烧带水平投影面积相同，高炉内的边缘气流和中心气流也可能有不同的发展情况，要看燃烧带是靠近边缘还是伸向中心。如图7-4及图7-5所示。大风量时燃烧带伸向中心，小风量时相反。图7-5a或图7-5b燃烧带的水平投影面积可能相同，但如图7-5b所示，风口直径缩小会使燃烧带变得细长，它发展中心煤气流，炉缸中心温度升高。反之如图7-5a所示，燃烧带缩短而向风口两侧扩展，它发展边缘煤气流，炉缸圆周温度升高，中心温度将降低。大型高炉的炉缸直径大，风口数目已定，首要的问题是应发展和吹透中心，否则炉缸中心“死料柱”过大，会产生中心堆积等故障。

从炉缸的周围看，希望燃烧带连成环形，有利于高炉顺行。这可通过改变送风制度（风量、风压、风温等）以及风口数目、形状、长短等进行调剂。

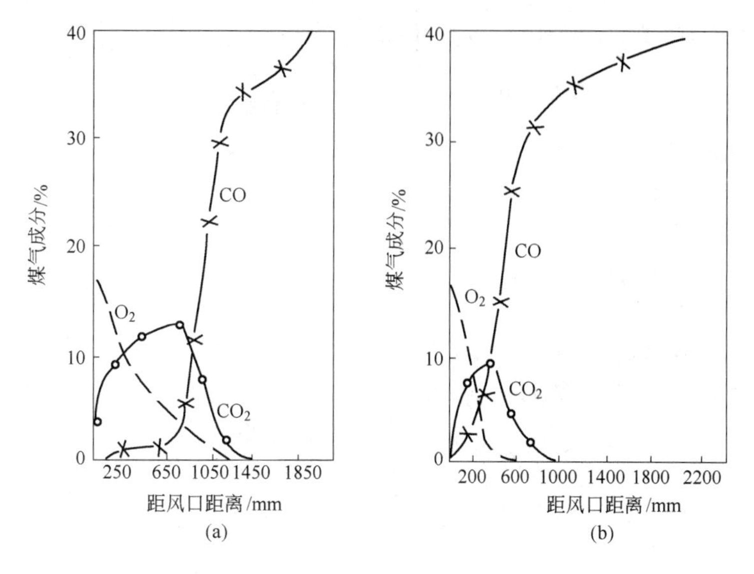

图 7-4　在不同风量时燃烧带长度的变化

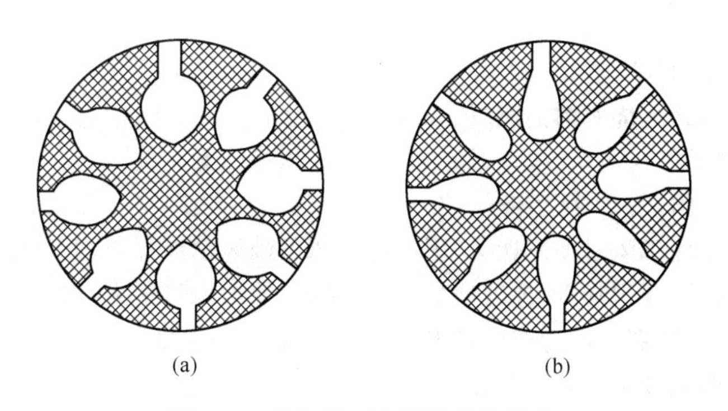

图 7-5　炉缸截面上燃烧带的分布

7.3.2　影响燃烧带大小的因素

研究影响燃烧带大小的因素，主要是为了在实际生产中合理控制燃烧带，以获得合理的初始煤气流分布。

在现代高炉上，燃烧带的大小主要取决于鼓风动能，其次是与燃烧反应速度、炉料状况有关。

7.3.2.1　鼓风动能

从风口鼓入炉内的风，克服风口前料层的阻力后向炉缸中心扩大和穿透的能力称为鼓风动能，即鼓风所具有的机械能。鼓风动能是使焦炭回旋运动的根本因素。鼓风动能可用式(7-7)表示：

$$E=\frac{1}{2}mw^2 \tag{7-7}$$

式中　E——鼓风动能

w——鼓风速度(实际状态下)，m/s。

为计算方便，推荐采用式(7-8)和式(7-9)：

(1) 全焦冶炼时的鼓风动能(kg · m/s)计算

$$E = 3.25 \times 10^{-8} \times \frac{(1.293 - 0.489f)(273 + t)V_b^3}{n^3 s^2 (101.325 + P_b)^2} \tag{7-8}$$

式中　t——热风温度,℃;

n——工作风口个数,个;

f——鼓风湿分,%;

s——工作风口平均面积,m^2;

P_b——热风压力,kPa;

V_b——风口前碳燃烧所需的风量,m^3/min。

(2) 喷吹燃烧时的鼓风动能 kg · m/s 计算

$$E = 3.25 \times 10^{-8} \times \frac{r_{混} \cdot V_b^3}{n^3 s^2} \cdot \left(\frac{273 + t_{混}}{101.325 + P_b}\right)^2 \tag{7-9}$$

式中　$r_{混}$——风口混合气体的密度,kg/m^3;

$t_{混}$——混合气体温度,℃;

n——工作风口个数,个;

s——工作风口平均面积,m^2;

P_b——热风压力,kPa;

V_b——风口前碳燃烧所需的风量,m^3/min。

由此看出:鼓风动能与风量、风温、风压及风口面积等因素有关。

影响鼓风动能的因素:

(1) 鼓风动能正比于风量的三次方,因此增加风量鼓风动能显著增大,燃烧带也相应扩大。

(2) 提高风温鼓风体积膨胀,风速增加,动能增大,使燃烧带扩大,然而另一方面,风温升高,使燃烧反应加速,因而所需的反应空间即燃烧带相应缩小。这两方面因素看谁占优势而定。一般说来,风温升高,燃烧带扩大。

(3) 高压操作时,由于炉内煤气压力升高,因而风压也升高,使鼓风体积压缩而重量不变,故炉内气流速度降低,鼓风动能减小,燃烧带缩短。所以,提高炉顶压力,引起边缘气流发展。高炉正常操作时,炉顶压力变化不大。这时,随着风量的变化,风压虽有变化但幅度不大,对鼓风动能影响也不大。

(4) 在风量、风温和其他条件一定时,增加风口直径(即改变进风面积),则风速降低,鼓风动能随之减小;反之,鼓风动能随之增加。因此,改变风口直径已成为生产中调节送风制度的主要手段。

(5) 调节风口长度也是调整炉缸工作的一种措施。当炉衬等设备条件或风量水平有大幅度变化时,才应用这手段。增加风口伸入炉内的长度,可使燃烧带伸向中心,使炉缸中心活跃;反之,则促使边缘活跃。

所以,选择合适的鼓风动能应保证获得一个既向中心延伸,又在圆周有一定发展的燃烧带,实现炉缸工作的均匀活跃与炉内煤气的合理分布。

7.3.2.2　燃烧反应速度对燃烧带大小的影响

通常如燃烧速度增加,燃烧反应在较小范围完成,则燃烧带缩小;反之,燃烧速度降低,则燃烧带扩大。

前已述及,在有明显回旋区高炉上,燃烧带大小主要取决于回旋区尺寸,而回旋区大小又取决于鼓风动能高低，此时燃烧速度仅是通过对 CO_2 还原区的影响来影响燃烧带大小。但 CO_2 还原区占燃烧带的比例很小，因此可以认为燃烧速度对燃烧带大小无实际影响。只有在焦炭处于层状燃烧的高炉上，燃烧速度对燃烧带大小的影响才有实际意义。

此外，焦炭粒度、气孔度及反应性等对燃烧带大小有影响。对无回旋区高炉，焦炭粒度大时，单位质量焦炭的表面积就小，减慢燃烧速度使燃烧带扩大。对存在回旋区的高炉，焦炭粒度增大，不易被煤气夹带回旋，使回旋区变小，燃烧带缩小。

焦炭的气孔度对燃烧带影响是通过焦炭表面实现的。气孔率增加则表面积增大，反应速度加快，使燃烧带缩小。

7.3.2.3 炉缸料柱阻力对燃烧带大小的影响

除鼓风动能影响燃烧带大小外，炉缸中心料柱的疏松程度，即透气性也影响燃烧带大小。当中心料柱疏松，透气性好，煤气通过的阻力小，此时即使鼓风动能较小，也能维持较大(长)的燃烧带，炉缸中心煤气量仍然会是充足的。相反，炉缸中心料柱紧密，煤气不易通过，即使有较高鼓风动能，燃烧带也不会有较大扩展。

7.3.3 煤气的初始分布对高炉冶炼的影响

煤气是热量的载体，煤气量增多就意味着热量增多、温度升高；煤气也是还原剂，煤气流通过多的地方，炉料也易于加热还原。因此，煤气分布均匀合理是高炉顺行、获得良好指标的前提条件。

7.3.3.1 煤气在炉缸内的合理分布

炉缸是煤气的发源地，煤气在炉缸内的分布，也就是煤气的初始分布。所谓煤气的初始分布合理，即指煤气在炉缸径向和圆周方向的分布适当。它决定炉缸的活跃和温度分布的均匀程度。在煤气量一定的条件下，边缘煤气增多，中心煤气则减少；反之则相反。煤气初始分布比例失调，高炉炉况便会失常；如中心气流过多，造成中心过吹，边缘堆积；相反边缘气流过多，形成边缘发展，中心堆积。两者都将使炉况不顺，燃料消耗量增多，产量降低，质量下降。

煤气的初始分布，实际上取决于燃烧带的大小。燃烧带越伸向中心，煤气也越容易达到中心；燃烧带越靠近炉墙，煤气越易从炉墙边缘上升。前者促使中心气流增多，而后者则相反。因此，控制燃烧带大小，也就控制了煤气流的初始分布。

理论分析及生产实践表明，煤气的初始分布，不仅影响炉缸工作状况，而且也影响煤气上升过程的分布。当煤气初始分布过分失当时，往往通过炉顶布料控制手段调整，也不能从根本上改变煤气在上升过程中的分布状况，煤气能量不能得到充分利用。1960 年前后，本钢、太钢的高炉，由于冶炼强度大大提高，炉况不顺，虽经布料调剂加重中心负荷，疏松边缘，但成效不大。最终还是采取增大风口直径的措施，减小鼓风动能，缩短燃烧带，调剂煤气的初始分布，减少中心煤气，使边缘和中心的煤气流分布重新协调合理，才使炉况根本好转，高炉生产得到进一步的强化。

鼓风动能是受送风条件(如风量、风温、风压、喷吹等)，以及风口参数(如风口直径、伸入长度)等诸多因素影响的一个综合指标。通过改变送风条件即下部调剂来控制煤气流的初始分布，从而使煤气流的初始分布合理。

7.3.3.2 下部调剂

高炉的下部调剂是通过改变进风状态控制煤气流的初始分布，使整个炉缸温度分布均匀稳定,热量充沛,工作活跃。也就是控制适宜的燃烧带与煤气流的合理分布。为达到适宜燃烧带,除了与之相适宜的料柱透气性外,要通过日常鼓风参数的调剂实现合适的鼓风动能,以保证炉况的顺行。

经常调剂的鼓风参数主要有风温、风量、喷吹量、鼓风含氧量、湿分等。

(1) 风温。由鼓风动能计算公式可以看出,提高鼓风温度,则鼓风动能增加。热风是高炉热源之一,它带入的物理热全部被利用,热量集中于炉缸,若相应降低焦比,则炉顶煤气温度降低,即提高了高炉热能的利用率。

提高风温使炉缸温度升高,上升煤气的上浮力增加,不利于高炉顺行。故操作中常常从“加风温为热,减风温为顺”出发,加风温要稳(30 ~ 50℃),减风温要猛。

若有其他调节手段时(如喷吹燃料和加湿鼓风),应该把风温固定在最高温度,充分利用热风炉的能力降低焦比。

(2) 风量。风量对产量、煤气分布影响较大,一般要稳定大风量操作而不轻易调剂,只有其他调剂方法无效时才采用。

增加风量,煤气量增加,煤气流速加快,对炉料上浮力加大,不利于顺行。相反,减风量能使煤气适应炉料的透气性。当再现崩料、管道行程、煤气流不稳时,减风量是很有效的。

增加风量使鼓风动能增加,有利于发展中心气流,但过大时会出现中心管道。减风会发展边缘气流,但长时间慢风作业会使炉墙侵蚀。

增加风量能提高冶炼强度,下料加快,通常能增加产量。要掌握好风量与下料批数之间的关系,用风量控制下料批数是下部调剂的重要手段之一。

炉子急剧向凉时,减风是有效措施,可以增加煤气和炉料在炉内的停留时间,改善还原而使炉温回升。但注意有些小高炉由于减风过多或不当,使焦炭燃烧量降低,热量不足,同时由于煤气量的减少而造成分布不合理,反而导致进一步炉凉。

(3) 喷吹燃料。用喷吹量能调剂入炉碳量,在焦炭负荷不变的情况下增加喷吹量能使炉热。相反,减少喷吹量会使炉凉,而且在增加喷吹量时,由于喷吹物要在风口前分解,而且是冷态进入燃烧带,因此对炉缸有暂时的降温作用,当喷吹物生成的 CO、H_2 在上升中增加间接还原后,这部分炉料下达炉缸时,效果才会出来。所以有一段热滞后时间,大多为 3 ~ 5 小时。

(4) 鼓风中含氧量。富氧鼓风时,随着鼓风中含氧量的增加,燃烧单位碳量生成的煤气量减少,燃烧温度升高,于是燃烧反应速度加快,燃烧带缩小。

但是,有的研究结果也表明,鼓风含氧量对燃烧带的大小没有影响。这是由于高炉过程处于不同的动力学条件,因而影响燃烧带大小的因素及其影响的程度也不同。

另外,风口直径及风口的长度也作为下部调剂的手段。当炉况需要大风量操作、炉缸边缘堆积时应该扩大风口面积或缩短风口长度、当炉况需要较高的风速、炉缸中心堆积时应缩小风口面积或加长风口长度等。

7.3.3.3　调剂煤气初始分布的一般规律

通常调剂煤气初始分布重点是鼓风动能,手段是对风口直径、风口长度的调整。影响煤气初始分布的因素很多,现简述如下:

(1) 冶炼强度。冶炼强度是影响燃烧带和煤气分布的重要因素。在一般情况下,提高冶炼强度,鼓风动能增大,燃烧带扩大,若造成中心煤气量过多,边缘堆积,应降低鼓风动能。与此相反,降低冶炼强度,鼓风动能减小,燃烧带缩小,若造成边缘气流过大,中心堆积,应增大鼓风动能。这一规律的特点是适宜的鼓风动能和冶炼强度成反比关系,即冶炼强度高时,可采用较低的鼓风动能；冶炼强度低时，宜采用较高的鼓风动能。

（2）原料条件。原料条件对煤气初始分布的影响也比较明显。一般原料条件好（如粉末少、品位高），渣量少，高温冶金性能好，则炉缸透气性好，煤气容易扩散，将使燃烧带缩小，为保证中心煤气流，应采用较大的鼓风动能；原料条件差的，则应减少鼓风动能。

（3）压力。风压升高，鼓风动能降低，促使燃烧带缩小，边缘气流增加。所以在高压操作时，应增加鼓风动能，以抑制边缘气流，增加中心煤气。而当压力降低过多时，则应采取相反的调剂措施。

（4）喷吹燃料。高炉喷吹燃料后，有25%～40%燃料在风口内燃烧，使鼓入炉内的空气温度升高，燃烧产物的体积增大，鼓风动能增加，中心气流增加。因此，要适当减小鼓风动能。

（5）富氧鼓风。高炉富氧鼓风时，将加快燃烧速度，减少燃烧产物体积，最终导致燃烧带缩小。当富氧率高时，应考虑风口直径向减小的方向调整，以增大鼓风动能，获得适宜的煤气分布。

（6）炉容。高炉容积扩大后，炉缸直径增加，需增大鼓风动能，以保证合适的中心气流，使中心活跃，消除堆积。

7.4　煤气在上升过程中的变化

风口前燃料燃烧产生的煤气和热量，在上升过程中与下降炉料进行一系列传导和传质过程，煤气的体积、成分和温度等都发生重大变化。

7.4.1　煤气在上升过程中体积和成分的变化

研究高炉内煤气上升过程中的体积和成分的变化，可以帮助我们掌握影响炉顶煤气成分的因素，分析冶炼过程。

炉缸煤气上升过程中成分、体积和温度的变化如图7-6所示。

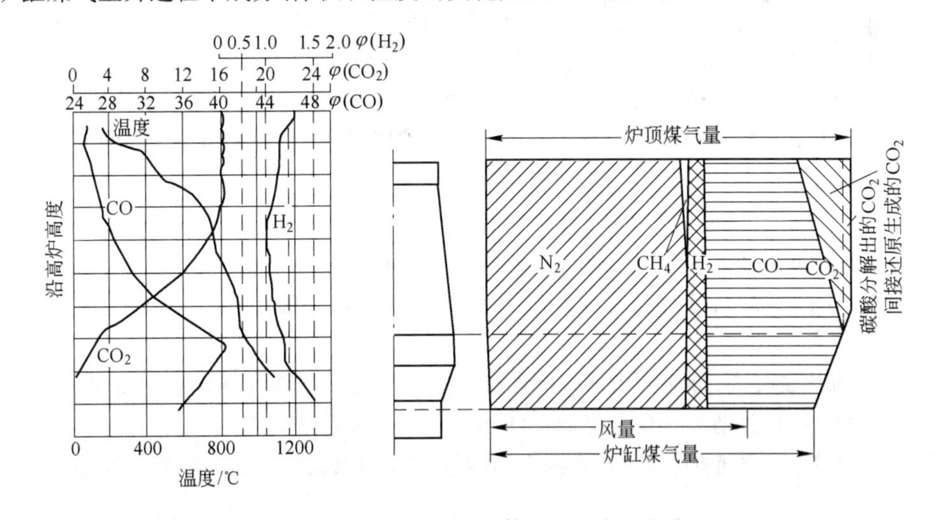

图7-6　炉内煤气成分、体积和温度的变化

CO：其含量先增加然后减少。这是因为煤气在上升过程中，Fe和Si、Mn、P等元素的直接还原生成一部分CO，同时有部分碳酸盐在高温区分解出的CO_2与C作用，生成的CO。到了中温区，因有大量间接还原进行，又消耗了CO，所以CO含量是先增加而后又降低。

CO_2：在高温区CO_2不稳定，所以炉缸、炉腹处煤气中CO_2含量几乎为零。以后上升中由于有了间接还原和碳酸盐的分解，CO_2 含量逐渐增加。由于间接还原时消耗 1 体积的 CO，生成 1 体积 CO_2。所以此时 CO 的减少量与 CO_2 的增加量相等，如图 7-6 中虚线左边的 CO_2 即为间接还原生成；而虚线右边代表碳酸盐分解产生的 CO_2 量。总体积有所增加。

H_2：鼓风中水分分解，焦炭中有机 H_2，挥发分中的 H_2，以及喷吹燃料中的 H_2 等是氢的来源。H_2 在上升过程中有 1/3 ~ 1/2 参加间接还原及生成 CH_4，所以它在上升过程中逐渐减少。

N_2：鼓风中带入大量 N_2，少量是焦炭中的有机 N_2 和灰分中的 N_2。N_2 不参加任何化学反应，故绝对量不变。

CH_4：在高温区有少量 C 与 H_2 生成 CH_4，也有煤气上升中焦炭挥发分中的 CH_4 加入，但数量均很少。

最后，不喷吹时，到达炉顶的煤气成分（%）大致范围如下：

$\varphi(CO_2)$	$\varphi(CO)$	$\varphi(N_2)$	$\varphi(H_2)$	$\varphi(CH_4)$
15 ~ 22	20 ~ 25	55 ~ 57	约 2.0	约 3.0

一般炉顶煤气中 CO 和 CO_2 总量比较稳定，大约为 38% ~ 42%。

煤气总的体积自下而上有所增大。一般在全焦冶炼条件下，炉缸煤气量约为风量的 1.21 倍，炉顶煤气量约为风量的 1.35 ~ 1.37 倍。喷吹燃料时，炉缸煤气量约为风量的 1.25 ~ 1.30 倍，炉顶煤气量约为风量的 1.4 ~ 1.45 倍。

导致煤气体积增大的原因主要有以下几个方面：

（1）Fe、Si、Mn、P 等元素直接还原生成部分 CO。

（2）碳酸盐分解放出部分 CO_2，其中约有 50% 与碳作用生成 CO（$CO_2 + C \longrightarrow 2CO$）。

（3）部分结晶水与 CO 和碳作用生成一定的 H_2、CO_2 和 CO（$H_2O + CO \longrightarrow CO_2 + H_2$、$H_2O + C \longrightarrow CO + H_2$）。

（4）燃料的挥发分挥发后产生的气体（H_2、N_2、CO、CO_2）。

冶炼条件变化，会引起炉顶煤气成分变化，主要是 CO 与 CO_2 的相互改变，其他成分变化不十分明显。影响炉顶煤气成分变化的主要因素有：

（1）当焦比升高时，单位生铁炉缸煤气量增加，煤气化学能利用率降低，CO 含量升高，CO_2 含量降低，即 $V(CO_2)/V(CO)$ 比值降低。同时由于入炉风量增大，带入的 N_2 量增加，故使 CO 和 CO_2 总相对含量下降。

（2）当炉内铁的直接还原度提高，煤气中 CO 含量增加，CO_2 含量下降，同时由于风口前燃烧的碳量减少，入炉风量降低，鼓风带入的 N_2 量降低，CO 和 CO_2 总量相对增加。

（3）熔剂用量增加时，分解出的 CO_2 含量增加，煤气中 CO_2 和 CO 和 CO_2 量增加，含 N_2 量相对下降。

（4）矿石氧化度提高，即矿石中 Fe_2O_3 含量增加，间接还原消耗 CO 含量增加，同时产生同体积 CO_2，则煤气中 CO_2 量增加，CO 量降低，CO 和 CO_2 总量没有变化。

（5）鼓风中 O_2 含量增加，鼓风带入的 N_2 含量减少，炉顶煤气中 N_2 含量减少，CO、CO_2 含量均相对提高。

（6）喷吹燃料时，由于煤气中 H_2 含量增加，则 N_2 含量和 CO 与 CO_2 总量均会降低。

改善煤气化学能利用的关键是提高 CO 的利用率（η_{CO}）和 H_2 的利用率（η_{H_2}）。炉顶煤气中 CO_2 含量越高，H_2 含量越低，则煤气化学能利用越好；反之，CO_2 含量越低，H_2 含量越高，则化学能利用越差。

CO 的利用率表示为：

$$\eta_{CO}=[V(CO_2)/(V(CO)+V(CO_2))]\times 100\% \tag{7-10}$$

一般情况下 CO 和 CO_2 总量基本稳定不变，提高炉顶煤气中 CO_2 含量，就意味着 CO 含量必然降低，η_{CO}必然提高，即有更多 CO 参加间接还原变成了 CO_2，煤气（CO）能量利用得到改善。

7.4.2 煤气在上升过程中压力的变化

煤气从炉缸上升，穿过软熔带、块状带到达炉顶，本身压力能降低，产生的压头损失（Δp）可表示为 $\Delta p=p_{炉缸}-p_{炉喉}$，炉喉压力（$p_{炉喉}$）主要决定高炉炉顶结构、煤气系统的阻力和操作制度（常压或高压操作）等。它在条件一定时变化不大。炉缸压力（$p_{炉缸}$）主要取决于料柱透气性、风温、风量和炉顶压力等。一般不测定炉缸压力。所以对高炉内料柱阻力（Δp）常近似表示为：

$$\Delta p=p_{热风}-p_{炉顶} \tag{7-11}$$

当操作制度一定时，料柱阻力（透气性）变化，主要反映在热风压力（$p_{热风}$），所以热风压力增大，即说明料柱透气性变坏，阻力变大。

正常操作的高炉，炉缸边缘到中心的压力是逐渐降低的，若炉缸料柱透气性好，中心的压力较高（压差小），反之，中心压力低（压差大）。

压力变化在高炉下部比较大（压力梯度大），而在高炉上部则较小。随着风量加大（冶炼强度提高），高炉下部压差（梯度）变化更大，说明此时高炉下部料柱阻力增长值提高。由此可见，改善高炉下部料柱的透气性（渣量、炉渣黏度等）是进一步提高冶炼强度的重要措施。

7.5 高炉内的热交换

高炉内的热交换是指煤气流与炉料之间的热量传递。由于热量传递，煤气温度不断降低，炉料温度不断升高，这个热交换过程是一个复杂的过程。

7.5.1 热交换基本规律

高炉的热交换比较复杂。由于煤气与炉料的温度沿高炉高度不断变化，要准确计算各部分传热方式的比例很困难。大体上可以说，炉身上部主要进行的是对流热交换，炉身下部温度很高，对流热交换和辐射热交换同时进行，料块本身与炉缸渣铁之间主要进行传导传热。

热交换可用基本方程式(7-12)表示：

$$dQ=\alpha_F F(t_{煤气}-t_{料})d\tau \tag{7-12}$$

式中 dQ——$d\tau$ 时间内煤气传给炉料的热量；

α_F——传热系数，kJ/(m² · h · ℃)；

F——散料每小时流量的表面积，m²；

$t_{煤气}-t_{料}$——煤气与炉料的温度差，℃。

单位时间内炉料吸收的热量与炉料表面积、煤气与炉料的温度差及传热系数成正比。而 α_F 又与煤气流速、温度、炉料性质有关。在风量、煤气量、炉料性质一定的情况下，dQ 主要取决于 $t_{煤气}-t_{料}$。然而，由于沿高度煤气与炉料温度不断变化，因而煤气与炉料温差也是变化的，这种变化规律可用图 7-7 表示。

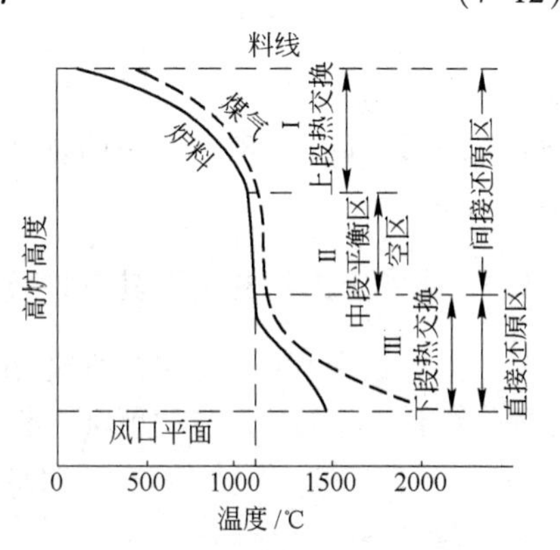

图 7-7 高炉热交换过程示意图

沿高炉高度上煤气与炉料之间热交换分为三段：

Ⅰ—上段热交换区;Ⅱ—中段热交换平衡区;Ⅲ—下段热交换区。在上、下两段热交换区(Ⅰ和Ⅲ),煤气和炉料之间存在着较大的温差($\Delta t = t_{煤气} - t_{料}$),而且下段比上段还大。$\Delta t$ 随高度而变化,在上段是越向上越大,在下段是越向下越大。因此,在这两个区域存在着激烈的热交换。在中段Ⅱ,Δt 较小,而且变化不大(小于20℃),热交换不激烈,被认为是热交换的动态平衡区,也称热交换空区。

7.5.2 水当量概念

高炉是竖炉的一种,竖炉热交换过程有一个共同的规律,即温度沿高度的分布呈S形变化。

为研究和阐明这个问题,常引用"水当量"概念。所谓水当量就是单位时间内通过高炉某一截面的炉料(或煤气),其温度升高(或降低)1℃所吸收(或放出)的热量,即单位时间内使煤气或炉料改变1℃所产生的热量变化。

炉料水当量:
$$W_{料} = G_{料} \times C_{料} \tag{7-13}$$

煤气水当量:
$$W_{气} = V_{气} \times C_{气} \tag{7-14}$$

式中 $G_{料}, V_{气}$——通过高炉某一截面上的炉料量和煤气量;

$C_{料}, C_{气}$——炉料热容和煤气热容。

高炉不是一个简单的热交换器,因为在煤气和炉料进行热交换的同时,还进行着传质等一系列的物理化学反应。

在高炉下部热交换区(Ⅲ),由于炉料中碳酸盐激烈分解,直接还原反应激烈进行和熔化造渣等,都需要消耗大量的热,越到下部需热量越大,因此,$W_{料}$ 不断增大,大于 $W_{气}$,即单位时间内通过高炉下部某一截面使炉料温度升高1℃所需之热量远大于煤气温度降低1℃所放出的热量,热量供应相当紧张,煤气温度迅速下降,而炉料温度升高并不快,即煤气的降温速度远大于炉料的升温速度。这样两者之间就存在着较大的温差 Δt,而且越向下 Δt 越大,热交换激烈进行。

煤气上升到中部某一高度后,由于直接还原等耗热反应减少,间接还原放热反应增加,$W_{料}$ 逐渐减小,以至某一时刻与 $W_{气}$ 相等($W_{料} = W_{气}$),此时煤气和炉料间的温度差很小($\Delta t \leq$ 20℃),并维持相当时间,煤气放出的热量和炉料吸收的热量基本保持平衡,炉料的升温速率大致等于煤气的降温速率,热交换进行缓慢,成为"空区"(Ⅱ)。当用天然矿冶炼而使用大量石灰石时,空区的开始温度取决于石灰石激烈分解的温度,即900℃左右。在使用熔剂性烧结矿(高炉不加石灰石)时,空区的开始温度取决于直接还原开始大量发展的温度,即1000℃左右。

煤气从空区往上进入上部热交换区(Ⅰ)。此处进行炉料的加热、蒸发和分解以及间接还原反应等。由于所需热量较少,因而 $W_{料}$ 小于 $W_{气}$,即单位时间内炉料温度升高1℃所吸收的热量小于煤气降温1℃所放出的热量,热量供应充足,炉料迅速被加热,其升温速率大于煤气降温速率。

7.5.3 高炉上部热交换及其对炉顶温度的影响

根据区域热平衡和热交换原理,在上部热交换区(Ⅰ)的任一截面上,煤气所含的热量应等于固体炉料吸收的热量与炉顶煤气带走的热量之和(不考虑入炉料的物理热)。

$$W_{气} \times t_{气} = W_{料} \times t_{料} + W_{气} \times t_{顶}$$

$$t_{气} = W_{料}/W_{气} \times t_{料} + t_{顶}$$

当上段热交换结束,进入空区时,$t_{气} \approx t_{料} \approx t_{空}$,于是

$$t_{空} = W_{料}/W_{气} \times t_{空} + t_{顶}$$

$$t_{顶} = (1 - W_{料}/W_{气}) \times t_{空} \tag{7-15}$$

式中，$t_{空}$，$t_{顶}$分别为热交换空区和炉顶煤气温度。

可见，炉顶煤气温度取决于空区温度和 $W_{料}/W_{气}$的比值。在原料、操作稳定的情况下，$t_{空}$ 一般变化不大，故 $t_{顶}$ 主要取决于 $W_{料}/W_{气}$。

由此可知影响 $t_{顶}$ 的因素是：

(1) 煤气在炉内分布合理，煤气与炉料充分接触，煤气的热能利用充分，$t_{顶}$ 则低。相反，煤气分布失常，过分发展边缘或中心气流，甚至产生管道，$t_{顶}$ 会升高（公式中未包含这点）。

(2) 如果焦比降低，则作用于单位炉料的煤气量减少，即煤气的水当量 $W_{气}$减小，$W_{料}/W_{气}$比值增大，$t_{顶}$降低。反之，焦比提高时，煤气量增大，煤气水当量增大，$W_{料}/W_{气}$比值减小，$t_{顶}$提高。

(3) 炉料的性质。炉料中如水分高，在上部蒸发时要吸收更多热量，即 $W_{料}$ 增大，$W_{料}/W_{气}$ 比值增大，$t_{顶}$ 则降低。如果使用焙烧过的干燥矿石，炉顶温度 $t_{顶}$ 相应较高，如使用热烧结矿，$t_{顶}$更高。

(4) 提高风温后若焦比降低，则煤气量减少，$t_{顶}$ 会降低。如果焦比不变时，则煤气量变化不大，对 $t_{顶}$ 的影响也不大。

(5) 采用富氧鼓风时，由于含 N_2 量减少，煤气量减少，使 $W_{气}$ 降低，$W_{料}/W_{气}$ 比值升高，从而使 $t_{顶}$ 降低。

炉顶温度是评价高炉热交换的重要指标。高炉采用高压操作后，为保证炉顶设备的严密性，更要防止炉顶温度过高。正常操作时的 $t_{顶}$ 常在200℃左右。

7.5.4 高炉下部热交换及其对炉缸温度的影响

在高炉下部，$W_{料}/W_{气} > 1$，根据热平衡和热交换原理，可推出在下部热交换区炉缸温度和 $W_{气}/W_{料}$ 比值的关系：

$$W_{料} \times t_{缸} + W'_{料} \times t_{空} = W_{气} \times t_{气} - W'_{气} \times t_{空}$$

当下部热交换结束，煤气上升到达空区时，

$$W'_{料} \approx W'_{气}$$

即

$$W'_{料} \times t_{空} = W'_{气} \times t_{空}$$

于是

$$W_{料} \times t_{缸} = W_{气} \times t_{气}$$

$$t_{缸} = (W_{气}/W_{料}) \times t_{气} \tag{7-16}$$

式中 $t_{缸}$——炉渣温度；

$t_{气}$——炉缸煤气温度。

可见，凡能提高 $t_{气}$ 和降低 $W_{料}$、提高 $W_{气}/W_{料}$ 比值的措施，都有利于 $t_{缸}$ 的升高。

影响 $t_{缸}$ 的因素是：

(1) 风温提高而焦比不变，$t_{气}$ 升高，$t_{缸}$ 增加。

(2) 风温提高后，若焦比降低，煤气量减少，$W_{气}$ 减少，又使 $t_{缸}$ 降低，其结果 $t_{缸}$ 可能变化不大。如果焦比不变，则 $t_{缸}$ 增加。

(3) 富氧鼓风时，N_2 减少，煤气量减少 $W_{气}/W_{料}$ 降低，然而富氧可大大提高 $t_{气}$，使 $t_{缸}$ 升高。

复习思考题

7-1　试述炉缸燃料燃烧的作用。
7-2　试述焦炭在下降过程中的去向。
7-3　试述焦炭在风口前的燃烧反应。
7-4　试述理论燃烧温度的定义及其表达式。
7-5　试述影响理论燃烧温度的因素有哪些?
7-6　试述炉缸中煤气成分、温度、压力在上升过程中的变化。
7-7　什么是燃烧带?
7-8　燃烧带对冶炼过程有哪些影响?
7-9　影响燃烧带大小的因素有哪些?
7-10　什么是下部调剂,调剂的主要参数有哪些,调剂的目的是什么?
7-11　什么是水当量,在高炉内煤气和炉料水当量是如何变化的?
7-12　为什么高炉上部炉料水当量小于煤气水当量,而到高炉下部炉料水当量大于煤气水当量?
7-13　试述高炉内的热交换过程。

8 炉料和煤气运动及其分布

炉料和煤气运动是高炉炼铁的特点，一切物理化学过程都是在其相对运动中发生、完成的。在高炉冶炼过程中，必须保证炉料和煤气的合理分布和正常运动，使高炉冶炼能持续稳定高效地进行，获得好的技术经济指标。

8.1 炉料运动

8.1.1 炉料下降条件及力学分析

8.1.1.1 炉料下降必要条件

炉料下降的必要条件是在高炉内不断存在着的促使炉料下降的自由空间。形成这一空间的条件是：

（1）焦炭在风口前的燃烧。焦炭占料柱总体积的50%～70%，且有70%左右的碳在风口前燃烧掉，所以形成较大的自由空间，占缩小的总体积的35%～40%。

（2）焦炭中的碳参加直接还原的消耗，占缩小的总体积的11%～16%。

（3）固体炉料在下降过程中，小块料不断充填于大块料的间隙以及受压使其体积收缩，以及矿石熔化，形成液态的渣、铁，引起炉料体积缩小，可提供30%的空间。

（4）定期从炉内放出渣、铁，空出的空间约15%～20%。只有以上的因素并不能保证炉料就可以顺利下降，例如高炉在难行、悬料之时，风口前的燃烧虽还在缓慢进行，但炉料的下降却停止了。所以炉料的下降除具备以上必要条件外，还应具备以下充分条件。

8.1.1.2 炉料下降的充分条件

除炉料下降的必要条件外，能否顺利下降还要受力学因素的支配：

$$F = W_{炉料} - p_{墙摩} - p_{料摩} - \Delta p \tag{8-1}$$

式中 F——决定炉料下降的力；

$W_{炉料}$——炉料在炉内的总重；

$p_{墙摩}$——炉料与炉墙间的摩擦阻力；

$p_{料摩}$——料块相互运动时，颗粒之间的摩擦阻力；

Δp——煤气对炉料的支撑力。

$$W_{炉料} - p_{墙摩} - p_{料摩} = W_{有效}$$

即

$$F = W_{有效} - \Delta p \tag{8-2}$$

式中 $W_{有效}$——炉料的有效重量。

可见，炉料有效重量（$W_{有效}$）越大，压差 Δp 越小，此时 F 值越大即越有利于炉料顺行。反之，不利于顺行。当 $W_{有效}$ 接近或等于 Δp 时，炉料难行或悬料。要注意的是，$F>0$ 是炉料能否下降的力学条件，并且其值越大，越有利于炉料下降。但是 F 值的大小，对炉料下降的快慢影响并不大。影响下料速度的因素，主要取决于单位时间内焦炭燃烧的数量，即下料速度与鼓风量和鼓风中的含氧量成正比。

8.1.2　影响 $W_{有效}$ 和 Δp 的因素

8.1.2.1　影响有效重量($W_{有效}$)的因素

高炉内充满着的炉料整体称为料柱。料柱本身的质量由于受到摩擦力($p_{墙摩}$ 和 $p_{料摩}$)的作用,并没有完全作用在风口水平面或炉底上,真正起作用的是它克服各种摩擦阻力后剩下的质量,这个剩余质量称为料柱有效质量($Q_{有效}$)。因此,料柱有效质量要比实际质量小得多。

影响炉料有效重量的因素有:

(1) 炉腹角 α(炉腹与炉腰部分的夹角)减小,炉身角 β(炉腰与炉身部分夹角)增大,此时炉料与炉墙摩擦阻力会增大,即 $p_{墙摩}$ 增大,有效重量 $W_{有效}$ 则减小,不利于炉料顺行。反之,α 增大,β 缩小,有利于提高 $W_{有效}$,有利于炉料顺行。

(2) 一般认为,随着料柱高度增加,有效重量会增加,但是料柱高度增加到一定程度后,有效重量就不再增加。有的炉型不合理的高炉,由于炉身形成拱料,增加摩擦阻力,此时当高炉高度超过一定值后,有效重量反而会降低。应当理解的是,当料柱逐渐增高时,料柱的有效重量系数是不断降低的。因此说当前高炉炉型趋于矮胖型(H/D 减小)这是有利于顺行的,尤其适合于高度较高的大型高炉。

(3) 炉料的运动状态:凡是运动状态的炉料下降过程中的摩擦阻力均小于静止状态的炉料。所以说运动态的炉料其有效重量都比静止态炉料的有效重量大。

(4) 风口数目:通过实际测定,增加风口,有利于提高 $W_{有效}$。这是因为随着风口数目增加,扩大了燃烧带炉料的活动区域,减小了 $p_{墙摩}$ 和 $p_{料摩}$,所以有利于 $W_{有效}$ 提高。

(5) 炉料的堆积密度越大,$W_{炉料}$ 增大,有利于 $W_{有效}$ 增大。因此,焦比降低后,随着焦炭负荷提高,炉料堆积密度提高,对顺行是有利的。

(6) 在生产的高炉上,影响 $W_{有效}$ 因素更为复杂,如渣量的多少,成渣位置的高低,初成渣的流动性,炉料下降时的均匀程度以及炉墙表面的光滑程度等,都会造成 $p_{墙摩}$、$p_{料摩}$ 的改变,从而影响炉料有效重量的变化而影响炉料顺行。

(7) 造渣制度:高炉内成渣带位置、炉渣的物理性质和炉渣的数量,对炉料下降的摩擦阻力影响很大。因为炉渣,尤其是初成渣和中间渣,是一种黏稠的液体,它会增加炉墙与炉料之间及炉料相互之间的摩擦力。因此,成渣带位置越高、成渣带越厚、炉渣的物理性质越差和渣量越大时,则 $p_{墙摩}$ 和 $p_{料摩}$ 越大,而 $W_{有效}$ 越小。

目前对高炉软熔带以下的高温区(即存在固、液相的混合区域),有关炉料有效重量的直接数据还较少,尚待进一步研究。

应当指出,高炉顺行的基本条件不仅是整个料柱的有效重量应大于煤气上升的支撑力 Δp,而且在料柱中每个局部位置,亦应保持其 $W_{有效}$ 大于 Δp。但生产高炉的条件复杂多变,如不同部位的下料速度、布料情况、煤气流速、初渣性能等等都在不时地变化。所以炉料不顺的现象随时都可能在高炉的某一截面的某一局部地区出现。为此操作者必须密切注视,仔细观察分析各个仪表的变化趋势,及时进行调剂。

8.1.2.2　Δp 及其影响因素

(1) Δp 的表达式。高炉内煤气之所以能穿过料柱自下而上运动,主要靠鼓风具有的压力能。煤气流在克服炉料阻力的过程中,本身压力能逐渐减小,产生压力降(即压头损失),也就是煤气对下降炉料的支撑阻力。

$$\Delta p = p_{炉缸} - p_{炉喉} \approx p_{热风} - p_{炉顶} \tag{8-3}$$

式中　$p_{炉缸}$——煤气在炉缸风口水平面的压力；

$p_{炉喉}$——料线水平面炉喉煤气压力；

$p_{热风}$——热风压力；

$p_{炉顶}$——炉顶煤气压力。

由于炉缸和炉喉处的煤气压力不便于经常测定，故近似采用 $p_{热风}$ 和 $p_{炉顶}$ 代替。

为便于理解或简化，引入气体通过圆形直管的压头通式：

$$\Delta p = \lambda \frac{\gamma_g w^2}{2g} \times \frac{L}{d} \tag{8-4}$$

式中　Δp——流动气体的压力降；

w——给定温度和压力下，气流通过时的实际流速；

γ_g——气体密度；

L,d——管路长度和管路的水力学直径；

λ——阻力系数，与雷诺数有关。

煤气在通过散粒状料的高炉料柱时，其通道不是圆孔直线，而是非常曲折，并且在高温区有渣、铁液相的存在，其阻力损失非常复杂，目前尚无准确可靠的公式表示。可借用公式近似分析高炉内煤气运动的一些规律。

也有许多学者将散料体中流体力学参数引入并依据实例资料，导出一些不同的经验公式，分析高炉内情况，常用的有：

1）沙沃隆科夫公式：

$$\Delta p = \frac{2fw^2\gamma}{gd_{当} F_\alpha} \times H \tag{8-5}$$

2）埃根（Ergun）公式。内容比较全面，其表达式为：

$$\frac{\Delta p}{H} = 150 \times \frac{\mu w(1-\varepsilon)^2}{\varphi d_0^2 \varepsilon^3} + 1.75 \times \frac{\gamma w^2(1-\varepsilon)}{\varepsilon^3 d_0 \varphi} \tag{8-6}$$

式中　w——煤气平均流速；

μ——气体的黏度；

φ——形状系数，它等于等体积圆球表面积与料块表面积之比，或表示为散料粒度与圆球形状粒度不一致的程度，$\varphi < 1$；

d_0——料块的平均粒径；

ε——散料孔隙度，可用下式表示：

$$\varepsilon = (1 - \gamma_{堆}/\gamma_{块}) = F_\alpha$$

$\gamma_{堆}$——散料堆积密度；

$\gamma_{块}$——料块密度。

式(8-6)对研究高炉冶炼过程中炉料的透气性、煤气管道的形成等很有意义。

该公式前一项代表层流，后一项代表紊流，一般高炉内非层流，故前一项为零，即

$$\frac{\Delta p}{H} = 1.75 \times \frac{\gamma w^2(1-\varepsilon)}{\varepsilon^3 d_0 \varphi}$$

移项可得：
$$\frac{w^2}{\Delta p} = \frac{\varphi d_0}{1.75H\gamma} \times \left(1 - \frac{\varepsilon^3}{1-\varepsilon}\right)$$

生产高炉的煤气流速一般与风量 Q 成正比关系，当炉料没有显著变化时，φ、d_0 可认为是常

数，料线稳定时 H 也是常数，所以 $\frac{\varphi d_0}{1.75H\gamma}$ 都归纳为常数 K，可得：

$$\frac{Q^2}{\Delta p}=K\left(1-\frac{\varepsilon^3}{1-\varepsilon}\right) \tag{8-7}$$

从式(8-7)可知，$Q^2/\Delta p$ 的变化代表了 $\varepsilon^3/(1-\varepsilon)$ 的变化，生产高炉的 Q 和 Δp 都是已知的，可直接计算。由于 ε 恒小于1，所以 ε 的细小变化会使 ε^3 变化很大，所以 $Q^2/\Delta p$ 反映炉料透气性的变化非常灵敏，可作为冶炼操作中的重要依据，常把它称为透气性指数。有的厂近似采用 $Q/\Delta p$ 等，称透气性指数，虽然也能反映一定的炉料透气性变化，但与此公式相比并不严格。

透气性指数把风量和高炉料柱全压差联系起来，更好地反映出风量必须与料柱透气性相适应的规律。它的物理意义是单位压差所允许通过的风量。在一定条件下，透气性指数有一个适宜的波动范围。超过或低于这个范围，说明风量和透气性不相适应，应及时调整，否则将会引起炉况不顺。所以当前高炉都装有透气性指数这块仪表，作为操作人员准确判断或处理炉况的重要依据。

(2) 影响 Δp 的因素。上述的有关 Δp 的公式只适用于炉身部位没有液相存在的块状带，而且是在固定床推导的，高炉中的炉料下降不是固定床，而是缓缓下降的移动床(只有在悬料时或开炉点火之前相当于固定床)。影响因素可归纳为两方面，一是属煤气流方面，包括流量、流速、密度、黏度、压力、温度等；其二属原料方面，它包括孔隙度、透气性、通道的形状和面积以及形状系数等。这里只做一般的定性分析：

1) 风量对 Δp 的影响。从上述 Δp 的公式可见

$$\Delta p \propto w^{1.8\sim2.0}$$

即 Δp 随煤气流速增加而迅速增加。因此，降低煤气流速 w 能明显降低 Δp。然而，对一定容积和截面的高炉，煤气流速同煤气量或同鼓风量成正比。在焦比(燃料比)不变的情况下，风量(或冶炼强度)又同高炉生产率成正比，这就形成了强化和顺行的矛盾。

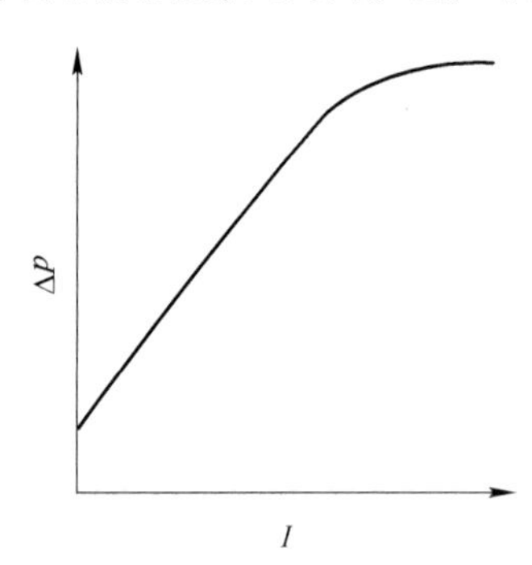

图 8-1　冶炼强度 I 与料柱全压差 Δp 的关系

$\Delta p \propto w^2$ 这一关系，在一定时期内曾束缚了一些高炉操作者，使他们在条件本来允许的情况下，也不敢强化高炉，担心提高冶炼强度，Δp 迅速升高会破坏高炉顺行。图 8-1 是从大量统计资料做出的 Δp 与 I 的关系，可见，随冶炼强度提高，Δp 开始直线增加，当冶炼强度达到一定水平后，Δp 几乎不再升高。这是因为高炉炉料处于不断运动状态(移动床)，随冶炼强度提高，风量加大，燃烧加速，下料加快，炉料处于松动活跃状态，导致料柱孔隙率 ε 增加。

风量过大，超过了料柱透气性允许的程度，会引起煤气流分布失常，形成局部过吹的煤气管道，此时尽管 Δp 不会过高，但大量煤气得不到充分利用，必然导致炉况恶化。参考透气性指数来确定是否加减风量会给操作者带来很大方便。例如，加风之后，上升很多，透气性指数 $Q/\Delta p$ 已接近合适范围的下限，说明此时料柱透气性已接近恶化程度不可再增加风量了，如果指数下降，离下限还远，说明还允许再增加些风量。

2) 温度对 Δp 的影响。气体的体积受温度影响很大，例如 1650℃ 的空气体积是常温下的 6.5 倍。所以当炉内温度增高，煤气体积增大，如料柱其他条件变化不多，煤气流速增大，此时 Δp 增大。这直接反映在热风压力的变化上。例如炉温升高，热风压力随之升高，当炉况向凉时热风压力则降低。

3）煤气压力对 Δp 的影响。当炉内煤气压力升高，煤气体积缩小，煤气流速降低时，有利于炉况顺行。同时在保持原 Δp 的水平，则允许增加风量以强化冶炼和增产。这就是当代高炉采用高压操作的优越性。

4）炉料方面对 Δp 的影响。主要影响因素是炉料的透气性及与此有关的孔隙度 ε 和 $d_{当}$。

为了改善炉料透气性以降低 Δp，首先应提高焦炭和矿石的强度，减少入炉料的粉末。特别要提高矿石的高温强度，增加其在高温还原状态下抵抗摩擦、挤压、膨胀、热裂的能力。这样即可减少炉内粉末，增大 ε 和 $d_{当}$，改善料柱透气性，降低 Δp。

其次要大力改善入炉原料的粒度组成，加强原料的整粒工作。一般来说，增大原料粒度对改善料层透气性，降低 Δp 有利。实验证实（见图8-2），随料块直径的增加，料层相对阻力减小，但当料块直径超过一定数值（$D>25$ mm）后，相对阻力基本不降低。当料块直径在6～25 mm，随着粒度减小，相对阻力增加不明显。若粒度小于6 mm，则相对阻力显著升高。

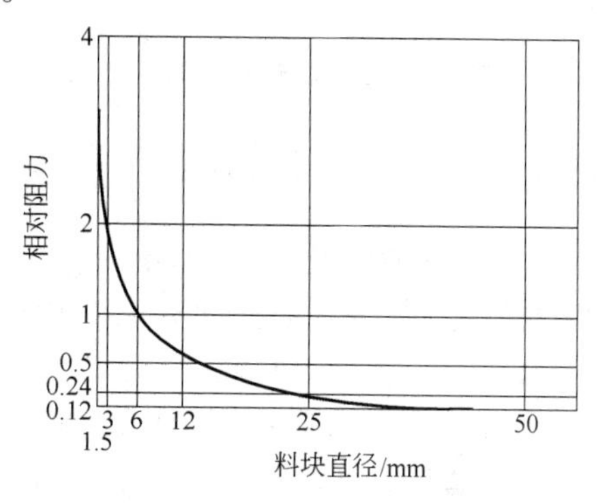

图8-2　炉料透气性的变化和矿块大小（用计算值径表示）的关系

可见，适于高炉冶炼的矿石粒度范围是6～25 mm，5 mm以下的粉末危害极大，务必筛除。对25 mm以上的大块，得益不多，反而增加还原的困难，应予以破碎。使用天然矿的尤需如此。因此，靠增大原料粒度来提高 $d_{当}$，降低 Δp 是有限的。

在原料适宜的粒度范围内，如何达到粒度的均匀化，这是改善透气性至关重要的一面。图8-3是料层孔隙率与大、小料块直径及大、小块数量比的关系。对于粒度均一的散料，孔隙率与原料粒度无关，一般在0.4～0.5。如炉料粒度相差越大，小块越易堵塞在大块空隙之间。实验得到不同粒径比（小/大）为0.01～0.5之间的七种情况。ε 都小于50%，当细粒占30%，大粒70%，ε 值为最小。而且 $D_{小}/D_{大}$ 比值越小（曲线1），料柱孔隙率 ε 越小，反之 $D_{小}/D_{大}$ 比值越大，即粒度差减小，此时不但 ε 增大，其波动幅度也变小（曲线7，近于水平）。因此，为改善料柱透气性，除了筛去粉末和小块外，最好采用分级入炉（如分成10～25 mm和5～10 mm两级），达到粒度均匀。

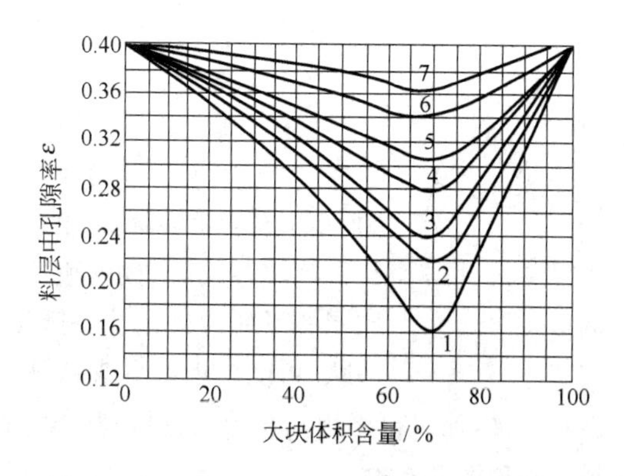

图8-3　料层孔隙率同大、小块之间以及大、小块数量比的关系

$D_{小}/D_{大}$：1—0.01；2—0.05；3—0.1；4—0.2；5—0.3；6—0.4；7—0.5

总之，加强原料管理，确保原料的“净”（筛除粉末）和“匀”（减少同级原料上、下限粒度差），能明显地改善高炉行程和技术经济指标。粒度均匀可以减少炉顶布料的偏析，使煤气分布更加

合理。原料分级和单级入炉可使 Δp 下降,减少煤气管道行程。同时粒度均匀还能使炉料在炉内的堆角变小,布料时可使中心的矿石相对增多,抑制和防止中心过吹,所有这些都有利于煤气能量的合理利用,有利降低焦比,提高产量。

对 Δp 影响因素除上述有关煤气和炉料方面外,生产中还有很多因素影响 Δp 的变化。例如装料制度方面,发展边缘气流的装料制度有利于 Δp 降低,尤其影响高炉上部 Δp。反之,采用压制边缘气流(发展中心)的装料制度则不利于高炉上部 Δp 的降低,即不利于高炉顺行,但对煤气的利用有利。

8.1.3　炉料运动与冶炼周期

8.1.3.1　高炉下料情况的探测与观察

高炉的下料情况直接反映冶炼进程的好坏。通过探料尺的变化和观察风口情况,了解炉内的下料情况。图 8-4 是探料尺工作曲线,当炉内料面降到规定的料线时,探料尺提到零位,大料钟开启将炉料装入炉内,料尺又重新下降至料面,并随料面一起逐步向下运动,图中 *B* 点表示已达料线,紧接着料尺自动提到 *A* 点(零位)。*AB* 线代表料线高低,此线越延伸至圆盘中心,表示料线越低。*AE* 线所示方向表示时间。加完料后,料尺重新下降至 *C* 点,由于这段时间很短,故是一条直线。以后随时间的延长,料面下降,画出 *CD* 斜线,至 *D* 点则又到了规定料线。*BC* 表示一批料在炉喉所占的高度,*AC* 是加完料后,料面离开零位的距离(后尺),*CD* 线的斜率就是炉料下降速度。当 *CD* 变水平时,斜率等于零,下料速度为零,此即悬料。如 *CD* 变成与半径平行的直线时,说明瞬间下料速度很快,即崩料。分析料尺曲线,能看出下料是否平稳或均匀。探料尺若停停走走说明炉料下行不理想(设备机械故障除外),再发展下去就可能难行。如果两料尺指示不相同,说明是偏料。后尺 *AC* 很短,说明有假尺存在,料尺可能陷入料面或陷入管道,造成料线提前到达的假象。多次重复此情况,可考虑适当降低料线。

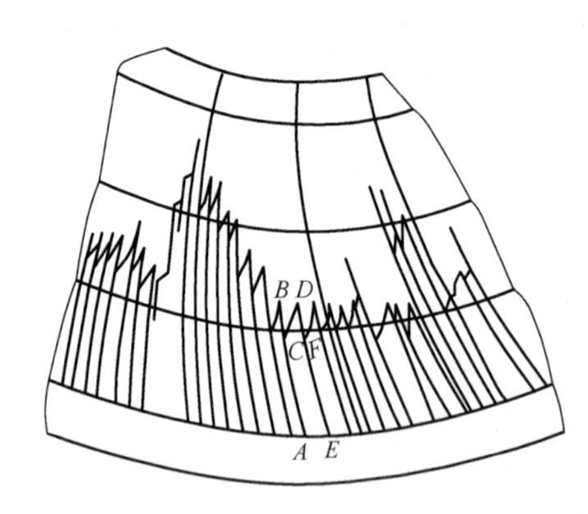

图 8-4　探料尺工作曲线

零位:大钟全开位置的下沿(钟式炉顶)或炉喉钢砖上沿(无料钟炉顶)。

料线:零位到料面的距离。

悬料:悬料是炉料透气性与煤气流运动极不适应、炉料停止下降的失常现象。

崩料:炉料突然塌落的现象。

偏料:高炉截面上两料线下降不均匀,呈现一高一低的固定性炉况现象,小高炉两料线相差大于 300 mm,大高炉两料线相差大于 500 mm。

观察各风口前焦炭燃烧的活跃情况,可判断炉缸周围的下料情况,焦块明亮活跃,表明炉况正常,如不活跃,可能出现难行或悬料。

生产中控制料速的主要方法是:加风量则提高料速,减风量则降低料速。其次还可通过控制喷吹量来控制料速或用控制炉温来微调料速。

8.1.3.2　炉料下降的速度(平均)

$$W_{均} = \frac{V}{24S} \tag{8-8}$$

式中　V——每昼夜装入高炉的全部炉料体积，m^3；

S——炉喉截面积，m^2。

或写为

$$W_{均}=\frac{V_{有}\eta_{有}V'}{24S} \tag{8-9}$$

式中　$V_{有}$——高炉有效容积，m^3；

$\eta_{有}$——有效容积利用系数，$t/(m^3 \cdot d)$；

V'——吨铁炉料的体积，m^3/t。

在一定条件下，利用系数越高，下料速度越快，每吨铁的炉料体积越大，下料速度也越快。

8.1.3.3　高炉不同部位处的下料速度

高炉内不同部位，炉料的下料速度是不一样的。下料速度一般有以下规律：

（1）沿高炉半径：炉料运动速度不相等，紧靠炉墙的地方下料最慢，距炉墙一定距离处，下料速度最快（这里正是燃烧带的上方，产生很大的自由空间，同时这区域炉料最松动，有利于炉料的下降）。此外，由于布料时在距炉墙一定距离处，矿石量总是相对多些，此处矿石下降到高炉中、下部时，被大量还原和软化成渣后，炉料的体积收缩比半径上的其他点都要大。

（2）沿高炉圆周方向：炉料运动速度也不一致，由于热风总管离各风口距离不同，阻力损失则不相同，致使各风口的进风量相差较大（有时各风口进风量之差可达25%左右），造成各风口前的下料速度不均匀。另外，在渣、铁口方位经常排放渣、铁，因此在渣、铁口的上方炉料下降速度相对较快。

（3）不同高度处炉料的下降速度也不相同：炉身部分由于炉子断面往下逐渐扩大，下料速度变化。到炉身下部下料速度最小。到炉腹处，由于断面开始收缩，炉料的下降速度又有增加。从高炉解剖研究的资料可见，随着炉料下降，料层厚度逐渐变薄，显然是因为炉身部分断面向下逐渐扩大所造成，证明了炉身部分下料速度是逐渐减小的。另外还看到，炉料刚进炉喉的分布都有一定的倾斜角，即离炉墙一定距离处料面高，炉子中心和紧靠炉墙处的料面较低。随着炉料下降，倾斜角变小，料面变平坦。说明距炉墙一定距离处，炉料下降比半径的其他地方要快。

（4）高温区内焦炭运动情况：从滴落带到炉缸均是由焦炭构成的料柱所充满，在每个风口处都因焦炭回旋运动形成一个疏松带。当炉缸排放渣铁后，焦炭仅从疏松区进入燃烧带燃烧。由于疏松区和燃烧带距炉子中心略远，形成中心部分炉料的运动比燃烧带上方的炉料运动慢得多。当渣铁在炉缸内集聚到一定数量后，焦炭柱开始漂浮，这时炉缸中心部的焦炭一方面受到料柱的压力，一方面又受渣、铁的浮力，使中心的焦炭经过熔池，从燃烧带下方迂回进入燃烧带，见图8-5。

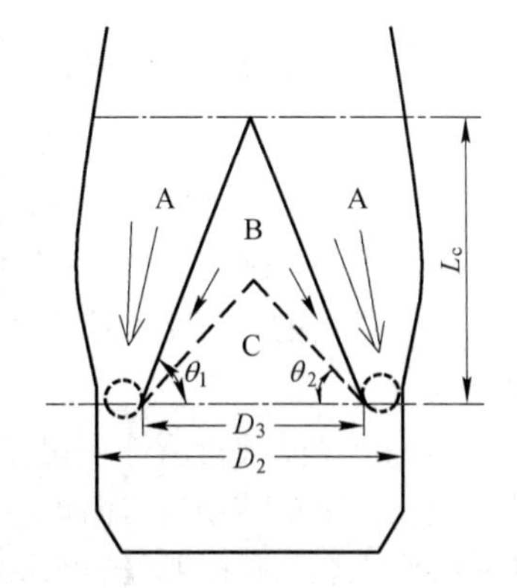

图8-5　高炉下部炉料运动的模式

A区域：是焦炭向回旋区运动的主流；

B区域：焦炭降落速度明显减小；

C区域：焦炭已不向回旋区运动，形成一个接近圆锥形的炉芯部分。

在高炉解剖中，炉芯部夹角大约40°～50°。

引起高炉下部炉料的运动，主要是焦炭向回旋区流动、直接还原 、出渣出铁等原因。炉芯焦炭的移动，主要受渣铁的积蓄和排放的影响。在蓄存渣铁期间，由于液面上升，受浮力作用，沉入炉底的焦炭成为悬浮状。但随炉缸中未熔化炉料的消耗和渣铁的放出，炉芯焦炭的移动就变得明显;焦炭的位移又促使未熔化的炉料向炉芯移动。炉芯部焦炭滞留时间长,其更新周期大约要一周时间。以上说明高炉中心部分的炉料不是静止的,而是运动着的,其运动速度不仅取决于中心部分炉料的熔化和焦炭中碳消耗于还原反应而产生的体积收缩的大小,同时还取决于炉缸中心的焦炭,通过炉缸熔池从燃烧带下方进入燃烧带参加燃烧反应的数量。所谓炉缸中心的“死料堆”不是静止不动的,只不过运动速度比风口上方的料柱小些而已。

8.1.3.4 冶炼周期

冶炼周期是指炉料在炉内的停留时间。它表明了高炉下料速度的快慢,是高炉冶炼的一个重要指标。习惯的计算方法是:

(1) 用时间表示:

$$t=\frac{24V_{有}}{PV'(1-C)}h \tag{8-10}$$

$$\eta_{有}=\frac{P}{V_{有}}$$

$$t=\frac{24}{\eta_{有}\ V'(1-C)}h$$

式中 t——冶炼周期,h;

$V_{有}$——高炉有效容积,m^3;

P——高炉日产量,t/d;

V'——1 t 铁的炉料体积,m^3/t;

C——炉料在炉内的压缩系数,大中型高炉 $C\approx12\%$,小型高炉 $C\approx10\%$。

此为近似公式,因为炉料在炉内,除体积收缩外,还有变成液相或变成气相的体积收缩等。故它可看做是固体炉料在不熔化状态下在炉内的停留时间。

(2) 用料批表示:生产中常采用由料线平面到达风口平面时的下料批数,作为冶炼周期的表达方法。如果知道这一料批数,又知每小时下料的批数,同样可求出下料所需的时间。

$$N_{批}=\frac{V}{(V_{矿}+V_{焦})(1-C)} \tag{8-11}$$

式中 $N_{批}$——由料线平面到风口平面的炉料批数;

V——风口以上的工作容积,m^3;

$V_{矿}$——每批料中矿石料的体积(包括熔剂的),m^3;

$V_{焦}$——每批料中焦炭的体积,m^3。

通常矿石的堆积密度取 2.0 ~ 2.2 t/m^3,烧结矿为 1.6 t/m^3,焦炭为 0.45 t/m^3,土焦为 0.5 ~ 0.6 t/m^3。

冶炼周期是评价冶炼强化程度的指标之一。冶炼周期越短,利用系数越高,意味着生产强化程度越高。冶炼周期还与高炉容积有关,小高炉料柱短,冶炼周期也短。如容积相同,矮胖型高炉易接受大风,料柱相对较短,故冶炼周期也较短。我国大中型高炉的冶炼周期一般为 6 ~ 8 h,小型高炉为 3 ~ 4 h。

8.1.3.5 非正常情况下的炉料运动

(1) 炉料的流态化:由于原料的粒度和密度等性质的差异(尤其是当整粒工作不好时),此时风量大,煤气量过多,则一部分密度小,颗粒也小的料首先变成悬浮状态,不断运动,进而整个料层均变成流体状态，故称为“流态化”。

实际高炉中炉料的粒度较大，距炉料全部流态化尚远。但是炉料中的粒度和密度很不一致，在风量很大的情况下，料柱中产生局部性的或短暂的流态化还是有可能的。

常遇到的流态化现象如炉尘的吹出。流态化又往往造成煤气管道行程，使正常作业受到破坏。随着风量加大，炉尘量增加是正常现象，但为了减少炉尘和消除管道行程，应加强原料的管理和寻求合理的操作制度，采用高压操作和降低炉顶温度，均可降低煤气流动速度，有助于减少炉尘损失，增加产量。

（2）存在“超越现象”：炉料在下降中，由于沿半径方向各点的运动速度不同，初始料面形状发生很大变化。同时由于炉料的物理性质，如粒度、密度不均时的流态化密度等存在较大差别，造成下料快慢有差别。对同时装进高炉的炉料，下降速度快的超过下降速度慢的现象，即超越现象。

正常生产时，连续作业，前后各批料中焦炭负荷一致，即使存在超越现象，前后超越结果仍维持原有矿焦结构，影响不明显。但当变料时，对超越问题应加以注意。如改变铁种时，由于组成新料批的物料不是同时下到炉缸，往往会得到一些中间产品。为改进操作在生产中摸索出一些经验，如改变铁种时，由炼钢铁改炼铸造铁，可先提炉温后降碱度；与此相反，由铸造铁改炼炼钢铁时，则先提碱度后降炉温。这样做的目的就是考虑矿石、熔剂的超越现象所产生的影响，争取铁种改变时做到一次性过渡到要求的生铁品种。

8.2 煤气运动及分布

煤气在炉内的分布状态，直接影响矿石的加热和还原，以及炉料的顺行状况。研究煤气运动，目的是了解煤气的运动性质和控制条件，以改善高炉的冶炼过程。

8.2.1 通过软熔带时的煤气流动

在软熔带内，矿石、熔剂逐渐软化、熔融、造渣而成液态渣、铁，只有焦炭此时仍保持固体状态，形成的熔融而黏稠的初成渣与中间渣充填于焦块之间，并向下滴落，使煤气通过的阻力大大增加。

在软熔带是靠焦炭的夹层即焦窗透气，在滴落带和炉缸内是靠焦块之间的空隙透液和透气。因此提高焦炭的高温强度，对改善这个区域的料柱透气（液）性具有重要意义。同时改善粒度组成（减少焦末），可充分发挥其骨架作用。焦炭的粒度相对矿石可略大些，根据不同高炉，可将焦炭分为40～60 mm，25～40 mm，15～25 mm三级，分别分炉使用。

焦炭的高温强度与本身的反应性（$C + CO_2 = 2CO$）有关，反应性好的焦炭，其部分碳及早气化，产生溶解损失，使焦炭结构疏松、易碎，从而降低其高温强度。所以，抑制焦炭的反应性以推迟气化反应进行，不但改善其高温强度，而且对发展间接还原，抑制直接还原，都是有利的。

软熔带的形状和位置对煤气通过时的压差也有重大影响。上升的高炉煤气从滴落带到软熔带后，只能通过焦炭夹层（气窗）流向块状带，软熔带在这里起着相当于煤气分配器的作用。通过软熔带后，煤气被迫改变原来的流动方向，向块状带流去。所以在软熔带中的焦炭夹层数及其总断面积对煤气流的阻力有很大影响。

8.2.1.1 软熔带形状的影响

在软熔带高度大致相同情况下，煤气通过倒V形软熔带时的压差Δp最小，W形软熔带压差Δp最大，V形软熔带居中。

8.2.1.2　软熔带的位置和宽度对 Δp 的影响

对形状相同的软熔带(以倒V形为例),如软熔带高度较高,如图8-6所示,含有较多的焦炭夹层,供煤气通过的断面积大,煤气通过时的压差小,反之,煤气通过时所产生的压差较大。

但是软熔带高度增大,块状带的体积则减小,即矿石的间接还原区相应减小,煤气利用率变差,焦比升高。反之,软熔带高度降低,可提高煤气利用率,降低焦比。所以,高度较高的软熔带属高产型,一般利用系数大的高炉为此种类型。高度较矮的软熔带属低焦比型,燃料比低的先进高炉大多属此类型。

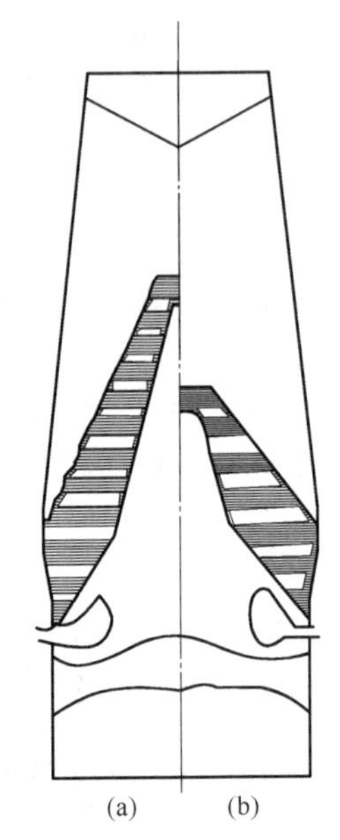

图8-6　倒V形软熔带
(a) 高位;(b) 低位

当增加软熔带宽度时(软熔范围扩大),煤气压力要增大,这不仅由于块状带的体积因软熔带变宽而缩小,而且也因包含在软熔带内的焦炭夹层长度相对增加所致。当缩小软熔带宽度时煤气压差减小。

8.2.1.3　软熔带厚度对 Δp 影响

在软熔带焦炭夹层数减少不多的情况下,适当增加焦炭夹层厚度,可降低煤气通过时的压差。但焦炭夹层过厚,会使焦炭夹层数减少,从而使焦炭夹层总的纵断面积减少过多,此时煤气通过时的压差则会增大。

总之,软熔带越窄,焦炭夹层的层数越多,夹层越高(厚),孔隙率越大,则软熔带透气阻力指数越小,透气性越好。反之,透气性越差。合适的软熔带形状,应由具体高炉原料条件和操作条件决定。

在当前条件下,料柱透气性对高炉强化和顺行起主导作用。只要料柱透气性能与风量、煤气量相适应,高炉就可以进一步强化。从这个意义上讲,料柱透气性的极限,就是高炉强化的极限。改善料柱透气性,必须改善原燃料质量,改善造渣,改善操作,获得适宜的软熔带形状和最佳的煤气分布。而改善造渣和软熔带状况的根本问题,仍是精料问题。这是强化顺行的物质基础。

8.2.2　煤气运动失常

8.2.2.1　流态化

在流化床充填层中若气流的速度不断增大,当增大到一定值时,压力损失(煤气对炉料的阻力)恰与粒子的重量相平衡,若再继续增大流速则一部分粒子将从表面开始向上运动,最终使散料颗粒变成悬浮状态,这种现象称为流态化或流化。

在高炉内局部粒子流态化后再继续增大流速,该局部粒子被吹出,这也就形成所谓的"管道"。但焦炭、矿石各自流态化的气流速度不同,焦炭首先开始流态化,这时同料批的矿石相分离单独下降,分离下降的结果将导致炉凉。

8.2.2.2　液泛

在高炉下部的滴落带,焦炭是唯一的固体炉料。在这里穿过焦炭向下满落的液体渣铁与向上运动的煤气相向运动,在一定条件下,液体被气体吹起不能下降,这一现象称为液泛。

根据模型实验与实际高炉的分析可知,形成液泛的主要原因是渣量,渣量大时,更容易产生液泛现象。在相对渣量一定时，煤气流速对液泛现象影响较大，其次是比表面积，增加表面积则容易形成液泛。高炉生产中出现液泛现象，通常发生在风口回旋区的上方和滴落带。当气流速度高于液泛界限流速时，液态渣铁便被煤气带入软熔带或块状带，随着温度的降低，渣铁黏度增大甚至凝结、阻损增大，造成难行、悬料。所以减少煤气体积，提高焦炭高温强度，改善料柱透气性，提高矿石入炉品位，改进炉渣性能等，均有利于减少或防止液泛的产生。

应当指出：现代高炉冶炼一般情况下不会发生液泛现象，但在渣量很大，炉渣表面张力小，而其中(FeO)含量又高时，很可能产生液泛现象。

8.2.3 高炉内煤气流分布

煤气流在炉料中的分布和变化直接影响炉内反应过程的进行，从而影响高炉的生产指标。在煤气分布合理的高炉上，煤气的热能和化学能得到充分利用，炉况顺行，生产指标得到改善，反之则相反。寻找合理的煤气分布一直是生产操作上最重要的问题。

8.2.3.1 煤气流分布的基本规律——自动调节原理

气流分布存在自动调节作用。一般认为各风口前煤气压力($p_{风口}$)大致相等，炉喉截面处各点压力($p_{炉喉}$)也都一样。因此，可以说任何通路都有：$\Delta p = p_{风口} - p_{炉喉}$。

为便于理解，见图8-7：p_1、p_2 分别代表 $p_{风口}$ 与 $p_{炉喉}$，分别从两条通道而上，各自阻力系数分别为 K_1 和 K_2。由于 $K_1 > K_2$，煤气通过时的阻力分别为 $\Delta p_1 = K_1 W_1^2/(2g)$ 与 $\Delta p_2 = K_2 W_2^2/(2g)$（$W_1$ 与 W_2 分别为煤气在两通道内的流速），此时煤气的流量在两通道之间自动调节，因为 K_1 较大，在通道1中煤气量自动减少使 W_1 降低，而在通道2中煤气量分布增加使 W_2 逐渐增大，最后达到 $K_1 W_1^2/(2g) = K_2 W_2^2/(2g)$ 为止。显然阻力大的通道气流分布少，阻力小的通道气流分布较多，这就是煤气分布的自动调节。

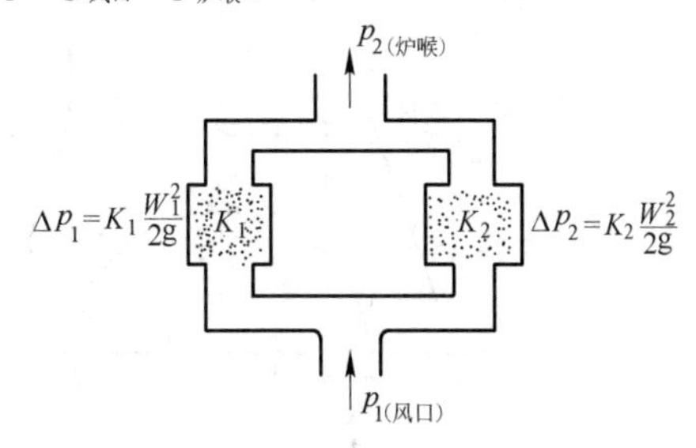

图8-7 气流分布自动调节原理示意图

一般炉料中矿石的透气性比焦炭要差。所以炉内矿石集中区域阻力较大，煤气量的分布必然少于焦炭集中区域。但并非煤气流全部从透气性好的地方通过。因为随着流量增加，流速二次方的程度加大，压头损失大量增加，当 $\Delta p_1 = \Delta p_2$ 之后，自动调节达到相对平衡。W_2 如若再加大，煤气量将会反向调节。只有在风量很小的情况下（如刚开炉或复风不久的高炉），煤气产生较少。由于气流的改变引起的压头损失也很小，煤气不能渗进每一个通道，只能从阻力最小的几个通道中通过。在此情况下，即使延长炉料在炉内的停留时间，高炉内的还原过程也得不到改善。只有增加风量，多产生煤气量，提高风口前的煤气压力和煤气流速，煤气才能穿透进入炉料中阻力较大的地方，促使料柱中煤气分布得到改善。所以说，高炉风量过小或长期慢风操作时，生产指标不会改善。但是，增加风量也不是无限的，因为风量超过一定范围后，与炉料透气性不相适应，会产生煤气管道，煤气利用效果会严重变差。

8.2.3.2 高炉内煤气分布检测

测定炉内煤气分布的方法很多，常用的有三种：一是根据炉喉截面的煤气取样，分析各点的 CO_2 含量，间接测定煤气分布；二是根据炉顶红外成像观察煤气流的分布状况；三是根据炉身和炉顶煤气温度，间接判断炉内煤气分布。

(1) 利用煤气曲线检测煤气分布。煤气上升时与矿石相遇产生还原反应，煤气中CO含量

逐渐减少而 CO_2 含量不断增加。在炉喉截面的不同方位取煤气样分析 CO_2 含量，凡是 CO_2 含量低而 CO 含量高的方位，则煤气量分布必然多，反之则少。

通常，在炉喉与炉身交界部位的四个方向设有四个煤气取样孔，见图 8-8，按规定时间沿炉喉半径不同位置取煤气样，沿半径取五个样，1 点靠近炉墙边缘，5 点在炉喉中心，3 点在大料钟边缘对应的位置。四个方向共 20 点取煤气样，化验各点煤气样中 CO_2 含量，绘出曲线，操作人员即可根据曲线判断各方位煤气的分布情况。

为了正确判断各点煤气的利用和分布情况，煤气取样孔的位置应设在炉内料面以下，否则取出的已是混合煤气，没有代表性。在低料线操作，料面已降至取气孔以下，不可取气。目前国内大部分高炉均是间断的人工操作取气，先进高炉已采用自动连续取样，自动分析各点煤气 CO_2 含量，可判断出煤气分布的连续变化情况。

图 8-9 表示三种煤气 CO_2 含量曲线。曲线 2 是煤气在边缘分布多中心分布少的情况，又称边缘轻中心重的煤气曲线，亦称边缘气流型曲线。曲线 3 是中心轻边缘重，又称中心气流型曲线。曲线 1 是日常生产中常采用的煤气曲线，它介于二者之间。

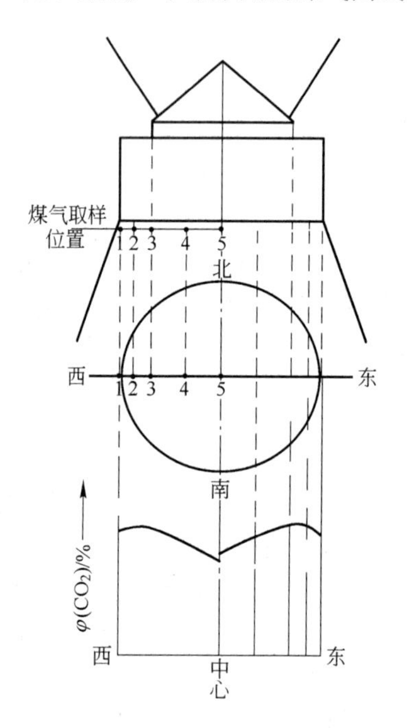

图 8-8　煤气取样点位置分布

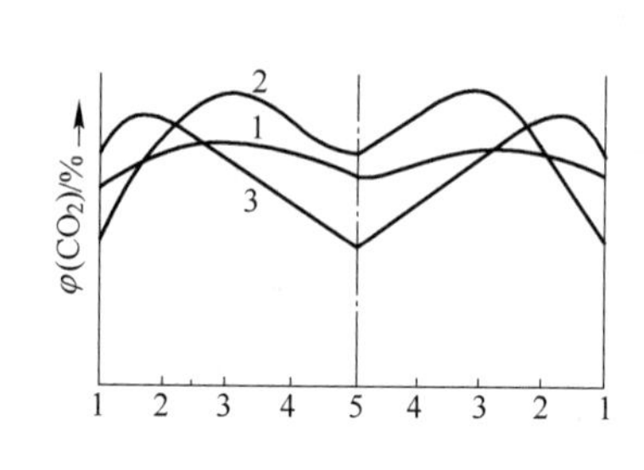

图 8-9　炉喉煤气曲线

从下列几方面对煤气曲线进行分析：

1）曲线边缘点与中心点的差值。如边缘点 CO_2 含量低，是边缘煤气流发展，中心 CO_2 含量低，属中心气流发展。

2）分析曲线的平均水平高低。如 CO_2 含量曲线的平均水平较高，说明煤气能量利用好，反之，整个 CO_2 含量曲线平均水平低，说明煤气能量利用差。

3）分析曲线的对应性，看炉内煤气分布是否均匀，有无管道或是否有某侧长期透气性不好，甚至出现有炉瘤征兆。

4）分析各点的 CO_2 含量。由于各点间的距离不相等，各点所代表的圆环面积不一样，所以各点 CO_2 含量值的高低，对煤气总的利用的影响是不一样的。其中 2 点影响最大，1、3 点次之，以 5 点为最小。煤气曲线的最高点若从 3 点移至 2 点，此时即使最高值相等，也说明煤气利用有了改善,因为2点代表的圆环面积大于3点的。

煤气曲线可归纳为四种类型,它们对高炉冶炼的影响各不相同,如表8-1所示。

表8-1 煤气曲线类型及其对高炉冶炼的影响

类型	名 称	煤气曲线形状	煤气温度分布	软熔带形状	煤气阻力	对炉墙侵蚀	炉喉温度	散热损失	煤气利用	对炉料要求
Ⅰ	边缘发展型				最小	最大	最高	最大	最差	最差
Ⅱ	双峰型				较小	较大	较高	较大	较差	较差
Ⅲ	中心开放型				较大	最小	较低	较小	较好	较好
Ⅳ	平峰型				最大	较小	最低	最小	最好	最好

(2)利用炉顶红外成像检测煤气分布。随着高炉技术的发展,高炉内部监控系统也渐渐得到应用。它是通过一系列高新技术和成像手段,实时地观看高炉内部料面实物图像,使高炉操作者可以从监视器屏幕上清楚地看到:

1)高炉内布料实况。

2)煤气流分布情况(中心煤气流、边缘煤气流分布)。

3)布料溜槽或料钟的运行及磨损等情况。

4)十字测温、探尺工作情况。

5)降低料面可以看到炉衬侵蚀情况。

根据红外成像监测的煤气分布情况,我们能更加直观地了解高炉煤气流运行情况,对不理想的煤气分布及时通过调剂手段进行调整,保证高炉稳定顺行、高产、低耗。以下是几种煤气分布情况:

1)中心充足、边缘略有型煤气分布:煤气分布的特点是中心气流有一定程度的发展而边缘也有适当气流。这种分布的煤气利用好,焦比低,又有利于保护炉墙。虽然边缘负荷较重,阻力较大,但由于它的软熔带有足够的“气窗”面积,中心又有通路,所以煤气总阻力比较小,炉子能够稳定顺行。另外,此种煤气分布有利于充分利用煤气的热能和化学能,同时有利于炉料的下降,是较理想的煤气分布。

2)中心过吹型煤气分布:煤气分布的特点是中心气流过分发展,中心下料过快,高炉中心料面过低,破坏了正常的布料规律而造成煤气利用差,焦比高。如果此种气流长期得不到改善,容易出现中心管道,从而造成炉况难行。

3)边缘发展型煤气分布:煤气分布的特点是边缘气流过分发展而中心堵塞。煤气利用差,焦比高,对炉墙破坏较大。如果时间过长,往往导致炉缸堆积,风口破损增多等。此种煤气分布多用于短期洗炉。

4)中心、边缘发展型煤气分布:煤气分布的特点是边缘和中心气流都很发展。煤气利用差,焦比高,炉身砖容易损坏。但它软熔带“气窗”面积大,料柱阻力小,洗炉或炉子失常后恢复炉况时往往采用这种煤气分布。

5)中心、边缘气流略有型煤气分布:此种煤气分布特点是边缘和中心气流都不发展,气流分布较均匀,在炉况正常时煤气利用好,焦比低。但它的软熔带“气窗”面积小,阻力大,容易造成高炉崩料或悬料。

(3)利用炉身和炉顶煤气温度,判断炉内煤气分布。可根据高炉的炉身温度和炉喉温度判断煤气在不同方位的分布情况。凡是煤气分布多的地方，温度必然要高；反之，煤气分布较少之处温度必定较低。

8.2.3.3　合理的煤气流分布

所谓合理的煤气流分布是指首先要保证炉况稳定顺行；其次是最大限度地改善煤气利用，降低焦炭消耗。从能量利用分析，最理想的煤气分布应该是高炉整个断面上经过单位质量矿石所通过的煤气量相等。要达到这种最均匀的煤气分布就需要最均匀的炉料分布（包括数量、粒度），但这样的炉料分布对煤气上升的阻力亦大，按现有高炉的装料设备条件，要达到如此理想的均匀布料是困难的。生产实践表明，高炉内煤气若完全均匀分布，即煤气曲线成一水平线时，冶炼指标并不理想。因为此时炉料与炉墙摩擦阻力很大，下料不会顺利，只有在较多的边缘气流情况下才有利于顺行。因此合理的煤气流分布应该是在保证顺行的前提下，力求充分利用煤气能量。

合理的煤气流分布没有一个固定模式，随着原燃料条件改善和冶炼技术的发展而相应变化。20 世纪 50 年代烧结矿粉多，无筛分整粒设备，为保持顺行必须采用边缘与中心 CO_2 含量相近的“双峰式”煤气分布。60 年代后，随着原燃料的改善，高压、高风温和喷吹技术的应用，煤气利用得到改善，形成了中心和边缘的 CO_2 含量升高的“平峰”式曲线。70 年代随着精料及炉料结构的改善，出现了边缘煤气 CO_2 含量高于中心而且差距较大的“展翅”型煤气分布曲线。但不管怎样变化，必须遵循一条总的原则：在保证炉况稳定顺行的前提下，尽量提高整个 CO_2 含量曲线的水平，以提高炉顶混合煤气 CO_2 的总含量，充分利用煤气的能量，获得最低焦比。

8.2.3.4　影响煤气分布的因素

高炉内煤气分布主要受原燃料条件、送风制度、装料制度的影响。

A　原燃料质量对煤气分布的影响

原燃料是高炉生产的基础，整粒良好的原燃料，可以改善料柱透气性，促进煤气的均匀分布和提高能量利用水平。采用分级入炉，炉料的堆角可能减小，透气性改善，炉料和煤气分布更加均匀。

原燃料的强度差，粉末多，质量差，将使料柱透气性降低，中心气流减弱，不利于顺行。不断提高原燃料质量，对煤气的合理分布和炉况的顺行是非常重要的。

B　送风制度对煤气分布的影响

送风制度包括鼓风的质量和数量（如风量、风温、风压、湿度、含氧量等）、风口参数（如风口直径、形状、长度、角度等）以及喷吹燃料等。这些因素的变化，都将影响燃烧带（或风口回旋区）的改变，从而影响煤气的分布。实践表明，燃烧带向中心延伸，则中心气流增多；燃烧带缩短时，则中心气流减少；燃烧带向横向扩大时，煤气在圆周方向分布更均匀，炉缸更活跃。

要保证顺行和改善煤气利用，应使细粒矿石堆积的环圈大致落在回旋区上方，即在炉缸半径的三分之一到二分之一区域。通过送风制度的调剂，可以控制回旋区以达到上述目的。增加风量、风温、湿度（补偿风温）和喷吹量，都将使煤气体积增加，燃烧带扩大；与此相反，燃烧带将减小。用风量和风温调剂炉况很方便，但生产者都希望维持全风量、高风温操作，以获得高产量、低燃料比。因此一般情况下是不降低风量、风温的。欲进一步提高风量、风温，可能使风速增加，鼓风动能增大，造成中心气流发展，被迫减风，或者降低风温，显然是不合算的。最好的办法是调整风口参数，主要是扩大风口直径，增加进风面积，使燃烧带在圆周方向扩大，相对地缩小了径向尺寸，使中心气流减少，边缘气流增加，使煤气流重新分布合理、稳定,高炉指标才会进一步提高。

增加风口伸入炉内长度,风更易吹到炉子中心,促进中心气流发展;而缩短风口伸入炉内长度,则有利于发展边缘气流。

喷吹燃料增多,在其他调剂措施不足以抑制过分发展的中心气流时,往往要增大风口直径,以减小风速和鼓风动能,使煤气流分布合理。

确定高炉合适的风速如鼓风动能,应和影响煤气分布的各种因素综合考虑。如炉缸直径、原料条件、风温水平、操作压力、布料装置等等。炉缸直径大,应选择较高的鼓风动能;原料质量差,鼓风动能低一些;风温水平高,鼓风动能小一些;高压操作,鼓风动能需选大一些。在一定生产条件下,合适的风速和鼓风动能只能通过实践求得。

C　装料制度(上部调剂)对煤气分布的影响

上部调剂对煤气分布的影响在下节中将详细阐述。

8.2.4　高炉的上部调剂

高炉上部调剂是根据高炉装料设备特点,按原燃料的物理性质及在高炉内分布特征,正确选择装料制度(即装入顺序、装入方法、旋转溜槽倾角、料线和批重等),保证高炉顺行,获得合理的煤气分布,最大限度地利用煤气的热能和化学能。

在炉型和原料物理性质一定的情况下,可通过下部控制燃烧带,中部控制软熔带以获得合理的煤气流分布。在高炉炉喉,煤气的分布主要取决于炉料的分布。因此,可以通过布料来控制煤气分布,使其按一定规律分布。

炉料在炉喉的分布,包括炉料在炉喉截面上各点(径向和圆周上)负荷和粒度的变化。减轻某处负荷或增多大粒度的比例(确切地说是增大孔隙率),都将使该处煤气通过的数量增大;加重负荷或增大小块比例,则将使煤气通过的数量减少。炉料在炉喉的合理分布应该是:

(1) 从炉喉径向看,边缘和中心特别是中心的炉料的负荷应较轻,大块料应较多;而边缘和中心之间的环形区炉料的负荷应较重,小块料应较多。

(2) 从炉喉圆周方向看,炉料的分布应均匀。有时根据需要还要进行“定点布料”。例如:为了改善某区域炉料的透气性和减轻其炉料的负荷,就将焦炭分布在该区域;相反,为了抑制某区域煤气流,就将矿石分布在该区域。

影响炉料在炉喉分布的因素很多,分述如下。

8.2.4.1　炉料的性质对布料的影响

各种物料在一定的筛分组成和湿度下,都有一定的自然堆角。同一种料的粒度较小时堆角较大;而且同一料堆中,大块容易滚到堆脚,粉末和小块容易集中于堆尖。不同堆角的炉料,在径向上分布是不相同的,堆角愈小,愈易分布在中心。

高炉常用原料的自然堆角如下:

天然矿石(块度 12 ~ 120 mm)	40°30′ ~ 43°
烧结矿 (块度 12 ~ 120 mm)	40°30′ ~ 42°
石灰石	42° ~ 45°
焦炭	43°

炉料在高炉内的实际堆角不同于自然堆角。根据测定,矿石在高炉内的堆角为 36° ~ 43°,焦炭为 26° ~ 29°。实验指出,炉料在炉内的堆角受炉料下降高度、炉喉大小以及自身物理性质影响,并符合如下关系:

$$\tan\alpha = \tan\alpha_0 - K\frac{h}{r} \tag{8-12}$$

式中　α——炉料在炉内的实际堆角,(°);

α_0——炉料自然堆角,(°);

h——炉料落下高度,m;

r——炉喉半径,m;

K——系数,与料块落下碰到炉墙或料堆后,剩余的使料块继续滚动的能量有关。

当料批一定时,炉喉直径越大,或装料时料面越高,则炉料的堆角越大,越接近自然堆角;反之,则堆角愈小。堆角也与 K 值有关,而 K 值大小又与炉料性质有关:焦炭比矿石粒度大,堆积密度小,且富有弹性,K 值较矿石大,以致焦炭在炉内的堆角比矿石小。由于焦炭和矿石的堆角不同,故在炉内形成不平行的料层,焦炭在中心的分布较边缘厚;而矿石却相反。对矿石而言,大块易滚向中心,粉矿以及潮湿和含黏土较多时容易集中边缘。松散性大、堆积密度小的原料易滚向中心;而松散性小、堆积密度大的原料则易集中到边缘。这一特点造成径向负荷的差异。如在同等条件下,用烧结矿比用天然富矿的边缘负荷有减轻作用。球团矿易滚动,炉内堆角更小,更易滚向中心。经过整粒后的烧结矿,炉内堆角比焦炭稍大;但如粒度较小,块度大小不均匀、松散性大时,则烧结矿堆角将与焦炭接近,甚至小于焦炭。

根据以上论述,炉料性质不同,在炉内的分布也不一样,从而影响气流分布。一般在边缘和中心分布的焦炭和大块矿石较多,透气性好,气流通过阻损小,煤气流量多;在堆尖附近,由于富集了大量碎块和粉末,以致透气性差,阻损大,煤气流量少。炉喉煤气 CO_2 含量最高点和温度最低点,正处在堆尖下面。

8.2.4.2　装料制度对布料的影响

装料制度是炉料装入炉内方式及顺序的总称,即通过调整炉料装入顺序、装入方法、旋转溜槽倾角、料线和批重等手段,调整炉料在炉喉的分布状态,从而使气流分布更合理,以充分利用煤气能量,达到高炉稳定顺行、高效生产的目的。

A　钟式炉顶装料制度对布料的影响

装料顺序是指矿石和焦炭装入炉内的不同方法。一批炉料是按一定数量的矿石、焦炭和熔剂组成。其中矿石的质量称为矿批,焦炭的质量称为焦批,使用熔剂性或自熔性的人造富矿如烧结矿时,熔剂用量很少。

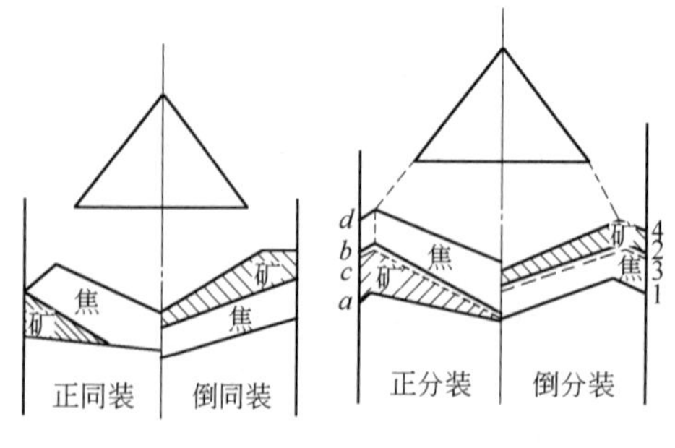

图 8-10　不同装料顺序时的炉料分布

(1) 装料顺序。一批料中矿石和焦炭同时装入高炉内(有料钟的高炉,开一次大钟)的方法称为同装;矿石和焦炭分别加入高炉内(开两次大钟)的方法称为分装;先装入矿石,后装入焦炭称为正装;先装入焦炭,后装入矿石称为倒装。依此可将装料顺序分为四种基本情况,即正同装:表示为矿焦↓(PK↓)(↓表示打开大钟装料入炉);倒同装:焦矿↓(KP);正分装:矿↓焦↓(P↓K↓);倒分装:焦↓矿↓(K↓P↓)四种,并可在此基础上,派生出其他装入方法。装入方法不同,炉料在炉喉内的分布也不相同。如图 8-10 所示。

造成炉料分布差异的原因主要是:同装比分装开大钟的时间间隔要长些,炉料入炉的时间间隔愈长,则装料前炉料的料面愈平坦,装入的炉料就更多的集中在边缘,这是在其他条件相同下,同装的作用强于分装的原因。而正装和倒装相比,首先落下的矿石,更多的集中在炉墙边缘,随之而后的焦炭则更多的滚向中心;倒装时则相反。由此可以得知,装料顺序对煤气分布的影响是,依照正同装—正分装—倒分装—倒同装的次序,边缘气流依次增多,中心气流则依次减少,即正同装对加重边缘负荷的作用最强,而倒同装则相反,对加重中心负荷的作用最强。

由于改变装料顺序能够及时有效地改变煤气流的分布,而且便于调节,所以它是生产中最常采用的调剂手段。

(2) 料线高低。料线是指大钟全开位置其下缘到料面的距离(或旋转溜槽垂直位置到料面的距离)。这个距离越小,料线越高;距离越大,料线越低。正常料线应控制在炉料落下和炉墙的碰撞点(带)以上。料线不同,炉料在料面上的分布不一样,从而影响径向上的负荷和煤气分布,如图8-11所示。当料线愈高时,炉料落下形成的堆尖,离炉墙越远,边缘的透气性随之改善,而中心的透气性则降低,有利于发展边缘。随料线降低,堆尖逐渐靠近炉墙,加重边缘负荷。若料线低到炉墙碰撞点处,则炉料堆尖就紧贴炉墙。这时边缘透气性最差,而中心透气性最好。当料线低到炉墙碰撞点以下时,炉料和炉墙碰撞后反弹向高炉中心,造成强度差的炉料撞碎,使布料层紊乱,煤气流分布失去控制。

正常操作时,必须严格按规定料线上料。若料线过高,装入一批料后,料线探尺可能出现零尺,大钟可能关不严,当强迫打开大钟时会弄弯或折断大钟拉杆,酿成事故。料线过深(低),不能充分利用高炉容积,煤气能量利用变差,炉顶设备易于损坏。正常料线一般在1.0~2.0 m范围内。

(3)批重。炉料是按一定重量分批装入高炉的,炉料装入炉内呈漏斗形分布。因矿、焦堆角不同,所以在炉内的分布也不一样。由于在炉内焦炭堆角小于矿石(球团矿例外),所以当矿石入炉后,首先在焦炭堆角基础上堆到矿石本身的堆角后,才以平行的层次向高炉中心布料,这样堆在焦炭层上的矿石分布是边缘厚、中心薄;而堆在矿石层上的焦炭则相反,边缘薄而中心厚,图8-12显示出这一特点。批重越大,边缘与中心部分比例减小,炉料分布趋向均匀。批重越小,其结果则相反。

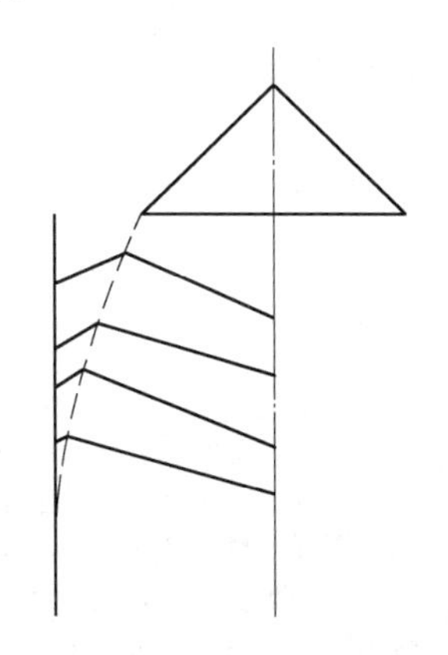

图8-11　料线高低对布料的影响

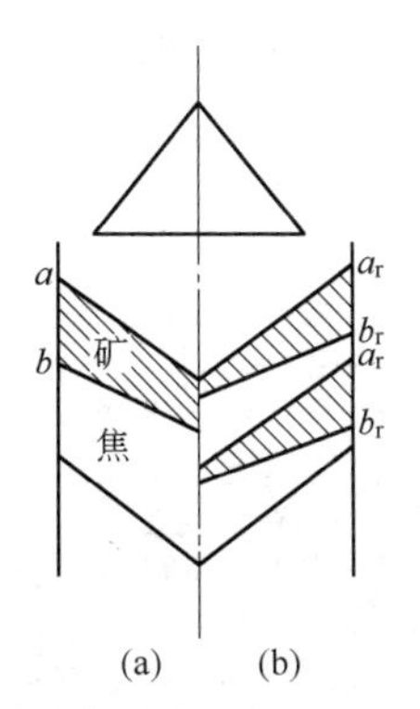

图8-12　批重对炉料分布的影响
(a) 大批重;(b) 小批重

由此,加大矿批可视为相对加重了中心负荷,发展了边缘气流;减小矿批则可视为相对加重了边缘负荷,发展中心气流。

在生产中依实际条件选定批重,通常是高炉容积越大,冶炼强度越高,则入炉批重越大;反之，则相反。新投产的高炉，可以参考相似条件的高炉批重进行选择。或者按矿批大约相当于 1 m^2 炉喉面积 0.5 t 矿；焦批体积相当于大约 0.5 m 高的炉喉容积进行决定，根据生产反映再调整。国内外都总结了合适的批重计算式，我国推荐的矿批经验式为：

$$P = H\gamma \frac{\pi}{4} d_1^2 = 0.100 R I_{综} \gamma \frac{\pi}{4} d_1^3 \tag{8-13}$$

式中　P——矿批质量，t；

R——相对料柱透气性指数比，%；

H——矿石在炉喉的平均厚度（$H = 0.100 d_1 I_{综}$），m；

γ——矿石堆积密度，t/m；

d_1——炉喉直径，m。

从生产发展趋势分析，料批有增大趋向。增大料批后，软熔带焦炭夹层的厚度增加，在风量一定条件下，软熔带透气性增加，同时也减少了压降较大的焦矿界面层，有利于顺行。但料批增加，矿批相应增大，结果会增多矿石在中心的分布量，使中心的矿焦比增大，软熔带的顶层下降，块状带的阻损增加。

总之，选择批重除可以通过一些经验式求得参考批重外，主要是通过实践决定。选择大批重时，往往与正分装配合，可以得到较好的冶炼效果。

生产中在调整负荷时，可以改变焦炭或矿石的批重，从稳定煤气流分布考虑，以保持矿批不变而增加（减少）焦炭为佳。因为决定高炉截面上煤气流分布状况的主要是矿石。

装料顺序、料线、批重对炉料在炉喉分布的影响各有其规律，在使用装料制度调剂炉况时应全面考虑。在具体变动时，不宜同时改变，应该有定有动，待肯定某一因素改变后的效果之后，再视有无必要变动其他因素。

B　无料钟炉顶装料制度对布料的影响

随着高炉炉容的增大，钟式炉顶设备显得过于笨重同时由于炉料在炉喉分布存在偏析现象，已不能满足高炉生产的需求，现已被无料钟炉顶所替代。无料钟炉顶的布料实际是通过调整料流调节阀开度（γ 角）、旋转溜槽倾角（α 角）和旋转溜槽转动（β 角）来控制煤气流分布的。

a　无钟炉顶布料的特点

（1）无钟炉顶与钟式炉顶布料的区别，见表 8-2。

表 8-2　无钟炉顶与钟式炉顶布料的区别

项　目	无钟炉顶布料	钟式炉顶布料
料线零位的位置	视情况而定，一般取旋转溜槽处于垂直位置时，其下端 0.5～1.0 m 处或炉喉上沿水平面	大钟开启行程下端时钟底的水平面
倾角 α 布料范围及方式	旋转溜槽倾角 α 可在 0°～50°范围内调节，炉料能布到边缘至中心任意半径圆面上，并且可以选择单环、多环、扇形或定点等多种布料方式	大钟倾角一般为 50°～53°，不能调节。炉料堆尖只能在大钟开启位置的外缘至炉墙之间。可借助旋转布料器作定点布料或装偏料
炉料偏析	1. 炉料离开旋转溜槽时有离心力使炉料落点外移，炉料向堆尖外侧滚动多于内侧，形成料面不对称分布，外侧料面较平坦，此种现象称为溜槽布料旋转效应，转速愈大效应愈强 2. 多圈放料有自然偏析（即小粒度在堆尖、大粒度在堆脚，每圈都重复这种偏析），采用多环布料可适当弥补偏析 3. 多圈放料，矿石对焦炭层的冲击推挤作用较均匀 4. 因料流调节阀控制不准，可能出现非整圈布料	1. 大钟开启时炉料下落初始加速度为零，无旋转效应 2. 一次放料，自然偏析不能弥补 3. 一次放料矿石对焦炭层的冲击推挤作用较集中 4. 没有非整圈布料现象

(2)炉料偏析。无钟炉顶布料的偏析,不同原因的结果如下:

1)溜槽倾角 α 的影响见表8-3。

表8-3　溜槽倾角对布料不均匀度的影响

项　目	烧结矿			焦　炭		
溜槽倾角 α/(°)	20	30	40	20	30	40
不均匀度 σ	3.96	2.16	1.23	3.79	1.10	0.91

注:溜槽转速 $\omega=10$ r/min;调节阀开度 γ:烧结矿为22°、焦炭为32°;

$\sigma=\sqrt{\dfrac{(W_i^2-W_{cp}^2)}{n-1}}$,其中 W_i 为 i 区炉料重量,$i=1\sim4$;$n\approx4$;W_{cp} 为各区炉料的平均重量。

2)料流调节阀开度 γ。中心喉管直径一定时,调节阀开度大小对 σ 的影响见表8-4。

表8-4　调节阀开度对布料不均匀度的影响

项　目	烧结矿				焦　炭			
调节阀开度 γ/(°)	22	32	40	62	22	32	40	62
不均匀度 σ	4.62	4.37	4.04	2.04	3.33	3.79	1.79	1.16

注:溜槽倾角 $\alpha=20°$;溜槽转速 $\omega=10$ r/min。

3)中心喉管直径对布料的影响见表8-5。

表8-5　中心喉管直径对布料的影响

项　目	烧结矿				焦　炭			
中心喉管直径/mm	90	84	70	50	90	84	70	50
不均匀度 σ	3.96	4.76	3.38	1.63	3.79	3.02	2.85	

注:溜槽倾角 $\alpha=20°$;溜槽转速 $\omega=10$ r/min;调节阀开度 γ:烧结矿为22°、焦炭为32°。

(3)旋转溜槽的转速、倾角与长度。

1)旋转溜槽的转速。溜槽转速高,离心力作用使炉料粒度分布产生偏析。溜槽转速过大时,离心力甚至使炉料尚未达到溜槽末端即已飞出,造成布料混乱,所以溜槽转速应予以限制。生产中虽然转速可调,但大多稳定在0.12~0.15 r/s(7~9 r/min)范围内,仅调节 α 角来控制炉料分布。

2)溜槽倾角 α。炉料的摩擦角一般为30°左右,欲使炉料能快速流过溜槽而下落,最大溜槽倾角 α_{max} 不宜大于50°。

溜槽倾角 α 愈大,炉料愈能布向边缘。令装入焦炭或矿石时采用的倾角分别为 $\alpha_焦$ 及 $\alpha_矿$,当 $\alpha_焦>\alpha_矿$ 时,边缘焦炭增多,利于发展边缘;当 $\alpha_焦<\alpha_矿$ 时,边缘矿石增多,利于加重边缘。改变溜槽倾角来调节煤气流时,对炉喉径向矿焦比的影响作用由小到大的一般规律顺序是:

影响小　$\alpha_焦=\alpha_矿$,放料时 $\alpha_焦$ 及 $\alpha_矿$ 同时且同值改变
↓　$\alpha_焦\neq\alpha_矿$,放料时 $\alpha_焦$ 及 $\alpha_矿$ 同时且同值改变
↓　$\alpha_焦\neq\alpha_矿$,放料时 $\alpha_焦$ 及 $\alpha_矿$ 同时但不同值改变
影响大　$\alpha_焦\neq\alpha_矿$,放料时 $\alpha_焦$ 及 $\alpha_矿$ 不同时且不同值改变

利用改变溜槽倾角对布料的影响有:

① 矿、焦工作角保持一定差别,即 $\alpha_矿=\alpha_焦+(2°\sim5°)$,对煤气分布调节有利。布料时,$\alpha_焦$ 和 $\alpha_矿$ 同时同值增大,则矿石和焦炭都向边缘移动,边缘和中心同时加重;反之,$\alpha_焦$ 和 $\alpha_矿$ 同时减

小,将使边缘和中心都减轻。

② 单独增大 $\alpha_{矿}$ 时加重边缘减轻中心,单独减小 $\alpha_{矿}$ 时减轻边缘加重中心。

③ 单独增大 $\alpha_{焦}$ 对加重中心的作用更大,控制中心气流十分敏感。减小 $\alpha_{焦}$ 则使中心发展。

④ 炉况失常需要发展边缘和中心,保持两条煤气通路时,可将焦炭一半布到边缘,另一半布到中心。

⑤ 当炉况运行条件较好时,为了进一步降低炉料的偏析现象大多采用多环布料。

⑥ 当炉况出现长期偏料或管道等情况时,布料方式以定点和扇形为主。

3) 溜槽长度。一定的炉喉直径应有一适宜的溜槽长度。表 8-6 所示为极限状况的计算结果,实际设计时可以乘以系数 0.9。

表 8-6　炉喉直径和溜槽长度的关系

炉喉直径 d/m	4.25	5.22	6.22	7.25	8.30	9.38	10.47	11.59	12.72
溜槽长度 l/m	1	1.5	2	2.5	3	3.5	4	4.5	5

b　布料方式

无料钟旋转溜槽一般设置 11 个环位,每个环位对应一个倾角,由里向外,倾角逐渐加大。不同炉喉直径的高炉,环位对应的倾角不同。例 2580 m^3 高炉第 11 个环位倾角最大,为 50.5°,第 1 个环位倾角最小,对应倾角 16°。布料时由外环开始,逐渐向里环进行,可实现多种布料方式。

(1) 单环布料。单环布料的控制较为简单,溜槽只在一个预定角度作旋转运动。其作用与钟式布料无大的区别。但调节手段相当灵活,大钟布料是固定的角度,旋转溜槽倾角可任意选定,溜槽倾角 α 越大炉料越布向边缘。

(2) 螺旋布料。螺旋布料自动进行,它是无料钟最基本的布料方式。螺旋布料从一个固定角度出发,炉料在 α_{11} 和 α_1 之间进行旋转布料。每环布料份数可任意调整,使煤气合理分布,如发展边缘气流,可增加高倾角位置焦炭份数,或减少高倾角位置矿石份数。

(3) 扇形布料。这种布料为手动操作。扇形布料时,可在 6 个预选水平角度中选择任意 2 个角度,重复进行布料。可预选的角度有 0°、60°、120°、180°、240°、300°。这种布料只适用于处理煤气流失常,且时间不宜过长。

(4) 定点布料。这种布料方式手动进行。定点布料可在 11 个倾角位置中任意角度进行布料,其作用是堵塞煤气管道行程。

c　布料方程

通过以下方程计算出无料钟炉顶的布料参数,以得到更好的煤气流分布。

$$n = \sqrt{l_0^2 \cdot \sin^2\alpha + 2l_0 \sin\alpha L_x + \left(1 + \frac{4\pi^2\omega^2 l_0^2}{c_1^2}\right) l_x^2}$$

$$L_x = \frac{1}{g} c_1^2 \sin^2\alpha \left\{ \sqrt{\mathrm{ctg}^2\alpha + \frac{2g}{c_1^2 \sin^2\alpha}[l_0(1 - \cos\alpha) + h]} - \cot\alpha \right\}$$

$$c_1 = \sqrt{2g(\cos\alpha - \mu\sin\alpha) + 4\pi^2\omega^2 \sin\alpha(\sin\alpha + \mu\cos\alpha) l_0^2 + c_0^2}$$

式中　n——炉料堆尖至炉中心的水平距离,m;

l_0——溜槽长度,m;

α——溜槽倾角,(°);

L_x——炉料堆尖距溜槽末端在 x 轴方向的水平距离,m;

ω——溜槽转速,r/s;

c_1——炉料在溜槽末端的速度,m/s;

g——重力加速度,m/s;

h——料线深度,m;

μ——摩擦系数,焦炭为0.3,矿石为0.52;

c_0——炉料从中心喉管落入溜槽后改变方向沿溜槽滑动时的初始速度,一般在0.2~0.6 m/s之间,对计算结果影响不大。

d 料线调整

料线调整在钟式炉顶上是调整径向上堆尖位置的唯一手段,调节范围仅限于炉喉间隙的范围内,在无料钟炉顶上调节堆尖位置靠溜槽角度,料线不再使用,所以现代高炉上料线已失去调节功能。

e 批重选择

批重的选择同钟式炉顶布料相同,在此不做详细论述。

8.3 上下部调剂的综合运用

强化高炉冶炼,必须正确处理上升煤气流和下降炉料之间的矛盾,使煤气流始终保持合理分布。为此,必须做到上下部调剂有机结合。

下部调剂,是指对风量、风速、风温、喷吹量以及鼓风湿分等因素的调剂。其目的在于维持合适的回旋区大小,使炉缸工作均匀、活跃、稳定,气流初始分布合理。

上部调剂,则是借助于装料顺序,料批大小和料线高低、溜槽倾角的调剂,使炉料分布和上升的煤气流相适应,既保证炉料具有足够的透气性,使下料顺畅,又不形成管道。这样,才能使炉料和煤气流相对运动的矛盾得以统一,进而获得良好的技术经济指标。

要使煤气流保持合理分布,必须坚持上下部调剂密切结合的原则。炉缸是煤气流分布的起始部位,炉缸工作好坏既决定了煤气流的初始运动状态,通过热交换决定了整个炉缸截面的气流和温度分布,同时,炉缸又是最终完成冶炼过程的部位,对炉料及渣、铁在高炉内进行的物理化学反应有着决定性影响,因此,如何搞好下部调剂,是保证高炉顺行的重要环节。

但是,生产实践表明,只靠下部调剂而没有上部调剂的紧密配合,也难以达到很好的效果。特别是大量使用熟料和喷吹燃料以后,焦炭负荷高达4.0,甚至更高,矿焦容积比接近相等,炉料透气性相对恶化,影响初始气流均匀分布,这就要求通过上部调剂改善矿石分布,从而达到高炉稳定顺行目的。

综上所述,上下部调剂的目的在于寻求合理的煤气分布,以保证冶炼过程的正常进行。实践证明,两者调剂方式虽然不同,但起的作用是相辅相成的。对长期不顺行的高炉,首先要抓好下部调剂,然后再进行上部调剂,相互配合。

复习思考题

8-1 试分析高炉炉料下降的条件。

8-2 什么是炉料的有效重量,它与实际重量有什么差别?

8-3 影响炉料的有效重量的因素有哪些?

8-4 煤气压力损失 Δp 是如何形成的,怎样降低 Δp?

8-5　为什么原料粒度不能过大,为什么严禁小于 5 mm 粉末入炉?

8-6　什么是炉料的透气性指数,它在生产上有何实际意义?

8-7　炉喉煤气 CO_2 曲线是如何绘出的?

8-8　如何判断炉内煤气流的分布?

8-9　CO_2 曲线类型有几种,它们对高炉冶炼影响如何?

8-10　什么是合理的煤气流分布?

8-11　什么是炉料的自然堆角,与炉内的实际堆角有何不同?

8-12　什么因素影响炉料在炉内的实际堆角?

8-13　炉料的堆角大小与炉顶布料有什么关系?

8-14　高炉内不同部位炉料的下降速度是否均匀一致,哪里快,哪里慢?

8-15　何谓冶炼周期,有何实用意义,它为何是高炉强化的指标?

8-16　试分析变更料线和料批大小对炉顶布料和煤气分布的影响。

8-17　试分析正装和倒装对布料与煤气分布的影响。

8-18　试分析同装与分装对布料与煤气分布的影响。

8-19　什么是上部调剂,什么是下部调剂,各包括哪些手段?

9 高炉强化冶炼与技术发展

由于现代炼铁技术的进步,高炉生产有了巨大发展,单位容积的产量大幅度提高,单位生铁的消耗,尤其是燃料的消耗大量减少,高炉生产的强化达到了一个新的水平。

高炉冶炼强化的主要途径是提高冶炼强度和降低燃料比。而强化生产的主要措施是精料、高风温、高压、富氧鼓风、加湿或脱湿鼓风、喷吹燃料,以及高炉过程的自动化等。

9.1 高炉强化的基本内容

9.1.1 提高高炉生产率的途径

高炉年生铁产量可表示为

$$Q = PT \tag{9-1}$$

式中 Q——年生铁产量,t/a;

P——高炉日产生铁量,t/d;

T——高炉年平均工作日(按设计要求,一代炉龄内,扣除休风时间后的年平均天数)。

而

$$P = \eta_{V} V_{有} = \frac{1}{K} V_{有}$$

式中 η_{V}——高炉有效容积利用系数,t/(m³·d);

$V_{有}$——高炉有效容积,m³;

K——焦比(或燃料比),t/t(或 kg/t);

I——冶炼强度,t/(m³·d)。

所以

$$Q = \frac{I}{K} V_{有}\ t \tag{9-2}$$

扩大炉容是高炉发展的趋势。近30年来国内外都很重视这一问题。这不仅因为高炉容积大产量相应增多,而且可以提高生产效率和改善技术经济指标,以及降低单位容积的基建投资。目前我国宝钢、邯钢等钢铁公司,3000~5000 m³ 级的超大型高炉经济效益良好。

降低休风率对高炉产量的影响,并非简单的比例关系。因为休风前后往往要受慢风操作的影响,以致休风率每增加1%,产量通常降低2%。此外休风时间长,尤其是无计划休风,常常导致焦比升高,并危及生铁质量。

发挥现有高炉容积的潜在能力,提高有效容积利用系数,即提高冶炼强度和降低焦比。因此,一切有利于提高冶炼强度和降低焦比的措施,都有利于高炉的强化,提高产量。而这些增产降焦措施如精料、高风温等,它们可能对提高冶炼强度和降低焦比皆有作用,或者有所侧重。

冶炼强度和焦比是互相关联,互相影响的。降低焦比,有利于提高冶炼强度;而冶炼强度的提高,可能导致焦比降低、不变或者升高。当冶炼强度提高同时焦比又降低时,高炉可获得最高的生产率;而在提高冶炼强度的同时,高炉焦比不变。其结果高炉可获得较高的生产率;若是提高冶炼强度的同时,焦比也升高了,这时高炉的产量可能出现三种情况,即冶炼强度增加的幅度(%)大于、等于或小于焦比上升的幅度(%),高炉产量相应增加、不变或降低。只有最终结果是产量增加时,高炉冶炼才得到强化。而其他情况只是增加了消耗,并未使高炉增产。因此,高炉强化的确切概念,应是以最小的消耗(或投入),获得最大的产量(或产出)。那种高产量、高消耗的结果是不可取的。

9.1.2 提高高炉冶炼强度

提高冶炼强度意味着单位时间内,单位高炉容积燃烧更多的燃料。可从以下几方面提高冶炼强度:

(1) 增加入炉风量。增加高炉每分钟鼓入的风量,高炉燃烧焦炭越多,即冶炼强度越高。

(2) 增加下料速度。下料速度加快,则单位时间内燃烧的焦炭增多。

(3) 加大燃烧强度。燃烧强度是指每小时每平方米炉缸截面积燃烧的焦炭量。燃烧强度愈大,表明高炉一天内燃烧的焦炭愈多,或者说鼓入高炉的风量愈大,则冶炼强度愈高。

(4) 缩短煤气在炉内停留时间。要使煤气在炉内停留时间缩短,则需要入炉风量增大、风速提高,这样冶炼强度必然增加。

9.1.2.1 提高冶炼强度对高炉冶炼进程的影响

A　对顺行的影响

在高炉冶炼史上,提高冶炼强度,长期受固体散料层气体力学的影响,认为煤气压力降 Δp 与煤气流速 1.7~2.0 次方成正比,大风量操作,将因炉料所受的支撑力过大而不利于顺行,引起煤气流分布失常,产生管道、悬料、液泛等现象,最终导致焦比升高,产量降低。因此认为高炉操作存在一个极限风量,不敢增大冶炼强度,只能维持较低强度的水平。

实践表明,高炉压差 Δp 大体上与风量的一次方成正比,而且,在冶炼强度提高到一定水平后,Δp 几乎不再增加。这一事实说明随着冶炼强度的提高,料柱更松动,炉料间的孔隙率增大,将使煤气通过时的阻损减小,这一有利因素部分地抵消了煤气流速增加的不利影响。

但是不能由此而错误地认为:风量愈大,Δp 增加愈小,炉料愈松动,炉况愈顺行。因为在一定冶炼和操作条件下,冶炼强度和压差水平还是大体对应的。增大风量,将导致煤气流分布的改变,如中心气流加强,也增加管道出现的几率,同时 Δp 亦随煤气流速增加而升高,容易难行悬料。在这种情况下,要相应地改善原燃料条件,改进操作制度,高炉可能仍然维持顺行,促使技术经济指标进一步改善。如果不顾客观条件,盲目加风,炉料的透气性与风量不相适应,破坏煤气的正常分布,下料不顺,高炉指标恶化。

B　对焦比的影响

冶炼强度对焦比的影响是多方面的,既有有利的一面,也有不利的一面。如冶炼强度提高,煤气停留时间缩短,可能不利于煤气能量的充分利用;煤气流速增加,对改善热的传导和还原有利;而压差的增加对顺行不利又影响煤气的利用,如此等等。因此,强调某方面的影响,作出焦比随冶炼强度升高而升高,或者降低的结论,都难免失之偏颇。究竟影响怎样,要视不同的冶炼条件作出具体的分析,而且随着操作的改进,其结果也是不同的。

当煤气流速过低时(冶炼强度过低),由于气流在炉内分布不匀,其能量不能充分利用,因此无法获得低焦比;而冶炼强度过高,由于还原及热传导速度的增长跟不上气流速度的增加,煤气能量难以充分利用,而且强度过高,容易引起管道行程,焦比必然升高。因此,在一定的冶炼条件下,有一个最适宜的冶炼强度,此时焦比最低,同时,随原燃料和操作条件的不断改善,焦比最低点将不断向更高冶炼强度方向移动,焦比绝对值也可以不断降低,如图 9-1 所示。

9.1.2.2　高强度冶炼的操作特点和技术措施

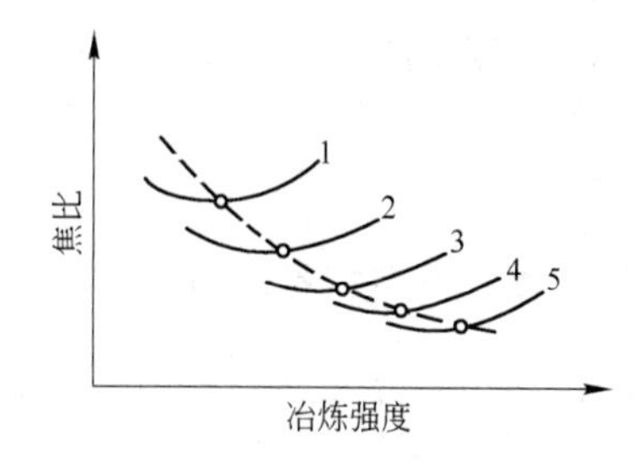

图 9-1　冶炼强度和焦比关系示意图
1～5 分别表示不同的冶炼条件

冶炼强度的提高，即风量的增大，必然使风速和鼓风动能增大(不改变风口直径)，煤气穿透中心的能力增强，炉缸中心易于活跃，同时因燃烧带向中心延伸，炉料下降最快区域也向中心稍有转移，这些变化必将导致上升煤气流的改变。此外，也增加了出现管道的可能性。因此在高炉操作上要做相应调整，以保证合理的煤气流分布。

A　操作特点

(1) 扩大料批。大料批是抑制管道进程和中心过吹的有效措施。料批增大，矿层加厚，有更多的矿石布到中心，从而适应增大风量受气流分布的影响，减少或避免煤气分布失常。国内高炉的生产实践表明批重随风量增加而增加的这一客观规律。鞍钢高炉冶炼强度由 1.33 t/(m^3·d)提高到 1.55 t/(m^3·d)时，矿批由 14.1 t 提高到 15.3 t，喷吹燃料后甚至增加到 16～19 t。

(2) 溜槽倾角。无料钟炉顶采用单环布料时，溜槽倾角 α 应选择合适，一般溜槽倾角 α 越大越布向边缘。当 $\alpha_{焦} > \alpha_{矿}$ 时边缘焦炭增多，发展边缘，既可抑制中心过吹，也可调整边缘气流的不足。如采用多环布料时，可增加高倾角位置焦炭份数，或减少高倾角位置矿石份数，可发展边缘气流，抑制中心过吹。

(3) 扩大风口直径或缩短风口伸入炉内的长度，目的是缩短燃烧带长度，消除中心过吹和扩大回旋区的横向尺寸，使沿炉缸截面下料均匀，保证煤气的正常分布。

无论是改变上部或下部调剂，都应视冶炼强度增加后煤气的分布和利用状况，以及炉料是否顺行，炉况是否稳定而定，从实际需要出发，有的放矢，不盲动乱动。

B　技术措施

为了保证在高冶炼强度条件下，高炉焦比也能同时降低或基本不变，除了加强上下部调剂外，需要有其他相应的技术措施：

(1) 改善原料。改善原料是提高冶炼强度的基本要求。提高矿石和焦炭冶金强度，保持合适粒度，筛除粉末，是减少块状带阻力损失的重要手段。与此同时提高矿石品位，减少渣量，使软熔层填充物表面积降低，可以减少甚至防止“液泛”的发生，而且也使软熔层透气性得到改善；此外，由于焦炭热强度改善，也能使滴落带至炉缸中心的焦炭柱保持良好的透气性能，大大改善下部料柱透气性，降低高温区压力损失和高炉全压差。

(2) 采用新技术。采用高压操作、富氧鼓风、高风温等技术对高炉冶炼强化无疑是有好处的。

(3) 及时放好渣铁。生产强化后渣铁量增多，要及时排放好渣、铁，使炉缸处于“干净”状态，以减少渣铁对料柱的支撑作用，促进炉料顺行。

(4) 设计合理炉型。矮胖炉型，相对降低了料柱高度，有利于降低 Δp，此外炉缸截面大，风口多，即使维持较高冶炼强度和喷吹量，燃烧强度也并不高，易于加风强化。大炉缸、多风口也利于煤气初始分布和炉缸截面温度趋于均匀，促进顺行。

9.2　精料

精料就是全面改进原燃料的质量，为降低焦比和提高冶炼强度打下物质基础。保证高炉能在大风、高压、高风温、高负荷的生产条件下仍能稳定，顺行。

高炉炼铁的操作方针是以精料为基础。精料技术水平对高炉炼铁生产的影响率在70%左右，设备的影响率在10%左右，高炉操作技术的影响率在10%左右，综合管理水平影响率约5%，外界因素影响率约5%。

9.2.1 高炉精料技术的内涵

高炉精料技术包括“高、熟、净、匀、小、稳、少、好”八个字。

“高”是入炉矿石含铁品位要高；焦炭的固定碳含量要高；烧结、球团、焦炭的转鼓强度要高；烧结矿的碱度要高(一般为1.8~2.0)。入炉矿石品位要高是精料技术的核心。入炉矿石品位每提高1%，焦比降低约2%，产量增加约3%，吨铁渣量减少30 kg，允许高炉吨铁增加喷吹煤粉15 kg。

“熟”是高炉入炉原料中熟料比要高。熟料是指烧结矿、球团矿。烧结矿和球团矿由于还原性和造渣过程改善，高炉热制度稳定，炉况顺行，减少或取消熔剂直接入炉，生产指标明显改善，尤其是高碱度烧结矿的使用，效果更为明显。据统计每提高1%的熟料率可降低焦比1.2 kg/t，增产0.3%左右。随着高炉炼铁生产技术的不断进步，现在已不特别强调熟料比要很高，有些企业已有20%左右的高品位天然矿入炉。

“净”是指入炉原料中小于5 mm粒度要低于总量的5%。

“小”是指入炉原料的粒度应偏小。高炉炼铁的生产实践表明，最佳强度的粒度是：烧结矿25~40 mm，焦炭为20~40 mm。对于中小高炉原燃料的粒度还允许再小一点。

“匀”是指高炉炉料的粒度要均匀。不同粒度的炉料分级入炉，可以减少炉料的填充性和提高炉料的透气性，会有节焦提高产量的效果。

“稳”是指入炉原燃料的化学成分和物理性能要稳定，波动范围要小。目前，我国高炉炼铁入炉原料的性能不稳定是影响高炉正常生产的主要因素。保证原料场的合理储存量(保证配矿比比例不大变动)和建立中和混匀料场是提高炉料成分稳定的有效手段。

“少”是指铁矿石、焦炭中含有的有害杂质要少。特别是对S、P的含量要严格控制，同时还应关注控制好Zn、Pb、Cu、As、K、Na、F、Ti等元素的含量。

“好”是指铁矿石的冶金性能要好。冶金性能是指铁矿石的还原度应大于60%；铁矿石的还原粉化率应当低；矿石的荷重软化温度要高，软熔温度区间要窄；矿石的滴熔性温度高，区间窄。

9.2.2 焦炭质量对高炉炼铁的影响

焦炭质量变化对高炉炼铁生产指标的影响率在3%~5%，也就是说，占精料技术水平影响率的一半。焦炭在高炉内起着炉料骨架的作用，同时又是冶炼过程的还原剂，高炉炼铁热量的主要来源，以及生铁含碳的供应者。特别是在高喷煤比条件下，焦比的显著减低，使焦炭对炉料的骨架作用就更加明显。这时焦炭质量好，对提高炉料的透气性，渣铁的渗透性都起到十分关键的作用。大型高炉采用大矿批装料制度，使焦炭层在炉内加厚，形成好的焦窗透气性，对高炉顺行起到良好的作用。由于大型高炉的料柱高，炉料的压缩率高，对焦炭质量的评价已不能只满足对M_{40}、M_{10}、灰分、硫等指标的要求，应当增加对焦炭的热反应性能指标的要求，如反应后强度(CSR)，反应性指数(CRI)等指标的要求。宝钢提出焦炭的CSR≥66%，CRI≤26%。工业发达国家大型高炉所用的焦炭质量普遍优于我国，国外大型高炉所用焦炭的M_{40}≥85%，M_{10}≤6%，灰分<11%，硫<0.55%。

9.3 高压操作

人为地将高炉内煤气压力提高，超过正常高炉的压力水平，以求强化高炉冶炼，这就是高压操作。高压操作的程度常以高炉炉顶压力的数值为标志，一般认为使高炉处于0.03 MPa以上的高压下工作是高压操作。提高炉顶压力的方法是调节设在净煤气管道上的高压调节阀组。

高压操作是1871年法国冶金学家贝塞麦提出的，到20世纪50年代开始采用并迅速推广。我国1956年首先在鞍钢9号炉(944 m^3)采用，当前高压水平一般在0.1～0.15 MPa，宝钢可达0.25 MPa。

实践证明，高压操作能增加鼓风量，提高冶炼强度，促进高炉顺行，从而增加产量，降低焦比。据国内资料，炉顶压力每提高0.01 MPa，可增产2%～3%。武钢2号高炉(1436 m^3)，顶压由0.03 MPa提高到0.135 MPa，产量提高了30%。据日本资料，顶压每提高0.01 MPa，可增产1.2%～2.0%，降低焦比5～7 kg/t。

9.3.1　高压操作的条件和设备系统

9.3.1.1　高压操作的条件

实行高压操作，必须具备以下条件：

(1) 鼓风机要有满足高压操作的压力，保证向高炉供应足够的风量。

(2) 高炉及整个炉顶煤气系统和送风系统要有满足高压操作的可靠的密封性及足够的强度。

9.3.1.2　高压操作的设备系统

高压操作由高压调节阀组来实现。我国高炉高压操作工艺流程见图9-2。此系统可采用高压操作，也可转为常压操作。在常压操作时，为了改善净化煤气的质量，应启用静电除尘器。高压操作时，在高压阀组前喷水，使高压阀组也具有相当于文氏管一样的除尘作用。高压操作后，一般都可以省去静电除尘。

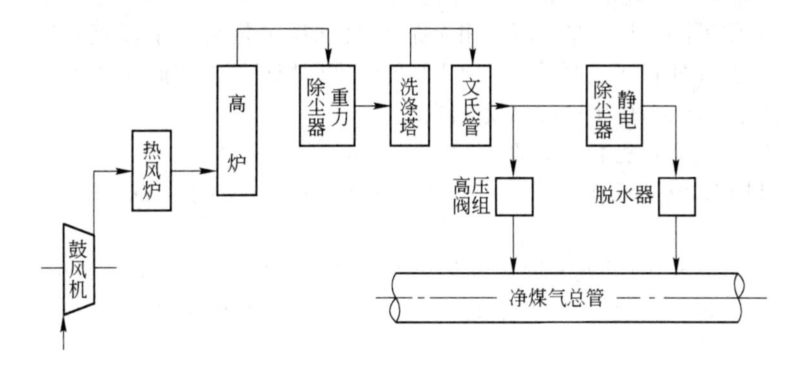

图9-2　包钢高炉高压操作工艺流程图

如1500 m^3高炉的高压阀组由4个ϕ750 mm电动蝶阀，一个ϕ400 mm自动调节蝶阀和一个ϕ250 mm的常通管道组成，利用蝶阀的开闭度来控制炉顶压力。

为了充分利用煤气的压力能，近年来，使用高压煤气余压发电技术，把煤气压力能通过涡轮机转换成电能(相当于鼓风机用电量的1/5～1/4)，煤气仍可继续使用。

9.3.2　高压操作的效果

9.3.2.1　有利于提高冶炼强度

高压操作使炉内的平均煤气压力提高，煤气体积缩小，煤气流速降低，Δp下降。压差与压力p的关系可用一般压头公式推出：

$$\Delta p = K p_o w_o^2 \gamma_o / p \qquad (9-3)$$

式中　K——在具体冶炼条件下，与压力无关的常数；

p_o, w_o, γ_o——标准状态下气体的压力、流速和密度。

可见，当气体流速不变，压差 Δp 与炉内压力 p 成反比，即 p 提高，Δp 降低，这为增加风量和提高产量创造了条件。实践证明，高压操作后，冶炼强度还随原料条件和操作水平的改进而提高。

9.3.2.2　有利于炉况顺行，减少管道行程，降低炉尘吹出量

高压操作后，由于 Δp 降低，煤气对料柱的上浮力减小，高炉顺行，不易产生管道。同时炉顶煤气流速降低，炉尘吹出量减少，炉况变得稳定，从而减少了每吨铁的原料消耗量。原料含粉相对增加时，高压操作降低炉尘量的作用越显著。例如煤气流速在 2.5 ~ 3.0 m/s 之间，每降低煤气流速 0.1 m/s 时，可降低焦比 2.5 ~ 3 kg/t，增产 0.5%。鞍钢某高炉顶压在 150 ~ 170 kPa 时，每吨生铁炉尘吹出量是 12 ~ 22 kg，比常压操作时减少 19% ~ 35%。武钢高炉顶压 200 ~ 240 kPa 时，炉尘吹出量在 10 kg/t 以下。

9.3.2.3　有利于降低焦比

高压操作可以降低焦比，其主要原因是：

（1）改善了高炉内的间接还原。高压操作时降低了煤气流速，延长了煤气在炉内与矿石的接触时间，也减少或消除了管道行程，炉况稳定，煤气分布得以改善，从而使块状带内的间接还原得到充分发展，煤气能量利用好。

（2）抑制了高炉内的直接还原。高炉内直接还原反应取决于碳的气化反应 $CO_2 + C \xlongequal{} 2CO$ 的发展。高压操作时，炉内平均压力相应提高，使该反应向左进行，从而抑制了直接还原的发展。也就是说，高压使直接还原反应推向更高的温度区域进行。因此，r_d 降低，焦比降低。

（3）由于产量提高，单位生铁的热损失降低。

（4）因炉尘减少，实际焦炭负荷增加。

（5）高压可抑制硅还原反应（$SiO_2 + 2C \xlongequal{} Si + 2CO$），有利于降低生铁含硅量，促进焦比降低。

高压操作还是一个有效的调剂炉况的手段，高压改常压操作的瞬间，由于炉内压力降低，煤气体积膨胀，上升气流突然增大，从而可处理上部悬料。高压操作还可以使边缘气流发展，从而疏松边缘。

9.3.3　高压高炉的操作特点

9.3.3.1　转入高压操作的条件

高压操作作为强化高炉冶炼的手段，有时也作为调剂手段，顺行是保证高炉不断强化的前提。因此，只有在炉况基本顺行，风量已达全风量的 70% 以上时，才可从常压转为高压操作。

9.3.3.2　高压操作时需适当加重边缘

由于高压操作会使风压升高，鼓风受到压缩，风速降低，鼓风动能和燃烧带缩小，促使边缘气流得到更大的发展。如不采取加重边缘的装料制度会造成煤气流失常，煤气利用变差，甚至不

顺。为此,在常压改高压之前应适当加重边缘。

9.3.3.3　高压操作高炉炉内压差变化特点

高压后,高炉上部(块状带)的压差降低较多,下部压差降低较少。如某高炉顶压由 20 kPa 提高到 80 kPa 表压时,下部压差仅由 0.527 kPa 降至 0.517 kPa,而上部压差却由 0.589 kPa 降至 0.289 kPa,即降低 50% 以上。因此说,高炉在高压操作时,采取降低下部压头损失的措施,对高炉加风强化具有特别重要意义,特别对大型高炉。

9.3.3.4　高压高炉处理悬料的特点

当炉温比较充沛,原料条件较好,有时会因管道生成而风压突升,炉料不下时,立即从高压改为常压处理,风量会自动增加,煤气流速加快。此时,上部煤气压力突减,煤气流对炉料产生一种"顶"的作用,炉料被顶落。同时,应将风量减至常压时风量的 90% 左右,并停止上料,等风压稳定后可逐渐上料,待料线赶上即可改为高压全风量操作。如果悬料的部位发生在高炉下部时,也需要改高压为常压,但主要措施应该是减少风量(严禁高压放风坐料),使下部压差降低,这样有利于下部炉料的降落。

9.3.3.5　高压操作的注意事项

高压操作时,除应严格遵守操作程序外,还需注意的事项有:

(1) 提高炉顶压力,要防止边缘气流发展,注意保持足够的风速或鼓风动能,要相应缩小风口面积,控制压差略低于或接近常压操作压差水平。

(2) 常压转高压操作必须在顺行基础上进行。炉况不顺时不得提高炉顶压力。

(3) 高炉发生崩料或悬料时,必须转常压处理。待风量和风压适应后,再逐渐转高压操作。

(4) 高压操作,悬料往往发生在炉子下部。因此,要特别注意改善软熔带透气性,如改善原燃料质量,减少粉末,提高焦炭强度等。操作上采用正分装,以扩大软熔带焦窗面积。

(5) 设备出现故障,需要大量减风甚至休风,首先必须转常压操作,严禁不改常压减风至零或休风。

(6) 高压操作出铁速度加快,必须保持足够的铁口深度,适当缩小开口机钻头直径,提高炮泥质量,以保证铁口正常工作。

(7) 高压操作设备漏风率和磨损率加大,特别是炉顶大小钟、料斗和托圈、大小钟拉杆、煤气切断阀拉杆及热风阀法兰和风渣口大套法兰等部位,磨损加重,必须采取强有力的密封措施,并注意提高备品质量和加强设备的检查、维护工作。

(8) 新建高压高炉,高炉本体、送风、煤气和煤气清洗系统结构强度要加大,鼓风机、供料、泥炮和开口机能力要匹配和提高,以保证高压效果充分发挥。

9.4　高风温

提高热风温度是降低焦比和强化高炉冶炼的重要措施。采用喷吹技术之后,使用高风温更为迫切。高风温能为提高喷吹量和喷吹效率创造条件。据统计,风温在 950 ~ 1350℃之间,每提高 100℃可降低焦比 8 ~ 20 kg/t,增加产量 2% ~ 3%。

目前采用高风温已经不再是高炉能否接受的问题,而是如何能提供更高的风温。

9.4.1　提高风温对高炉冶炼的作用

(1) 热风带入的物理热,减少了作为发热剂所消耗的焦炭。高炉内热量来源于两个方面,一是风口前炭素燃烧放出的化学热,二是热风带入的物理热。后者增加,前者减少,焦比即可降低,但是炭素燃烧放出的化学热不能在炉内全部利用(随着炭素燃烧必然产生大量的煤气,这些煤气将携带部分热量从炉顶逸出炉外,即热损失)。而热风带入的热量在高炉内是100%被有效利用。可以说,热风带入的热量比炭素燃烧放出的热量要有用得多。

(2) 风温提高后焦比降低,使单位生铁煤气量减少,煤气水当量减少,炉顶煤气温度降低,煤气带走的热量减少。

从高炉对热量的需求看,高炉下部由于熔融及各种化学反应的吸热,可以说是热量供不应求。如果在炉凉时,采用增加焦比的办法来满足热量的需求,此时必然增加煤气体积,使炉顶温度提高,上部的热量供应进一步过剩,而且煤气带走的热损失更多。同时由于焦比提高,产量降低,热损失也会增加。如果采用提高风温的办法满足热量需求则是有利的。特别是高炉使用难熔矿冶炼高硅铸造铁时更需提高风温满足炉缸温度的需要。

(3) 风温提高,风口前理论燃烧温度升高,炉缸热量收入增加,可以加大喷吹燃料数量,更有利于降低焦比。

采用喷吹燃料(或加湿鼓风)之后,为了补偿炉缸由于喷吹物(或水分)分解造成的温度降低,必须提高风温,这样有利于增加喷吹量和提高喷吹效果。

(4) 提高风温还可加快风口前焦炭的燃烧速度,热量更容易集中于炉缸,使高温区域下移,中温区域扩大,有利于间接还原发展,直接还原度降低。

(5) 由于风温提高、焦比降低,产量相应提高,单位生铁热损失减少。

9.4.2　高风温与降低焦比的关系

9.4.2.1　高风温降低焦比的原因

(1) 风温带入的物理热,减少了作为发热剂所消耗的焦炭,因而可使焦比降低。

(2) 风温提高后焦比降低,使单位生铁生成的煤气量减少,炉顶煤气温度降低,煤气带走的热量减少,因而可使焦比进一步降低。

(3) 提高风温后,因焦比降低煤气量减少,高温区下移,中温区扩大、增加间接还原,减少直接还原,利于焦比降低。

(4) 由于风温提高焦比降低,产量相应提高,单位生铁热损失减少。

(5) 风温升高,炉缸温度升高,炉缸热量收入增多,可以加大喷吹燃料数量,更有利于降低焦比。

9.4.2.2　高风温降低焦比的效果

风温水平不同,提高风温的节焦效果也不相同。风温愈低,降低焦比的效果愈显著,相反,风温水平愈高,增加相同的风温所节约的焦炭减少。表9-1是提高风温的节焦效果。

表9-1　提高风温与降低焦比的关系

风温水平/℃	约950	950~1050	1050~1150	>1150
每提高100℃风温节焦效果/$kg \cdot t^{-1}$	20	15	10	8

对于焦比高、风温偏低的高炉，提高风温后其效果更大。风温水平已经较高（1200～1300℃）时，再提高风温的作用减小。

9.4.3 高风温对高炉冶炼的影响

风温提高引起冶炼过程发生以下几个方面的变化：

（1）在热收入不变的情况下，提高风温带入的热量替代了部分风口前焦炭燃烧放出的热量，使单位生铁风口前燃烧碳量减少，但是风温每提高100℃所减少的单位生铁风口前燃烧碳量是随风温的提高而减少的。

（2）高炉高度上温度分布发生变化，炉缸温度上升，炉身和炉顶温度降低，中温区略有扩大。

（3）铁的直接还原增加，这是由于单位生铁风口前燃烧碳量减少，而使单位生铁的CO还原剂减少和炉身温度降低等原因造成的。

（4）炉内料柱阻损增加，特别是炉子下部的阻损急剧上升，这将使炉内炉料下降的条件明显变坏。在冶炼条件不变时，风温每提高100℃，炉内压差升高5 kPa。

9.4.4 高风温与喷吹燃料的关系

喷吹燃料需要有高风温相配合。高风温依赖于喷吹，因为喷吹能降低因使用高风温而引起的风口前理论燃烧温度的提高，从而减少煤气量，利于顺行，喷吹量越大，越利于更高风温的使用；喷吹燃料需要高风温，因为高风温能为喷吹燃料后风口前理论燃烧温度的降低提供热补偿，风温越高，补偿热越多，越有利于喷吹量的增大和喷吹效果的发挥，从而有利于焦比的降低。高风温和喷吹燃料的合力所产生的节焦、顺行作用更显著。

9.4.5 高风温与炉况顺行的关系

在一定冶炼条件下，当风温超过某一限度后，高炉顺行将被破坏，其原因如下：

（1）风温过度提高后，炉缸煤气体积因风口前理论燃烧温度的提高，炉缸温度得以提高而膨胀，煤气流速增大，从而导致炉内下部压差升高，不利顺行。

（2）炉缸SiO挥发使料柱透气性恶化。理论研究表明，当风口前燃烧温度超过1970℃时，焦炭灰分中的SiO_2将大量还原为SiO，它随煤气上升，在炉腹以上温度较低部位重新凝结为细小颗粒的SiO_2和SiO，并沉积于炉料的空隙之间，致使料柱透气性严重恶化，高炉不顺，易发生崩料或悬料。

为避免以上不良影响，一方面，应改善料柱透气性，如加强整粒，筛除粉料，改善炉料的高温冶金性能以及改善造渣制度减少渣量等；另一方面，在提高风温的同时增加喷吹量或加湿鼓风等，防止炉缸温度过高，保持炉况顺行。

9.4.6 高炉接受高风温的条件

凡是能降低炉缸燃烧温度和改善料柱透气性的措施，都有利于高炉接受高风温。

（1）搞好精料：精料是高炉接受高风温的基本条件。只有原料强度好，粒度组成均匀，粉末少，才能在高温条件下保持顺行，高炉更易接受高风温。

（2）喷吹燃料：喷吹的燃料在风口前燃烧时分解、吸热，使理论燃烧温度降低，高炉容易接受高风温。为了维持风口燃烧区域具有足够的温度，需要提高风温进行补偿。

（3）加湿鼓风：加湿鼓风时，因水分解吸热要降低理论燃烧温度，相应提高风温进行热补偿。

$$H_2O \longrightarrow H_2 + 1/2O_2 \quad -240000\ kJ(即13000\ kJ/kg)$$

（4）搞好上下部调剂，只有在保证高炉顺行的情况下才可提高风温。

9.5　喷吹燃料

高炉喷吹燃料是20世纪60年代初期发展起来的一项新技术。高炉喷吹燃料是指从风口向高炉喷吹煤粉、重油、天然气、裂化气等各种燃料。

我国从20世纪60年代初就开始喷煤、喷油。由于喷油工艺比较简单，投资少，到70年代已比较普遍。1971年全国重点企业的吨铁喷油量已达到62.6 kg，1975年喷油高炉已占重点企业高炉总数的2/3。由于重油是国家的高级能源和重要的外汇物资，1977年后，随着重油供应量的减少，喷吹重油高炉逐渐减少，到1981年下半年，全国高炉喷吹近乎全部用煤粉代替了。

目前世界上约有90%以上的生铁是由喷吹燃料的高炉冶炼的。

9.5.1　喷吹燃料对高炉冶炼的影响

9.5.1.1　炉缸煤气量和鼓风动能增加，中心气流发展

煤粉含碳氢化合物远高于焦炭。无烟煤挥发分8%～10%，烟煤30%左右，而焦炭一般1.5%。碳氢化合物在风口前气化产生大量氢气，使煤气体积增大。表9-2为风口前每千克燃料产生的煤气体积，燃料中H/C比越高，增加的煤气量越多，其中天然气H/C最高，煤气量增加由多到少依次为重油、烟煤，无烟煤最低。

表9-2　风口前每千克燃料产生的煤气体积

燃　料	H/C	$V(CO)/m^3$	$V(H_2)/m^3$	还原气体总和		$V(N_2)/m^3$	煤气量/m^3	$\varphi(CO)+\varphi(H_2)/\%$
				V/m^3	$\varphi/\%$			
焦　炭	0.002～0.005	1.553	0.055	1.608	100	2.92	4.528	35.50
无烟煤	0.02～0.03	1.408	0.41	1.818	113	2.64	4.458	40.80
鞍钢用烟煤	0.08～0.10	1.399	0.659	2.056	128	2.66	4.716	43.65
重　油	0.11～0.13	1.608	1.29	2.898	180	3.02	5.918	49.00
天然气	0.30～0.33	1.370	2.78	4.150	258	2.58	6.73	61.90

从煤枪喷出的煤粉在风口前和风口内就开始了脱气分解和燃烧，在入炉之前燃烧产物与高温的热风形成混合气流，它的流速和动能远大于全焦冶炼时风速或鼓风动能，促使燃烧带移向中心。又由于氢的黏度和密度小，扩散能力远大于CO，无疑也使燃烧带向中心扩展。随着喷煤量提高，应适当扩大风口面积，降低鼓风动能。

近几年在一些大喷煤量的高炉上出现了相反的情况。随着喷煤量增加超过180 kg/t以后，边缘气流也增加，这时则应缩小风口面积。

9.5.1.2　间接还原反应改善，直接还原反应降低

高炉喷吹燃料时，煤气还原性成分（CO、H_2）含量增加，N_2含量降低。特别是氢浓度增加，煤气黏度减小，扩散速度和反应速度加快，将会促进间接还原反应发展。喷吹燃料后单位生铁炉料容积减少，炉料在炉内停留时间增长，也改善了间接还原反应。又由于焦比降低，减少了焦炭与CO_2的反应面积，也降低了直接还原反应速度。

9.5.1.3 理论燃烧温度降低,中心温度升高

高炉喷吹燃料后,由于煤气量增多,用于加热燃烧产物的热量相应增加。又由于喷吹物加热、水分解及碳氢化合裂化耗热,使理论燃烧温度降低。各种喷吹物分解热相差很大,喷吹天然气理论燃烧温度降低最多,依次为重油、烟煤,无烟煤降低最少。

根据实践经验,随着喷煤量增加,发展中心气流,这样中心温度必然升高,又由于还原性气体浓度增加,上部间接还原性改善,下部约 1/3 氢代替碳参加直接还原反应,减轻了炉缸热耗。这些都有利于提高炉缸中心温度。

高炉喷吹燃料后,$t_{理}$ 降低,为保持正常的炉缸热状态,这就要求进行热补偿,将 $t_{理}$ 控制在适宜的水平。高炉的 $t_{理}$ 的合适范围,下限应保证渣铁熔化,燃烧完全;上限应不引起高炉失常,一般认为合适值为 2200~2300℃。补偿方法可采用提高风温、降低鼓风湿分和富氧鼓风等措施。如以提高风温进行热补偿,可根据热平衡,求出补偿温度。

$$V_{风} \cdot c_{P风} \cdot t = Q_{分} + Q_{1500} \tag{9-4}$$

式中 t——喷吹煤粉时需补偿的热风温度,℃;

$V_{风}$——风量,m^3/t;

$c_{P风}$——热风在温度 $t_{风}$ 时的比热容,kJ/(m^3 · ℃);

$Q_{分}$——煤粉的分解热,kJ/kg(或 m^3);

Q_{1500}——煤粉升温到 1500℃时所需的物理热,kJ/kg;

$Q_{分}$ 的计算方法:

$$Q_{分} = 33411w(C) + 12109w(H) + 9261w(S) - Q_{低} \tag{9-5}$$

式中,元素符号 H、C、S 是煤粉的化学组成,单位为 kg/kg。元素前面的系数是完全燃烧时产生的热量。$Q_{低}$ 为煤粉的低发热值,kJ/kg。

Q_{1500}的计算方法:

$$Q_{1500} = \sum c_{Pi} \Delta t w(i) \tag{9-6}$$

式中 Δt——温度变化范围,℃;

$w(i)$——单位煤粉中各组分含量,kg/kg;

c_{Pi}——各组分在 Δt 时的平均比热容,kJ/(kg · ℃)。

表 9-3 列出了重油、煤粉的比热容。

表 9-3 喷吹燃料的比热容 kJ/(kg · ℃)

温度范围/℃	1~100	100~325	325~1500
重　油	2.09	2.81	1.26
温度范围/℃	0~500	500~800	800~1500
煤　粉	1.00	1.26	1.51

9.5.1.4 料柱阻损增加,压差升高

高炉喷煤使单位生铁的焦炭消耗量大幅度降低,料柱中矿焦比增大,使料柱透气性变差;喷吹量较大时,炉内未燃煤粉增加,恶化炉料和软熔带透气性;又由于煤气量增加,流速加快,阻力也要加大。综合上述因素,高炉喷煤后压差总是升高的。但同时由于焦炭量减少,炉料重量增加,有利于炉料下降,允许适当提高压差操作。

9.5.1.5　顶温升高

炉顶温度与单位生铁的煤气量有关，而煤气量变化又与置换比有关。置换比高时产生的煤气量相对较少，炉顶温度上升则少，反之，置换比低时，炉顶温度上升则多。喷吹之初，喷吹量少时，效果明显，置换比较高，炉顶温度有下降的可能。

9.5.1.6　热滞后现象

增加喷煤量调节炉温时，初期煤粉在炉缸分解吸热，使炉缸温度降低，直至新增加煤粉量燃烧所产生的热量的蓄积和它带来的煤气量和还原性气体浓度的改变，改善了矿石的加热和还原的炉料下到炉缸后，才开始提高炉缸温度，此过程所经过的时间称为热滞后时间。喷煤量减少时与增加喷煤量时相反。所以用改变喷煤量调节炉温，不如改变风温直接迅速。

热滞后时间与喷吹燃料种类和冶炼周期有关。喷吹物含 H_2 越多，在风口前分解耗热越多，则热滞后时间越长。重油比烟煤时间长，烟煤比无烟煤时间长，一般为2.5～3.5 h。

9.5.1.7　喷吹对生铁质量的作用

喷吹后生铁质量普遍提高，生铁含[S]量下降，含[Si]量更稳定，允许适当降低[Si]含量，而铁水的温度却不下降。炉渣的脱硫效率 L_S 提高。因此，更适于冶炼低[S]、低[S]生铁。其原因是：

（1）炉缸活跃，炉缸中心温度提高，炉缸内温度趋于均匀，渣、铁水的物理温度有所提高，这些均有助于提高炉渣的脱硫能力。

（2）喷油时其含S低于焦炭，降低了硫负荷。

（3）还原情况改善，减轻了炉缸工作负荷，渣中（FeO）比较低，有利于 L_S 的提高。

9.5.2　喷吹量与置换比

喷吹量增加到一定限度时，焦比降低的幅度会大大减小。喷吹效果如何，通常看喷吹物对焦炭的置换比（也称替换比），置换比高，喷吹效果就好。

喷吹单位质量或单位体积的燃料在高炉内所能代替的焦炭的数量称为置换比，即：

$$\text{置换比} = \frac{\text{取代焦炭量}}{\text{喷吹燃料量}} = \frac{K_0 - K}{Q} \tag{9-7}$$

式中　K_0，K——喷吹前、后焦比，kg/t；

　　Q——喷吹燃料量，kg/t。

置换比与喷吹燃料的种类、数量、质量、煤粉粒度、重油雾化、天然气裂化程度、风温水平以及鼓风含氧等有关，并随着冶炼条件和喷吹制度的变化而有不同。据统计，通常喷吹燃料置换比煤粉0.7～1.0 kg/kg，重油1.0～1.35 kg/kg，天然气0.5～0.7 kg/m^3，焦炉煤气0.4～0.5 kg/m^3。

喷吹燃料只能代替焦炭的发热剂和还原剂的作用，代替不了炉料的骨架作用。

喷吹燃料是以提高置换比为主，而对降低生铁综合燃料比的作用较小。

决定喷吹量大小的因素有经济的和技术的两个方面。从经济方面看，当喷吹物的成本与节省的焦炭成本相等时，即为极限喷吹量。从技术方面看，首先要看喷吹燃料的燃烧是否完全，燃烧率是否降低。如果喷入的燃料不能在风口前完全燃烧，固体炭粒（炭黑）会被上升的煤气流带出回旋区，至成渣带时被黏附在初渣中，大大增加了初成渣的黏度，恶化料柱透气性，使高炉不顺行。而且有部分炭粒被带出炉外浪费掉。

提高喷吹量的有效措施：

(1) 煤粉细磨,缩小粒度;重油要改善雾化程度,加强喷吹燃料与鼓风的混合。

(2) 采用多风口均匀喷吹,减少每个风口的喷吹量,配合富氧鼓风,改善燃烧状况。

(3) 保证一定的燃烧温度,尽量提高风温,提高风口前的理论燃烧温度。

(4) 配合高压操作,加强原料整粒工作,改善料柱透气性等。

9.5.3 喷吹高炉的操作特点

喷吹燃料后,高炉上部气流不稳定,下部炉缸中心气流发展,容易形成边缘堆积。为此要相应进行上下部调剂。

(1) 上部调剂。上部调剂主要方向是适当地发展边缘,保持煤气流稳定,合理分布。常用的措施是扩大矿石批重和调剂矿、焦的布料参数,即 $\alpha_{焦} > \alpha_{矿}$。

(2) 下部调剂。下部调剂主要是全面活跃炉缸,保证炉缸工作均匀,抑制中心气流发展。为此,喷吹燃料后以扩大风口直径为主,适当缩短风口长度。一般认为大高炉每增加喷吹量 10 kg/t,风口面积相应扩大 2% ~3% 。

(3) 调剂喷吹量以控制炉温。喷吹燃料后很多厂已停止加湿并固定风温,而采用调剂喷吹量以控制炉温。在焦炭负荷不变条件下,增加喷吹燃料数量,也就是改变燃料的全负荷,必然会影响炉温;同时,由于喷吹燃料中碳氢化合物的燃烧,消耗风中氧量,使单位时间内燃烧焦炭数量减少,下料速度随之减慢,起着减风的作用。相反,减少喷吹物时,既减少了热源,又增快了料速,因而影响是双重的。

但是,由于热滞后现象,以及喷吹物分解吸热和煤气量增加等原因,在增加喷吹物的初期,炉缸先“凉”后热。所以在调剂时要分清炉温是向凉还是已凉,向热还是已热,如果炉缸已凉而增加喷吹物,或者炉缸已热而减少喷吹物,则达不到调剂的目的,甚至还造成严重后果。此外在开喷和停喷变料时,要考虑先凉后热的特点,即在开始喷吹燃料前,减负荷 2 ~3 h,之后分几次恢复正常负荷,当轻负荷料下达风口后,炉温上升便开始喷吹。停喷时则与此相反。

(4) 提高煤粉利用率。煤粉通过喷吹进入高炉后一部分在风口前燃烧,另一部分未燃煤粉参加碳的气化反应和生铁渗碳时被有效利用,而混在渣中的和随煤气逸出炉外这些未被利用。总的来说采用高风温、低湿分和一定的富氧等常规操作,可以满足大喷煤时煤粉燃烧和热补偿的需要。高的富氧率对促进风口前煤粉燃烧和减少炉尘吹出量是有利的。采用高风速和高鼓风动能,在布料上采用疏松中心、适当抑制边缘气流的措施,形成合理的煤气流分布,能够减少未燃煤粉吹出的数量。

9.6 富氧与综合鼓风

9.6.1 富氧鼓风

空气中的氮对燃烧反应和还原反应都不起作用,它降低煤气中 CO 的浓度,使还原反应速度降低,同时也降低燃烧速度。因为氮气存在,煤气体积很大,对料柱的浮力增大。降低鼓风中的氮量,提高含氧量就是富氧鼓风。

根据资料,每富氧 1% ,可减少煤气量 4% ~5% ,增产 4% ~5% ,并能提高风口前理论燃烧温度 46℃,每吨铁可相应增加 9 kg 重油或 8 m^3 天然气或增加煤粉喷吹量 15 kg。这是当前强化高炉的重要手段。

9.6.1.1　氧气的加入与富氧率的表示方法

将工业用氧气通过管道从冷风管的流量孔板与放风阀之间加入，与冷风一起进入热风炉，再进入高炉，见图9-3。因此，1 m^3 鼓风中应有如下成分（体积）：湿度 f；富氧率 x_{O_2}；干风 $1-f-x_{O_2}$。

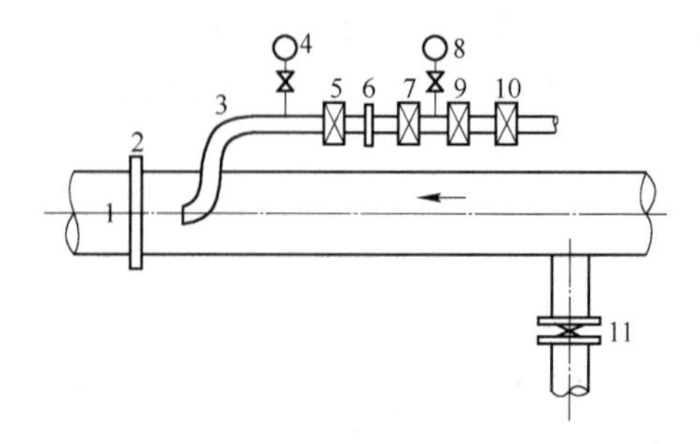

图9-3　富氧鼓风工艺流程

1—冷风管；2—流量孔板；3—氧气插入管；4，8—压力表；5—P_{25}Dg150 截止阀；6—氧化流量孔板；7—电磁快速切断阀；9—P_{40}Dg125 电动流量调节阀；10—P_{16}Dg100 截止阀；11—放风阀

由此可知1 m^3 鼓风中含氧为：

$$0.5f+x_{O_2}+0.21(1-f-x_{O_2})=0.21+0.29f+0.79x_{O_2} \tag{9-8}$$

由此，可将风量、煤气量的计算公式改写为下式：

$$V_{风}=\frac{0.933}{0.21+0.29f+0.79x_{O_2}}$$

$$V_{煤}=\frac{0.933\times(1.21+0.79f+0.79x_{O_2})}{0.21+0.29f+0.79x_{O_2}} \tag{9-9}$$

9.6.1.2　富氧鼓风对高炉冶炼的影响

（1）提高冶炼强度，增加产量：由于鼓风中含氧量增加，每吨生铁所需风量减少。若保持入炉风量（包括富氧）不变，相当于增加了风量，从而提高冶炼强度，增加了产量。若焦比有所降低，则增产更多。

$$冶炼强度增加率=0.79x_{O_2}/(0.21+0.29f)$$

（2）对煤气量的影响：富氧后风量维持不变时，即保持富氧前的风量，相当于增加了风量，因而也增加了煤气量。煤气量的增加与焦比和富氧率等因素有关。在焦比和直接还原度不变的情况下，富氧后煤气量略有增加，煤气压差也略有上升。但是实际上富氧后一般焦比略有降低，影响煤气量的因素有增有减，最终结果，可认为变化不大。但是，就单位生铁而言，由于风中氮量减少，故煤气量是减少的。因此富氧鼓风在产量不变时，压差是降低的。富氧鼓风并没有为高炉开辟新的热源，但可以节省热量支出。

（3）理论燃烧温度升高：因为单位生铁的燃烧产物体积减少，$t_{理}$ 升高，计算表明，富氧率1%时，约提高理论燃烧温度30℃。由于 $t_{理}$ 的提高，就成为限制高炉富氧率提高的原因之一。因为 $t_{理}$ 过高会引起SiO的大量挥发不利于顺行。通常富氧率只到3%～4%。富氧送风后能使热量集中炉缸，有利于提高渣铁的温度和冶炼高温生铁。富氧和喷吹燃料结合，能克服喷吹燃料时炉缸冷化问题，为大喷吹创造了条件。

（4）增加煤气中CO量，促进间接还原：富氧鼓风后改变了煤气中CO和 N_2 的比例，N_2 量减少，CO量升高，有利于发展间接还原。当富氧和喷吹燃料结合时，炉缸煤气中CO和 N_2 量增加，对间接还原更为有利。

（5）炉顶煤气温度降低：富氧后单位生铁煤气量减少，高温区下移，上部热交换区显著扩大，使炉顶煤气温度降低。这个影响与喷吹燃料所产生的影响恰恰相反。故富氧与喷吹结合，可以互补。

应当注意的是鼓风含氧量增加，单位生铁所需风量减少，鼓风带入的热量也减少，将使热量收入降低。所以说富氧鼓风并没有给高炉开辟新的热源。这点是与提高风温有本质区别的。因此认为采用富氧后可以忽视高风温的作用是不正确的。

9.6.2　综合鼓风

在鼓风中实行喷吹燃料同富氧和高风温相结合的方法，统称为综合鼓风。喷吹燃料煤气量增大，炉缸温度可能降低，因而增加喷吹量受到限制，而富氧鼓风和高风温既可提高理论燃烧温度，又能减少炉缸煤气生成量。若单纯提高风温或富氧又会使炉缸温度梯度增大，炉缸（燃烧焦点）温度超过一定界限，将有大量 SiO 挥发，导致难行，悬料。若配合喷吹就可避免，它们是相辅相成的。实践证明，采用综合鼓风，可有效地强化高炉冶炼，明显改善喷吹效果，大幅度降低焦比和燃料比，综合鼓风是获得高产、稳产的有效途径。

表 9–4 是富氧和喷煤对冶炼过程的影响。

表 9–4　高炉富氧喷煤冶炼特征

喷吹方式	富氧鼓风	喷吹煤粉	富氧喷煤
炭素燃烧	加　快	—	加　快
理论燃烧温度	升　高	降　低	互　补
燃烧 1 kgC 的煤气量	减　少	增　加	互　补
未燃煤粉	—	较　多	减　少
炉内高温区	下　移	—	基本不变
炉顶温度	降　低	升　高	互　补
间接还原	基本不变	发　展	发　展
焦　比	基本不变	降　低	降　低
产　量	增　加	基本不变	增　加

9.7　加湿与脱湿鼓风

在冷风总管加入一定量的水蒸气经热风炉送入高炉即为加湿鼓风。加湿鼓风也是强化高炉冶炼的措施之一。加入的水蒸气（H_2O）在风口前有以下反应：

$$H_2O \longrightarrow H_2 + 1/2O_2 \tag{9-10}$$

$$H_2O + C \longrightarrow CO + H_2 \tag{9-11}$$

加湿鼓风能提高鼓风中的含氧量，同时富化了煤气，增加了还原性气体 CO 和 H_2。但因水分分解时吸热会引起理论燃烧温度降低，常用提高热风温度来补偿。随着喷吹燃料技术发展起来后，加湿鼓风逐渐被淘汰。只是在不喷吹的高炉上，为有效提高热风温度，稳定炉况，增加产量，加湿鼓风仍不失为方便而有用的调剂手段，即固定最高风温，调节湿度。使用的湿度范围应是大气湿度加调剂量。

对喷吹燃料的高炉则应固定高风温调剂煤粉喷吹量，而不需加入蒸汽。

尽管不加湿鼓风，鼓风中的自然湿度仍然存在，仍然会因其波动使炉况不稳定，还要抵消风温的作用，有碍喷吹效果。近年来提出脱去鼓风中的湿分，使其绝对含水量稳定在很低的水平。脱湿鼓风可减少风口前水分的分解，提高理论燃烧温度。据计算，每脱除鼓风湿度 10 g/m^3，相当于提高风温 60～70℃，降低焦比 8～10 kg。脱湿鼓风能使高炉产量提高 4%～5%，生铁成本降低。增加脱湿设备的投资可在一年至一年半时间全部回收。

9.8 低硅生铁的冶炼

冶炼低硅生铁是增铁节焦的一项技术措施。炼钢采用低硅铁水，可减少渣量和铁耗，缩短冶炼时间，获得显著经济效益。近 20 年来，国内外高炉冶炼低硅铁，每降低[Si]含量 0.1% 可降低焦比 4～7 kg/t。

目前，日本生铁含硅量已降到 0.2%～0.3%，名古屋 3 号高炉（3424 m^3）在 1985 年生铁含[Si]量就降到 0.12%。在国内，由于受原燃料条件、高炉操作水平等因素的综合影响，大高炉的生铁含硅平均在 0.4% 左右，有的甚至在 0.5% 左右。近年来，我国以杭钢、宝钢等企业为代表的低硅操作水平较高，其中杭钢低硅冶炼曾达到 0.2% 的水平，宝钢生铁含硅稳定保持在 0.26%～0.35% 左右。

9.8.1 硅在高炉内的还原机理

根据国内外研究，控制高炉生铁含硅量主要考虑三个方面的情况：一是控制硅源，设法减少从 SiO_2 中挥发的 SiO 量以降低生铁的含硅量，控制渣中 SiO_2 的活度，降低风口前的燃烧温度和提高炉渣的碱度。二是控制滴落带高度，因为生铁中的硅量是通过上升的 SiO 气体与滴落带铁水中的[C]作用而还原的。降低滴落带高度可减少铁水中[C]与 SiO 接触机会，故有利于低硅铁冶炼。三是增加炉缸中的氧化性，促进铁水脱硅反应，有利于降低生铁含硅量。

硅在高炉中主要存在以下反应：焦炭灰分中和炉渣中的 SiO_2 在高温下气化为 SiO，由于灰分中 SiO_2 的条件优于炉渣，故先气化：

$$SiO_2(\text{灰分中,渣中}) + C = SiO_{\text{气}} + CO \quad (9\text{-}12)$$

$$SiO + [C] = [Si] + CO \quad (9\text{-}13)$$

或

$$SiO_2 + 2C = [Si] + 2CO \quad (9\text{-}14)$$

渣中的 MnO、FeO 等通过下列反应可消耗铁水中的[Si]，因而降低生铁含硅量。

$$[Si] + 2(MnO) = 2[Mn] + SiO_2 \quad (9\text{-}15)$$

$$[Si] + 2(FeO) \longrightarrow 2[Fe] + SiO_2 \quad (9\text{-}16)$$

根据国内风口、渣口及铁口三个水平面的渣铁取样结果发现，铁水中[Si]含量在风口水平面处达到最高，故可以这样来划分：在风口水平面以上，主要是硅的还原，铁水[Si]含量不断升高的过程，因此称为硅的还原区。铁水吸硅区又称做增硅区；在风口水平面以下，由于各种氧化作用的结果，铁水[Si]含量不断减少，是一个脱硅过程，因此可以称做硅的氧化区。铁水脱硅区又称做降硅区。

9.8.2 降低铁水硅含量的原理

9.8.2.1 炉温的准确概念

我国高炉工作者衡量铁水温度的高低即炉温的标志，有两种表示方法：

化学热：铁水中除含 Fe 以外，一般还含有五大元素，即 C、Si、Mn、P、S。人们常以 Si 含量的高低来衡量铁水温度的高低，并确定其为炉缸热制度的主要参数。

物理热:常以铁水实际温度来衡量炉温,习惯上称为铁水物理热。有的高炉采用连续测温仪检测,有的高炉采用快速测温头或红外测温仪测试。一般采用物理热表示炉温状态更为合理。

9.8.2.2 铁水降[Si]理论分析

要控制铁水[Si]含量,可从以下三个方面进行分析:

(1)控制硅源。硅经过迁移而进入铁水是以滴落带的SiO为媒介而进行的,SiO来源于焦炭、煤粉灰分与从矿石脉石进入炉渣中的SiO_2。要尽量减少炉料带入的SiO_2,首先要降低焦炭和煤的灰分。当炉料品种一定时,只有控制SiO的挥发量才能控制铁水硅含量。高炉冶炼过程属于高温冶金过程,从化学反应平衡的观点分析,当温度提高时,SiO挥发量增多,因此风口前理论燃烧温度不能过高,而对炉内压力的控制则相反。

(2)控制铁水吸硅量。为了冶炼低硅铁,当冶炼与原料条件一定时,要尽量减少铁水吸硅量,由于铁水吸硅是在滴落带,下滴铁液中的[C]与随煤气上升的SiO之间进行。因此,软熔带到渣面之间的距离(滴落带高度)的控制也是必要的。而软熔带的位置,在一定条件下是由炉料结构、送风参数等来确定,所以铁水吸硅量与炉料结构、软熔带高度和煤气流分布有关。

(3)增加炉缸的脱硅反应。风口中心线以上区域铁水的含[Si]量远远高于炉缸沉积的铁水,说明在风口中心线以下,存在硅的氧化反应过程,即大部分铁中的硅在风口以下又被氧化进入炉渣。降低炉渣中SiO_2的活度,将更有利于促进脱硅反应的进行。因此,控制好炉渣碱度和成分就成为脱硅的重要因素。

9.8.3 冶炼低硅生铁的措施

(1)选择合适的炉渣碱度。根据实践经验,炉渣二元碱度在1.15~1.2之间。国内外冶炼低硅生铁高炉的二元和三元碱度如表9-5所示。

表9-5 冶炼低硅生铁时的炉渣碱度

厂名 \ 成分	$w(Si)/\%$	$w(CaO)/w(SiO_2)$	$(w(CaO)+w(MgO))/w(SiO_2)$	$w(MgO)/\%$
杭钢	0.21	1.15~1.20	1.45~1.60	10.4~14.85
首钢	0.29	1.06	1.37	~11.0
马钢	0.40	1.09	1.42	10.76
唐钢	0.29	1.04	1.51	15~16
日本水岛2号炉	0.17~0.31	1.23	1.45	7.6
瑞典SSAB	0.27~0.31	0.97	1.54	16.3
日本福山3号炉	0.27	1.28		7.3

(2)依靠良好高温冶金性能的原料降低软熔带和滴落带位置。

(3)采用较大的矿批,控制边缘与疏松中心的装料制度。

(4)稳定的炉料成分,改善焦炭质量,加强原料的混匀、过筛与分级是冶炼低硅铁的可靠基础。

(5)适当增加渣中(MgO)含量,渣中MgO可降低炉渣SiO_2活度。

(6)保持较高而合理的鼓风动能。

(7)精心操作。

9.9　高寿命炉衬

近年来,高炉长寿的问题越来越受到重视,大量强化措施和新技术使高炉生产能力提高,与此同时,高炉寿命缩短。高炉一代寿命多取决于炉身的寿命。炉身破损到一定程度就必须大修或改建,即为一代炉龄。

延长高炉寿命的措施主要有:

(1) 合理的高炉设计,改善耐火材料材质。炭砖具有高导热性、高抗渗透性、抗化学侵蚀、气孔率低、孔径小等特点。日本、欧洲、北美等在高炉长寿方面取得了突出成绩,开发和研制了新型优质炭砖。如日本开发的微孔炭砖(BC-7S)、超微孔炭砖(BC-8SRJ),美国开发的热压小块炭砖(NMA)和热压半石墨炭砖(NMD)等,在高炉上应用都取得了长寿的效果。以法国为代表的西欧国家,在炉缸内衬设计中,还开发了"陶瓷杯"技术,即在高导热炭砖的内侧,砌筑一个陶瓷质的杯状内衬,以保护炭砖免受铁水渗透、冲刷、热应力和化学侵蚀,以进一步延长高炉寿命。我国近年在中小高炉上大量推广自焙炭砖技术。武汉钢铁设计研究总院开发、武彭公司生产的微孔模压小块炭砖在杭钢和昆钢的高炉上得到应用。

炉身下部与炉腹采用氮化硅与碳化硅砖。90 年代开始试用新开发的高铝炭砖高炉内衬。

(2) 改善冷却方式。当前总的发展趋势是强化冷却,有的高炉曾采用汽化冷却,但效果不够理想,有待研究。首钢、太钢等厂采用软水密闭循环冷却技术,使用软化水强制循环冷却,防止结垢而损坏冷却壁与冷却板,效果较好。

(3) 改变冷却器的材质与结构。使用铁素体球墨铸铁冷却壁或铜冷却板;改变冷却壁间的铁屑填料为炭素耐火材料;采用可锻铸铁镶入碳化硅氮化硅砖;改善四个角等部位的冷却;用双层水管;在 Γ 型与鼻形冷却壁的凸缘部位另设水管等。

(4) 调节布料与煤气流分布,防止冷却壁损坏,也起到延长炉衬寿命的作用。例如日本使用的炉料分布控制技术:当冷却壁温度升高一定程度时即用细粒炉料压制边缘,发展中心。

(5) 采用喷补技术,如喷浆与灌浆技术的应用,可延长寿命几个月至两年。有的高炉在炉喉与炉身上部采用光面冷却壁,可保持炉壁的光滑,免除喷补。

(6) 炉缸、炉底用钛化物护炉。近年来,我国高炉有采用含钛物料补炉和护炉的,对延长炉底和炉缸寿命有明显效果。这种方法既可在炉底和炉缸侵蚀比较严重时使用,也可供正常生产的大型高炉与强化操作的高炉使用。据国外经验,配加钒钛矿,按每吨铁配 TiO_2 量在 10 ~ 15 kg,能起保护炉缸的作用。湘钢、武钢、首钢、本钢等近年来采用钒钛矿护炉均取得明显效果。

9.10　高炉节能

钢铁工业是高能耗工业,炼铁系统(焦化、烧结、球团、炼铁等工序的总称)直接消耗的能源占钢铁生产总能耗的一半以上。

9.10.1　炼铁工序的能源结构

我国炼铁系统每吨铁的能耗较高(1 t 铁 1000 kg 标准煤)。高炉能耗由燃料消耗(包括热风炉消耗的煤气)及动力消耗组成。高炉冶炼过程中还能回收相当数量的二次能源——高炉煤气,它在钢铁联合企业能源结构中占有一定比例。目前仍应把重点放在降低燃料上,但对动力消耗及回收二次能源应给予足够重视。图 9-4 为炼铁系统示意图。

就整体而言,国内一些厂能量回收的项目还很少,回收的程度还较低。有些能量的回收已有成熟的方法,但尚未推广;有些至今还没有成熟的经验,亟待试验研究。

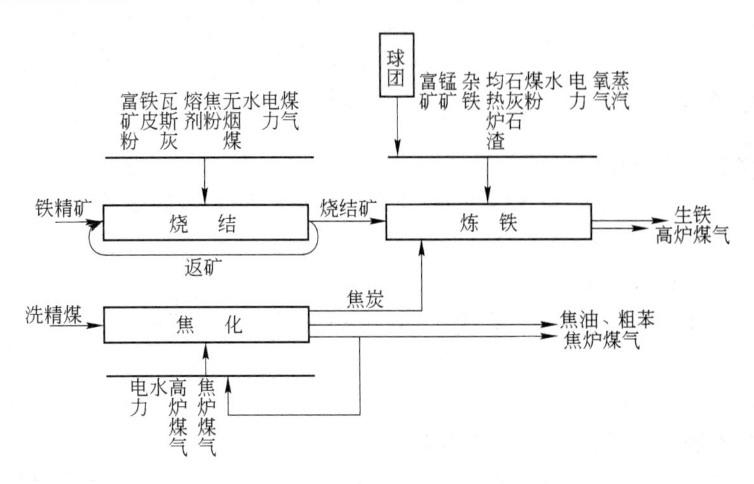

图 9-4 炼铁系统示意图

9.10.2 高炉节能的主要方向

燃料比约占高炉总能耗的 75%。所以在大力降低焦比的同时尽量降低燃料比是炼铁部门最重要的目标之一。

为提高热风炉效率,减少煤气消耗,应改进热风炉设备,预热煤气及助燃空气,取消保留的风温,采用干法除尘,脱湿煤气,冷风管道保温等。

节省动力消耗:高炉鼓风占动力消耗的 60% ~70%,我国高炉的风耗高,主要原因是风机不配套,调节性能差,放风多,管道阀门漏风多。

加强二次能源回收:炉顶余压发电,对高压操作的高炉用煤气透平回收煤气的机械能。日本 60% 以上的高炉采用余压发电,发电量相当鼓风机耗电的 30% 左右。

我国已明确提出,1000 m^3 以上高炉均应采用高压操作和煤气余压发电技术。

回收热风炉烟道废气的余热,用来预热热风炉用的煤气和助燃空气,加热蒸汽锅炉或干燥煤粉等。

回收放散的煤气:我国高炉实际煤气放散率高达 10% 以上,有的中小高炉更高。将发散的煤气回收用来燃烧发电称煤气余热发电。

铁水显热利用:将铁水直接铸成成品,可免去二次熔化耗热,可降低铸件成本 8% ~12%。

炉渣显热利用:炉渣温度高,数量大,如何有效回收其显热及其综合利用,是目前国内外正在积极研究的课题之一。当前有采用循环空气吸收或循环水吸收的办法。具体方法有风淬法、水淬法、冲水渣的水回收取暖法等。

冷却水落差发电:日本川崎某高炉冷却水量达 900 t/h,年发电量达 35×10^4 kW · h,可供 150 户用电。我国马钢 300 m^3 高炉冷却水用量 600 ~700 t/h,落差 7 m,每天发电大于 100 kW · h,可供本高炉系统的照明用电。

9.11 冶炼新技术

在精料水平不断提高的条件下,目前高炉向大型化、高效化、自动化发展,同时由于炉内控制技术、高风温,综合喷吹、超高压操作,电子计算机等技术的广泛采用,促使高炉炼铁技术发展到一个较高的水平。许多高炉年平均利用系数达到 3 t/(m^3 · d) 以上,焦比低于 350 kg/t,燃料比低于 480 kg/t。近年来,4000 ~5000 m^3 级的高炉同样也达到了上述指标,这一点,更引起了炼铁界的重视。

9.11.1 高炉大型化

大型高炉结构与设备特点：

（1）高炉内型朝矮胖发展，炉容增大，直径方向增加显著，炉身高度基本不变，炉缸与炉腹高度稍有增加。

（2）多风口，多出铁口，无渣口。

（3）自立式炉体框架结构，炉缸周围无支柱，便于风门平台机械化。

（4）皮带上料。

（5）采用轴流式鼓风机，适应大风量、高风压需要。

（6）设大贮料场、机械化装卸与原料混匀。

（7）提高风温，采用外燃式热风炉、顶燃式热风炉和陶瓷燃料器，风温可达 1250～1350℃。

（8）使用带炉喉导料板钟阀式或无料钟炉顶装料设备。

（9）出铁场机械化与防尘措施。

（10）改进炉衬。炭砖炉底，炉缸与炉腹、炉身下部砌高铝砖或碳化硅砖，炉壁与炉底向薄壁发展。

（11）炉体冷却多采用冷却壁，炉底采用水冷或空冷，风口用倾斜高流速水冷。

（12）除炉顶、炉身大量采用检测仪表，装料和热风炉操作采用微机控制以外，使用过程控制、数学模型与计算机，实行人机对话，预报悬料与控制操作。

9.11.2 炉料分布控制技术

我国高炉采用上下部调剂（早期）与大料批正分装（近期）的炉料分布控制技术，取得了较好效果。1977 年武钢 3 号高炉采用大料批，1978 年 6 月采用分散，煤气利用显著提高（$\varphi(CO_2)$在 18% 以上），1979 年推广后，首钢、梅山、本钢、鞍钢、杭钢等先进高炉均已采用，取得了增产节焦，稳定炉况等效果。80 年代开始到现在，高炉普遍采用无钟炉顶，由于布料灵活，炉况稳定，煤气利用得到明显改善。随着研究的深入，新日铁开发了布料控制模型，它能把炉料布入高炉内形成的料面形状和径向矿焦比分布、料层中煤气分布预报出来，从而指导高炉在实际生产中找出所需要的装入方法和布料制度，维持合理的煤气分布。室兰 1 号高炉应用此模型后，提高了炉料的顺行和煤气利用率，使焦比降低了 5 kg/t。

9.11.3 脱湿鼓风

脱湿鼓风对生产有如下好处：

（1）减少风口水分的分解热，可提高风口理论温度。每标准立方米鼓风脱除 10g 湿分相当于提高风温 60～70℃（前者为热平衡数据，后者为风口区影响数据），焦比降低 10～8 kg/t。提高风温有利于改善喷吹效果或增加喷吹量。脱湿鼓风使高炉产量提高 4%～5%，生铁成本降低，鼓风脱湿设施投资可在一年至一年半全部回收。

（2）减少鼓风湿分波动、稳定炉况、降低铁水含硅。

脱湿鼓风设施目前有干式、湿式、热交换器式和冷冻式四种：

1）干式脱湿：采用结晶 LiCl 石棉纸，过滤鼓风空气中的水分，吸附水分生成 $LiCl \cdot 2H_2O$，然后再将滤纸加热至 140℃以上，使 $LiCl \cdot 2H_2O$ 分解脱水，LiCl 再生循环使用。转筒转速为15 r/h，回转时间约需 30 min。这种干式脱湿法每标准立方米鼓风平均脱湿量可达 7 g。

2）湿法脱湿鼓风：采用质量分数为40% LiCl 溶液，吸收经冷却的水分，LiCl 溶液被稀释；然后再送至再生塔，通蒸汽加热 LiCl 的稀释液，脱水再生。湿法每标准立方米鼓风平均脱湿量可达5 g。

3）冷冻和热交换法：采用冷冻法分离鼓风中水分。

9.11.4 二次能源的回收和利用

9.11.4.1 余压发电

高炉采用炉顶煤气余压发电，是钢铁工业节能的一大成就，钢铁厂所有高炉如采用此项技术，可使全厂用电节省5%。

高炉炉顶煤气剩余压力较高，利用其压力能驱动透平发电，是回收煤气压力能的好办法。

炉顶煤气余压发电机，有轴流式和径向式两种，轴流式比径向式效率高10%，发电输出功效高，但叶片直接与煤气中的炉尘和水雾冲击，易磨损，通道易堵塞，因此，要求经过透平的煤气每标准立方米含尘量不超过10 mg，炉尘颗粒应小于0.05 mm，水雾量应小于0.5%，所以应提高高炉除尘效率。

炉顶煤气余压发电与一般火力发电、水力发电相比成本低，设备简单，不需辅助燃料，一般一年半即可收回全部投资。

9.11.4.2 热风炉废气的废热利用

热风炉废气的废热利用是近几年发展起来的节能技术。其目的是用热风炉的废气预热热风炉的助燃空气以节省一部分富化煤气（一般为炼焦煤气）。有下列三种热交换器：

（1）旋转蓄热体型：预热器的主要部件为旋转的蓄热体。热风炉的废气从预热器的一侧导入，空气在另一侧与废气反向逆流引进。旋转的蓄热体交替地进行加热和冷却。废气热量传给蓄热体，蓄热体被加热后旋转至空气侧将热传给空气，这种设备的优点是效率高，缺点是不易密封，容易漏空气，而且要消耗电能。

（2）固定板型：这是一种间隔换热器，由多组固定平行板组成，它的优点是没有转动部分，无泄漏，维护简单，缺点是体积大。

（3）热媒介质循环型：这种热交换器是将热风炉废气的热量通过媒液介体（如烃基，二甲苯基）传给空气的装置。其特点是管道较细，体积较小，平面布置自由度大，交换器的压力损失小，可同时预热煤气和助燃空气，但运转费用高，热介质是易燃物质。

利用热风炉废气预热助燃空气的效果很好，每吨生铁可节约80～100 MJ 热量。热风炉的效率约提高3%～5%。热风炉的废气温度平均为250℃，空气可以预热到150～200℃。

9.11.4.3 干式煤气除尘

日本使用布袋除尘与电除尘，煤气净度可达5～10 mg/m^3，压损少（50～250 Pa），煤气温度为150℃左右，供干式顶压发电装置，出力可提高32%，燃烧热风炉可提高风温30℃。

9.11.4.4 高炉渣的废热利用

高炉熔渣含有大量热量（1t 熔渣含热量大约1600 MJ），回收这部分废热是很有意义的。主要是采用炉渣风淬法回收炉渣的显热。但熔融的高炉渣被空气急冷，在生成球状硬粒的同时还产生渣棉，同时因气冷强度不如水冷，渣粒积聚后容易黏结在一起。解决这两个问题的办法有：

（1）调节粒化空气的风速。试验表明冷却空气的风速同这两个问题有关。风速过大，渣棉产生量增加，风速过小，渣粒的飞程短，炉渣容易产生再熔结现象。适宜的风速为 60 ~ 90 m/s。

（2）渣粒在空中冷却需有一定距离的飞程，适合的距离是 15 m。

（3）渣粒碰击水冷挡板并落于振动倾斜板上，然后用风力输送运走。

（4）经固气分离器和显热回收塔回收废热。

复习思考题

9-1 高炉强化冶炼的基本途径是什么？
9-2 冶炼强度与焦比之间有何关系？
9-3 什么是精料？
9-4 精料的内容有哪些？
9-5 什么是高压操作？
9-6 高压操作所产生的效果有哪些？
9-7 高压操作有何特点？
9-8 如何进一步提高炉顶压力？
9-9 为什么说风温水平越高，提高风温的节焦效果越小？
9-10 高风温与喷吹燃料有何关系？
9-11 简述高风温对炉况顺行的影响。
9-12 如何使高炉接受高风温？
9-13 简述富氧鼓风对冶炼的影响。
9-14 什么是加湿鼓风，它对冶炼有何作用？
9-15 喷吹燃料后有哪些冶炼特点？
9-16 简述喷吹燃料后高炉应采取的措施。
9-17 什么是喷吹燃料的置换比，如何提高煤粉置换比？
9-18 低硅生铁冶炼的意义是什么？
9-19 影响高炉寿命的因素有哪些？
9-20 如何延长高炉寿命？
9-21 高炉节能有何意义？
9-22 回收高炉二次能源有哪些技术？

10　炼铁工艺计算

高炉炼铁工艺计算主要有配料计算、物料平衡和热平衡计算、现场计算等，这是确定高炉各种物料用量、选择各项生产指标和工艺参数的重要依据，也是全面、定量分析高炉冶炼过程及能量利用的一种有效方法。

10.1　配料计算

高炉配料计算的目的是在某种冶炼条件下，根据造渣制度和生铁成分的要求，计算配料中各种矿石、熔剂及焦炭的用量。一般有两种计算方法，即联合配料计算法和简易配料计算法。

联合配料计算法是根据给定各种原料的特性指数和设定的冶炼制度，列出一系列物料平衡方程式并同热平衡方程式联立解出其中的原、燃料用量等未知数。

简易配料计算法是根据冶炼条件，事先假定一些对计算结果影响不大的因素，以便简化计算过程。在用这种方法计算过程中，也同时考虑了高炉物质平衡的需要，因此也是一种较全面的配料计算方法。下面结合实例对简易配料计算法加以介绍。

10.1.1　计算的原始条件

10.1.1.1　入炉物料的化学成分

各种入炉物料的化学成分见表10-1～表10-3。为保证计算结果的正确和合理，要对原始数据进行核查和处理。

A　原料成分

因现场提供的化验成分不全面，为此应按元素在原料中的存在形态补全应有的组成，并使各组分含量之和等于100%。如矿石中其他物质（如碱金属化合物）未做化验分析，所有常规分析组分之和（包括烧损等）不等于100%，则可补加一个其他项，使总和等于100%。

烧结矿（包括球团矿，以下统称为烧结矿）中硫以FeS形态存在，因此烧结矿硫应当换算为FeS，即

$$w(\mathrm{FeS})=\frac{88}{32}\times w(\mathrm{S})$$

同理，天然矿中硫以FeS_2形态存在，$w(\mathrm{FeS_2})=\frac{120}{64}\times w(\mathrm{S})$

石灰石中硫以SO_3形态存在，$w(\mathrm{SO_3})=\frac{80}{32}\times w(\mathrm{S})$

烧结矿中锰以MnO形态存在，$w(\mathrm{MnO})=\frac{71}{55}\times w(\mathrm{Mn})$

天然矿中锰以MnO_2形态存在，$w(\mathrm{MnO_2})=\frac{87}{55}\times w(\mathrm{Mn})$

烧结矿、天然矿中以及石灰石中磷以P_2O_5形态存在，$w(\mathrm{P_2O_5})=\frac{142}{62}\times w(\mathrm{P})$

烧结矿中铁一部分以FeO、FeS形态存在，剩余部分以Fe_2O_3形态存在，

表 10-1　原料成分

(%)

原料名称	$w(TFe)$	$w(TMn)$	$w(P)$	$w(S)$	$w(Fe_2O_3)$	$w(FeO)$	$w(MnO_2)$	$w(MnO)$	$w(SiO_2)$	$w(Al_2O_3)$	$w(CaO)$	$w(MgO)$	$w(P_2O_5)$	$w(FeS)$	$w(SO_3)$	$w(CO_2)$	其他	合计
烧结矿	53.01	0.30	0.055	0.031	64.10	10.40		0.39	6.27	1.45	12.50	4.68	0.126	0.085				100.0
球团矿	62.78		0.016	0.021	70.52	17.20			8.74	0.73	1.70	1.01	0.037	0.058				100.0
混合矿	56.27	0.20	0.042	0.027	66.24	12.27		0.26	7.09	1.21	8.90	3.46	0.096	0.076				100.0
石灰石				0.003					0.59	0.50	49.6	4.90			0.01	44.40		100.0
锰矿	17.43	21.44	0.018	0.101	20.40	4.0	23.44	8.55	26.50	5.90	6.80	3.64	0.231	0.05			0.48	100.0

表 10-2　焦炭成分

(%)

固定碳	灰分(13.17)							挥发分(0.95)					有机物(1.78)			合计	全硫	$w(Fe)$	$w(H_2)_{游离}$
	$w(SiO_2)$	$w(Al_2O_3)$	$w(CaO)$	$w(MgO)$	$w(FeO)$	$w(FeS)$	其他	$w(CO_2)$	$w(CO)$	$w(CH_4)$	$w(H_2)$	$w(N_2)$	$w(H_2)$	$w(N_2)$	$w(S)$				
84.10	6.33	4.81	0.76	0.28	0.76	0.23		0.36	0.35	0.03	0.06	0.15	0.50	0.58	0.70	100.0	0.78	0.74	7.20

表 10-3　喷吹煤粉成分

(%)

$w(C)$	$w(H_2)$	$w(O_2)$	$w(H_2O)$	$w(N_2)$	$w(S)$	灰分(14.70)					合计	$w(TFe)$
						$w(SiO_2)$	$w(Al_2O_3)$	$w(CaO)$	$w(MgO)$	$w(FeO)$		
77.8	3.30	2.80	0.77	0.44	0.19	8.40	4.40	0.55	0.15	1.20	100.0	0.93

$$w(Fe_2O_3)=\frac{160}{112}\left[w(TFe)-\frac{56}{72}\times w(FeO)-\frac{56}{88}\times w(FeS)\right]$$

天然矿中铁分别以 FeO、FeS_2 及 Fe_2O_3 形态存在，

$$w(Fe_2O_3)=\frac{160}{112}\left[w(TFe)-\frac{56}{72}\times w(FeO)-\frac{56}{120}\times w(FeS_2)\right]$$

石灰石和天然矿中 CaO 和 MgO 分别以 $CaCO_3$ 和 $MgCO_3$ 形态存在，因此其中 CO_2 含量为

$$w(CO_2)=\frac{44}{56}\times w(CaO)+\frac{44}{40}\times w(MgO)$$

某些难以换算的缺项组分如 Al_2O_3，必要时可按相似矿石的含量范围进行设定。

B　燃料成分

焦炭采用干基成分，包括碳、灰分、挥发分和有机物（由 H_2、S、N_2 组成）等四大项组成，其中碳由100%减去其他三项求得。焦炭中水分为游离水，列在100%以外。焦炭灰分由 SiO_2、Al_2O_3、CaO、MgO、P_2O_5、FeS 等组成，各组分不足100%时，不足部分作“其他”处理。焦炭挥发分由 CO_2、H_2、CH_4、N_2 组成，各组分之和为100%。

煤粉常规分析有 C、H、O、N、S、灰分和 H_2O 等项，总和为100%。

10.1.1.2　冶炼条件

(1) 根据生产计划确定生铁品种及主要成分含量。以炼钢铁为例，其成分为：

元素	Fe	Si	Mn	S	P	C
含量/%	94.92	0.50	0.25	0.03	0.10	4.20

(2) 炉渣碱度：炉渣碱度根据原料条件和生铁品种确定。一般采用二元碱度 $R_2=w(CaO)/w(SiO_2)$；当炉料中 MgO 含量较高且波动大时，采用三元碱度 $R_3=(w(CaO)+w(MgO))/w(SiO_2)$，本例中取 $R_2=1.08$。

(3) 送风制度等其他冶炼条件：

风温	$t_B=950℃$
鼓风湿分	$f=1\%$ (8 g/m^3)
喷煤量	$G_{煤}=80$ kg/t
炉顶煤气温度	$t_g=200℃$
原料入炉温度	$t_P=25℃$
碎铁用量	$G_{碎}=0$

10.1.1.3　计算中需选定的数据

(1) 矿石配比：采用多种矿冶炼时，应根据矿石来源、供应情况及对炉渣性能要求选择适宜的配矿比，为计算方便按矿石配比算出混合矿的成分。本例中配矿比为2/3高碱度烧结矿和1/3酸性球团矿。

(2) 各种元素在渣、铁中的分配率：

元　素	Fe	Mn	P	S
渣中(μ)	0.003	0.30	0	0.82
铁中(η)	0.997	0.70	1.0	0.05
挥　发	—	—	—	0.13

（3）铁的直接还原度 r_d、氢的还原度 r_{H_2}、氢的利用率 η_{H_2}，可根据相似冶炼条件下的计算结果选定。本例选 $r_d = 0.47$，$r_{H_2} = 0.10$；$\eta_{H_2} = 45\%$。

（4）碳酸盐分解出的 CO_2 与 C 的反应系数，取 0.4。

（5）高炉炉尘量及成分：高炉灰的产生量与原燃料强度、粒度及冶炼强度和炉顶压力等有关，本例设炉尘量为 20 kg/t 铁，其成分如下：

成分	TFe	Fe_2O_3	FeO	SiO_2	CaO	MgO	C	Al_2O_3
含量/%	39.39	46.83	8.5	6.98	5.63	3.22	25.6	3.24

（6）外部热损失：外部热损失 Z_c 由下式计算：

$$Z_c = Z_0 / I$$

式中　Z_c——外部热损失，kJ/kg；

Z_0——冶炼强度为 1.0 t/(m³ · d) 时，1 kg 碳的热损失，kJ/kg；

I——冶炼强度，t/(m³ · d)。

Z_0 可根据炉容大小及炉衬侵蚀程度按下列数值选取：

铁种	炼钢铁	铸造铁
Z_0	1050 ~ 1465	1255 ~ 1675

本例取 $Z_0 = 1300$，$I = 1.10$，则 $Z_c = 1300/1.10 = 1181.8$ kJ/kg。

10.1.2 配料计算方法

以 1 t 铁为基准进行计算，m 为 1 t 铁各配料的用量，kg。

（1）锰矿用量的计算。据锰量平衡，在混合矿含锰量不高的情况下，每吨生铁所需的锰矿量可按下式计算：

$$m_{锰矿} = \frac{1000}{w(Mn)_{锰矿}}\left(\frac{w(Mn)_{铁}}{\eta_{Mn}} - \frac{w(Fe)_{铁}}{w(Fe)_{矿}} w(Mn)_{矿}\right)$$

式中　$m_{锰矿}$——锰矿用量，kg；

$w(Mn)_{锰矿}$，$w(Mn)_{铁}$，$w(Mn)_{矿}$——锰矿、生铁及混合矿中的锰含量，%；

$w(Fe)_{铁}$，$w(Fe)_{矿}$——生铁和混合矿的铁含量，%；

η_{Mn}——锰进入生铁的比率。

代入本例数据得：

$$m_{锰矿} = \frac{1000}{0.2144} \times \left(\frac{0.0025}{0.7} - \frac{0.9492}{0.5627} \times 0.002\right) = 0.9 \text{ kg/t}$$

计算表明混合矿含锰基本能满足生铁成分要求，不需另加锰矿。

（2）矿石需要量计算。由铁平衡计算矿石需要量：

$$m_{矿} = [m(Fe)_{铁} + m(Fe)_{渣} + m(Fe)_{尘} - (m(Fe)_{碎} + m(Fe)_{锰} + m(Fe)_{焦} + m(Fe)_{煤})] / w(Fe)_{矿}$$

式中　$m_{矿}$——矿石需要量，kg；

$m(Fe)_{铁}$，$m(Fe)_{渣}$，$m(Fe)_{尘}$，$m(Fe)_{碎}$，$m(Fe)_{锰}$，$m(Fe)_{焦}$，$m(Fe)_{煤}$——生铁、炉渣、炉尘、碎铁、锰矿、焦炭、煤粉中的铁量，kg；其中 $m(Fe)_{渣} = (1 - \eta_{Fe}) m(Fe)_{铁} / \eta_{Fe}$，$\eta_{Fe}$ 为铁元素进入生铁的比率；

$w(Fe)_{矿}$——混合矿的含铁量，%。

$m(Fe)_{焦}$ 的计算，可以根据冶炼条件先设定焦比，它对计算结果影响不大。本例设焦比为

500 kg。

代入本例数据可知混合矿需要量为：

$$m_{矿}=\frac{1000\times0.9492\times\left(1+\frac{1-0.997}{0.997}\right)+20\times0.3939-500\times0.0074-80\times0.0093}{0.5627}=1698\ \text{kg}$$

（3）熔剂用量计算。根据炉渣碱度定义有：

$$R_2=\frac{\sum[m_iw(\text{CaO})_i]}{\sum[m_iw(\text{SiO}_2)_i]-2.143m(\text{Si})_{铁}}$$

式中 m_i——各原、燃料用量，kg；

$w(\text{CaO})_i, w(\text{SiO}_2)_i$——各原、燃料中 CaO、$SiO_2$ 含量，%；

$m(\text{Si})_{铁}$——进入生铁的 Si 量，kg。

由此导出熔剂需要量计算式：

$$m_{熔}=\frac{m_{矿}(\text{RO})_{矿}+m_{锰}(\text{RO})_{锰}+K(\text{RO})_{焦}+m_{煤}(\text{RO})_{煤}+2.143m(\text{Si})_{铁}R_2}{(\text{RO}_{熔})}$$

式中 $m_{熔}$——熔剂需要量，kg；

$m_{锰}, m_{煤}, m_{矿}, K$——锰矿、煤粉、混合矿用量及焦比，kg；

$(\text{RO})_{矿}, (\text{RO})_{锰}, (\text{RO})_{焦}, (\text{RO})_{煤}, (\text{RO})_{熔}$——矿石、锰矿、焦炭、煤粉、熔剂中的碱性氧化物有效含量，kg/t。

$$(\text{RO})_i=w(\text{CaO})_i-R_2w(\text{SiO}_2)_i$$

代入数据得：

$(\text{RO})_{矿}=0.089-1.08\times0.0709=0.0124$

$(\text{RO})_{焦}=0.0076-1.08\times0.063=-0.0604$

$(\text{RO})_{煤}=0.0055-1.08\times0.084=-0.0852$

$(\text{RO})_{熔}=0.496-1.08\times0.0059=0.4896$

则：

$$m_{熔}=\frac{1698\times0.0124+500\times(-0.0604)+80\times(-0.0852)+2.143\times1000\times0.005\times1.08}{-0.4896}=9.0\ \text{kg}$$

（4）焦比计算。根据高炉内碳平衡，若不考虑煤气中甲烷消耗的碳量，则焦比可由下式求出：

$$K=\frac{m(\text{C})_{\Phi}+m(\text{C})_{\text{d}}+m(\text{C})_{铁}+m(\text{C})_{尘}-m(\text{C})_{煤}}{w(\text{C})_{\text{K}}}$$

式中 K——焦比，kg。

$m(\text{C})_{\Phi}, m(\text{C})_{\text{d}}, m(\text{C})_{铁}, m(\text{C})_{尘}, m(\text{C})_{煤}$——风口前燃烧的碳量、直接还原消耗的碳量、进入生铁和炉尘的碳量、煤粉带入的碳量，kg；

$w(\text{C})_{\text{K}}$——焦炭中的固定碳含量，%。

进入生铁中的碳量：

$$m(\text{C})_{铁}=1000\times0.042=42.0\ \text{kg}$$

炉尘带走的碳量：

$$m(\text{C})_{尘}=20\times0.256=5.12\ \text{kg}$$

煤粉带入的碳量：

$$m(\text{C})_{煤}=80\times0.778=62.24\ \text{kg}$$

直接还原消耗的碳量：

$$m(C)_d=\frac{12}{56}m(Fe)_{还}\cdot r_d+\frac{24}{28}m(Si)_{铁}+\frac{12}{55}m(Mn)_{铁}+\frac{60}{62}m(P)_{铁}+\frac{12}{44}b_{CO_2}\cdot m(CO_2)_{熔}$$

式中　$m(Fe)_{还}$,$m(Si)_{铁}$,$m(Mn)_{铁}$,$m(P)_{铁}$——还原进入生铁中的铁、硅、锰、磷量,kg;

r_d——铁的直接还原度,本例为0.47;

b_{CO_2}——熔剂中CO_2被还原的系数,本例为0.4;

$m(CO_2)_{熔}$——熔剂中放出的CO_2量,kg。

代入本例数据得:

$$m(C)_d=\left(\frac{12}{56}\times0.9492\times0.47+\frac{24}{28}\times0.005+\frac{12}{55}\times0.0025+\frac{60}{62}\times0.001\right)\times1000+\frac{12}{44}\times0.4\times9.0\times0.444=101.9\ \text{kg}$$

风口前燃烧的碳量:根据高炉热平衡计算风口前燃烧的碳量。

热量收入项($Q_{收}$)

风口前碳燃烧放出的热量在冶炼过程所利用的部分(Q_C):

$$Q_C=m(C)_\Phi[9797+V_BC_{t_B}t'_B-V_gC_{t_g}t_g-10806V_Bf],\text{kJ}$$

式中　9797——风口前燃烧1 kg碳生成CO所放出的热量,kJ/(kg · ℃);

10806——鼓风中水分分解热,kJ/m^3;

f——鼓风湿分,%

V_B,V_g——燃烧1 kg碳所需的鼓风体积和产生的煤气体积,m^3/kg;其中$V_B=0.9333/(0.21+0.29f)$;V_g通过V_g/V_B比值求出,一般在纯焦冶炼时$V_g/V_B=1.34\sim1.38$,当喷吹燃料时此值稍大,本例取$V_g/V_B=1.40$。

C_{t_B},C_{t_g}——干风温下鼓风的比热和炉顶温度下煤气的比热容,kJ/(m^3 · ℃);

t'_B,t_g——鼓风的干风温和炉顶煤气温度,℃;其中t'_B,按经验鼓风湿分每增加1 g/m^3,相当于风温降低6℃,本例中干风温$t'_B=950-6\times8=902$℃,此温度下鼓风的比热容为1.407 kJ/(m^3 · ℃)。在$t_g=200$℃时,煤气的比热容为1.3124 kJ/(m^3 · ℃)。

代入本例数据有:

$$V_B=0.9333/(0.21+0.29\times0.01)=4.4382(\text{m}^3/(\text{kg}\cdot℃))$$

$$V_g=1.40\times4.4382=6.2134(\text{m}^3/(\text{kg}\cdot℃))$$

$$Q_C=m(C)_\Phi(9797+4.4382\times1.407\times902-6.2134\times1.3124\times200-10806\times4.4382\times0.001)=13750.73\cdot m(C)_\Phi$$

炉料带入的物理热($Q_{料}$,kJ):

此项热量只计算混合矿带入的物理热,其余忽略不计。

$$Q_{料}=m_{矿}\cdot C_{t_P}\cdot t_P$$

式中　t_P——入炉混合矿的温度,本例25℃。

C_{t_P}——混合矿在t_P温度下的比热容,本例$C_{t_P}=0.67$ kJ/(kg · ℃)。

代入数据:　　$Q_{料}=1698\times0.67\times25=28441.5$ kJ

因此　　$Q_{收}=Q_C+Q_{料}=28441.5+13750.73\cdot m(C)_\Phi$

热量支出项($Q_{支}$)

元素还原所消耗的热量(Q_1):

Fe还原消耗的热量(Q_{Fe},kJ)

$$Q_{Fe}=2718\cdot m(Fe)_{还}\cdot r_d-243m(Fe)_{还}(1-r_d-r_{H_2})+495m(Fe)_{还}\cdot r_{H_2}$$

式中 r_{H_2}——氢参加 FeO 还原的间接还原度，本例中 $r_{H_2}=0.10$。

因此， $Q_{Fe}=1000\times0.9492\times[2718\times0.47-243(1-0.47-0.1)+495\times0.1]$

$=1160368.5$ kJ

Si、Mn、P、S 还原消耗的热量（Q_{Si}，kJ）

$$Q_{Si}=22682\cdot m(Si)_{铁}+5225\cdot m(Mn)_{铁}+26276\cdot m(P)_{铁}+5409\cdot m(S)_{渣}$$

式中 $m(S)_{渣}$——进入炉渣的硫量，kg；

$m(S)_{渣}$可用下式计算：

$$m(S)_{渣}=\mu_s(m_{矿}\cdot w(S)_{矿}+K'\cdot w(S)_K+m_{熔}\cdot w(S)_{熔}+m_{锰}\cdot w(S)_{锰}+m_{碎}\cdot w(S)_{碎}+m_{煤}\cdot w(S)_{煤})$$

式中 K'——设定焦比，kg（本例设定为 500 kg）；

μ_s——硫在渣中的分配率；

$w(S)_{矿}$、$w(S)_K$、$w(S)_{熔}$、$w(S)_{锰}$、$w(S)_{碎}$、$w(S)_{煤}$——混合矿、焦炭、熔剂、锰矿、碎铁、煤粉的含硫量，%；

代入数据得：

$m(S)_{渣}=0.82\times(1698\times0.00027+500\times0.0078+80\times0.0019+9.0\times0.00003)=3.7$ kg

因此，$Q_{Si}=1000\times(22682\times0.005+5225\times0.0025+26276\times0.001)+3.7\times5409$

$=172761.8$ kJ

熔剂中 CO_2 气化反应消耗的热量（Q_{CO_2}，kJ）：

$$Q_{CO_2}=3768\cdot m_{熔}\cdot w(CO_2)_{熔}\cdot b_{CO_2}$$

代入数据： $Q_{CO_2}=3768\times9.0\times0.444\times0.4=6022.8$ kJ

因此， $Q_1=Q_{Fe}+Q_{Si}+Q_{CO_2}=1339153.0$ kJ

喷吹物分解所消耗的热量（Q_2，kJ）：

$$Q_2=Q_{煤}\cdot q_{煤}$$

式中 $q_{煤}$——单位重量煤粉的分解热，$q_{煤}=1005$ kJ/kg。

代入数据，

$$Q_2=80\times1005=80400.0\ \text{kJ}$$

扣除成渣热后碳酸盐分解耗热量（Q_3，kJ）：

$$Q_3=(4044\cdot w(CO_2)_{熔}-1130\cdot w(CaO)_{熔})\cdot m_{熔}$$

式中 $w(CaO)_{熔}$——熔剂中 CaO 含量，%。

代入数据， $Q_3=(4044\times0.444-1130\times0.496)\times9.0=11115.5$ kJ

炉渣带走的热量（Q_4，kJ）：

$$Q_4=1758\cdot m_{渣}$$

式中 $m_{渣}$——渣量，kg；可按物料平衡算出或参照类似冶炼条件高炉设定，本例设渣量为 420 kg。

则， $Q_4=1758\times420=738360$ kJ

铁水带走的热量（Q_5，kJ）：

$$Q_5=1172\times1000=1172000\ \text{kJ}$$

外部热损失带走的热量（Q_6，kJ）：

$$Q_6=Z_c\cdot[K'\cdot w(C)_K+G_{煤}w(C)_{煤}+G_{碎}\cdot w(C)_{碎}]$$

式中 $w(C)_K$，$w(C)_{煤}$，$w(C)_{碎}$——分别为焦炭、煤粉、碎铁的含碳量，%；

代入数据， $Q_6=1181.8\times(500\times0.841+80\times0.778)=570502.1$ kJ

水分蒸发消耗热量(Q_7,kJ):

只考虑入炉料的物理水,本例只有焦炭含物理水。

$$Q_7 = 2453m(H_2O)_{物}$$

式中　$m(H_2O)_{物}$——炉料带入的物理水,kg。

代入数据:　　$Q_7 = 2453 \times 500 \times 0.072 = 88308.0$ kJ

煤气带走的热量(Q_8,kJ):

风口前碳燃烧产生的煤气物理热已在 $Q_{收}$ 中扣除,这里只计算直接还原产生的煤气和煤气中水分带走的热量。

$$Q_8 = (22.4/12)W_{CO}m(C)_d + W_{H_2O}V(H_2O)_g + (W_{CO_2} - W_{CO})V(CO_2)_{还} + W_{CO_2}V(CO_2)_{熔}(1 - b_{CO_2})$$

式中　$W_{CO}, W_{CO_2}, W_{H_2O}$——分别为 CO、$CO_2$、$H_2O$ 在炉顶温度下的热容,kJ/m^3;本例条件下,W_{CO} = 262.47;W_{CO_2} = 357.47;W_{H_2O} = 303.92;

$V(H_2O)_g$——煤气中含水量,m^3;(包括炉料蒸发的物理水及 H_2 参加还原产生的水);

$V(CO_2)_{还}$——铁等的氧化物间接还原产生的 CO_2 总量,m^3。

本例中,$V(H_2O)_g = 500 \times 0.072 + \{4.4382m(C)_{\Phi} \times 0.01 + (22.4/2) \times 500 \times (0.005 + 0.006) + (22.4/2)[0.033 + (2/18) \times 0.0077]\} \times 0.45 = 63.89 + 0.02m(C)_{\Phi}$ m^3

$$V(CO_2)_{还} = 1698 \times 0.6624 \times (22.4/160) + 1000 \times 0.9492 \times (1 - 0.47 - 0.1) \times (22.4/56) = 320.73\ m^3$$

因此,　$Q_8 = (22.4/12) \times 262.47 \times 101.9 + 303.92 \times (63.89 + 0.02 \cdot m(C)_{\Phi}) + (357.47 - 262.47) \times 320.73 + 357.47 \times 9 \times 0.444 \times (1 - 0.4) = 100669.2 + 6.08 \cdot m(C)_{\Phi}$ kJ

根据热量平衡 $Q_{收} = Q_{支}$,则:$28441.5 + 13750.73 \cdot m(C)_{\Phi} = 4100507.8 + 6.08 \cdot m(C)_{\Phi}$

解之得:　　$m(C)_{\Phi} = 296.3$ kg

求焦比:根据上述计算结果有

$$K = (296.3 + 101.9 + 42 + 5.12 - 62.24)/0.841 = 455.6\ kg$$

因此,在给定的原料条件和冶炼条件下,冶炼每吨生铁需混合矿 1698 kg,熔剂 9 kg,干焦炭 455.6 kg(折合湿焦 490.9 kg),锰矿不需配加;生铁中各元素含量为:

$w([P]) = (1698 \times 0.00042)/1000 \times 100\% = 0.07\% < 0.1\%$

$w([Mn]) = (1698 \times 0.002 \times 0.7)/1000 \times 100\% = 0.24\% < 0.25\%$

$w([S]) = [(1698 \times 0.00027 + 9.0 \times 0.00003 + 455.6 \times 0.0078 + 80 \times 0.0019) \times 0.05]/1000 \times 100\% = 0.02\% < 0.03\%$

$w([Fe]) = [(1698 \times 0.5627 + 455.6 \times 0.0074 + 80 \times 0.0093 - 20 \times 0.3939) \times 0.997]/1000 \times 100\% = 94.88\% \approx 94.92\%$;

$w([Si]) = 0.5\%$;

$w([C]) = 4.3\%$;

可见,基本符合成分要求。

(5) 渣量和炉渣成分的计算及检验:

1) 进入炉渣的 S 量:

炉料的全部 S 量为:$1698 \times 0.00027 + 9 \times 0.00003 + 455.6 \times 0.0078 + 80 \times 0.0019 = 4.16$ kg/t

进入炉渣的 S 量:　　$4.16 \times 0.82 = 3.40$ kg/t

2）进入炉渣的 FeO 量：$1000 \times 0.9488 \times (0.003/0.997) \times (72/56) - 20 \times 0.085 = 2.1$ kg/t

3）进入炉渣的 MnO 量：$1000 \times 0.0024 \times (0.3/0.7) \times (71/55) = 1.33$ kg/t

4）进入炉渣的 SiO_2 量：

$$1698 \times 0.0709 + 455.6 \times 0.0633 + 80 \times 0.084 + 9 \times 0.0059 - 1000 \times 0.005 \times (60/28) - 20 \times 0.0689 = 143.9 \text{ kg/t}$$

5）进入炉渣的 CaO 量：

$$1698 \times 0.089 + 455.6 \times 0.0076 + 80 \times 0.0055 + 9 \times 0.496 - 20 \times 0.0563 = 158.4 \text{ kg/t}$$

6）进入炉渣的 Al_2O_3 量：

$$1698 \times 0.0121 + 455.6 \times 0.0481 + 80 \times 0.044 + 9 \times 0.005 - 20 \times 0.0324 = 45.4 \text{ kg/t}$$

7）进入炉渣的 MgO 量：

$$1698 \times 0.0346 + 455.6 \times 0.0028 + 80 \times 0.0015 + 9 \times 0.049 - 20 \times 0.0322 = 60 \text{ kg/t}$$

炉渣成分如下：

成分	SiO_2	CaO	Al_2O_3	MgO	MnO	FeO	S/2	合计
kg	143.9	158.4	45.4	60.0	1.33	2.1	1.70	413.0
含量/%	34.84	38.35	11.0	14.53	0.32	0.51	0.41	100

炉渣碱度

$$R_2 = w(CaO)/w(SiO_2) = 1.10$$

$$R_3 = (w(CaO) + w(MgO))/w(SiO_2) = 1.52$$

将炉渣中 CaO、MgO、SiO_2、Al_2O_3 四个组元之和折为 100%，按折算后的各组分百分含量，并从相应的 CaO－MgO－SiO_2－Al_2O_3 四元系炉渣熔化温度图查得该炉渣熔化温度约 1300～1350℃，1450℃下的黏度为 0.23 Pa·s，可以满足高炉冶炼需要。

10.2 物料平衡计算

通过配料计算已算出每吨生铁的各种原、燃料的消耗和渣量，高炉生产中还需要鼓风并产生煤气，再进一步算出入炉风量和产生的煤气就包括了全部物质的收入与支出，根据物质不灭定律两者必须相等，这就是物料平衡的内容，它是对配料计算正确性的检验。

物料平衡计算还可用实际生产数据（包括原、燃料耗量、生铁成分、炉渣成分、渣量、炉尘量及成分等）作为计算基础，用来检查、校核入炉物料和产品计量的准确性，计算风量和煤气量，算出各种如铁的直接还原度、氢的利用率等有关参数，便于技术经济分析。

10.2.1 原始数据

利用配料计算的原始条件和计算结果，并设生成甲烷的碳量占总碳量的 0.8%（一般为 0～5%，喷吹煤粉时可达 1%）。

10.2.2 物料平衡计算方法

以 1 t 生铁为计算单位。

10.2.2.1 根据碳平衡计算入炉风量（$V_{风}$，m^3）

（1）风口前燃烧的碳量（$m(C)_{风}$，kg）：由碳平衡得：

$$m(C)_{风} = m(C)_{焦} + m(C)_{煤} + m(C)_{料} + m(C)_{碎} - m(C)_{铁} - m(C)_{尘} - m(C)_{甲烷} - m(C)_{d}$$

其中：

$m(C)_{焦}=455.6\times0.841=383.2$ kg

$m(C)_{煤}=80\times0.778=62.2$ kg

$m(C)_{料}=m(C)_{碎}=0$

$m(C)_{铁}=1000\times0.043=43.0$ kg

$m(C)_{尘}=20\times0.256=5.12$ kg

$m(C)_{甲烷}=(m(C)_{焦}+m(C)_{煤})\times0.008=(383.2+62.2)\times0.008=3.56$ kg

$$m(C)_{d}=(12/56)\cdot m(Fe)_{还}\cdot r_{d}+(24/28)\cdot m(Si)_{铁}+(12/55)\cdot m(Mn)_{铁}+(60/62)\cdot m(P)_{铁}+(12/44)m_{熔}\cdot w(CO_2)_{熔}\cdot b_{CO_2}+\cdots$$

$$=[(12/56)\times0.9488\times0.47+(24/28)\times0.005+(12/55)\times0.0024+(60/62)\times0.0007]\times1000+(12/44)\times9\times0.444\times0.4=101.5\ \text{kg}$$

因此， $m(C)_{风}=383.2+62.2-43-5.12-3.56-101.5=292.22$ kg

（2）风量($V_{风}$,m^3)：

$$V_{风}=[22.4/(2\times12)\cdot m(C)_{风}-V(O)_{吹}]\div(0.21+0.29f)$$

式中 $V(O)_{吹}$——喷吹煤粉带入的 O_2 量，m^3

$$V(O)_{吹}=\left[\frac{22.4}{2\times18}\cdot w(H_2O)_{煤}+\frac{22.4}{32}\cdot w(O_2)_{煤}\right]G_{煤}$$

$w(H_2O)_{煤}$——煤粉的水分，%；

$w(O_2)_{煤}$——煤粉中 O_2 含量，%。

$$V(O)_{吹}=[22.4/(2\times18)\times0.0077+(22.4/32)\times0.028]\times80=1.95\ m^3$$

则

$$V_{风}=[224/(2\times12)\times292.22-1.95]\div(0.21+0.29\times0.01)=1271.9\ m^3$$

（3）鼓风重量($m_{风}$,kg)：

$$m_{风}=r_{风}\cdot V_{风}$$
$$=[(0.21\times32+0.79\times28)(1-f)+18f]/22.4\cdot V_{风}$$
$$=[(0.21\times32+0.79\times28)(1-0.01)+18\times0.01]/22.4\times1271.9$$
$$=1631.42\ \text{kg}$$

10.2.2.2 煤气量计算

A 煤气成分计算

实际进入炉内参加反应的焦炭量(K_0,kg)为：

$$K_0=K-\frac{m_{尘}\cdot w(C)_{尘}}{w(C)_{K}}$$

式中 K——干焦比，kg；

$w(C)_{尘}$,$w(C)_{K}$——分别为炉尘及焦炭含碳量，%。

$$K_0=455.6-\frac{20\times0.256}{0.841}=449.51\ \text{kg}$$

（1）CH_4 量：

由燃料碳生成的 CH_4 量为：$(22.4/12)\cdot m(C)_{甲烷}=(22.4/12)\times3.56=6.64\ m^3$

焦炭挥发分带入的 CH_4 量为：$449.51\times0.0003\times(22.4/16)=0.19\ m^3$，则煤气中的 CH_4 量为：$6.64+0.19=6.83m^3$

（2）H_2 量：

煤气中的 H_2 量为：$(V(H_2)_{焦}+V(H_2)_{吹}+V(H_2)_{风}+V(H_2)_{结晶水})(1-\eta_{H_2})-V(H_2)_{甲烷}$

其中，焦炭挥发分及有机物中的氢量$(H_2)_{焦}$为：

$$V(H_2)_{焦}=(22.4/2)\cdot K_0[w(H_2)_{有}+w(H_2)_{挥}]$$

式中 $w(H_2)_{有}$——有机物中 H_2 含量，%；

$w(H_2)_{挥}$——挥发分中 H_2 含量，%。

$$V(H_2)_{焦}=(22.4/2)\times 449.51\times(0.005+0.006)=55.38\ m^3$$

喷吹煤粉分解出的氢$(H_2)_{吹}$为：

$$V(H_2)_{吹}=\frac{22.4}{2}\left[w(H_2)_{煤}+\frac{2}{18}w(H_2O)_{煤}\right]\cdot m_{煤}$$

式中 $w(H_2)_{煤}$，$w(H_2O)_{煤}$——煤粉中 H_2 及 H_2O 含量，%。

$$V(H_2)_{吹}=\frac{22.4}{2}\left(0.033+\frac{2}{18}\times 0.0077\right)\times 80=30.33\ m^3$$

鼓风中水分分解出的氢$(H_2)_{风}$为：

$$V(H_2)_{风}=V_{风}\cdot f=1271.9\times 0.01=12.72\ m^3$$

炉料结晶水分解出的氢$(H_2)_{结晶水}$为：

$$V(H_2)_{结晶水}=(22.4/18)\cdot m_{料}\cdot w(H_2)_{结晶水}\cdot b_{H_2O}=0$$

生成 CH_4 的氢$(H_2)_{甲烷}$为：

$$V(H_2)_{甲烷}=2\times 6.64=13.28\ m^3$$

因此进入煤气中的总 H_2 量：

$$V(H_2)=(55.38+30.33+12.72)(1-0.45)-13.28=40.86\ m^3$$

(3) CO_2 量：

由 Fe_2O_3 还原成 FeO 生成的 CO_2 量：

$$(22.4/160)\times(1698\times 0.6624-20\times 0.4863)=156.1\ m^3$$

FeO 间接还原生成的 CO_2 量：

$$(22.4/56)\times 1000\times 0.9488\times(1-0.47-0.1)=163.2\ m^3$$

MnO_2 还原成 MnO 生成的 CO_2 量为零。

H_2 参加 $Fe_2O_3\longrightarrow FeO$ 还原反应（占参加还原反应总 H_2 量的 10%）取代 CO 还原 $Fe_2O_3\longrightarrow FeO$ 反应的部分，其相当于 CO_2 量减少：

$$(55.38+30.33+2.72)\times 0.45\times 0.1=4.43\ m^3$$

石灰石分解产生的 CO_2 量：

$$9\times 0.444\times(1-0.4)\times(22.4/44)=1.22\ m^3$$

焦炭挥发分中的 CO_2：

$$449.51\times 0.0036\times(22.4/44)=0.82\ m^3$$

混合矿中分解出的 CO_2 量为零。

因此，煤气中总 CO_2 量为：

$$156.1+163.2+1.22+0.82-4.43=316.91\ m^3$$

(4) CO 量：

风口前碳燃烧产生的 CO：

$$292.22\times(22.4/12)=545.48\ m^3$$

直接还原产生的 CO：

$$101.5\times(22.4/12)=189.47\ m^3$$

焦炭挥发分中的 CO：

$$449.51\times(22.4/28)\times0.0035=1.26\ \mathrm{m^3}$$

熔剂中 CO_2 分解产生的 CO：

$$(22.4/44)\times9\times0.444\times0.4=0.81\ \mathrm{m^3}$$

间接还原消耗的 CO：

$$156.1+163.2-4.43=314.87\ \mathrm{m^3}$$

因此，煤气中 CO 总量为：

$$545.48+189.47+1.26+0.81-314.87=422.15\ \mathrm{m^3}$$

(5) N_2 量：

鼓风带入 N_2：

$$V(N_2)_{风}=0.79(1-f)V_{风}=0.79\times(1-0.01)\times1271.9=994.75\ \mathrm{m^3}$$

焦炭带入的 N_2：

$$V(N_2)_{焦}=(22.4/28)\cdot K_0w(N_2)_{焦}=(22.4/28)\times449.51\times(0.0015+0.0058)=2.63\ \mathrm{m^3}$$

喷吹煤粉带入的 N_2：

$$V(N_2)_{吹}=(22.4/28)\cdot m_{煤}\cdot w(N_2)_{煤}$$

$$V(N_2)_{吹}=(22.4/28)\times80\times0.0044=0.28\ \mathrm{m^3}$$

因此，煤气中 N_2 总量：

$$994.75+2.63+0.28=997.66\ \mathrm{m^3}$$

干煤气总量及其组成如下：

成分	CH_4	H_2	CO_2	CO	N_2	合计
体积/$\mathrm{m^3}$	6.83	40.86	316.91	422.15	997.66	1784.35
组成/%	0.38	2.29	17.76	23.66	55.91	100.0

B 煤气重量计算

干煤气重量($m_{气}$)为：

$$m_{气}=(16\times6.83+2\times40.86+44\times316.91+28\times422.15+28\times997.66)/22.4$$
$$=2405.79\ \mathrm{kg}$$

煤气中水量($m_{水}$)：

还原生成的 H_2O：

$$(18/22.4)(V(H_2)_{焦}+V(H_2)_{吹}+V(H_2)_{风})\eta_{H_2}=(18/22.4)\times(55.38+30.33+12.72)\times0.45$$
$$=35.59\ \mathrm{kg}$$

焦炭中的物理水：

$$490.9\times0.072=35.34\ \mathrm{kg}$$

因此煤气中总水量：

$$35.59+35.34=70.93\ \mathrm{kg}$$

煤气中挥发物量($m_{挥}$)：

$$m_{挥}=4.17\times0.13=0.54\ \mathrm{kg}$$

10.2.2.3 编制物料平衡表

根据有关原始资料及计算结果编制物料平衡表如表 10-4 所示。

表 10-4　物料平衡表

收入项	数量/kg	支出项	数量/kg
混合矿	1698	生　铁	1000
石灰石	9.0	炉　渣	413.0
焦　炭	49.09(含水 7.2%)	炉　尘	20
鼓　风	1631.42	煤　气	2405.79
煤　粉	80	煤气中水	70.93
		挥发物	0.54
合　计	3909.32	合计	3910.5
绝对误差	1.18%	相对误差	0.03%

注:相对误差如大于 0.3%,则需重新计算。

10.3　高炉热平衡计算

高炉热平衡是按照能量守恒定律以物料平衡为基础来计算的。通过热平衡计算可以了解冶炼过程的能量利用情况,找出改善热量利用降低焦比的途径,指导高炉生产。

热平衡有若干不同的计算方法,以下利用物料平衡计算条件及结果,通过实例说明常用的热平衡计算方法(鼓风温度、入炉矿石温度等与配料计算中的条件相同)。

10.3.1　计算热量收入($Q_{收}$)

(1) 风口前碳燃烧放热(Q_C):1 kg 碳燃烧生成 CO 放热 9797.6 kJ,则:

$$Q_C = 9797.6m(C)_{风} = 9797.6 \times 292.22 = 2863054.7 \text{ kJ}$$

(2) 鼓风带入的有效物理热($Q_{风}$):950℃时干空气的比热容为 1.408 kJ/(m³·℃);950℃时水蒸气的比热容为 1.703 kJ/(m³·℃)。因此含水 1% 的湿空气比热容为:

$$0.99 \times 1.408 + 0.01 \times 1.703 = 1.41 \text{ kJ/(m}^3 \cdot ℃)$$

鼓风带入的物理热为:

$$1.41V_{风}\, t_b = 1.41 \times 1271.9 \times 950 = 1704259.8 \text{ kJ}$$

风中水分分解吸热:

$$10807 \times V_{风} f = 10807 \times 1271.9 \times 0.01 = 137454.2 \text{ kJ}$$

喷吹煤粉分解吸热:

$$1005m_{煤} = 1005 \times 80 = 80400 \text{ kJ}$$

因此,鼓风带入的有效物理热:

$$Q_{风} = 1704259.8 - 137454.2 - 80400 = 1486405.6 \text{ kJ}$$

(3) 炉料带入热量($Q_{料}$):本例中使用冷矿,喷吹物带入热量少,因此均忽略不计。

因此总热收入为:

$$Q_{收} = Q_C + Q_{风} + Q_{料} = 2863054.7 + 1486405.6 + 0 = 4349460.3 \text{ kJ}$$

10.3.2　计算热量支出($Q_{支}$)

(1) 氧化物还原及脱硫耗热($Q_{还}$):

1) 铁氧化物的还原耗热(Q_{Fe}):为了计算铁氧化物还原反应的热消耗,须先确定原料中自由 Fe_2O_3、Fe_3O_4 和以 Fe_2SiO_4 形态存在的 FeO 以及分别用 CO、H_2 和 C 还原的铁数量。

一般认为焦炭和煤粉中的FeO以Fe_2SiO_4形态存在，而烧结矿中的FeO有20%以Fe_2SiO_4形态存在，其余以Fe_3O_4形态存在，因此：

Fe_2SiO_4中的FeO量：

$$168 \times 0.1267 \times 0.20 + 455.6 \times 0.0076 + 80 \times 0.0012 = 46.58 \text{ kg}$$

其中进入炉渣中2.1 kg，剩余(46.58 − 2.1) = 44.48 kg参加分解反应。

Fe_3O_4中的FeO量：

$$168 \times 0.1267 \times (1 - 0.20) = 172.11 \text{ kg}$$

Fe_3O_4中的Fe_2O_3量：

$$172.11 \times (160/72) = 382.46 \text{ kg}$$

Fe_3O_4量：

$$172.11 \times (232/72) = 554.58 \text{ kg}$$

自由Fe_2O_3量：

$$1698 \times 0.6624 - 382.46 = 742.29 \text{ kg}$$

还原所需热量的计算过程是，先将不同形态的铁氧化物还原FeO，然后将FeO还原至Fe。

反应　$Fe_2O_3 + CO = 2FeO + CO_2 - 1549$ kJ，Fe_2O_3还原吸热：

$$(742.29/160) \times (-1549) = -7186.3 \text{ kJ}$$

反应　$Fe_3O_4 + CO = 3FeO + CO_2 - 20888$ kJ，Fe_3O_4还原吸热：

$$(554.58/232) \times (-20888) = -49930.4 \text{ kJ}$$

反应　$2Fe_2SiO_4 = 2FeO + SiO_2 - 47522$ kJ，Fe_2SiO_4分解吸热：

$$46.58/(2 \times 72) \times (-47522) = -153720.0 \text{ kJ}$$

反应　$FeO + H_2 = Fe + H_2O - 27718$ kJ，H_2参加FeO还原反应吸热：

$$[(55.38 + 30.33 + 12.72) \times 0.45]/22.4 \times (-27718) = -54809.2 \text{ kJ}$$

反应　$FeO + C = Fe + CO - 152161$ kJ，FeO直接还原吸热：

$$(1000 \times 0.9488 \times 0.47)/56 \times (-152161) = -1211679.9 \text{ kJ}$$

反应　$FeO + CO = Fe + CO_2 + 13605$ kJ，FeO间接还原放热：

$$[1000 \times 0.9488 \times (1 - 0.47 - 0.1)]/56 \times 13605 = 99118.3 \text{ kJ}$$

合计铁氧化物还原耗热：

$$Q_{Fe} = 99118.3 - 7186.3 - 49930.4 - 15372 - 54809.2 - 1211679.7$$
$$= -1239859.3 \text{ kJ}$$

2) 其他氧化物的还原耗热：硅的氧化物还原耗热(Q_{Si})：由SiO_2还原成1 kg Si需热量226822 kJ，则：

$$Q_{Si} = 1000 \times 0.005 \times (-22682) = -113410 \text{ kJ}$$

锰的氧化物还原耗热(Q_{Mn})：

由MnO还原成1 kgMn需耗热5225 kJ，则：

$$Q_{Mn} = 1000 \times 0.0024 \times (-5225) = -12540 \text{ kJ}$$

磷酸盐的还原耗热(Q_P)：由P_2O_5还原成1 kgP需热量26276 kJ，则：

$$Q_P = 1000 \times 0.0007 \times (-26276) = -18393.2 \text{ kJ}$$

3) 去硫耗热(Q_S)：以CaO脱硫为主，每去1 kg S需热量4660 kJ，则：

$$Q_S = 3.40 \times (-4660) = -15844 \text{ kJ}$$

因此氧化物还原及脱硫耗热总计为：

$$Q_{还} = Q_{Fe} + Q_{Si} + Q_{Mn} + Q_P + Q_S$$

$= -1239858.3 - 113410 - 12540 - 18393.2 - 15844 = -1400046.5$ kJ

（2）碳酸盐分解及 CO_2 分解耗热（$Q_{盐}$）：本例中只有石灰石中有碳酸盐，分别以 $CaCO_3$、$MgCO_3$形态存在，则：

熔剂中 $CaCO_3$ 含 CO_2 量：　$9 \times 0.496 \times (44/56) = 3.51$ kg

熔剂中 $MgCO_3$ 含 CO_2 量：　$9 \times 0.496 \times (44/40) = 0.48$ kg

从 $CaCO_3$ 中分解出 1 kgCO_2 耗热 4045 kJ，从 $MgCO_3$ 中分解出 1 kgCO_2 耗热 2487 kJ，则碳酸盐分解吸热为：

$$3.51 \times (-4045) + 0.48 \times (-2487) = -15391.7 \text{ kJ}$$

反应 $CO_2 + C = 2CO - 165805$ kJ，CO_2 分解反应吸热（40% CO_2 参加分解反应）：

$$(9 \times 0.444)/44 \times 0.4 \times (-165805) = -6023.2 \text{ kJ}$$

应扣除的成渣热：

$$9 \times (0.496 + 0.049) \times 1130 = 5542.6 \text{ kJ}$$

则，　$Q_{盐} = -15391.7 - 6023.2 + 5542.6 = -15872.3$ kJ

（3）炉料中的游离水蒸发吸热（$Q_{水}$）：水由 25℃升温至 100℃再汽化吸热 2595 kJ/kg

$$Q_{水} = 455.6 \times 0.072 \times (-2595) = -85124.3 \text{ kJ}$$

（4）碎铁熔化热（$Q_{碎}$）：本例中无碎铁，$Q_{碎} = 0$

（5）铁水带走热量（$Q_{铁}$）：铁水热容为 1172 kJ/kg，则：

$$Q_{铁} = 1000 \times (-1172) = -1172000 \text{ kJ}$$

（6）炉渣带走热量（$Q_{渣}$）：炉渣热容为 1758 kJ/kg，则：

$$Q_{渣} = 413 \times (-1758) = -726054 \text{ kJ}$$

（7）炉顶煤气带走的热量（$Q_{顶}$）：在炉顶温度（200℃），煤气各成分的比热容如下：

成　分	CO_2	CO	N_2	H_2	CH_4	H_2O
比热容/kJ·(m³·℃)⁻¹	1.787	1.313	1.313	1.302	1.820	1.519

因此干煤气的比热容为：

$$1.787 \times 0.1776 + 1.313 \times (0.2366 + 0.5591) + 1.302 \times 0.029 + 1.82 \times 0.0038 = 1.406 \text{ kJ}(m^3 \cdot ℃)$$

干煤气带走的热量：

$$1784.35 \times 200 \times (-1.4068) = -502044.7 \text{ kJ}$$

煤气中水汽带走热量：

$$70.93 \times (22.4/18) \times (-1.519) \times (200 - 100) = -13408 \text{ kJ}$$

炉尘带走的热量：（炉尘比热容 0.71 kJ/(kg·℃)）

$$20 \times (-0.71) \times 200 = -2840 \text{ kJ}$$

合计炉顶煤气及炉尘带走热量：

$$Q_{顶} = -502044.7 - 13408 - 2840 = -518292.7 \text{ kJ}$$

（8）热损失（$Q_{失}$）：

$Q_{失} = Q_{收} - (Q_{还} + Q_{盐} + Q_{水} + Q_{碎} + Q_{铁} + Q_{渣} + Q_{顶})$

$= 4349460.3 - (1400046.5 + 15872.3 + 85124.3 + 0 + 1172000 + 726054 + 518292.7)$

$= 432070.5$ kJ

10.3.3　编制热平衡表

根据计算结果列出热平衡表，见表 10-5。

表 10-5 热平衡表

热收入	kJ	%	热支出	kJ	%
风口前碳燃烧	2863054.7	65.83	氧化物还原	1400046.5	32.19
热风带入	1486405.6	34.17	碳酸盐分解	15872.3	0.36
炉料带入	0		水分蒸发	85124.3	1.96
			碎铁熔化	0	0
			铁水带走	1172000	26.95
			炉渣带走	726054	16.69
			炉顶煤气带走	518292.7	11.92
			热损失	432070.5	9.93
合计	4349460.3	100	合计	4349460.3	100
绝对误差	0		相对误差	0	

10.3.4 高炉热量利用率的计算

（1）高炉有效热量利用率（$\eta_{效}$）：

高炉冶炼过程的全部热消耗中，除了炉顶煤气带走和热损失热量外，其余各项热消耗是不可缺少的，这些热消耗称作有效热量，其占全热消耗的比例称做有效热量利用率。

$$\eta_{效} = Q_{效}/Q_{全} \times 100\%$$

式中 $Q_{效}$——有效热量消耗，kJ；

$Q_{全}$——全部热量消耗，kJ。

本例中：

$$\eta_{效} = (4349460.3 - 518292.7 - 432070.5)/4349460.3 \times 100\% = 78.15\%$$

（2）碳的利用率（η_C）：高炉中实际氧化成 CO 和 CO_2 的碳所放出的热量与假定这些碳全部氧化成 CO_2 时应该放出的热量之比，称做碳的利用率。

$$\eta_C = \text{碳燃烧生成 CO 和 } CO_2 \text{ 放出的总热量}/\text{碳全部燃烧成 } CO_2 \text{ 放出热量} \times 100\%$$

即

$$\eta_C = \frac{9797.6(m(C) - m(C)_{CO_2}) + 33412m(C)_{CO_2}}{33412m(C)}$$

此式进一步简化成：

$$\eta_C = 0.293 + 0.707(m(C)_{CO_2}/m(C)) = 0.293 + 0.707\eta_{CO}$$

式中 $m(C)$——1 t 铁全部气化碳，kg；

$m(C)_{CO_2}$——1 t 铁氧化成 CO_2 的碳，kg；

η_{CO}——氧化碳利用率，%。

本例中：

$$\eta_C = 0.293 + 0.707 \times 17.76/(23.66 + 17.76) = 59.61\%$$

若进一步改善煤气利用，降低直接还原度，则 η_C 将提高，焦比可进一步降低。

10.4 现场操作计算

现场操作计算是高炉工长的一项重要工作，其特点是要求简便、快捷、及时，要紧扣炉况和冶炼条件的变化,计算中忽略对结果影响不大的因素,并应用平日积累的经验数据。现场操作计算结果直接指导操作调剂,不但要快而且要尽量准确,为此要求工长平时注意积累经验数据,计算要与现场实际相结合。

10.4.1 现场配料计算

现场配料计算是在矿批、配矿比例、负荷(或焦比)一定的条件下,根据原燃料成分和造渣制度的要求,计算熔剂(包括萤石、锰矿等洗炉料)的用量,有时还要对生铁中的某一成分(如硫、磷等)做估计。下面结合实例加以介绍。

[例 10-1] 已知原燃料成分(见表 10-6),造渣制度要求炉渣碱度 $w(CaO)/w(SiO_2)=1.05$,MgO 含量为 12%;有关经验数据及设定值为:

$w([Si])/\%$	$w([Fe])/\%$	$\eta_{Fe}/\%$	L_S	挥发硫 $w(S)_{挥}/\%$
0.50	94.5	100.0	25.0	5

表 10-6 原燃料成分

物　料	每批重量/kg	$w(Fe)/\%$	$w(FeO)/\%$	$w(CaO)/\%$	$w(SiO_2)/\%$	$w(MgO)/\%$	$w(S)/\%$
烧结矿	1423	50.95	9.5	10.4	7.70	3.2	0.029
球团矿	251	62.9	10.06	1.23	7.44	0.88	0.026
焦　炭	620	0.54			5.55		0.76
白云石				30.0		20.95	
石灰石				49.0		4.58	

求:白云石和石灰石如何配? 生铁中含硫[S]能达到多少?

解:(1) 一批料的理论出铁量($T_{理}$)与被还原的 SiO_2 量计算:

$$T_{理}=\frac{1423\times0.5095+251\times0.629+620\times0.0054}{0.945}=937.8\ \text{kg}$$

被还原的 SiO_2 量 $=937.8\times0.005\times\dfrac{60}{28}=10.0$ kg

(2) 一批料的理论出渣量($T_{渣}$)计算

原料带入 SiO_2 量 $=1423\times0.077+251\times0.0744+620\times0.0555=162.7$ kg

进入炉渣 SiO_2 量 $=162.7-10.0=152.7$ kg

进入炉渣 CaO 量 $=152.7\times1.05=160.3$ kg

烧结矿和生矿中的 Al_2O_3 量平日是不分析的,因而渣中 Al_2O_3 量可取生产经验数据,这里取 Al_2O_3 含量为 12%,另外渣中 S、FeO、MnO 等微量组分之和按生产数据取为 4.0%,由于渣中 MgO 含量要求为 12.0%,故渣中 $w(CaO)+w(SiO_2)=100\%-(12+4+12)\%=72\%$

$$T_{渣}=(152.7+160.3)/0.72=434.7\ \text{kg}$$

$$吨铁渣量=(434.7/937.8)\times1000=463.5\ \text{kg}$$

(3) 白云石用量计算:

应进入炉渣的 MgO 量 $=434.7\times0.12=52.2$ kg

炉料已带入 MgO 量 $=1423\times0.032+251\times0.0088=47.7$ kg

应配加白云石量 $=(52.2-47.7)/0.2095=21.5$ kg;取 21 kg。

(4) 石灰石用量计算:

炉料已带入 CaO 量 $=1423\times0.104+251\times0.0123+21\times0.30=157.4$ kg

应配加石灰石量 = (160.3 − 157.4)/0.49 = 5.9 kg；取 6 kg。

(5) 生铁含[S]量估计：

$$入炉硫量 = 1423 \times 0.00029 + 251 \times 0.00026 + 620 \times 0.0076 = 5.19\text{kg}$$

吨铁硫负荷为：(5.19/937.8) × 1000 = 5.53 kg/t；其中燃料带入硫量占：

$$(620 \times 0.0076)/5.53 \times 100\% = 85.2\%$$

由硫平衡建立联立方程：

$$\begin{cases} 937.8w([S]) + 434.7w((S)) = 0.95 \times 5.19 & (10\text{-}1) \\ L_S = w((S))/w([S]) = 25 & (10\text{-}2) \end{cases}$$

式中　$w((S))$——渣中含硫量，%；

$w([S])$——生铁中含硫量，%。

解式(10-1)、式(10-2)得，$w([S]) = 0.042\%$。

由于生铁含[S]为0.042%，普通炼钢铁一级品[S]≤0.030%，现已超过此限，故应注意入炉焦炭含硫动向，以后在变料时应注意提高炉温和炉渣碱度，不宜再往偏低方向调整。

[说明]：

(1) 本例主要环节在于求渣量。求出铁量→求入渣 SiO_2 量，入渣 CaO 量及入渣 Al_2O_3 量（本例为设定）。一旦渣量确定，白云石和石灰石用量即可顺序算出。

(2) 因白云石中含 MgO 和 CaO，石灰石中只含 CaO，故应先算白云石用量，后算石灰石用量，次序勿颠倒。

(3) 铁水中[Si]含量只能根据实际情况假定；铁水中含[S]量，系通过渣量、入炉原料含硫量以及硫在渣铁间的分配系数 L_S 和挥发硫计算得出，冶炼炼钢铁时挥发硫一般为5% ~20%，冶炼铸造铁时可达30%，本例考虑[Si]含量不高，为保证生铁质量，取出5%是有意取小的；铁中[Fe]取值视[Si]而定，一般在93.0% ~95.0%之间。

(4) 对于采用高磷矿冶炼的高炉，还应对生铁含[P]量进行核算，防止[P]超标。

(5) 硫的分配系数(L_S)，主要受炉温和炉渣碱度影响，提高炉温和炉渣碱度，则 L_S 增大，可视炉温水平和炉渣碱度按经验取值。为保证生铁质量 L_S 可取得偏低些，如本例 L_S 为25.0。

[例 10-2]　洗炉料配用量计算。对于事故性洗炉，通常用萤石作为洗炉料并适当减轻负荷，要根据炉况确定渣中 CaF_2 含量，由此计算配加萤石量。

已知：矿批 1700 kg，焦炭负荷 2.5，$w([Fe]) = 93.0\%$，$w((CaO)) = 35\%$，原料成分见表 10-7，要求渣中 $w((CaF_2)) = 4.5\%$，$w((MgO)) = 7.0\%$，碱度 = 1.0，生铁中 $w([Si]) = 1.0\%$，问洗炉料组成如何？

表 10-7　原料成分　(%)

炉　料	w(Fe)	w(CaO)	$w(SiO_2)$	w(MgO)	$w(CaF_2)$
矿　石	50.0	11.0	10.0	2.0	—
焦　炭	1.0	—	7.0	—	—
萤　石	—	—	50.0	—	45.0
石灰石	—	50.0	—	—	—
白云石	—	30.0	—	20.0	—

解：计算以一批料为基准。

(1) 每批料的出铁计算：

$$每批料出铁量=\frac{1700\times 0.50+\frac{1700}{2.5}\times 0.01}{0.93}=921.3\ kg$$

(2) 萤石配用量计算：设萤石配用量为 x(kg)。

一批料带入 SiO_2 量 $=1700\times 0.10+(1700/2.5)\times 0.07+0.50x$

$=217.6+0.5x$

进入生铁的 SiO_2 量 $=921.3\times 0.01\times(60/28)=19.7$ kg

进入炉渣的 SiO_2 量 $=(217.6+0.5x)-19.7$

$=197.9-0.5x$

因炉渣碱度为 1.0，故进入炉渣的 CaO 量亦为 $(197.9+0.5x)$。已知渣中 $w((CaO))=35\%$，则：

$$渣量=(197.9+0.5x)/0.35$$

渣中 $w((CaF_2))$ 要求达到 4.5%，故渣中 CaF_2 量为：

$$(197.9+0.5x)/0.35\times 0.045$$

由 CaF_2 量平衡列方程得：

$$(197.9+0.5x)/0.35\times 0.045=0.45x$$

解之得，$x=65.9$，取 66 kg。

由此可得一批料的渣量为：

$$(197.9+0.5x)/0.35=(197.9+0.5\times 66)/0.35=659.7\ kg$$

(3) 白云石用量计算：

进入炉渣的 MgO 量 $=659.7\times 0.07=46.2$ kg

入炉矿中已有 MgO 量 $=1700\times 0.02=34$ kg

还应加入白云石量 $=(46.2-34)/0.20=61$ kg

(4) 石灰石配用量计算：

进入炉渣的 CaO 量 $=659.7\times 0.35=230.9$ kg

入炉料中已有 CaO 量 $=1700\times 0.11+61\times 0.30=205.3$ kg

应配加石灰石量为：

$$(230.9-205.3)/0.50=51.2\text{kg}，取 51 kg。$$

所以，洗炉料的组成如下：

洗炉料	矿石	焦炭	萤石	白云石	石灰石
kg/批	1700	680	66	61	51

10.4.2 变料计算

本节介绍的变料计算，是指炉料构成不变或变化幅度较小，主要是矿石成分(尤指烧结矿碱度)变化时，在保证炉渣碱度不变的前提下如何调整熔剂用量；或当炉渣碱度要求改变时，如何调整熔剂用量，以及不同情况下的负荷调节计算。

10.4.2.1 熔剂调整

(1) 当原料成分(CaO 或 SiO_2 含量)波动时，炉渣碱度也随之波动，为稳定炉渣碱度，熔剂量应作调整。

[例 10－3]　用例 10-1 中条件，矿批大小和炉料配比不变，只是烧结矿中 CaO 含量由 10.4% 降至 9.4%，石灰石量和焦炭负荷如何调整？

解：设石灰石量增加 ΔL(kg)，焦炭量增加 ΔJ(kg)

利用炉渣碱度不变，列方程：

$$[(0.104-0.094)\times1423+1.05\times0.0555\Delta J]/0.49=\Delta L \tag{10-3}$$

由于熔剂用量增加，按经验每 100 kg 石灰石需补焦 30 kg，则：

$$\Delta J=(30/100)\Delta L \tag{10-4}$$

由式(10-3)、式(10-4)联立解出 $\Delta L=30$，$\Delta J=9$

焦炭负荷为：　$(1423+251)/(620+9)=2.66$

因此变料时石灰石增加 30 kg/批，焦炭增加 9 kg/批。

(2) 根据脱硫的需要，操作时常需调整炉渣碱度，调整炉渣碱度是通过改变熔剂用量来实现的。调整碱度时各原料的熔剂需要量变化用下式计算：

$$\Delta\phi=\frac{\left(w(SiO_2)-e\frac{60}{28}w([Si])\right)\Delta R}{w(CaO)} \tag{10-5}$$

式中　$w(SiO_2)$——各原料的 SiO_2 含量，%；

$\Delta\phi$——各原料所需熔剂的变动量，kg/kg；

e——各原料理论出铁量，kg/kg。

$$e=\frac{w(Fe)_{料}\,\eta_{Fe}}{w([Fe])} \tag{10-6}$$

式中　$w(Fe)_{料}$——原料含铁量，%；

η_{Fe}——铁元素进入生铁比率，%；

$w([Fe])$——生铁含铁量，%；

$w([Si])$——生铁含硅量，%；

ΔR——碱度变化量；

$w(CaO)$——石灰石的 CaO 含量，%。

[例 10－4]　用例 10-1 中条件，矿石批重及矿石配比等不变，当炉渣碱度由 1.05 提高至 1.10 时，石灰石量应如何调整？

解：各原料理论出铁量计算如下：

烧结矿：　$e_{烧}=(0.5095\times1.0)/0.945=0.5392$ kg/kg

球团矿：　$e_{球}=(0.629\times1.0)/0.945=0.6656$ kg/kg

焦　炭：　$e_{焦}=(0.0054\times1.0)/0.945=0.0057$ kg/kg

各原料需变动的熔剂量为：

烧结矿：$$\Delta\phi_{烧}=\frac{\left(0.077-0.5392\times\frac{60}{28}\times0.005\right)}{0.49}\times(1.1-1.05)=0.0073\ \text{kg/kg}$$

球团矿：$$\Delta\phi_{球}=\frac{\left(0.0744-0.6659\times\frac{60}{28}\times0.005\right)}{0.49}\times(1.1-1.05)=0.0069\ \text{kg/kg}$$

焦　炭：$$\Delta\phi_{焦}=\frac{\left(0.0555-0.0057\times\frac{60}{28}\times0.005\right)}{0.49}\times(1.1-1.05)=0.0057\ \text{kg/kg}$$

设石灰石增加量为 ΔL,焦炭增加量为 ΔJ,则据 CaO 平衡有:

$$1423\times0.0073+251\times0.0069+0.0057\Delta J=\Delta L \tag{10-7}$$

据经验每增加 100 kg,石灰石需补焦 30 kg,则:

$$\Delta J=(30/100)\Delta L \tag{10-8}$$

由式(10-7)、式(10-8)联立解出 $\Delta L=12$;$\Delta J=3.6$,取 4。

因此,炉渣碱度提高以后石灰石应增加 12 kg/批,焦炭应增加 4 kg/批。

10.4.2.2 负荷调节

A 改变负荷调节炉温计算

生产中炉温习惯用生铁含[Si]量来表示。高炉炉温的改变通常用调整焦炭负荷来实现,理论计算和经验都表明,生铁含[Si]每变化 1%,影响焦比 40 ~ 60 kg/t,小高炉取上限。

当固定矿批调整焦批时,可用下式计算:

$$\Delta J=\Delta w([\mathrm{Si}])mE \tag{10-9}$$

式中 ΔJ——焦批变化量,kg/批;

$\Delta w([\mathrm{Si}])$——炉温变化量,%;

m——[Si]含量每变化 1% 时焦比变化量,kg/t;

E——每批料的出铁量,t/t,假定铁全部由矿石带入,则 $E=Pe_{矿}$,其中 P 为矿批重,t/批,$e_{矿}$ 为矿石理论出铁量,t/t。

[例 10-5] 用例 10-4 中条件,假设炉温变化量 $\Delta w([\mathrm{Si}])=0.2\%$,取 $m=60$ kg/t,问焦批如何调整?

解:由式(10-9)得:

$$\Delta J=0.2\times60\times(1.423\times0.5392+0.251\times0.6656)=11\ \mathrm{kg/批}$$

因此,焦批的调整量为 11 kg/批。

当固定焦批调整矿批时,矿批调整量由下式计算:

$$\Delta P=\Delta w([\mathrm{Si}])mEH \tag{10-10}$$

式中 ΔP——矿批调整量,kg/批;

H——焦炭负荷。

B 矿石品位变化时的负荷调节

一般来说,矿石含铁量降低出铁量减少,负荷没变时焦比升高、炉温上升,应加重负荷;相反,矿石品位升高,出铁量增加,炉温下降,因此应减轻负荷。两种情况负荷都要调整,负荷调整是按焦比不变的原则进行。

当矿批不变调整焦批时,焦批变化量由下式计算:

$$\Delta J=\frac{P\cdot(w(\mathrm{Fe})_{后}-w(\mathrm{Fe})_{前})\eta_{\mathrm{Fe}}K}{w([\mathrm{Fe}])} \tag{10-11}$$

式中 ΔJ——焦批变动量,kg/批;

P——矿石批重,t/批;

$w(\mathrm{Fe})_{前}$,$w(\mathrm{Fe})_{后}$——分别为波动前、后矿石含铁量,%;

η_{Fe}——铁元素进入生铁的比率,%;

K——焦比,kg/t;

$w([\mathrm{Fe}])$——生铁含铁量,%。

[例 10-6] 已知烧结矿含铁量由 53% 降至 50%,原焦比为 580 kg/t,矿批 1.8 t/批,$\eta_{\mathrm{Fe}}=$

0.997，生铁中 $w([Fe])=95\%$，问焦批如何变动？

解：由式(10-11)计算焦批变动量为：

$$\Delta J=[1.8\times(0.50-0.53)\times0.997\times580]/0.95=-33\ \text{kg/批}$$

因此，当矿石含铁量下降后，每批料焦炭应减少 33 kg。

当固定焦批调整矿批时，调整后的批重为：

$$P_{后}=\frac{P\cdot w(Fe)_{前}}{w(Fe)_{后}},\ \text{kg/批} \tag{10-12}$$

［说明］ 上述计算是以焦比不变的原则进行的，实际上还要根据矿石的脉石成分变化，考虑影响渣量多少、熔剂用量的增减等因素。因此要根据本厂情况去摸索，一面借助经验，一面作较全的配料计算。

C　焦炭灰分变化时的负荷调整

当焦炭灰分变化时，其固定碳含量也随之变化，因此相同数量的焦炭发热量变化，为稳定高炉热制度，必须调整焦炭负荷。调整的原则是保持入炉的总碳量不变。

当固定矿批调整焦批时，每批焦炭的变动量为：

$$\Delta J=\frac{(w(C)_{前}-w(C)_{后})J}{w(C)_{后}} \tag{10-13}$$

式中　ΔJ——焦批变动量，kg/批；

$w(C)_{前}$，$w(C)_{后}$——波动前、后焦炭的含碳量，%；

J——原焦批重量，kg/批。

［例 10-7］ 已知焦批重为 620 kg/批，焦炭固定碳含量由 85% 降至 83%，焦炭负荷如何调整？

解：由式(10-13)计算焦批变动量：

$$\Delta J=[(0.85-0.83)\times620]/0.83=15\ \text{kg/批}$$

因此，当固定碳降低后，每批料应多加焦炭 15 kg。

当固定焦批调整矿批时，矿批变动量为：

$$\Delta P=[(w(C)_{前}-w(C)_{后})JH]/w(C)_{后} \tag{10-14}$$

式中　ΔP——矿批变动量，kg/批；

H——焦炭负荷。

D　风温变化时调整负荷计算

高炉生产中由于多种原因，可能出现风温较大的波动，从而导致高炉热制度的变化，为保持高炉操作稳定，必须及时调整焦炭负荷。

高炉使用的风温水平不同，风温对焦比的影响不同，按经验可取下列数据：

风温水平/℃	600～700	700～800	800～900	900～1000	1000～1100
焦比变化/%	7	6	5	4.5	4

风温变化后焦比可按下式计算：

$$K_{后}=\frac{K_{前}}{(1+\Delta Tn)} \tag{10-15}$$

式中　$K_{后}$——风温变化后的焦比，kg/t；

$K_{前}$——风温变化前的焦比，kg/t；

ΔT——风温变化量，以 100℃ 为单位，每变化 100℃，$\Delta T=1$；

n——每变化 100℃ 风温焦比的变化率，%（风温提高为正值，风温降低为负值）。

当固定矿批调整焦批时，调整后的焦批由下式计算：

$$J_{后} = K_{后} E \tag{10-16}$$

式中　$J_{后}$——调整后的焦炭批重，kg/批；

$K_{后}$——风温降低后焦比；

E——每批料的出铁量，t/批，$E = J_{前}/K_{前}$。

［**例 10-8**］　已知某高炉焦比 570 kg/t，焦炭批重为 620 kg/批，风温由 1000℃降至 950℃，焦炭批重如何调整？

解：风温降低后焦比为：

$$K_{后} = 570/(1 - 0.5 \times 0.045) = 583 \text{ kg/t}$$

当矿批不变时，调整后的焦炭批重为：

$$J_{后} = 583 \times (620/570) = 634 \text{ kg/批}$$

因此，由于风温降低 50℃，焦炭批重应增加 14 kg/批。

当焦批固定调节矿批时，调整后的矿石批重为：

$$P_{后} = J_{前}/(K_{后}\ e_{矿}) \tag{10-17}$$

式中　$P_{后}$——调整后的矿石批重，kg/批；

$J_{前}$——风温变化前的焦批重，kg/批；

$e_{矿}$——矿石理论出铁量，t/t。

E　低料线时负荷调节

高炉连续处于低料线作业时，炉料的加热变坏，间接还原度降低，须补加适当数量的焦炭。表 10-8 是鞍钢处理低料线时的焦炭补加量，其对象是 1000 ~ 2000 m^3 高炉，对于能量利用较差的小高炉，参考表 10-8 中数据时补焦量要酌情加重。

表 10-8　低料线深度、时间与补焦数量

低料线深度/m	低料线时间/h	补加焦炭量/%
<3.0	0.5	5 ~ 10
<3.0	1.0	8 ~ 12
>3.0	0.5	8 ~ 12
>3.0	1.0	15 ~ 25

［**例 10-9**］　某高炉不减风检修称量车，计划检修时间 35 min，当时料速为 11 批/h，正常料线为 1 m，每批料可提高料线 0.45 m，焦批 620 kg，炉况正常，检修前高炉压料至 0.5 m 料线，如检修按计划完成，检修完毕料线到多深？若卷扬机以最快速度 3.5 min/批赶料，多长时间才能赶上正常料线？赶料时炉料的负荷如何调整？

解：检修完毕时料线为：

$$L = 11 \times (35/60) \times 0.45 + 0.5 = 3.2 \text{ m}$$

设在 τ 分钟后赶上正常料线，在这段时间内共上料（$\tau/3.5$）批，其中包括：

充填低料线亏空容积　　$(3.2 - 1.0)/0.45 = 4.89$ 批

赶料过程高炉下料批数　　$(\tau/60) \times 11 = 0.183\tau$ 批

赶上正常料线后再上一批料，因此有方程：

$$\tau/3.5 = 4.89 + 0.183\tau + 1$$

解之得，$\tau = 57$ min，在此期间下料 57/3.5 = 16 批。

由计算知，赶料需 57 min，料线深达 3.2 m，为了补热，负荷应作调整，按经验应补焦 20%；赶料过程中下料约 16 批，应补焦 3 批。

F 长期休风时负荷调整

高炉休风 4 h 以上，都应适当减轻焦炭负荷，以利复风后恢复炉况。减负荷的数量取决于以下因素：

（1）高炉容积：炉容愈大减负荷愈少，否则相反。

（2）喷吹燃料：喷吹燃料愈多，减负荷愈多，否则相反。

（3）高炉炉龄：炉龄愈长，减负荷愈多，否则相反。

（4）休风时间：休风时间愈长，减负荷愈多，否则相反。

表 10-9 中列出了鞍钢高炉（600 ~ 1500 m^3）的经验数据，中、小高炉参考表中数据时，要酌情取较大值。

表 10-9 休风时间与负荷调整

休风时间/h	8	16	24	48	72
减负荷/%	5	8	10	10 ~ 15	15 ~ 20

10.4.3 高炉操作综合计算实例

［例 10-10］ 某 100 m^3 高炉，料线 1000 mm，炉况顺行，但负荷较轻（2.7），操作风温 950℃（送风温度可达到 1000℃），生铁中 $w([Si])=0.80\%$。为了利用风温并把 $w([Si])$ 降至 0.60%，决定将负荷加重到 2.8。风温应提高到多少？加重负荷后的炉料何时下达？

已知混合矿含 Fe 为 52.7%，焦炭含 Fe 为 1.0%，生铁中 $w([Fe])=94.5\%$，每批料中混合矿 1674 kg，熔剂 27 kg，矿石和熔剂堆密度为 1.75 t/m^3，焦炭堆比重为 0.55 t/m^3，料速为 10 批/h，高炉工作容积为 90 m^3，炉料压缩率 10%。

解：

（1）负荷 2.7 时的焦批为 1674/2.7 = 620 kg/批

每批料出铁量为 $(1674\times0.527+620\times0.01)/0.945=940$ kg/批

焦比为 $(620\times1000)/940=659.5$ kg/t

（2）负荷 2.8 时的焦批为 1674/2.8 = 598 kg/批

每批料出铁量为 $(1674\times0.527+598\times0.01)/0.945=939.9$ kg/批

焦比为 $(598/939.9)\times1000=636.3$ kg/t

（3）加重负荷后焦比下降 $(659.5-636.3)=23.2$ kg/t，其中因降［Si］节减焦比量为 $(0.8-0.6)\times60=12$ kg/t，尚差 $(23.2-12)=11.2$ kg/t，要靠提高风温来弥补。在风温为 900 ~ 1000℃时，每提高 100℃风温，节约焦比 4.5%，设需要提高风温水平为 ΔT，则据式（10-15），有：

$$636.3=(659.5-12)/(1+\Delta T\times0.045)$$

解得，$\Delta T=0.39$，即相当于风温提高 $(0.39\times100)=39$℃。

（4）昼夜产铁量 $P=10\times24\times0.94=225.6$ t

据下式中

$$T=\frac{24V_a}{P(1-\alpha)\left(\frac{OR}{\rho_0}+\frac{K}{\rho_c}\right)} \qquad (10\text{-}18)$$

式中 T——冶炼周期，h；

V_a——高炉工作容积，m^3（指料线到风口中心线间容积）；

P——昼夜产铁量，t；

α——炉料的平均压缩率，%（一般中小高炉为 10% ~11%）；

OR——冶炼单位生铁所消耗的主、辅原料量，t/t；

K——焦比，t/t；

ρ_0——主、辅原料的堆积密度，t/m^3；

ρ_c——焦炭的堆密度，t/m^3。

$$T = \frac{24 \times 90 \times 1000}{225.6 \times (1 - 10\%)\left(\frac{1674 + 27}{1.75} + \frac{620}{0.55}\right)} = 5.1\ \text{h}$$

因此，每批料减焦炭（12 ×0.9399）=11.3 kg/批，该料在 5 h 左右到达风口。可在变料后 2 ~3 h 内将 39℃风温分两次提上去。

[例 10-11] 由冶炼炼钢生铁改炼铸造铁，要求如表 10-10 所示。

表 10-10 由冶炼炼钢生铁改炼铸造铁的成分变化

项 目	矿批/t	理论出铁量/t · 批$^{-1}$	$w([Si])/\%$	$w([Mn])/\%$	$w(CaO)/w(SiO_2)$
变铁种前	1.85	0.993	0.8	0.20	1.10
变铁种后	1.85	0.993	1.5	0.80	1.05

已知锰矿含锰量 27%，含 SiO_2 为 20%，Mn 元素进入生铁的比率 $\eta_{Mn} = 0.65$，焦炭含 SiO_2 为 7.0%，石灰石 CaO 含量为 50%，经计算变料前每批料带入的 CaO 量为 180 kg/批（即进入炉渣的 CaO 量）。问负荷、锰矿和石灰量如何调整？

解：

（1）变料前每批料锰矿用量 $P_{Mn} = 0$；变料后锰矿用量为：

$$P'_{Mn} = [(0.008 - 0.002) \times 993]/(0.27 \times 0.65) = 33.9，取\ 34\ \text{kg/批}$$

（2）设每批料焦炭变动量为 ΔJ，kg/批。

由炼钢铁改炼铸造铁时，按经验生铁中[Si]含量每升高 1%，焦比增加 60 kg/t；[Mn]含量每升高 1%，焦比升高 20 kg/t。灰石对焦比的影响系数取 0.3，即每 100 kg 石灰石影响焦比 30 kg/t。石灰石变动量记为 $\Delta P_{灰}$，则有：

生铁[Si]含量变化引起的焦批变化量：（1.50 −0.80）×60 ×0.993 =41.7 kg/批

生铁[Mn]含量变化引起的焦批变化量：（0.80 −0.20）×20 ×0.993 =11.9 kg/批

石灰石变动引起的焦批变化量： $0.3\Delta P_{灰}$，kg/批

故

$$\Delta J = 41.7 + 11.9 + 0.3\Delta P_{灰} = 53.6 + 0.3\Delta P_{灰} \tag{10-19}$$

（3）每批料石灰石变动量 $\Delta P_{灰}$ 计算

炉渣碱度由 1.10 降到 1.05，由此引起的渣中 CaO 变化量为：

$$\Delta m(CaO)_1 = [(1.05 - 1.10)/1.10] \times 180 = -8.2\ \text{kg/批} \tag{10-20}$$

进入炉渣的 SiO_2 量变化来自三个因素：

（1）[Si]含量从 0.80% 升到 1.5%，渣中 SiO_2 减少量为：

$$(0.008 - 0.015) \times 993 \times (60/28) = -14.9\ \text{kg/批}$$

（2）由锰矿带入 SiO_2 量：

$$34 \times 0.20 = 6.8\ \text{kg/批}$$

（3）焦炭量变动 ΔJ 带入的 SiO_2 量：

$$(53.6+0.3\Delta P_{灰})\times 0.07=3.75+0.02\Delta P_{灰}$$

上述三项引起渣中 SiO_2 变化量合计：

$$\Delta m(SiO_2)=-14.9+6.8+3.75+0.02\Delta P_{灰}=0.02\Delta P_{灰}-4.35$$

因炉渣碱度为1.05，则由 SiO_2 变化引起渣中CaO变化量为：

$$\Delta m(CaO)_2=1.05\times\Delta m(SiO_2)=1.05\times(0.02\Delta P_{灰}-4.35) \tag{10-21}$$

故渣中总的CaO变化量可由式(10-18)、式(10-19)两式得出：

$$\Delta m(CaO)=\Delta m(CaO)_1+\Delta m(CaO)_2=0.02\Delta P_{灰}-12.77 \tag{10-22}$$

于是有：

$$\Delta P_{灰}=\Delta m(CaO)/0.50=0.04\Delta P_{灰}-25.54 \tag{10-23}$$

由式(10-21)得，$\Delta P_{灰}=-26.6$，取 -27 kg/批，将其代入式(10-19)得，$\Delta J=45.5$，取45 kg/批。

因此，改变生铁品种时，每批料应多加焦炭45 kg/批，加锰矿34 kg/批，减石灰石27 kg/批。

[**说明**]：上述计算结果是变铁种时的一笔总账，具体如何安排要视情况而定。为减少中间产品，可采取“过量”法，即把焦炭、锰矿集中加入，石灰石过量减少，以缩短升温过程。

复习思考题

10-1　为何要做配料计算，其目的是什么？

10-2　做高炉物料平衡与热平衡计算的目的是什么？

10-3　已知某高炉焦比385 kg/t，焦批为700 kg/批，风温由1050℃提至1090℃，问焦批应如何调整？

10-4　什么是高炉有效热量利用系数？

第二篇　高炉炼铁设备

11　高炉炼铁车间设计

在钢铁联合企业中,高炉炼铁车间占有重要地位。在总平面布置中,高炉炼铁车间位置应靠近原、燃料供应车间和成品生铁使用车间,务必使物料流程短捷合理。

11.1　高炉座数及容积的确定

11.1.1　生铁产量的确定

生铁产量的确定有两种方式,一是设计任务书中直接给出生铁年产量,二是任务书给出多种品种生铁的年产量,如炼钢铁与铸造铁,则应换算成同一品种的生铁产量。一般是将铸造铁乘以换算系数,换算为同一品种的炼钢铁,求出总产量。换算系数与铸造铁的硅含量有关,见表11-1。

表11-1　换算系数与铸造铁含硅量的关系

铸铁代号	Z15	Z20	Z25	Z30	Z35
$w(Si)/\%$	1.25～1.75	1.75～2.25	2.25～2.75	2.75～3.25	3.25～3.75
换算系数	1.05	1.10	1.15	1.20	1.25

如果任务书给出钢锭产量,则需要做出金属平衡,确定生铁年产量。首先算出钢液消耗量,这时要考虑浇铸方法、喷溅损失和短锭损失等。一般单位钢锭的钢液消耗系数为1.010～1.020。再由钢液消耗量确定生铁年产量。吨钢的铁水消耗取决于炼钢方法、炼钢炉容大小、废钢消耗等因素,一般为1.05～1.10 t,技术水平较高,炉容较大的选低值;反之,取高值。

11.1.2　高炉炼铁车间总容积的确定

计算得到的高炉炼铁车间生铁年产量除以年工作日,即得出高炉炼铁车间日产量(t),即:

$$日产量=\frac{年产量}{年工作日}$$

高炉年工作日是指高炉一代期间,扣除大修、中修、小修时间后,每年平均实际生产时间。

根据高炉炼铁车间日产量和高炉有效容积利用系数可以计算出高炉炼铁车间总容积

$$高炉总容积=\frac{日产量}{高炉有效容积利用系数}$$

高炉有效容积利用系数一般直接选定。大高炉选低值,小高炉选高值。利用系数的选择应该既先进又留有余地,保证投产后短时间内达到设计产量。如果选择过高则达不到预定的生产量,选择过低则使生产能力得不到发挥。

11.1.3　高炉座数的确定

高炉炼铁车间的总容积确定之后就可以确定高炉座数和一座高炉的容积。设计时,一个车间的高炉容积最好相同。这样有利于生产管理和设备管理。

高炉座数的确定应从两方面考虑:一方面从投资、生产效率、管理等方面考虑,数目越少越好;另一方面从铁水供应、高炉煤气供应的角度考虑,希望数目多些。确定高炉座数的原则应保证在一座高炉停产时,铁水和煤气的供应不致间断。过去钢铁联合企业中高炉数目较多,如鞍钢 10 座以上。近年来随着管理水平的提高,新建企业一般只有 2 ~ 3 座高炉,如宝钢现只有 3 座高炉。

11.2　高炉炼铁车间平面布置

高炉炼铁车间平面布置直接关系到相邻车间和公用设施是否合理,也关系到原料和产品的运输能否正常连续进行,设施的共用性及运输线、管网线的长短,对产品成本及单位产品投资有一定影响。因此规划车间平面布置时一定要考虑周到。

11.2.1　高炉炼铁车间平面布置应遵循的原则

合理的平面布置应符合下列原则:

(1) 在工艺合理、操作安全、满足生产的条件下,应尽量紧凑,并合理地共用一些设备与建筑物,以求少占土地和缩短运输线、管网线的距离。

(2) 有足够的运输能力,保证原料及时入厂和产品(副产品)及时运出。

(3) 车间内部铁路、道路布置要畅通。

(4) 要考虑扩建的可能性,在可能条件下留一座高炉的位置。在高炉大修、扩建时施工安装作业及材料设备堆放等不得影响其他高炉正常生产。

11.2.2　高炉炼铁车间平面布置形式

高炉炼铁车间平面布置形式可分为以下 4 种:

(1) 一列式布置。一列式高炉平面布置如图 11-1 所示。其主要特点是:高炉与热风炉在同一列线,出铁场也布置在高炉列线上成为一列,并且与车间铁路线平行。这种布置

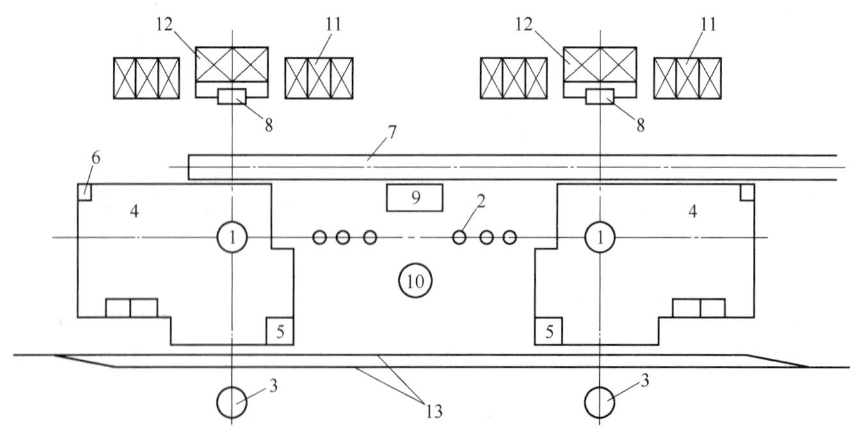

图 11-1　一列式高炉平面布置图

1—高炉;2—热风炉;3—重力除尘器;4—出铁场;5—高炉计器室;6—休息室;7—水渣沟;8—卷扬机室;9—热风炉计器室;10—烟囱;11—贮矿槽;12—贮焦槽;13—铁水罐车停放线

可以共用出铁场和炉前起重机，共用热风炉值班室和烟囱，节省投资；热风炉距高炉近，热损失少。但是运输能力低，在高炉数目多，产量高时，运输不方便，特别是在一座高炉检修时车间调度复杂。

（2）并列式布置。并列式高炉平面布置如图11-2所示。其主要特点是：高炉与热风炉分设于两条列线上，出铁场布置在高炉列线，车间铁路线与高炉列线平行。这种布置可以共用一些设备和建筑物，节省投资，高炉间距离近。但是热风炉距高炉远，热损失大，并且热风炉靠近重力除尘器，劳动条件不好。

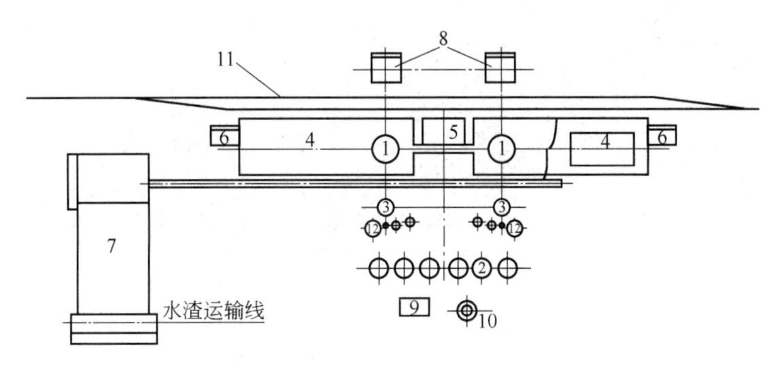

图11-2 并列式高炉平面布置图

1—高炉；2—热风炉；3—重力除尘器；4—出铁场；5—高炉计器室；6—休息室；7—水渣池；8—卷扬机室；9—热风炉计器室；10—烟囱；11—铁水罐车停放线；12—洗涤塔

（3）岛式布置。岛式高炉平面布置如图11-3所示。其主要特点是：每座高炉和它的热风炉、出铁场、铁水罐车停放线等组成一个独立的体系，并且铁水罐车停放线与车间两侧的调度线成一定的交角，角度一般为11°~13°。岛式布置的铁路线为贯通式，空铁水罐车从一端进入炉旁，装满铁水的铁水罐车从另一端驶出，运输量大，并且设有专用辅助材料运输线。但是高炉间距大，管线长；设备不能共用，投资高。

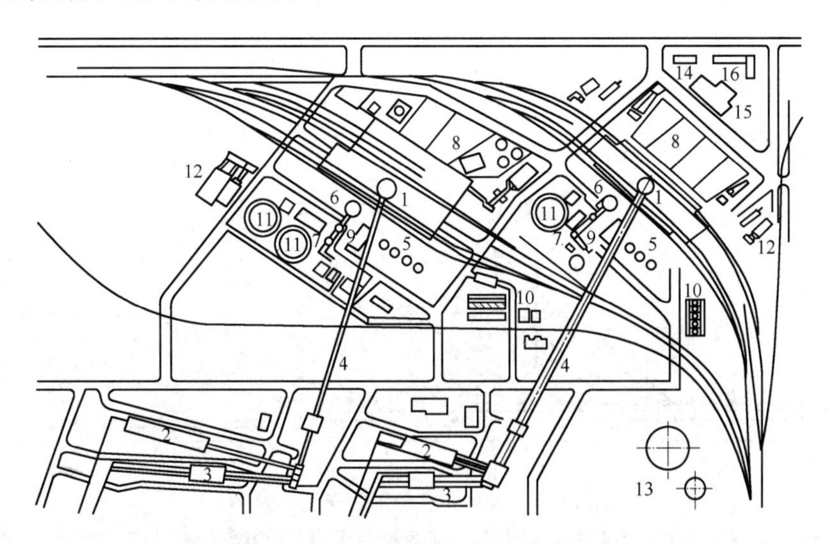

图11-3 岛式高炉平面布置图

1—高炉及出铁场；2—贮焦槽；3—贮矿槽；4—上料皮带机；5—热风炉；6—重力除尘器；7—文氏管；8—干渣坑；9—计器室；10—循环水设施；11—浓缩池；12—出铁场除尘设施；13—煤气罐；14—修理中心；15—修理场；16—总值班室

现代高炉炼铁车间的特点是高炉数目少，容积大。为了适应这种大型高炉的需要，岛式布置又有了新的发展如图 11-4 所示。这种布置采用皮带机上料、圆形出铁场，高炉两侧各有两条铁水罐车停放线，配用大型混铁炉式铁水罐车和摆动流嘴。在炉子两侧还各有一套炉前水冲渣设施，水渣外运用皮带机。前苏联新里别斯克的 3200 m^3 高炉和我国武钢 4 号高炉的布置均与此相似。

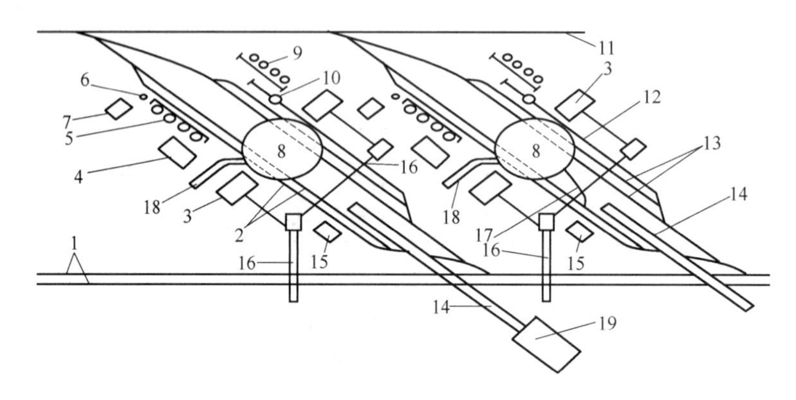

图 11-4　圆形出铁场的高炉平面布置图

1，11—铁水罐车走行线；2，13—铁水罐车停放线；3—炉前水冲渣设施；4—高炉计器室；5—热风炉；6—烟囱；7—热风炉风机站；8—圆形出铁场；9—煤气除尘设备；10—干式除尘设备；12—清灰铁路线；14—上料皮带机；15—炉渣粒化用压缩空气站；16—运出水渣皮带机；17—辅助材料运输线；18—上炉台的公路；19—矿槽栈桥

（4）半岛式布置。半岛式布置是岛式布置与并列式布置的过渡。高炉和热风炉列线与车间调度线间的交角增大到 45°，因此高炉距离近，并且在高炉两侧各有三条独立的有尽头的铁水罐车停放线，和一条辅助材料运输线，如图 11-5 所示。出铁场和铁水罐车停放线垂直，缩短了出铁场长度，设有摆动流嘴，出一次铁可放置多个铁水罐车。近年来新建的大型高炉多采用这种布置形式。

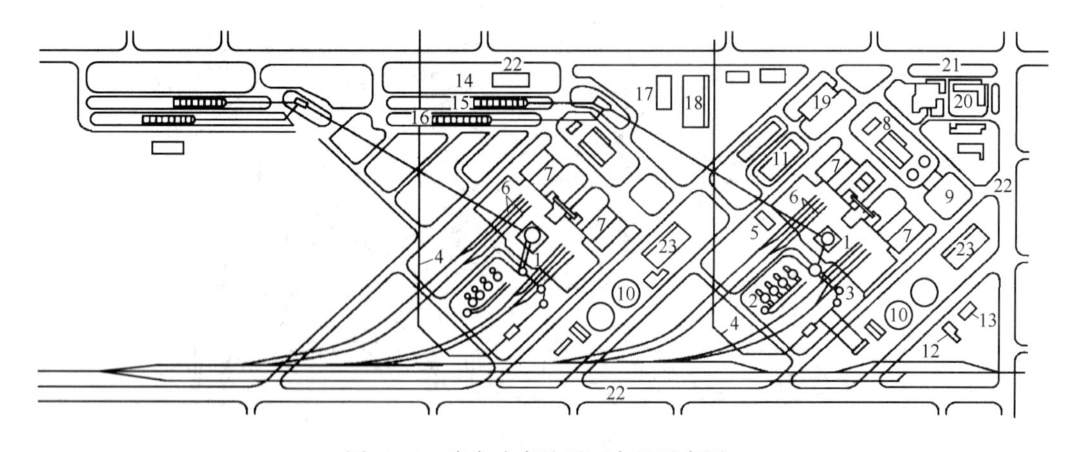

图 11-5　半岛式高炉平面布置示意图

1—高炉；2—热风炉；3—除尘器；4—净煤气管道；5—高炉计器室；6—铁水罐车停放线；7—干渣坑；8—水淬电器室；9—水淬设备；10—沉淀室；11—炉前除尘器；12—脱水机室；13—炉底循环水槽；14—原料除尘器；15—贮焦槽；16—贮矿槽；17—备品库；18—机修间；19—碾泥机室；20—厂部；21—生活区；22—公路；23—水站

复习思考题

11-1 高炉车间平面布置有哪几种形式,各有何特点?

11-2 确定高炉座数的原则是什么?

12 高 炉 本 体

高炉本体包括高炉基础、钢结构、炉衬、冷却设备以及高炉炉型设计等。高炉的大小用高炉有效容积表示,高炉有效容积和高炉座数表明高炉车间的规模,高炉炉型设计是高炉本体设计的基础。近代高炉炉型向着大型横向发展,目前,世界高炉有效容积最大的是 5775 m^3,高径比 2.0 左右。高炉本体结构设计的先进、合理是实现优质、低耗、高产、长寿的先决条件,也是高炉辅助系统设计和选型的依据。

12.1 高炉炉型

高炉是竖炉,高炉内部工作空间的形状称为高炉炉型或高炉内型。高炉冶炼的实质是上升的煤气流和下降的炉料之间进行传热传质的过程,因此必须提供燃料燃烧的空间,提供高温煤气流与炉料进行传热传质的空间。高炉炉型要适应原燃料条件的要求,保证冶炼过程的顺行。

12.1.1 炉型的发展过程

炉型的发展过程主要受当时的技术条件和原燃料条件的限制。随着原燃料条件的改善以及鼓风能力的提高,高炉炉型也在不断地演变和发展,炉型演变过程大体可分为无型阶段、大腰阶段和近代高炉三个阶段。无型阶段为最原始的方法,大腰阶段生产率很低,近代高炉由于鼓风机能力进一步提高,原燃料处理更加精细,高炉炉型向着"矮胖型"发展。

高炉内型合理与否对高炉冶炼过程有很大影响。炉型设计合理是获得良好技术经济指标,保证高炉操作顺行的基础。

12.1.2 五段式高炉炉型

五段式高炉炉型如图 12-1 所示。

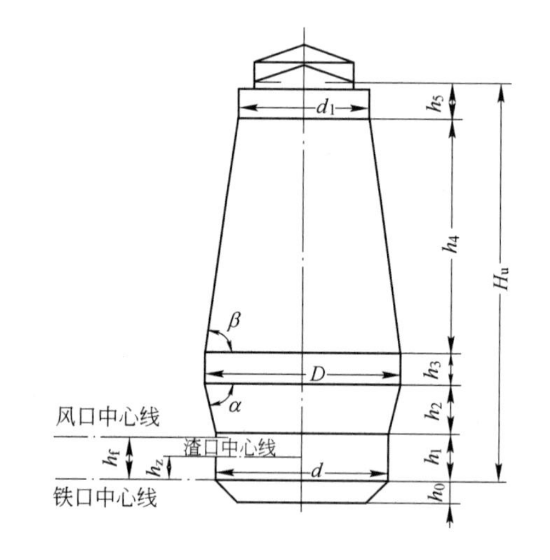

图 12-1 五段式高炉炉型图

H_u—有效高度;h_0—死铁层厚度;h_1—炉缸高度;h_2—炉腹高度;h_3—炉腰高度;h_4—炉身高度;h_5—炉喉高度;h_f—风口高度;h_z—渣口高度;d—炉缸直径;D—炉腰直径;d_1—炉喉直径;α—炉腹角;β—炉身角

12.1.2.1 高炉有效容积和有效高度

高炉大钟下降位置的下缘到铁口中心线间的距离称为高炉有效高度(H_u),对于无钟炉顶为旋转溜槽最低位置的下缘到铁口中心线之间的距离。在有效高度范围内,炉型所包括的容积称为高炉有效容积(V_u)。我国曾对炉容做过系列设计,并习惯地规定,$V_u \leq 100$ m^3 为小型高炉,$V_u = 255 \sim 620$ m^3 为中型高炉,$V_u > 620$ m^3 为大型高炉,把高炉分为大、中、小型是因为在设计炉型时,每种类型的高炉某些参数的选取有共同之处。近代 $V_u > 4000$ m^3 的高炉称为巨型高炉,其设计参数的选取与一般大型高炉也有差别。

高炉的有效高度,对高炉内煤气与炉料之间传热传质过程有很大影响。在相同炉容和冶炼强度条件下，增大有效高度，炉料与煤气流接触机会增多，有利于改善传热传质过程，降低燃料消耗；但过分增加有效高度，料柱对煤气的阻力增大，容易形成料拱，对炉料下降不利，甚至破坏高炉顺行。高炉有效高度应适应原燃料条件，如原燃料强度、粒度及均匀性等。生产实践证明，高炉有效高度与有效容积有一定关系，但不是直线关系，当有效容积增加到一定值后，有效高度的增加效果则不显著。

有效高度与炉腰直径的比值(H_u/D)是表示高炉"矮胖"或"细长"的一个重要指标，不同炉型的高炉，其值如下：

炉型	巨型高炉	大型高炉	中型高炉	小型高炉
H_u/D	约2.0	2.5~3.1	2.9~3.5	3.7~4.5

随着高炉有效容积的增加，H_u/D 在逐渐降低。表12-1为国内外部分高炉炉型及 H_u/D。

表12-1 国内外部分高炉炉型及 H_u/D

国家	乌克兰	日本			俄罗斯	中国				
厂别	克里沃罗格	鹿岛	君津	千叶	新利佩茨克	宝钢	武钢	马钢	包钢	首钢
炉号	9	3	3	5	5	3	5	1	3	2
炉容/m^3	5026	5050	4063	2584	3200	4350	3200	2545	2200	1726
H_u/m	33.5	31.8	32.6	30	32.2	31.5	30.6	29.4	27.3	26.7
D/m	16.1	16.3	14.6	12.1	13.3	15.2	13.4	12.0	11.6	10.7
H_u/D	2.08	1.95	2.23	2.48	2.421	2.072	2.283	2.45	2.353	2.495

12.1.2.2 炉缸

高炉炉型下部的圆筒部分为炉缸，在炉缸上分别设有风口、渣口与铁口。现代大型高炉多不设渣口。炉缸下部贮存液态渣铁，上部空间为风口的燃烧带。

(1) 炉缸直径(d)。炉缸直径过大和过小都直接影响高炉生产。直径过大将导致炉腹角过大，边缘气流过分发展，中心气流不活跃而引起炉缸堆积，同时加速对炉衬的侵蚀；炉缸直径过小限制焦炭的燃烧，影响产量的提高。炉缸截面积应保证一定数量的焦炭和喷吹燃料的燃烧。炉缸截面燃烧强度是高炉冶炼的一个重要指标，它是指每小时每平方米炉缸截面积所燃烧的焦炭的数量，一般为1.00~1.25 t/(m^2·h)。炉缸截面燃烧强度的选择，应与风机能力和原燃料条件相适应，风机能力大、原料透气性好、燃料可燃性好的燃烧强度可选高些，否则选低值。

根据高炉每天燃烧的焦炭量得到下列关系式：

$$\frac{\pi}{4}d^2 i_{燃} 24 = IV_u$$

得出

$$d = 0.23\sqrt{\frac{IV_u}{i_{燃}}} \tag{12-1}$$

式中 I——冶炼强度，t/(m^3·d)；

$i_{燃}$——燃烧强度，t/(m^2·h)；

V_u——高炉有效容积，m^3；

d——高炉炉缸直径，m。

计算得到的炉缸直径应该再用 V_u/A(A 为炉缸截面积)进行校核，不同炉容的 V_u/A 取值见

表 12-2。

表 12-2　不同炉容的 V_u/A 值

炉　型	大　型	中　型	小　型
V_u/A	22 ~ 28	15 ~ 22	10 ~ 13

（2）炉缸高度（h_1）。炉缸高度的确定，包括渣口高度、风口高度以及风口安装尺寸的确定。

铁口位于炉缸下水平面，铁口数目的多少应根据高炉炉容或高炉产量而定，一般 1000 m^3 以下高炉设一个铁口，1500 ~ 3000 m^3 高炉设 2 ~ 3 个铁口，3000 m^3 以上高炉设 3 ~ 4 个铁口，或以每个铁口日出铁量 1500 ~ 3000 t 设铁口数目。原则上出铁口数目取上限，有利于强化高炉冶炼。

渣口中心线与铁口中心线间距离称为渣口高度（h_z），它取决于原料条件，即渣量的大小。渣口过高，下渣量增加，对铁口的维护不利；渣口过低，易出现渣中带铁事故，从而损坏渣口。大、中型高炉渣口高度多为 1.5 ~ 1.7 m。

渣口高度的确定，还可以参照式（12-2）计算：

$$h_z = \frac{4bP}{\pi N c \rho_{铁} d^2} \tag{12-2}$$

式中　P——日产生铁量，t；

b——生铁产量波动系数，一般取 1.2；

N——昼夜出铁次数，一般 2 h 左右出一次铁；

$\rho_{铁}$——铁水密度，7.1 t/m^3；

c——渣口以下炉缸容积利用系数，一般取 0.55 ~ 0.60，炉容大、渣量大时取低值；

d——炉缸直径，m。

小型高炉设一个渣口。大中型高炉一般设两个渣口，两个渣口高度差为 100 ~ 200 mm，也可在同一水平面上。渣口直径一般为 ϕ50 ~ 60 mm。有效容积大于 2000 m^3 的高炉一般设置多个铁口，而不设渣口，例如宝钢 4063 m^3 高炉，设置 4 个铁口；唐钢 2560 m^3 高炉有 3 个铁口，多个铁口交替连续出铁。

风口中心线与铁口中心线间距离称为风口高度（h_f），风口与渣口的高度差应能容纳上渣量和提供一定的燃烧空间。

风口高度可参照式（12-3）计算：

$$h_f = \frac{h_z}{k} \tag{12-3}$$

式中　k——渣口高度与风口高度之比，一般取 0.5 ~ 0.6，渣量大取低值。

风口数目（n）主要取决于炉容大小，与炉缸直径成正比，还与预定的冶炼强度有关。风口数目多有利于减小风口间的“死料区”，改善煤气分布。确定风口数目可以按式（12-4）、式（12-5）、式（12-6）计算：

中小型高炉　　$n = 2(d + 1)$　　（12-4）

大型高炉　　$n = 2(d + 2)$　　（12-5）

4000 m^3 左右的巨型高炉　　$n = 3d$　　（12-6）

式中　d——炉缸直径，m。

风口数目也可以根据风口中心线在炉缸圆周上的距离 s（m）进行计算：

$$n = \frac{\pi d}{s} \tag{12-7}$$

式中,s 取值在1.1~1.6 m之间,我国高炉设计曾经是小高炉取下限,大高炉取上限。日本设计的4000 m^3 以上的巨型高炉,s 取1.1 m,增加了风口数目,有利于高炉冶炼的强化。确定风口数目时还应考虑风口直径与入炉风速,风口数目一般取偶数。

风口直径由出口风速决定,在一定的送风制度下,保证得到合适的风口风速,它决定了煤气初始分布状态。随着高炉大型化,风速增大,以保证煤气穿透中心,使边缘和中心都有比较发展的煤气流,整个炉缸全面均匀活跃。高炉有效容积与风口风速的关系:

有效容积/m^3	100	300	700	1200	1500
风速/$m \cdot s^{-1}$	>70	>100	>120	>160	>180

风口结构尺寸(a)根据经验直接选定,一般为0.35~0.50 m,表12-3为不同容积高炉的风口结构尺寸和炉喉间隙大小。

炉缸高度 h_1

$$h_1 = h_f + a \tag{12-8}$$

表12-3 不同容积高炉的风口结构尺寸和炉喉间隙

高炉容积/m^3	100	250	600	1000	1500	2000	2560
风口结构尺寸 a/mm	350	350	350	400	400	500	500
炉喉间隙/mm	550	600	700	800	900	950~1000	—

12.1.2.3 炉腹

炉腹在炉缸上部,呈倒截圆锥形。炉腹的形状适应了炉料熔化滴落后体积的收缩,稳定下料速度的特点。同时,可使高温煤气流离开炉墙,既不烧坏炉墙又有利于渣皮的稳定。对上部料柱而言,使燃烧带处于炉喉边缘的下方,有利于松动炉料,促进冶炼顺行。燃烧带产生的煤气量为鼓风量的1.4倍左右,理论燃烧温度1800~2000℃,气体体积剧烈膨胀,炉腹的存在适应这一变化。

炉腹的结构尺寸包括炉腹高度(h_2)和炉腹角(α)。炉腹过高,有可能炉料尚未熔融就进入收缩段,易造成难行和悬料;炉腹过低则减弱炉腹的作用。炉腹高度 h_2 也可由式(12-9)计算:

$$h_2 = \frac{D - d}{2}\tan\alpha \tag{12-9}$$

炉腹角一般为79°~83°,过大不利于煤气分布并破坏稳定的渣皮保护层,过小则增大对炉料下降的阻力,不利于高炉顺行。

12.1.2.4 炉身

炉身呈正截圆锥形,其形状适应炉料受热后体积的膨胀和煤气流冷却后体积的收缩,有利于减小炉料下降的摩擦阻力,避免形成料拱。炉身角对高炉煤气流的合理分布和炉料顺行影响较大。炉身角小,有利于炉料下降,但易发展边缘煤气流,过小时会导致边缘煤气流过分发展,使焦比升高。炉身角大,有利于抑制边缘煤气流,但不利于炉料下降,对高炉顺行不利。设计炉身角时要考虑原燃料条件,原燃料条件好,炉身角 β 可取大值;相反,原料粉末多,燃料强度差,炉身角取小值。高炉冶炼强度高,喷煤量大,炉身角取小值。同时也要适应高炉容积,一般大高炉由于径向尺寸大,所以径向膨胀量也大,这就要求 β 角小些,相反中小型高炉炉身角大些。炉身角一般取值为81.5°～85.5°之间。4000～5000 m³高炉炉身角取值为81.5°左右。前苏联5580 m³高炉炉身角取值79°42′17″。

炉身高度h_4占高炉有效高度的50%～60%，以保证煤气与炉料之间传热和传质过程的进行，可按式(12-10)计算：

$$h_4 = \frac{D - d_1}{2}\tan\beta \tag{12-10}$$

12.1.2.5　炉腰

炉腹上部的圆柱形空间为炉腰，是高炉炉型中直径最大的部位。炉腰处恰是冶炼的软熔带，透气性变差，炉腰的存在扩大了该部位的横向空间，改善了透气条件。

在炉型结构上，炉腰起着承上启下的作用，使炉腹向炉身的过渡变得平缓，减小死角。经验表明，炉腰高度(h_5)对高炉冶炼的影响不太显著，一般取1～3 m，炉容大取上限，设计时可通过调整炉腰高度修定炉容。

炉腰直径(D)与炉缸直径(d)和炉腹角(α)、炉腹高度(h_2)相关，并决定了炉型的下部结构。一般炉腰直径(D)与炉缸直径(d)有一定比例关系，大型高炉D/d取值1.09～1.15，中型高炉1.15～1.25，小型高炉1.25～1.5。

12.1.2.6　炉喉

炉喉呈圆柱形，它的作用是承接炉料，稳定料面，保证炉料合理分布。炉喉直径(d_1)与炉腰直径(D)、炉身角(β)、炉身高度(h_4)相关，并决定了高炉炉型的上部结构特点。d_1/D取值在0.64～0.73之间。

钟式炉顶装料设备的大钟与炉喉间隙$(d_1 - d_0)/2$，对炉料堆尖在炉喉内的位置有较大影响。间隙小，炉料堆尖靠近炉墙，抑制边缘煤气流；间隙大，炉料堆尖远离炉墙，发展边缘煤气流。炉喉间隙大小应考虑原料条件，矿石粉末多时，应适当扩大炉喉间隙；同时还应考虑β角大小，β角大，炉喉间隙可大些，β角小，炉喉间隙要小一些。我国钟式炉顶炉喉间隙大小见表12-3。

炉喉高度一般取值如表12-4所示。

表12-4　不同炉容的炉喉高度

炉　型	特大型	大　型	中　型	小　型
h_5/m	3.0～3.5	2.0～2.8	1.5～2.0	0.8～1.0

12.1.2.7　死铁层厚度

铁口中心线到炉底砌砖表面之间的距离称为死铁层厚度。死铁层是不可缺少的，其内残留的铁水可隔绝铁水和煤气对炉底的侵蚀，其热容量可使炉底温度均匀稳定，消除热应力的影响。由于高炉冶炼不断强化，死铁层厚度有增加的趋势，目前国外新设计的高炉的死铁层为h_0 = 0.2d。增加死铁层厚度，可以有效地保护炉底。

12.1.3　炉型计算例题

设计年产炼钢生铁280万吨的高炉车间。

(1) 确定年工作日：365×95% =347 d

日产量：
$$P_{总}=\frac{280\times10^4}{347}=8069.2\ \mathrm{t}$$

（2）确定高炉容积：

选定高炉座数为2座，利用系数 $\eta_v=2.0\ \mathrm{t/(m^3\cdot d)}$

每座高炉日产量 $P=P_{总}/2=4035\ \mathrm{t}$

每座高炉容积

$$V_u=\frac{P}{\eta_v}=\frac{4035}{2.0}=2018\ \mathrm{m^3}$$

（3）炉缸尺寸：

1）炉缸直径：

选定冶炼强度 $I=0.95\ \mathrm{t/(m^3\cdot d)}$；燃烧强度 $i_{燃}=1.05\ \mathrm{t/(m^2\cdot h)}$

则
$$d=0.23\sqrt{\frac{IV_u}{i_{燃}}}=0.23\sqrt{\frac{0.95\times2018}{1.05}}=9.83\ \mathrm{m}\quad 取\ d=9.8\ \mathrm{m}$$

2）炉缸高度：

渣口高度

$$h_z=\frac{4bP}{\pi Nc\rho_{铁}d^2}=\frac{4\times1.20\times4035}{3.14\times10\times0.55\times7.1\times9.8^2}=1.64\ \mathrm{m}\quad 取\ h_z=1.7\ \mathrm{m}$$

风口高度 $h_f=\frac{h_z}{k}=\frac{1.7}{0.56}=3.03\ \mathrm{m}$ 取 $h_f=3.0\ \mathrm{m}$

风口数目 $n=2(d+2)=2(9.8+2)=23.6$ 取 $n=24$ 个

风口结构尺寸 选取 $a=0.5\ \mathrm{m}$

则炉缸高度 $h_1=h_f+a=3.0+0.5=3.5\ \mathrm{m}$

（4）死铁层厚度：

选取 $h_0=1.5\ \mathrm{m}$

（5）炉腰直径、炉腹角、炉腹高度：

选取 $D/d=1.13$

则 $D=1.13\times9.8=11.07\ \mathrm{m}$ 取 $D=11\ \mathrm{m}$

选取 $\alpha=80°30'$

则
$$h_2=\frac{D-d}{2}\tan\alpha=\frac{11-9.8}{2}\tan80°30'=3.58\ \mathrm{m}\quad 取\ h_2=3.5\ \mathrm{m}$$

校核 α
$$\tan\alpha=\frac{2h_2}{D-d}=\frac{2\times3.5}{11-9.8}=5.83\quad 取\ \alpha=80°16'1''$$

（6）炉喉直径、炉喉高度：

选取 $d_1/D=0.68$

则 $d_1=0.68\times11=7.48$ 取 $d_1=7.5\ \mathrm{m}$

选取 $h_5=2.0\ \mathrm{m}$

（7）炉身角、炉身高度、炉腰高：

选取 $\beta=84°$

则
$$h_4=\frac{D-d_1}{2}\tan\beta=\frac{11-7.5}{2}\tan84°=16.65\ \mathrm{m}\quad 取\ h_4=17\ \mathrm{m}$$

校核 β
$$\tan\beta=\frac{2h_4}{D-d_1}=\frac{2\times17}{11-7.5}=9.71\quad 取\ \beta=84°7'21''$$

选取 $$H_u/D=2.56$$

则 $$H_u=2.56\times 11=28.16\text{ m}\qquad 取\ H_u=28.2\text{ m}$$

求得 $$h_3=H_u-h_1-h_2-h_4-h_5=28.2-3.5-3.5-17-2.0=2.2\text{ m}$$

（8）校核炉容：

炉缸体积 $$V_1=\frac{\pi}{4}d^2h_1=\frac{3.14}{4}\times 9.8^2\times 3.5=264.01\text{ m}^3$$

炉腹体积 $$V_2=\frac{\pi}{12}h_2(D^2+Dd+d^2)=\frac{3.14}{12}\times 3.5\times(11^2+11\times 9.8+9.8^2)=297.65\text{ m}^3$$

炉腰体积 $$V_3=\frac{\pi}{4}D^2h_2=\frac{3.14}{4}\times 11^2\times 2.2=209.08\text{ m}^3$$

炉身体积 $$V_4=\frac{\pi}{12}h_4(D^2+Dd_1+d_1^2)=\frac{3.14}{12}\times 17\times(11^2+11\times 7.5+7.5^2)=1156.04\text{ m}^3$$

炉喉体积 $$V_5=\frac{\pi}{4}d_1^2h_5=\frac{3.14}{4}\times 7.5^2\times 2.0=88.36\text{ m}^3$$

高炉容积 $$V_u=V_1+V_2+V_3+V_4+V_5=264.01+297.65+209.08+1156.04+88.36=2015.2\text{ m}^3$$

误差 $$\Delta V=\frac{V_u-V'_u}{V'_u}=\frac{2015.2-2018}{2018}=0.14\%<1\%$$

炉型设计合理，符合要求。

12.2　高炉炉衬

用耐火材料砌筑的实体称为高炉炉衬。高炉炉衬的寿命决定高炉一代寿命的长短。由于高炉内不同部位发生不同的物理化学反应，因此高炉不同部位的炉衬所用的耐火材料是不同的。

12.2.1　炉衬的作用

（1）构成了高炉的工作空间。

（2）直接抵抗冶炼过程中的机械、热和化学的侵蚀。

（3）减少热损失。

（4）保护炉壳和其他金属结构免受热应力和化学侵蚀的作用。

12.2.2　高炉各部位炉衬的工作条件及破损机理

12.2.2.1　炉底

高炉停炉大修后炉底破损状况和生产中炉底温度等检测结果表明，炉底破损分两个阶段，第一阶段是铁水渗入将砖漂浮而形成锅底形深坑，第二阶段是熔结层形成后的化学侵蚀。

铁水渗入的条件：一是炉底砌砖承受着液体渣铁、煤气压力、料柱重量的10%～12%；二是砌砖存在砖缝和裂缝。当铁水在高压下渗入砖衬缝隙时，会缓慢冷却，在1150℃时凝固，在冷凝过程中析出石墨碳，体积膨胀，从而又扩大了缝隙，如此互为因果，铁水可以渗入很深。由于铁水密度大于黏土砖、高铝砖和炭砖密度，因此在铁水的静压力作用下砖会漂浮起来。

当炉底侵蚀到一定程度后，侵蚀逐渐减弱，炉底坑下的砖衬在长期的高温高压下，部分软化重新结晶，形成熔结层。熔结层和下部未熔结的砖衬相比较，熔结层的砖被压缩，气孔率显著降低，体积密度显著提高，同时砖中氧化铁和碳的含量增加。熔结层中砖与砖已烧结成一个整体，能抵抗铁水的渗入,并且坑底面的铁水温度也较低,砖缝已不再是铁水渗入的薄弱环节了,这时炉衬的损坏主要转化为铁水中的碳将砖中二氧化硅还原成硅,并被铁水所吸收的化学侵蚀。

$$SiO_{2(砖)} + 2[C] + [Fe] = [FeSi] + 2CO$$

因此熔结层表面的二氧化硅含量降低,而残铁和炉内凝铁中的硅含量增加,这时炉底的侵蚀速度大大减慢了。炉底侵蚀情况如图 12-2 所示。

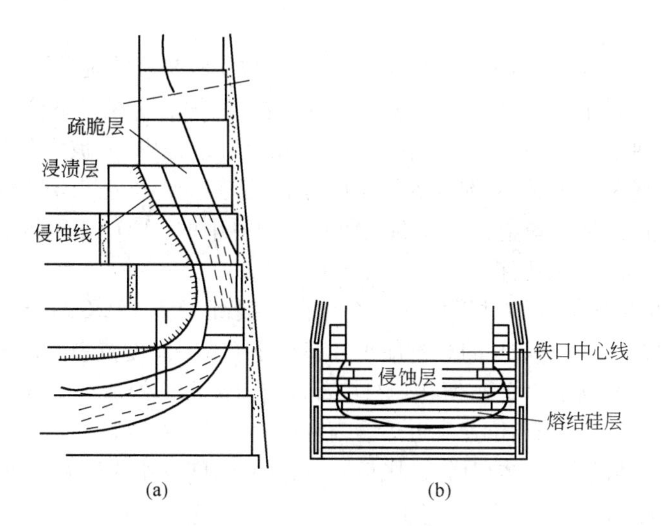

图 12-2 高炉炉缸、炉底侵蚀状况

(a) 国外某高炉炉缸炉底侵蚀情况;(b) 首钢 3 号高炉第一代炉底侵蚀情况

由此可见,关键在于熔结层在哪里形成,生产实践表明:采用炉底冷却的大高炉,炉底侵蚀深度约 1 ~ 2 m,而没有炉底冷却的高炉侵蚀深度可达 4 ~ 5 m。

从上述炉底破损机理看出,影响炉底寿命的因素是:炉底所承受的高压;高温;铁水和渣水在出铁时的流动对炉底的冲刷。炉底的砖衬在加热过程中产生温度应力引起砖层开裂。此外在高温下渣铁也对砖衬有化学侵蚀作用,特别是渣液的侵蚀更为严重。

12.2.2.2 炉缸

炉缸下部是盛渣铁液的地方,其工作条件与炉底相近。渣铁液周期地进行聚积和排出,所以渣铁的流动、炉内渣铁液面的升降,大量的煤气流等高温流体对炉衬的冲刷是主要的破坏因素,特别是渣口、铁口附近的炉衬是冲刷最厉害的部位。高炉炉渣偏碱性而常用的耐火砖偏酸性,故在高温下产生化学性渣化,是炉缸砖衬一个重要的破坏因素。整个高炉的最高温度区域是炉缸上部的风口带,此处炉衬内表面温度高达 1300 ~ 1900℃,所以砖衬的耐高温性能和相应的冷却措施都是非常重要的。

炉缸部位受的压力虽不算很大,但它是难以应付的侧向压力,故仍然不可忽视。

12.2.2.3 炉腹

此处距风口带近,故高温热应力作用很大。同时还承受上部落入炉缸的渣铁水和高速向上运动的高温煤气流的冲刷、化学侵蚀及氧化作用,再加上料柱压力和崩料、坐料时冲击力的影响。在实际生产中,往往开炉不久这部分炉衬便被完全侵蚀掉,增加炉衬厚度也无济于事,而是靠冷却壁上的渣皮维持生产。

12.2.2.4　炉腰

炉腰的侵蚀作用与炉腹相似。而该处的初渣含有大量的 FeO 和 MnO，所以炉渣的侵蚀作用更为突出。

12.2.2.5　炉身

炉身中下部温度较高，故热应力的影响较大，同时也受到初渣的化学侵蚀以及碱金属和锌的化学侵蚀。炉料中的碱金属和锌，一般以盐类存在，进入高炉后在高温下分解为氧化物，在高炉下部被还原为金属钾、钠、锌，并挥发随煤气上升。在上升过程中，又被氧化为 K_2O、Na_2O、ZnO，部分氧化物沉积到炉料上再循环，部分沉积在炉衬上，还有一部分随煤气排出炉外，这就是碱循环。沉积在炉衬上的这部分碱金属和锌的氧化物与炉衬中的 Al_2O_3、SiO_2 反应生成低熔点的硅铝酸盐，使炉衬软熔并被冲刷而损坏。

另外，碳沉积也是该部位炉衬损坏的一个原因。碳沉积反应（$2CO = CO_2 + C$）在 400～700℃之间进行最快。而整个炉身的炉衬却正好都有处于这一温度范围的地方，这是由于炉身下部炉墙内表面温度虽然高于 700℃，但在炉衬内部却有着碳沉积的适当温度点，因此碳就会在炉衬中进行沉积，炉身上部沉积点位置靠近炉墙内表面。当碳沉积在砖缝和裂缝中时，它在长期的高温影响下，会改变结晶状态，体积增大，胀坏砖衬，这对强度较差的耐火砖和泥浆不饱满的炉衬来说，作用更为明显。

在炉身上部，炉料比较坚硬，具有棱角，下降炉料的磨损和夹带着大量炉尘的高速煤气流的冲刷是这部位炉衬损坏的主要原因。

12.2.2.6　炉喉

炉喉受到炉料落下时的撞击作用和高温含尘煤气流的冲刷。故都用金属保护板加以保护，又称炉喉钢砖。即使如此，它仍会在高温下失去强度和由于温度分布不均匀而产生热变形，炉内煤气流频繁变化时损坏更为严重。

对于大中型高炉来说，炉身部位是整个高炉的薄弱环节，这里的工作条件虽然比下部好，但由于没有渣皮的保护，寿命反而较短。对于小型高炉，炉缸是薄弱环节，常因炉缸冷却不良、堵铁口泥炮能力小而发生炉缸烧穿事故。

12.2.3　高炉用耐火材料

12.2.3.1　对耐火材料的要求

根据高炉炉衬的工作条件和破损机理，炉衬材料的质量对炉衬寿命有重要影响，故对高炉用耐火材料提出如下要求：

(1) 高耐火度和高荷重软化点，以抵抗高温和高温压力下的破坏作用。

(2) 低气孔率并没有裂纹，以抵抗煤气的渗入和熔渣的侵蚀作用。

(3) 低 Fe_2O_3，以防止 CO 在炉衬内的分解。

(4) 高机械强度，以抵抗机械磨损和冲击破坏。

(5) 良好的化学稳定性，以提高抵抗炉渣化学侵蚀的能力。

(6) 体积稳定性好，以满足炉内温度波动时能抵抗急冷急热破坏的需要。

(7) 外形尺寸准确，以保证施工质量。

12.2.3.2 高炉常用耐火材料

高炉常用的耐火材料主要有陶瓷质材料和炭质材料两大类。陶瓷质材料包括黏土砖、高铝砖、刚玉砖和不定形耐火材料等;炭质材料包括炭砖、石墨炭砖、石墨碳化硅砖、氮结合碳化硅砖等。

A 黏土砖和高铝砖

黏土砖是高炉上应用最广泛的耐火砖,它具有良好的物理机械性能,化学成分与炉渣相近,不易和渣起化学反应,有较好的机械性能,成本较低。

高铝砖是 Al_2O_3 含量大于48%的耐火制品,它比黏土砖有更高的耐火度和荷重软化点,由于 Al_2O_3 为中性,故抗渣性较好,但是加工困难,成本较高。高炉用黏土砖和高铝砖的理化指标见表12-5。

表 12-5 高炉用黏土砖和高铝砖的理化指标

指标	黏土砖			高铝砖	
	XGN-38	GN-41	GN-42	GL-48	GL-55
Al_2O_3 含量/%	≥38	≥41	≥42	48~55	55~65
Fe_2O_3 含量/%	≤2.0	≤1.8	≤1.8	≤2.0	≤2.0
耐火度/℃	≥1700	≥1730	≥1730	≥1750	≥1770
0.2 MPa 荷重软化开始温度/℃	≥1370	≥1380	≥1400	≥1450	≥1480
重烧线收缩/%,1400℃ 3 h	≤0.3	≤0.3	≤0.2		
1450℃ 3 h				≤0.3	
1500℃ 3 h					≤0.3
显气孔率/%	≤20	≤18	≤18	≤18	≤10
常温耐压强度/MPa	≥30.0	≥55.0	≥40.0	≥50.0	≥50.0

黏土砖和高铝砖的外形质量也非常重要,特别是精细砌筑部位更为严格,有时还需再磨制加工才能合乎质量要求,所以在贮运过程中要注意保护边缘棱角,否则会降低级别甚至报废。

B 碳质耐火材料

近代高炉逐渐大型化,冶炼强度也有所提高,炉衬热负荷加重。碳质耐火材料具有独特的性能,因此逐渐应用到高炉上来,尤其是炉缸炉底部位几乎普遍采用碳质材料,其他部位炉衬的使用量也日趋增加。碳质耐火材料主要特性如下:

(1) 耐火度高,碳是不熔化物质,在3500℃升华,在高炉冶炼温度下碳质耐火材料不熔化也不软化。

(2) 碳质耐火材料具有很好的抗渣性,对酸性与碱性炉渣都有很好的抗蚀能力。

(3) 具有高导热性,抵抗热震性好,可以很好地发挥冷却器的作用,有利于延长炉衬寿命。

(4) 线膨胀系数小,热稳定性好。

(5) 致命弱点是易氧化,对氧化性气氛抵抗能力差。一般碳质耐火材料在400℃能被气体中 O_2 氧化,500℃时开始和 H_2O 作用,700℃时开始和 CO_2 作用,FeO 高的炉渣也易损坏它,所以使用炭砖时都砌有保护层。碳化硅质耐火材料发生上述反应的温度要高一些。

我国生产的高炉用炭砖断面尺寸为400 mm×400 mm,长度为1200~3200 mm。

C 不定形耐火材料

不定形耐火材料主要有捣打料、喷涂料、浇注料、泥浆和填料等。按成分可分碳质不定形耐火材料和黏土质不定形耐火材料。不定形耐火材料与成形耐火材料相比，具有成形工艺简单、能耗低、整体性好、抗热震性强、耐剥落等优点，还可以减小炉衬厚度，改善导热性等。主要用于：

(1) 高炉内衬修理：近年用于高炉灌浆和喷补技术。

(2) 填塞砖缝：以耐火泥浆充填，使高炉内衬砌体黏结成一个整体。为此，耐火泥浆配料必须具有合适的胶结性和耐火度，并使其具有与耐火砖相同或类似的理化性能。

(3) 填料：高炉内衬砌体与炉壳之间，内衬砌体与周围冷却壁之间，应充填不同性质的填料。如炭素填料、黏土火泥－石棉填料和水渣－石棉填料等。也有采用浇注耐火混凝土或捣打碳质耐火材料，以保持填料不沉淀。

耐火填料一般应具有可塑性和良好的导热性能，以吸收砌体的径向膨胀和密封煤气，并利于冷却和降低损坏速度。

(4) 喷涂：在炉壳内表面喷涂一层不定形耐火材料，可以防止炉壳龟裂变形。开炉初期，由于砌体未结成整体，高温煤气可以从砖缝流向炉壳，从而引起炉壳局部发红，造成龟裂变形。炉龄末期，由于砖衬脱落或被侵蚀，同样可引起龟裂变形。

高炉常用泥浆、填料见表12-6。

表12-6　高炉砌砖所用的泥浆和填料成分

项次	名称	成分和数量	使用部位	备注
1	炭素填料	体积比：粒度在4 mm以下冶金焦80%～84%，煤焦油(脱水)8%～10%，煤沥青8%～10%	炉基黏土砖砌体与炉壳之间，以及黏土砖或高铝砖砌体与周围冷却壁之间的缝隙	
2	厚缝糊	质量比：粒度为0～8 mm的热处理无烟煤或干馏无烟煤51%～53%，粒度为0～0.5 mm的冶金焦33%～35%，油沥青13%～15%(油沥青成分：煤沥青69%～71%，蒽油31%～29%)	炭素砌体的厚缝以及炭砖砌体与周围冷却壁之间的缝隙，炉底平行砌筑炭砖的底层	由制造厂制成
3	黏土火泥－石棉填料	体积比：NF－28粗粒黏土火泥60%，牌号7－370的石棉40%	炉身黏土砖或高铝砖砌体与炉壳之间、炉喉钢砖区域以及热风炉隔热砖与炉墙之间的缝隙	
4	水渣－石棉填料	体积比：干燥的水渣50%，牌号7-370的石棉50%	炉身黏土砖或高铝砖砌体与炉壳之间、热风炉下部隔热砖与炉墙之间的缝隙	
5	硅藻土填料	粒度为0～5 mm的硅藻土粉	热风炉隔热砖与炉墙之间的缝隙	
6	黏土火泥－水泥泥料	体积比：NF－28中粒黏土火泥50%～70%，400号硅酸盐水泥或矾土水泥30%～40%	高炉炉底、底基、环梁托圈和热风炉炉底铁板找平层	
7	黏土火泥－水泥稀泥浆	体积比：NF－28中粒黏土火泥60%～65%，水泥35%～40%	炉壳与周围冷却壁之间的缝隙	
8	黏土火泥泥浆	NF－40，NF－38，NF－34黏土火泥	高炉炉身冷却箱区域及其以下各部位和热风炉各部位的黏土砖砌体	
9	黏土火泥－水泥半浓泥浆	体积比：NF－38黏土火泥外加10%的水泥	高炉炉身无冷却箱区域的黏土砖砌体和热风管的内衬	

续表 12-6

项次	名称	成分和数量	使用部位	备注
10	黏土熟料－矾土－水玻璃半浓泥浆	质量比:黏土熟料粉 55%,工业用矾土 6%,水玻璃 10%,耐火生黏土(干料)5%,水 24%	高炉炉身砌体和热风管的砖衬	水玻璃的密度为 1.3 ~ 1.48 g/cm^3,模数为 2.6 ~3.0
11	高铝耐火泥泥浆	高铝耐火泥	各部位高铝砖砌体	
12	高铝耐火泥－水玻璃半浓泥浆	体积比:高铝耐火泥外加 15%的水玻璃	高炉炉身无冷却箱区域的高铝砌体	
13	炭素油	质量比:粒径为 0 ~0.5 mm 的冶金焦 49% ~51%,油沥青 49% ~51%(其中煤沥青 45%,蒽油 55%)	炭砖砌体的薄缝以及黏土砖或高铝砖砌体与炭砖砌体的接缝处	由制造厂制成

12.2.4 高炉炉衬的设计与砌筑

高炉炉衬设计的内容是选择各部位炉衬的材质,确定炉衬的厚度,说明砌筑方法以及材料计算。炉衬设计得合理,可以延长高炉寿命,并获得良好的技术经济指标。

做炉衬设计时要考虑到以下三点:

(1) 高炉各部位的工作条件及其破损机理。

(2) 冷却设备形式及对砖衬所起的作用。

(3) 要预测侵蚀后的炉型是否合理。

12.2.4.1 砖量计算

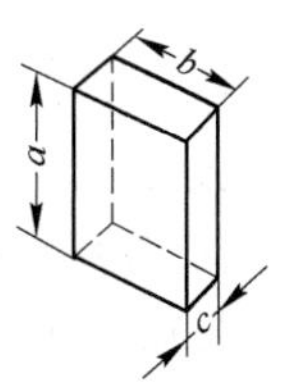

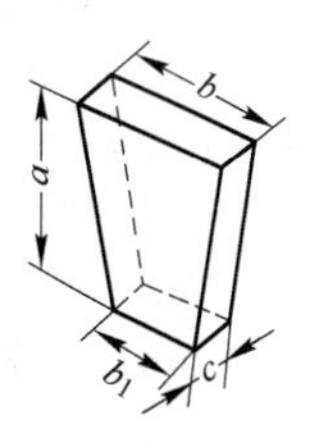

图 12-3 耐火砖形状

我国高炉用黏土砖和高铝砖形状及尺寸见图 12-3 和表 12-7。

表 12-7 高炉用黏土砖和高铝砖形状及尺寸

砖型	砖号	尺寸/mm			砖型	砖号	尺寸/mm			
		a	b	c			a	b	b_1	c
直形砖	G－1	230	150	75	楔形砖	G－3	230	150	135	75
	G－7	230	115	75		G－4	345	150	125	75
	G－2	345	150	75		G－5	230	150	120	75
	G－8	345	115	75		G－6	345	150	110	75

炉底部位可按砌砖总容积除以每块砖的容积来计算。求每层的砖数时,可以用炉底砌砖水平截面积除以每块砖的相应表面积来计算。一般还要考虑 2% ~5% 的损耗。如果需要计算砖的重量,则用每块砖的重量乘砖数。高炉其他部位都是环形圆柱体或圆锥体,不论上下层或里外层,都要砌出环圈来,而砌成环圈时必须使用楔形砖。若砌任意直径的环圈,则需楔形砖和直形砖配合使用,一般以 G－1 直形砖与 G－3 或 G－5 楔形砖配合,G－2 直形砖与 G－4 或 G－6 楔形砖相配合。由于要求的环圈直径不同故直形砖和楔形砖的配合数目也不同。

如果单独用 G－3、G－4、G－5、G－6 楔形砖砌环圈可列出式(12-11):

$$n_x = \frac{2\pi a}{b - b_1} \tag{12-11}$$

式中　n_x——砌一个环圈的楔形砖数，块；

a——砖长度，mm；

b——楔形砖大头宽度，mm；

b_1——楔形砖小头宽度，mm。

由上式得知：每个环圈使用的楔形砖数 n_x 只与楔形砖两头宽度和砖长度有关，而与环圈直径无关。由此得出：

用 G－3 砌环圈需要砖数　$n_x = \frac{2 \times 3.14 \times 230}{150 - 135} = 97$ 块

用 G－4 砌环圈需要砖数　$n_x = \frac{2 \times 3.14 \times 345}{150 - 125} = 87$ 块

用 G－5 砌环圈需要砖数　$n_x = \frac{2 \times 3.14 \times 230}{150 - 120} = 48$ 块

用 G－6 砌环圈需要砖数　$n_x = \frac{2 \times 3.14 \times 345}{150 - 110} = 54$ 块

同时得到单独用上述 4 种楔形砖所砌环圈的内径依次是 4150 mm、3450 mm、1840 mm、1897 mm。如果要砌筑任意直径的圆环，需要直形砖与楔形砖配合使用，直形砖砖数可由式(12－12) 计算：

$$n_z = \frac{\pi d - n_x b_1}{b} \tag{12-12}$$

式中　n_z——直形砖数，块；

n_x——楔形砖数，砖型确定后，是一常数；

b_1——楔形砖小头宽度，mm；

b——直形砖宽度，mm；

d——环圈内径，mm。

例题：试用 G-3 与 G-1 砖砌筑内径为 7.2 m 的圆环，求所需楔形砖数及直形砖数。

解：$n_x = 97$ 块

$$n_z = \frac{\pi d - n_x b_1}{b} = \frac{3.14 \times 7200 - 97 \times 135}{150} = 65 \text{ 块}$$

12.2.4.2　高炉各部位炉衬设计与砌筑

高炉炉衬设计的内容是选择各部位炉衬砌体的材质，确定砌体的厚度，说明砌筑方法(包括砌缝大小、砌筑方向、膨胀缝及填料等)以及材料计算。炉衬结构设计和材质选择时应考虑到炉容大小、冶炼条件，还应考虑到各部位工作条件、侵蚀机理、各部位冷却设备形式及冷却制度等等。

A　炉底

炉底、炉缸工作条件十分恶劣，承受高温、高压、渣铁冲刷侵蚀和渗透作用。过去较长一段时间，炉底炉缸一律采用黏土砖或高铝砖砌筑，近数十年来大中型高炉广为采用炭砖砌筑。只有中小型高炉现在仍多采用黏土砖或高铝砖砌筑。

1964 年，鞍钢 7 号高炉首次采用综合炉底结构，它是在风冷管炭捣层上满铺 3 层 400 mm 炭砖，上面环形炭砖砌至风口中心线，中心部位砌 6 层 400 mm 高铝砖，环砌炭砖与中心部位高铝砖相互错台咬合，其寿命达到了 12.4 年。总的趋势是炉底减薄了。在使用综合炉底之前，高炉黏土砖炉底厚度要大于炉缸直径的 0.6 倍，综合炉底厚度可以降到炉缸直径的 0.3 倍。综合炉底结构见图 12-4。

武钢也曾采用综合炉底结构，在生产中发现在高铝砖和炭砖咬砌部位产生环形裂缝，经分析认为是由于高铝砖和炭砖膨胀系数不同造成的，所以后来采用全炭砖炉底。宝钢 1 号 4063 m^3 高炉在大修前采用全炭砖炉底，全炭砖水冷炉底厚度可以进一步减薄。目前大型高炉普遍采用全炭砖炉底。

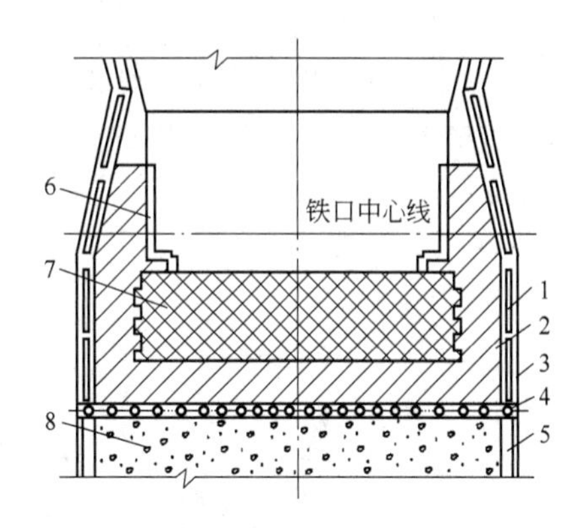

图 12-4　综合炉底结构示意图

1—冷却壁；2—炭砖；3—炭素填料；4—水冷管；5—黏土砖；6—保护砖；7—高铝砖；8—耐热混凝土

近年来，又出现了一种新型复合式炉底，由于其类似一个杯子，故称为"陶瓷杯"。陶瓷杯炉底炉缸结构如图 12-5 所示。它是在炉底炭砖和炉缸炭砖的内缘，砌筑一高铝质杯状刚玉砖砌体层。陶瓷杯是利用刚玉砖或刚玉莫来石炉衬的高荷重软化温度和较强的抗渣铁侵蚀性能以及低导热性，使高温等温线集中在刚玉或刚玉莫来石砖炉衬内。陶瓷杯起保温和保护炭砖的作用。炭砖的高导热性又可以将陶瓷杯输入的热量，很快传导出去，从而达到提高炉衬寿命的目的。

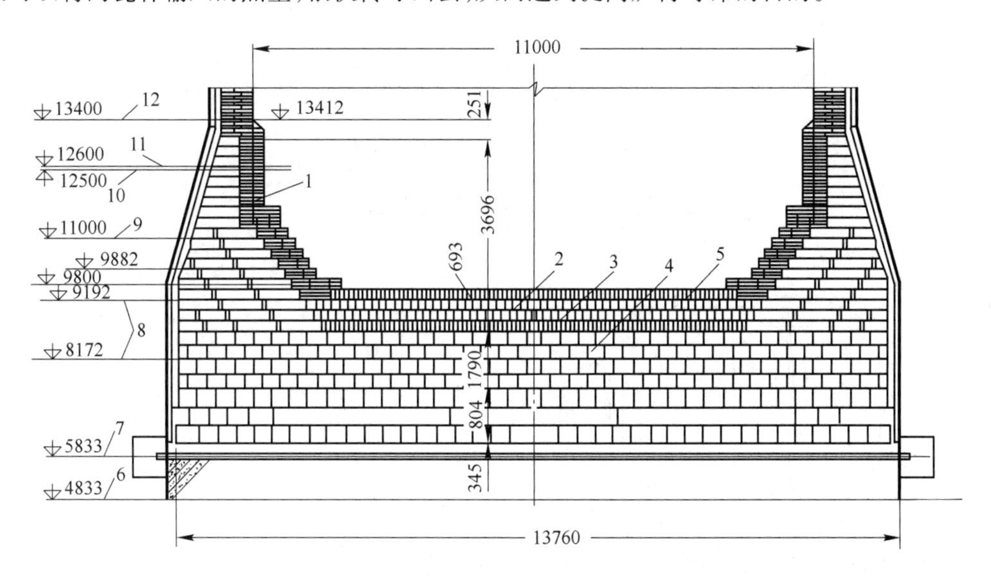

图 12-5　陶瓷杯结构

1—刚玉莫来石砖；2—黄刚玉砖；3—烧成铝炭砖；4—半石墨化自焙炭砖；5—保护砖；6—炉壳封板；7—水冷管；8—测温电偶；9—铁口中心线；10，11—东西渣口中心线；12—炉壳拐点

陶瓷杯炉底炉缸结构的优越性概括起来有以下几点。

（1）提高铁水温度。由于陶瓷杯的隔热保温作用，减少了通过炉底炉缸的热损失，因此铁水可保持较高的温度，给炼钢生产创造了良好的节能条件。

（2）易于复风操作。由于陶瓷杯的保温作用，在高炉休风期间，炉子冷却速度慢，热损失减少，这有利于复风时恢复正常操作。

（3）防止铁水渗漏。由于 1150℃ 等温线紧靠炉衬的内表面，并且由于耐火材料的膨胀，缩小了砖缝，因而铁水的渗透是有限的，降低了炉缸烧穿的危险性。

炉底砌筑质量和材质具有同等的重要性。因此,对砌筑砖缝的厚度、砖缝的分布等都有严格要求。

炉底砌筑主要有以下几种类型。

(1) 黏土砖和高铝砖炉底的砌筑。黏土砖或高铝砖炉底均采用立砌,层高 345 mm,砌筑由中心开始,呈十字形,结构如图 12-6 所示。为了错开上下两层砖缝,上下两层的十字中心线成 22.5°~45°。为了防止两层砖中心缝相通,上下两层中心点应错开半块砖。最上层砖缝与铁口中心线成 22.5°~45°。

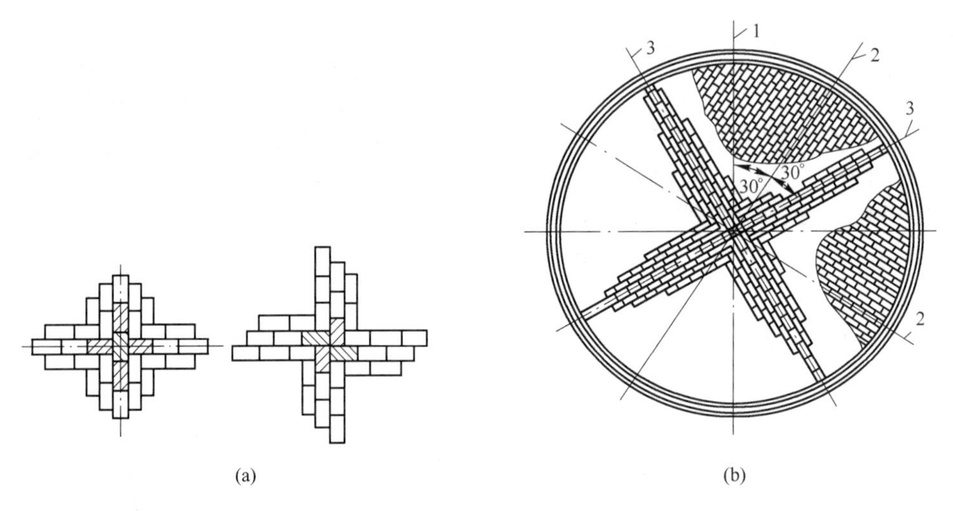

图 12-6　黏土砖和高铝砖炉底砌砖

(a) 十字形砌砖;(b) 砌砖中心线

1—出铁口中心线;2—单数层中心线;3—双数层中心线

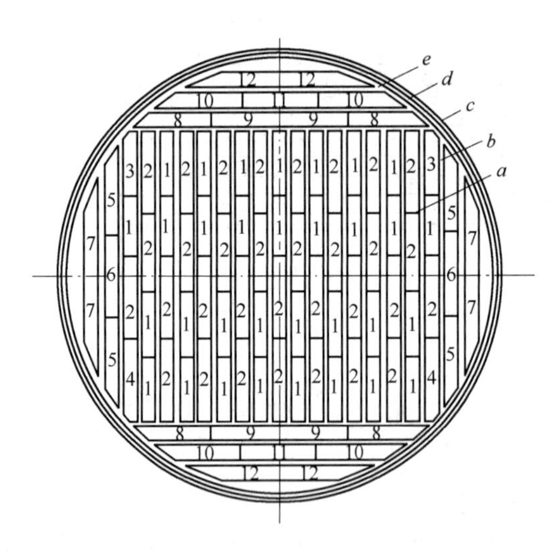

图 12-7　满铺炭砖炉底砌筑

a—薄缝;*b*—厚缝;*c*—炉壳;*d*—冷却壁;

e—炭砖与冷却壁间填料缝

(2) 满铺炭砖炉底砌筑。满铺炭砖炉底的结构见图 12-7,炭砖砌筑在水冷管的炭捣层上。有厚缝和薄缝两种连接形式,薄缝连接时,各列砖砌缝不大于 1.5 mm,各列间的垂直缝和两层间的水平缝不大于 2.5 mm。厚缝连接时,砖缝为 35~45 mm,缝中以炭素料捣固。目前的砌法是炭砖两端的短缝用薄缝连接,而两侧的长缝用厚缝连接。相邻两行炭砖必须错缝 200 mm 以上。两层炭砖砖缝成 90°,最上层炭砖砖缝与铁口中心线成 90°。

(3) 综合炉底砌筑。综合炉底的砌筑见图 12-8,炉底中心部位的高铝砖砌筑高度必须与周围环形炭砖高度一致,高铝砖与环砌炭砖间的连接为厚缝,环砌炭砖与冷却壁之间膨胀缝填以炭素填料。环砌炭砖为薄缝连接,炉底满铺炭砖侧缝为厚缝连接,端缝为薄缝连接。环砌炭砖为楔形炭砖,大小头尺寸由计算而定,厚度为 400 mm,第一层应能盖上 3 块半满铺炭砖,以上每层与高铝砖交错咬砌 200~300 mm,死铁层处炭砖比其下层炭砖长 250~300 mm。上下两层砖之间的垂直缝和环缝要错开,并且采用薄缝连接。

B 炉缸

炉缸工作条件与炉底相似,而且装有铁口、风口,有的高炉还有渣口。每天有大量铁水流过铁口、开堵铁口有剧烈的温度波动和机械振动。渣口附近有炉渣的冲刷和侵蚀。风口前是燃烧带,为高炉内温度最高的区域。

中小型高炉多采用黏土砖或高铝砖炉缸。

炭砖问世以后,炉缸开始采用炭砖砌筑。由于担心炉缸区域有氧化性气氛,最初将炭砖砌至渣口中心线,因冶炼过程中渣面将超过渣口,并且炭砖和黏土砖或高铝砖连接处为薄弱环节,后来把炭砖砌至风口和渣口之间。现在大型高炉已把炭砖砌至炉缸上缘,工作效果良好。

炉缸砌筑有以下几种结构。

(1) 黏土砖或高铝砖炉缸的砌筑。炉缸砌砖从铁口开始向两侧进行,出铁口通道上下部侧砌。风口和渣口部位砌砖前先安装好水套,靠水套的砖应做精加工,砌砖与水套之间保持15~25 mm缝隙,填充浓泥浆。铁口、渣口和风口砌砖紧靠冷却壁,缝隙1~5 mm,缝内填充浓泥浆。

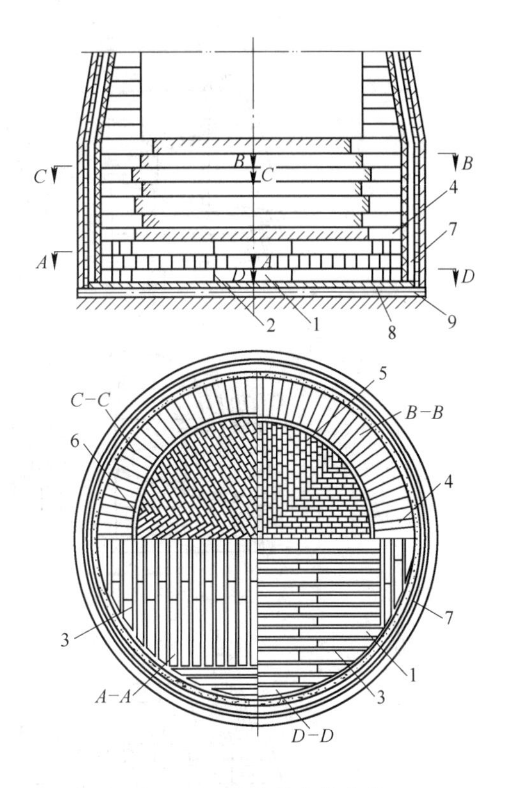

图12-8 综合炉底的砌筑
1—满铺炭砖;2—薄缝;3—厚缝;4—环砌炭砖;5—高铝砖;6—内环缝;7—外环缝;8—炭捣层;9—水冷管

炉缸各层皆平砌;同层相邻砖环的放射缝应错开;上下相邻砖层的垂直缝与环缝应错开;砖缝小于0.5 mm,环缝5 mm。其结构见图12-9。

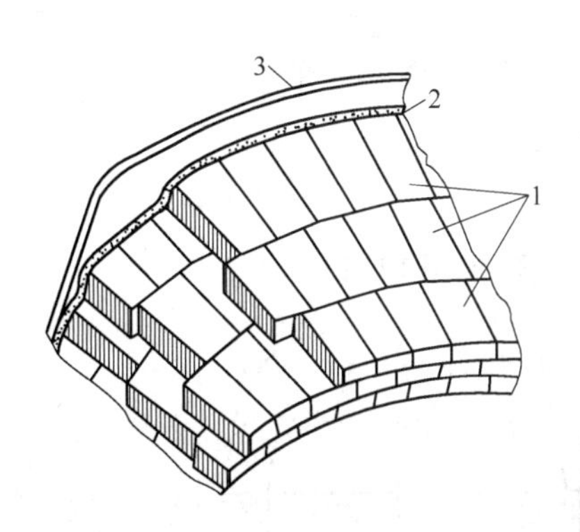

图12-9 炉缸砌砖
1—砖环;2—炭素填料;3—冷却壁

炉缸要求有一定厚度,防止烧穿,一般规定铁口水平面处的厚度,小高炉为575(230+345)mm;中型高炉为920(230+345×2)mm;大型高炉为1150(230×2+345×2)mm或更厚些。

(2) 炭砖炉缸砌筑。炉缸炭砖砌筑以薄缝连接。在炭砖炉缸的内表面设有保护层,以防开炉时被氧化,一般都砌一层高铝砖。为了节省工时和降低投资,近来有用涂料代替高铝砖的,涂料层厚5~8 mm。

风口、渣口和铁口砖衬以炭砖砌筑时,应设计异型炭砖,见图12-10。

炉缸和炉底均采用光面冷却壁,砌砖与冷却壁之间留有50~100 mm缝隙,其中填以炭质填料。

C 炉腹、炉腰和炉身下部

从炉腹到炉身下部的炉衬要承受煤气流和炉料的磨损,碱金属和锌蒸气渗透的破坏作用,初渣的化学侵蚀以及由于温度波动所产生的热震破坏作用。

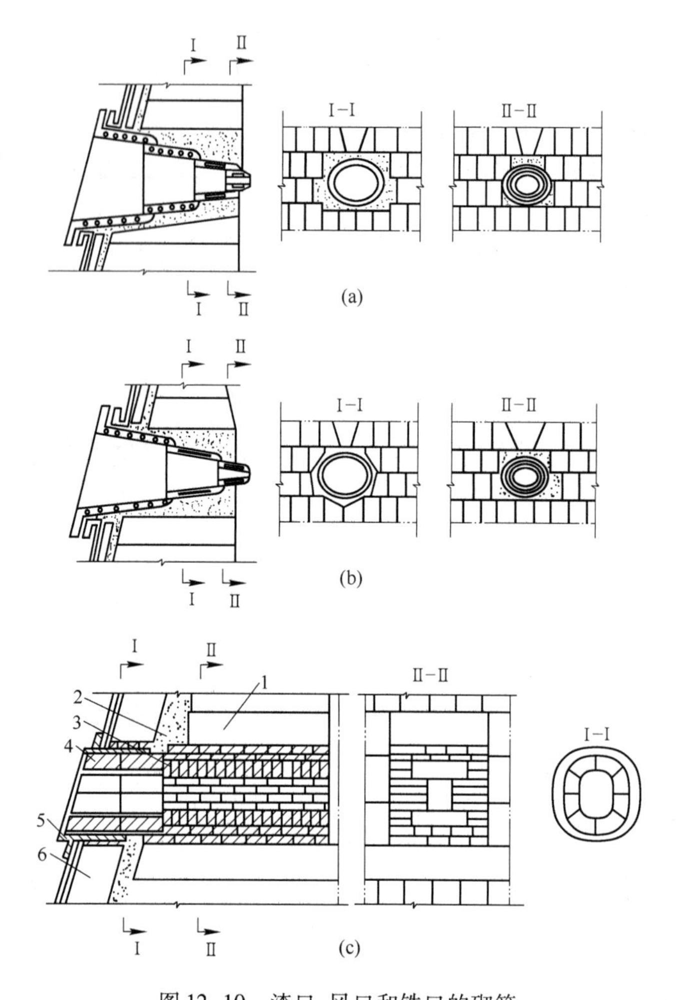

图 12-10　渣口、风口和铁口的砌筑
(a) 渣口;(b) 风口;(c) 铁口
1—炭砖;2—炭素填料;3—侧砌盖砖;4—异型砖;5—出铁口框;6—冷却壁

开炉后炉腹部位的砌砖很快被侵蚀掉,靠渣皮工作,一般砌一层高铝砖或黏土砖,厚度为 345 mm。

炉腰有 3 种结构形式,即厚壁炉腰、薄壁炉腰和过渡式炉腰,见图 12-11。

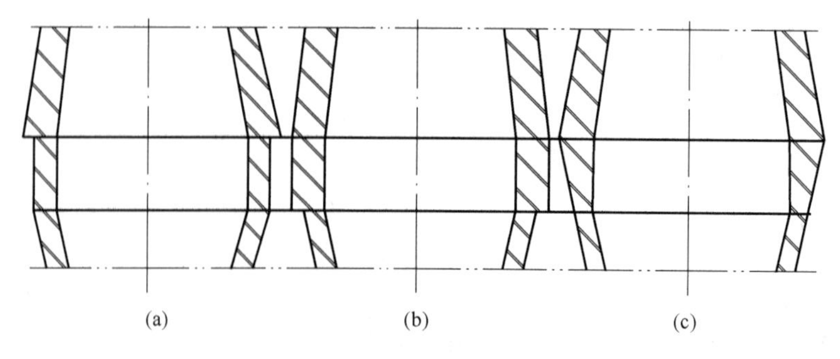

图 12-11　炉腰结构形式
(a) 薄壁炉腰;(b) 厚壁炉腰;(c) 过渡式炉腰

高炉冶炼过程中部分煤气流沿炉腹斜面上升，在炉腹与炉腰交界处转弯，对炉腰下部冲刷严重，使这部分炉衬侵蚀较快，使炉腹段上升，径向尺寸亦有扩大，使得设计炉型向操作炉型转化。厚壁炉腰的优点是热损失少，但侵蚀后操作炉型与设计炉型变化大，等于炉腹向上延长对下料不利。径向尺寸侵蚀过多时会造成边缘煤气流的过分发展。薄壁炉腰的热损失大些，但操作炉型与设计炉型近似，可避免厚壁炉腰的缺点。过渡式炉腰结构处于两者之间。设计炉型与操作炉型关系复杂，做炉型设计时应全面考虑。

炉身砌砖厚度通常为690～805 mm，目前趋于向薄的方向发展，有的炉衬厚度采用575 mm。炉腹、炉腰和炉身下部较长时间采用黏土砖或高铝砖砌筑。包钢冶炼含氟矿石，炭砖砌到炉身三分之二处；宝钢1号高炉采用体积密度为2.9 t/m^3、$w(Al_2O_3) \geqslant 88\%$的刚玉砖；鞍钢高炉采用碳化硅砖砌筑炉身中下部，欧美等国也采用这种方法，取得良好效果。

用镶砖冷却壁冷却炉腹、炉腰及炉身下部，砌砖紧靠冷却壁，缝隙填浓泥浆。也有的厚墙炉身，采用冷却水箱冷却，这时砌砖与冷却水箱之间侧面和上面缝隙为5～20 mm，下面为40～80 mm，缝间填充浓泥浆。水箱周围的两块砖紧靠炉壳砌筑，间隙为10～15 mm。

炉腹、炉腰砌砖砖缝应不大于1 mm，炉身下部不大于1.5 mm，上下层砌缝和环缝均应错开。炉身倾斜部分按3层砖错开一次砌筑。

D　炉身上部和炉喉

炉身上部温度较低，主要受煤气流冲刷与炉料摩擦而破损。该部位一般采用高铝砖或黏土砖砌筑。

炉身上部砌砖与炉壳间隙为100～150 mm，填以水渣石棉隔热材料。为防止填料下沉，每隔15～20层砖，砌两层带砖即砖紧靠炉壳砌筑，带砖与炉壳间隙为10～15 mm。

炉喉除承受煤气冲刷、炉料摩擦外，还承受装料时温度急剧波动的影响，有时受到炉料的直接撞击作用。炉喉衬板一般以铸铁、铸钢件制成，称为炉喉钢砖或条状保护板，见图12-12。炉喉有几十块保护板，在炉喉的钢壳上装有吊挂座，座下装有横的挡板，板之间留20 mm间隙，保证保护板受热膨胀时不相互碰挤，条状保护板是较为合理的炉喉装置。

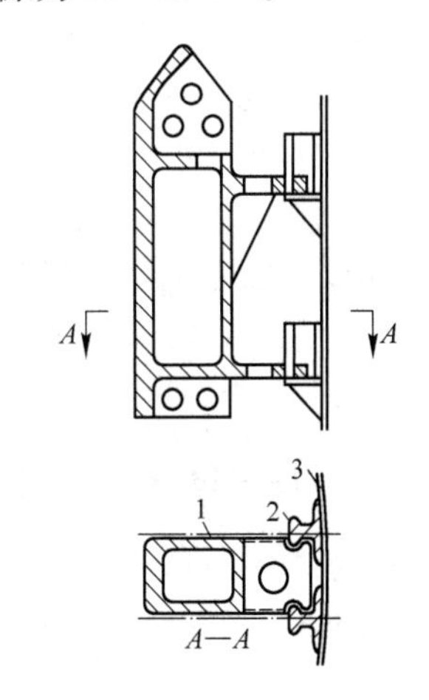

图12-12　炉喉钢砖

1—炉喉钢砖；2—钢轨形吊挂；3—炉壳

12.3　高炉冷却

在高炉生产过程中由于炉内反应产生大量的热量，任何炉衬材料都难以承受这样的高温作用，必须对其炉体进行合理的冷却，同时对冷却介质进行有效的控制，以便达到有效的冷却，使之既不危及耐火材料的寿命，又不会因为冷却元件的泄漏而影响高炉的操作。

12.3.1　冷却设备的作用

高炉冷却设备是高炉炉体结构的重要组成部分，对炉体寿命可起到如下作用：

(1) 保护炉壳。在正常生产时，高炉炉壳只能在低于80℃的温度下长期工作，炉内传出的高温热量由冷却设备带走85%以上，只有约15%的热量通过炉壳散失。

(2) 冷却和支承耐火材料。在高炉内耐火材料的表面工作温度高达1500℃左右，如果没有冷却设备，在很短的时间内耐火材料就会被侵蚀或磨损。通过冷却设备的冷却可提高耐火材料的抗侵蚀和抗磨损能力。冷却设备还可对高炉内衬起支承作用，增加砌体的稳定性。

（3）维持合理的操作炉型。使耐火材料的侵蚀内型接近操作炉型，对高炉内煤气流的合理分布、炉料的顺行起到良好的作用。

（4）当耐火材料大部分或全部被侵蚀后，能靠冷却设备上的渣皮继续维持高炉生产。

12.3.2 冷却介质

根据高炉不同部位的工作条件及冷却的要求，所用的冷却介质也不同，一般常用的冷却介质有：水、空气和汽水混合物，即水冷、风冷和汽化冷却。对冷却介质的要求是：有较大的热容量及导热能力；来源广、容易获得、价格低廉；介质本身不会引起冷却设备及高炉的破坏。

高炉冷却用冷却介质主要是水，很少使用空气。因为水热容量大、热导率大、便于输送，成本低廉。水-汽冷却汽化潜热大、用量少、可以节水节电，适于缺水干旱地区。空气热容小，导热性不好，热负荷大时不宜采用，而且排风机消耗动力大，冷却费用高。以前曾采用风冷炉底，现在也被水冷炉底所代替。

工业用水的来源是江河湖泊水也称地表水，也有井水称地下水，以上又总称天然水。天然水中都含有一定量的钙盐和镁盐。以每 1 m^3 水中钙、镁离子的摩尔数表示水的硬度。根据硬度不同，水可分为软水（小于 3 mol/m^3），硬水（3～9 mol/m^3），极硬水（大于 9 mol/m^3）。我国地表水多为 2～4 mol/m^3，地下水因地而异，有的很低，有的高达 25 mol/m^3。

高炉冷却用水如果硬度过高，则在冷却设备中容易结垢，水垢的热导率极低，1 mm 厚水垢可产生 50～100℃的温差，从而降低冷却设备效率，甚至烧坏冷却设备。水的软化处理，就是将水中钙、镁离子除去，通常采用的方法是以不形成水垢的钠阳离子置换。置换过程经过一中间介质，即离子交换剂来实现。

12.3.3 高炉冷却设备

由于高炉各部位热负荷不同，采用的冷却设备也不同。现代高炉冷却有：外部冷却、内部冷却及风口、渣口冷却。内部冷却又分为冷却壁、冷却板、板壁结合冷却结构及炉底冷却。

12.3.3.1 外部喷水冷却装置

在炉身和炉腹部位设有环形冷却水管，水管直径 ϕ50～150 mm，距炉壳约 100 mm 水管上朝炉壳的斜上方钻有若干 ϕ5～8 mm 小孔，小孔间距 100 mm。冷却水经小孔喷射到炉壳上进行冷却。为了防止喷溅，在炉壳上装有防溅板，防溅板与炉壳间留有 8～10 mm 缝隙，冷却水沿炉壳流下至集水槽再返回水池。外部喷水冷却装置结构简单，检修方便，造价低廉。

外部喷水冷却装置适用于小型高炉，对于大中型高炉，只有在炉役晚期冷却设备烧坏的情况下使用，作为一种辅助性的冷却手段，防止炉壳变形和烧穿。

12.3.3.2 冷却壁

冷却壁设置于炉壳与炉衬之间，按材质可分为铸铁和铜质两种；按结构形式分有光面冷却壁和镶砖冷却壁两种。

A 铸铁冷却壁

铸铁冷却壁内铸无缝钢管，构成冷却介质通道，铸铁板用螺栓固定在炉壳上，结构有光面冷却壁和镶砖冷却壁两类形式，光面冷却壁基本结构见图 12-13a。铸入的无缝钢管为 ϕ34 mm × 5 mm 或 ϕ44.5 mm × 6 mm，中心距为 100～200 mm 的蛇形管，管外壁距冷却壁外表面为 30mm 左右，所以光面冷却壁厚 80～120 mm，水管进出部分需设保护套焊在炉壳上，以防开炉后冷却壁上涨,将水管切断。

光面冷却壁用于风口以下炉缸和炉底部位。光面冷却壁尺寸大小要考虑到制造与安装方便,冷却壁宽度一般为700 ~ 1500 mm,圆周冷却壁块数最好取偶数;冷却壁高度视炉壳折点而定,一般小于3000 mm,应方便吊运和容易送入炉壳内。冷却壁用方头螺栓固定在炉壳上,每块4个螺栓。同段冷却壁间垂直缝为20 mm,上下段间水平缝为30 mm,上下两段冷却壁间垂直缝应相互错开,缝间用铁质锈接料锈接严密。光面冷却壁与炉壳留20 mm缝隙,并用稀泥浆灌满,与砖衬间留缝100 ~ 150 mm,填以炭素料。

镶砖冷却壁就是在冷却壁的内表面(高炉炉体内侧)的铸肋板内铸入或砌入耐火材料,耐火材料的材质一般为黏土砖、高铝砖、炭质或碳化硅质砖。镶砖冷却壁与光面冷却壁相比,更耐磨、耐冲刷、易黏结炉渣生成渣皮保护层,代替炉衬工作。从外形看,一般有三种结构型式:普通型、上部带凸台型和中间带凸台型,见图12-13(b)、(c)、(d)。

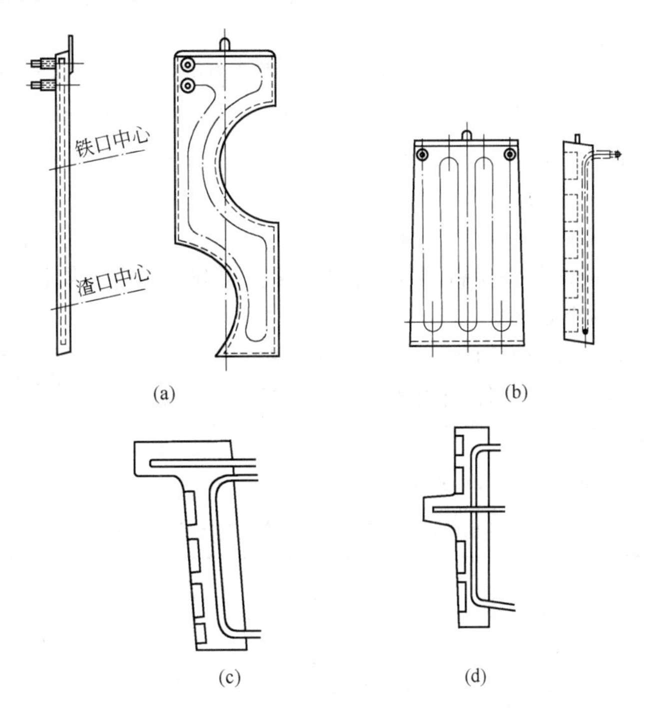

图12-13 冷却壁基本结构
(a) 渣铁口区光面冷却壁;(b) 镶砖冷却壁;
(c) 上部带凸台镶砖冷却壁;(d) 中间带凸台镶砖冷却壁

凸台冷却壁的凸台部分起到支撑上部砌砖的作用,可以取消最上层的支梁水箱,简化了冷却系统结构、减少了炉壳开孔。中间带凸台的冷却壁比上部带凸台的有更大的优越性,当凸台部分被侵蚀后整个冷却系统仍是一个整体,而上部带凸台的冷却壁当凸台被侵蚀后,凸台部分就不起冷却作用了。

镶砖冷却壁厚度为250 ~ 350 mm,主要用于炉腹、炉腰和炉身下部冷却,炉腹部位用不带凸台的镶砖冷却壁。镶砖冷却壁紧靠炉衬。

铸铁冷却壁的优点是:冷却壁安装在炉壳内部,炉壳不开口,所以密封性好;由于均布于炉衬之外,所以冷却均匀,侵蚀后炉衬内壁光滑。它的缺点是消耗金属多、笨重、冷却壁损坏后不能更换。

为了增强冷却壁的冷却能力，延长其使用寿命，国内外进行了许多研究，在以下几个方面作了改进：

(1) 冷却壁的材质由一般的铸铁改为耐热性能好、抗热震性好、不易产生裂纹的球墨铸铁。

(2) 冷却壁结构采用带凸台的冷却壁，具有支撑砖衬和保护形成渣皮的作用。

(3) 冷却壁中的无缝钢管在冷却壁铸造前喷涂保护层（如1mm厚陶瓷质耐火材料），防止铸造冷却壁时使钢管渗碳，并用低温铁水铸造（如1220℃），尽量减少铸造应力。

(4) 用软化水或纯水循环冷却代替工业水开式冷却。在高热负荷下，使用较小尺寸的冷却壁。

(5) 增大的冷却壁水管的直径，相对应采用了适宜的高水速。根据运行特点将蛇形弯管改为竖直排列，将进出水头数由单进单出改为多进多出，把冷却壁四角部分管子弯成直角，提高四角部分的冷却能力，防止损坏；增加拐角突出部位冷却水管，以加强突出部位的冷却。将单层水管改为多层水管，当高炉进入炉役后期，前面设置的冷却水管损坏时，可提供后备冷却手段。

B 铜冷却壁

由于球墨铸铁在高炉操作的条件下磨损严重，同时在热负荷和温度的急剧波动条件下，其裂纹敏感性也很高，甚至在第四代铸铁冷却壁上也不能完全克服这些不足之处，这就限制了冷却壁寿命的进一步提高。铸铁冷却壁的冷却水管是铸入球墨铸铁本体内的，由于材质及膨胀系数不同，冷却水管与铸铁本体之间存在0.1～0.3 mm的气隙，这一气隙会成为冷却壁传热的主要限制环节。另外，冷却壁中铸入冷却水管而使铸造本体产生裂纹，并且在铸造过程中为避免石墨渗入冷却水管中必须采用金属或陶瓷涂料层加以保护，保护层起了隔热夹层作用，引起温度梯度增大，造成热面温度升高而产生裂纹。

铸铁冷却壁主要存在着两个问题，一是冷却壁的材质问题，二是水冷管的铸入问题。为了解决这两个问题，人们开始研究轧制铜冷却壁。此种铜冷却壁是在轧制好的壁体上加工冷却水通道和在热面上设置耐火砖。

铜冷却壁与铸铁冷却壁特性的比较见表12-8。

表12-8 铜冷却壁与铸铁冷却壁特性比较

项 目	铸铁冷却壁	铜冷却壁
冷却效果	由于水管位置距角部和边缘有要求，冷却效果差，易损坏	钻孔时距壁角和边缘部位的距离可缩短，使二部位的冷却效果好
冷却水管	铸入壁内，有隔热层存在	在壁内钻孔，无隔热层存在
壁间距离	相邻两壁之间有30～40 mm宽的缝隙，此部位冷却条件很差	相邻两壁之间距离可缩小到10 mm
热导率比	1	10

铜冷却壁的特点有：

(1) 铜冷却壁具有热导率高，热损失低的特点。目前，国内外铜冷却壁大多以轧制纯铜（$w(Cu) \geqslant 99.5\%$，铜的导热性能高于国际退火铜标准的90%以上）为材质，经钻孔加工而成。这样制作出来的铜冷却壁的冷却通道与壁体是一个有机的整体，消除了铸铁冷却壁因水管与壁体之间存在气隙而形成隔热屏障的弊端，再加上铜本身具有的高导热性，这样就使得铜冷却壁在实际使用过程中能保持非常低的工作温度。

(2) 利于渣皮的形成与重建。较低的冷却壁热面温度是冷却壁表面渣皮形成和脱落后快速重建的必要条件。由于铜冷却壁具有良好的导热性，因而能形成一个相对较冷的表面，从而为渣皮的形成和重建创造条件。由于渣皮的导热性极低，渣皮形成后，就形成了由炉内向铜冷却壁传热的一道隔热屏障，从而减少了炉内热损失。研究表明，在渣皮脱落后，冷却壁能在15 min内完成渣皮的重建，而双排水管球墨铸铁冷却壁则至少需要4 h。

（3）铜冷却壁的投资成本：使用铜冷却壁，并不意味着高炉投资成本增加。这主要是基于以下几点考虑：

1）单位重量的铜冷却壁比铸铁冷却壁价格要高，但单位重量的铜冷却壁冷却的炉墙面积要比铸铁冷却壁大1倍，这样计算，铜冷却壁的价格就相对便宜了些。

2）铜冷却壁前不必使用昂贵的或很厚的耐火材料。使用铸铁冷却壁时，对其前端砌筑的耐火材料要求较高，在炉腹、炉腰和炉身下部多使用碳化硅砖或氮化硅结合碳化硅砖，这些砖的价格较高，相应地增加了冷却设备的投资。高炉使用铜冷却壁，主要是利用其高导热性形成较低的表面温度，从而形成稳定的渣皮来维持高炉生产，而不是主要靠砌筑在其前端的耐火材料来维持高炉生产，因此，铜冷却壁前端的耐火材料的耐久性和质量就并不十分重要。西班牙两座使用铜冷却壁的高炉的生产实践表明，铜冷却壁前端砌筑的耐火材料在高炉开炉6个月后就已侵蚀殆尽。当然铜冷却壁前还是有必要砌一定的耐火材料的，因为在高炉开炉初期，铜冷却壁需要耐火材料的保护。

3）使用铜冷却壁可将高炉寿命延长至15～20年，因此可缩短高炉休风时间，从而达到增产的效果。

蒂森高炉的炉腰、炉腹采用铜冷却壁后，炉缸寿命很难适应炉体寿命。为了延长炉缸寿命，消除炉缸烧穿的危险，德国SMS公司已开发出了安装在炉缸部位的铜冷却壁。

12.3.3.3 冷却水箱

冷却水箱是埋置于炉衬内的冷却设备，用于厚壁炉衬。有扁水箱和支梁式水箱两种，如图12-14所示。

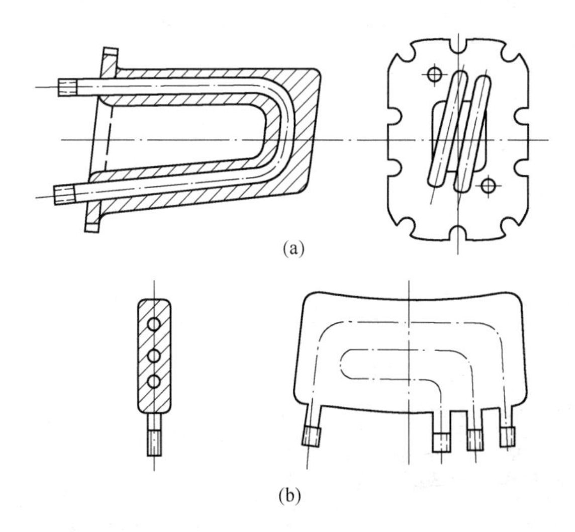

图12-14 冷却水箱

(a) 支梁式水箱；(b) 扁水箱

A 扁水箱

扁水箱又称冷却板，材质有铸铜、铸钢、铸铁和钢板等，以上各种材质的冷却板在国内高炉均有使用。冷却板厚度70～110 mm，内部铸有ϕ44.5 mm×6 mm无缝钢管，常用在炉腰和炉身部位,呈棋盘式布置,一般上下层间距 500 ~ 900 mm,同层间距 150 ~ 300 mm,炉腰部位比炉身部位要密集一些。冷却板前端距炉衬设计工作表面一砖距离 230 mm 或 345 mm,冷却水进出管与炉壳焊接,密封性好。

由于铜冷却板具有导热性好、铸造工艺较简单的特点,所以从 18 世纪末期就开始用于高炉冷却。在一百多年的使用中,进行了不断的改进,发展为现在的六室双通道结构如图 12-15 所示。它是采用隔板将冷却板腔体分隔成 6 个室,即把冷却板断面分成 6 个流体区域,并采用两个进出水通道进行冷却。

此种冷却板结构的特点:

(1) 适用于高炉高热负荷区的冷却,采用密集式的布置形式。

(2) 冷却板前端冷却强度大,不易产生局部沸腾现象。

(3) 当冷却板前端损坏后可继续维持生产。

(4) 双通道的冷却水量可根据高炉生产状况分别进行调整。

(5) 铜冷却板的铸造质量大大提高。

(6) 能维护较厚的炉衬,便于更换,重量轻、节省金属。但是冷却不均匀,侵蚀后高炉内衬表面凸凹不平,不利于炉料下降。

B　支梁式水箱

支梁式水箱为内部铸有无缝钢管的楔形铸铁水箱,一般用在炉身中部,呈棋盘式布置,插入炉衬内。上下层间距 600 ~ 800 mm,同层横向间距 1300 ~ 1700 mm,水箱前端距炉衬工作表面 230 ~ 450 mm。支梁式水箱用螺栓固定在炉壳上。

12.3.3.4　冷却棒

冷却棒是用铜板焊接成的圆棒形,俗称“小炮弹”。如图 12-16 所示。它的用途是在高炉冷却壁损坏后,在损坏部位开孔,插入冷却棒代替冷却壁的功能。它的特点是采用合理的漩流结构,冷却强度大,阻损低,节约用水。

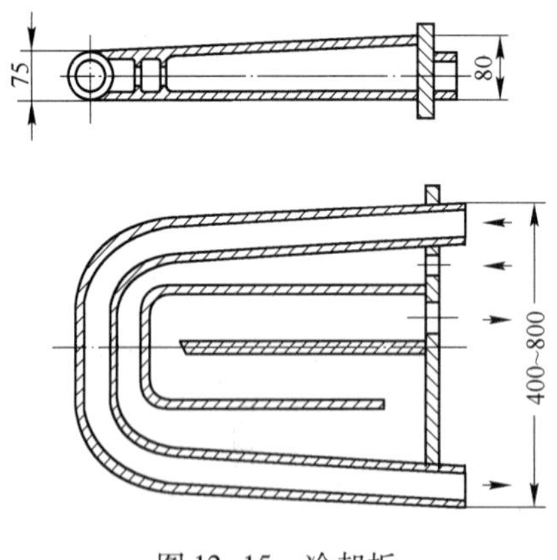

图 12-15　冷却板

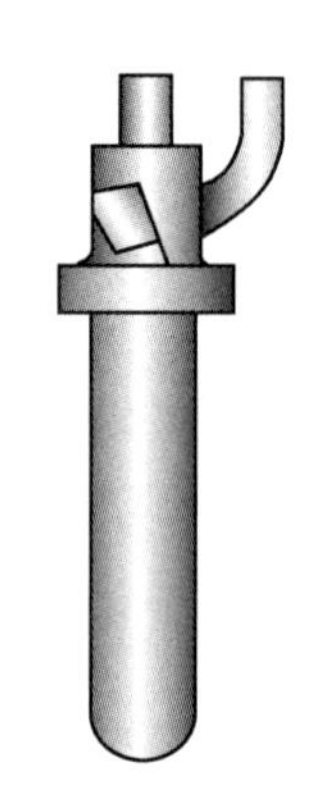
图 12-16　铜冷却棒

12.3.3.5　板壁结合冷却结构

冷却板的冷却原理是通过分散的冷却元件(冷却板)伸进炉内的长度(一般 700 ~ 800 mm)来冷却周围的耐火材料,并通过耐火材料的热传导作用来冷却炉壳。从而起到延长耐火材料使用寿命和保护炉壳的作用。冷却壁的冷却原理是通过冷却壁形成一个密闭的围绕高炉炉壳内部的冷却结构、实现对耐火材料的冷却和对炉壳的直接冷却。从而起到延长耐火材料使用寿命和保护炉壳的作用。

对于全部使用冷却板设备冷却的高炉,冷却板设置在风口部位以上一直到炉身中上部。炉身中上部到炉喉钢砖和风口以下采用喷水冷却或光面冷却壁冷却。

全部使用冷却壁设备冷却的高炉,一般在风口以上一直到炉喉钢砖采用镶砖冷却壁,风口以下采用光面冷却壁。在实际使用中,大多数高炉根据冶炼的需要,在不同部位采用各种不同的冷却设备。这种冷却结构形式对整个炉体冷却来说,称为板壁结合冷却结构。近十多年来,随着炼铁技术的发展和耐火材料质量的提高,高炉寿命的薄弱环节由炉底部位的损坏转移到炉身下部的损坏。因此,为了缓解炉身下部耐火材料的损坏和炉壳的保护,在国内外一些高炉的炉身部位采用了冷却板和冷却壁交错布置的结构形式,起到了加强耐火材料的冷却和支托作用,又使炉壳得到了全面的保护。

日本川崎制铁厂的千叶6号高炉(4500 m^3)和水岛4号高炉(4826 m^3),在炉身部位采用冷却板和冷却壁交错布置的冷却结构,见图12-17。

在高炉炉身部位使用板壁结合冷却结构形式,是一种新型的冷却结构形式。它既实现了冷却壁对整个炉壳的覆盖冷却作用,又实现了冷却板对炉衬的深度方向的冷却,并对冷却壁上下层接缝冷却的薄弱部位起到了保护作用,因而有良好的适应性。

12.3.3.6 水冷炉底

大型高炉炉缸直径较大,周围径向冷却壁的冷却,已不足以将炉底中心部位的热量散发出去,如不进行冷却则炉底向下侵蚀严重。因此,大型高炉炉底中心部位要冷却,现在多采用水冷的方法。

图12-18为高炉水冷炉底结构示意图,这是常见的一种水冷炉底结构形式。水冷管中心线以下埋置在炉基耐火混凝土基墩上表面中,中心线以上为炭素捣固层,水冷管为 ϕ40 mm × 10 mm,炉底中心部位水冷管间距200 ~ 300 mm,边缘水冷管间距为350 ~ 500 mm,水冷管两端伸出炉壳外50 ~ 100 mm。炉壳开孔后加垫板加固,开孔处应避开炉壳折点150 mm以上。

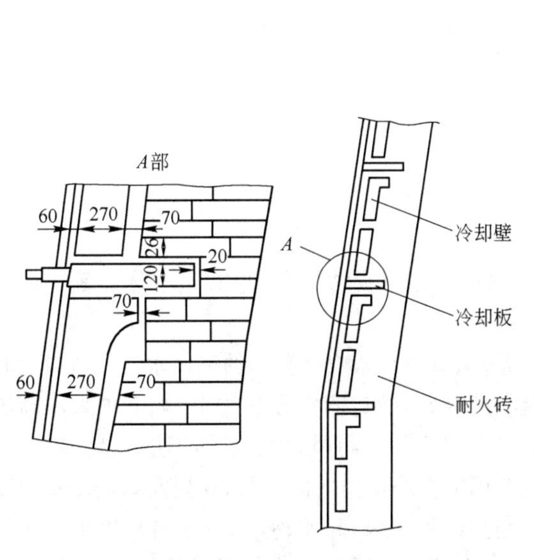

图12-17 板壁交错布置结构

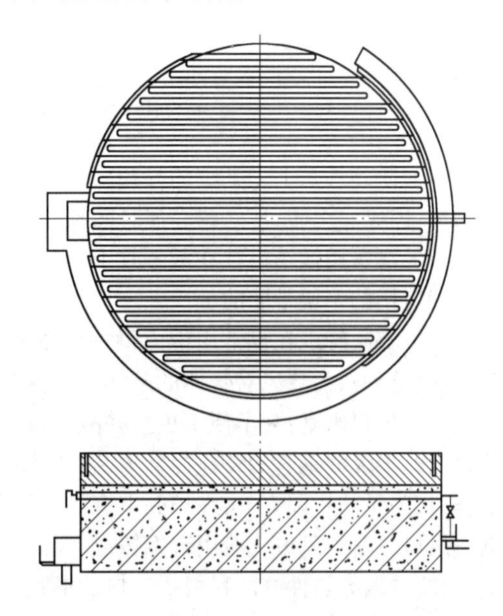

图12-18 高炉水冷炉底结构示意图

水冷炉底结构应保证切断给水后，可排出管内积水，工作时排水口要高于水冷管水平面，保证管内充满水。

12.3.3.7　风口和渣口冷却设备

A　风口装置

a　风口装置的组成

风口装置一般由鹅颈管、弯管、直吹管、风口水套等组成，见图12–19。

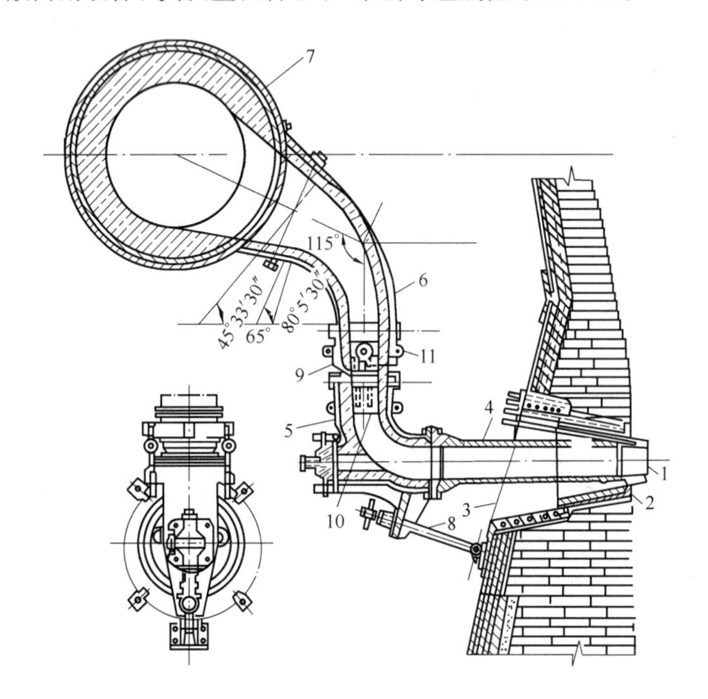

图12–19　风口装置

1—风口；2—风口二套；3—风口大套；4—直吹管；5—弯管；6—鹅颈管；7—热风围管；8—拉杆；9—吊环；10—销子；11—套环

（1）鹅颈管是上大下小的异径弯管，其形状应保证局部阻力损失越少越好，大中型高炉用铸钢做成，内砌黏土砖，使之耐高温且热损失少。

（2）弯管用插销吊挂在鹅颈管上，也是铸钢的材质，内衬黏土砖，后面有视孔装置，下端有为拉紧固定用的一块带肋的板。

（3）直吹管现在也常用带内衬的铸钢管，其内衬有用耐火砖衬的，也有用耐热混凝土捣固的，以抵抗灼热的热风对管体的破坏和减少散热。

（4）风口水套：为了便于更换并减少备件消耗，风口通常做成锥台形的三段水套。风口大套是铸入蛇形无缝钢管的铸铁冷却器，它有法兰盘状凸缘，用螺钉固定在炉壳上，当高炉采用高压操作时，为了防止漏煤气，在炉壳上有风口压套，其上的法兰盘与风口大套上的法兰盘固定在一起。风口二套和风口一般用青铜铸成，大高炉也有用铜板焊接而成的，因为这里需要的冷却强度大，故应选取导热性好的材料。风口的形状一般是空腔锥形风口，水冷时，进水口与出水口之间有隔板，以保证冷却水流向前端和下部后，再返回向上流出。风口直径是根据风量、风速和风口数目来确定的。

b 风口装置的作用

风口装置起着把经热风炉加热的热风通过热风总管、热风围管，再经风口装置送入高炉的作用。

c 对风口装置的要求

高炉对风口装置的要求是：接触严密不漏风，耐高温、隔热且热损失少，耐用、拆卸方便且易于机械化。

d 风口的损坏

（1）延长风口寿命是高炉工作者的重大课题之一，国内风口寿命平均在一个月左右，短的几天、半个月，长的也仅2～3个月，而一座大中型高炉有20～35个风口，如此频繁的更换，造成的损失是极为可观的。制造风口需消耗大量的铜，换风口时停风造成的生产损失（产量丢失、焦比增高），也是休风率中比较大的一项。不适宜的或无效的增大冷却水耗量造成热损失，加上漏水入炉的结果，都是多耗焦炭的原因。所以，提高风口寿命对于降低成本、提高生产效率有着极其重要的意义。

（2）风口损坏的部位总是在露出的风嘴部分，大部分是在外圆柱的上面、下面和端面上发生。

（3）风口的损坏原因主要有以下几种。

1）熔损。这是风口常见的损坏原因。在热负荷较高时，如风口和液态铁水接触时，风口处热负荷超过正常情况的一倍甚至更高，如果风口冷却条件不好（如冷却水压力、流速、流量不足），再加上风口前端出现的Fe－Cu合金层恶化了导热性等，可使风口局部温度急剧升高，很快会使风口冲蚀熔化而烧坏。

2）开裂。风口外壁处于1500～2200℃的高温环境，而内壁为常温的冷却水。另外，风口外壁承受鼓风的压力，内壁则承受冷却水的压力。并且这些温度和压力是经常变化的，从而造成热疲劳与机械疲劳。风口在高温下会沿晶界及一些缺陷发生氧化腐蚀，降低了强度，造成应力集中，最后引起开裂，风口中的焊缝处也容易开裂。

3）磨损。风口前端伸出在炉缸内，高炉内风口前焦炭的回旋运动以及上方的炉料沿着风口上部向下滑落和移动，会造成对风口上部表面的磨损。在高温下风口的强度下降很多，因此冷却不好会加剧磨损。同时，现在大型高炉普遍采用喷吹煤粉工艺，如果保护不好，内孔壁及端头处被煤粉磨漏的现象也时有发生。

为使风口能承受恶劣的工作条件，延长风口使用寿命，常采取以下几方面的措施：

① 提高制作风口的紫铜纯度，以提高风口的导热性能。

② 改进风口结构，增强风口冷却效果，把空腔式改为隔板式或环流式，使截面积减小，增加水的流速。

③ 对风口前端进行表面处理，提高其承受高温和磨损的能力。

当然，风口的使用寿命还与高炉采用的操作工艺、炉况、水冷条件等多种因素有关。

B 渣口装置

渣口装置如图12-20所示。它由四个水套及压紧固定件组成。即渣口大套、二套、三套和渣口水套。渣

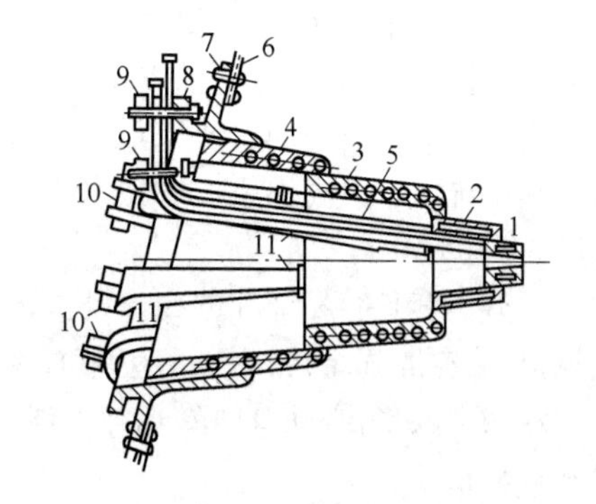

图12-20 渣口装置

1—渣口小套（四套）；2—渣口三套；3—渣口二套；4—渣口大套；5—冷却水管；6—炉皮；7，8—大套法兰；9，10—固定楔；11—挡杆

口和风口类似,渣口是用青铜和紫铜铸成空腔式水套。直径一般为60 mm,对高压操作的高炉则缩小到40 mm,渣口二套也是青铜铸成的中空水套,渣口三套和渣口大套是铸有螺旋形水管的铸铁水冷套。渣口大套、二套、三套用卡在炉皮上的楔子顶紧、固定,而渣口则用进出水管固定到炉皮上。当采用高压操作时,炉内有巨大的推力,会将渣口各套抛出,故在各套上加了用楔子固定的挡杆。

12.3.4 冷却设备的工作制度

冷却设备的工作制度,即制定和控制冷却水的流量、流速、水压和进出水的温度差等。

高炉各部位热负荷不同,冷却设备形式不同,冷却设备工作制度亦不相同。

12.3.4.1 水的消耗量

高炉某部位需要由冷却水带走的热量称为热负荷,单位表面积炉衬或炉壳的热负荷称为冷却强度。热负荷可写为

$$Q = cM(t - t_0) \times 10^3 \tag{12-13}$$

式中 Q——热负荷,kJ/h;

M——冷却水消耗量,t/h;

c——水的比热容,kJ/(kg·℃);

t——冷却水出水温度,℃;

t_0——冷却水进水温度,℃。

由上式可知,冷却水消耗量与热负荷、进出水温度差有关。高炉冶炼过程中在某一段特定时间内(炉龄的初期、中期和晚期等)可以认为热负荷是常数,那么冷却水消耗量与进出水温度差成反比,提高冷却水温度差,可以降低冷却水消耗量。提高冷却水温度差的方法有两种:一是降低流速,二是增加冷却设备串联个数。因冷却设备内水的流速不宜过低,因此经常采用的办法就是增加冷却设备的串联个数。

高炉炉衬热负荷随炉衬侵蚀情况而变化,一般是开炉初期低,中期有一段相对稳定时间,末期上升较快。因此,高炉一代寿命中,不同时期冷却水消耗量也有差别。

12.3.4.2 水压和流速

降低冷却水流速,可以提高冷却水温度差,减少冷却水消耗量。但流速过低会使机械混合物沉淀,而且局部冷却水可能沸腾。冷却水流速及水压和冷却设备结构有关。

确定冷却水压力的重要原则是冷却水压力大于炉内静压,防止个别冷却设备烧坏时煤气进入冷却系统。一般高炉风口冷却水压力比热风的压力高0.1 MPa,炉身部位冷却水压力比炉内静压高0.05 MPa。

风口小套是容易烧坏的冷却设备,采用高压大流速冷却效果显著。宝钢1号高炉采用贯通式风口,为空腔式结构,水压1.6 MPa,风口前端空腔流速可达到16.9 m/s。高压冷却设备烧坏时向炉内漏水较多,必须及时发现和处理。一般在每根供水、排水支管上装有电磁流量计,监测流量并自动报警。

12.3.4.3 冷却水温度差

水沸腾时,水中的钙离子和镁离子以氧化物形式沉淀产生水垢,降低冷却效果。因此,应避免冷却设备内局部冷却水沸腾,采用的方法是控制进水温度和控制进出水温度差。进水温度一

般要求应低于35℃,由于气候的原因,也不应超过40℃。而出水温度与水质有关,一般情况下工业循环水的稳定温度不超过50~60℃,即反复加热时水中碳酸盐沉淀的温度,否则钙、镁的碳酸盐会沉淀,形成水垢,导致冷却设备烧坏。工作中考虑到热流的波动和侵蚀状况的变化,实际的进出水温差应该比允许的进出水温差适当低些,各个部位都要有一个合适的后备系数 φ,其关系式如下:

$$\Delta t_{实际} = \varphi \Delta t_{允许} \tag{12-14}$$

式中 φ 值如下:

部　位	炉腹、炉身	风口带	渣口以下	风口小套
后备系数 φ	0.4~0.6	0.15~0.3	0.08~0.15	0.3~0.4

高炉上部 φ 值较大,对于高炉下部由于是高温熔体,主要是铁水的渗漏,可能局部造成很大热流而烧坏冷却设备,但在整个冷却设备上,却不能明显地反映出来,所以 φ 值要小些。实践证明,炉身部位 $\Delta t_{实际}$ 波动5~10℃是常见的变化,而在渣口以下 $\Delta t_{实际}$ 波动1℃就是个极危险的信号。显然出水温度仅代表出水的平均温度,也就是说,在冷却设备内,如果某局部地区水温大大超过出水温度,就会产生局部沸腾现象和硬水沉淀。

12.3.4.4 冷却设备的清洗

清洗冷却设备可以延长其使用寿命。水垢的导热性很差,易使冷却设备过热而烧坏,故定期清洗掉水垢是很重要的。一般要3个月清洗一次。清洗方法有:用20%~25%的70~80℃盐酸,加入缓蚀剂废机油(1%),用耐酸泵送入冷却设备中,循环清洗10~15 min,然后再用压缩空气顶回酸液,再通冷却水冲洗。也可用0.7~1.0 MPa的高压水或蒸汽冲洗。

12.3.5 高炉给排水系统

高炉在生产过程中,任何短时间的断水,都会造成严重的事故,高炉供水系统必须安全可靠。为此,水泵站供电系统须有两路电源,并且两路电源应来自不同的供电点。为了在转换电源时不中断供水,应设有水塔,塔内要储有30 min的用水量。泵房内应备有足够的备用泵。由泵房向高炉供水的管路应设置两条。串联冷却设备时要由下往上,保证断水时冷却设备内留有一定水量。

大中型高炉设有两条供水主管道及两套供水管网。供水管直径由给水量计算而定,正常条件下供水管内水流速0.7~1.0 m/s,供水管上除安装一般阀门外,还安装逆止阀,防止冷却设备烧坏时煤气进入冷却管路系统。高炉排水一般由冷却设备出水头引至集水槽,而后经排水管送至集水池(蒸发2%~5%),由于出水头有水力冲击作用而产生大量气泡,所以排水管直径是给水管直径的1.3~2.0倍。排水管标高应高于冷却设备,以保证冷却设备内充满水。所有管路、阀门布置应方便操作。

一般高炉给排水的工艺流程是:水源→水泵→供水主管→滤水器→各层给水围管→配水器(分配水进各冷却设备)→冷却设备及喷水管→环形排水槽、排水箱→排水管→集水池(蒸发2%~5%)。

12.3.6 高炉冷却系统

高炉冷却系统可分为:汽化冷却系统、开式工业水循环冷却系统、软(纯)水密闭循环冷却系统。目前国内外的很多高炉都采用开式工业水循环冷却系统。但是从发展的情况看,国内外已有不少高炉采用软(纯)水密闭循环冷却系统,并取得了高炉长寿、低耗的显著效果。

12.3.6.1　高炉汽化冷却

高炉汽化冷却是把接近饱和温度的软化水送入冷却设备内,热水在冷却设备中吸热汽化并排出,从而达到冷却设备的目的。按循环方式,可分为自然循环汽化冷却和强制循环汽化冷却两种。

汽化冷却与水冷相比有如下优点:由于水汽化时吸收大量汽化潜热,所以冷却强度大;耗水量极少,与水冷却相比可节约用水 60% ~90%,还可节电(水泵动力)75%以上;由于耗水量少,水可以软化处理,防止冷却设备结垢,延长寿命;产生大量蒸汽,可作为二次能源;有利于安全生产,如果采用自然循环方式,当断电时,可利用气包中储备的水维持生产约 40 ~50 min,因此提高了冷却设备的安全性。

汽化冷却应用并不广泛,并逐渐被软水闭路强制循环所代替,主要是汽化循环冷却还存在一些具体问题不好解决。例如,热负荷高时汽化循环不稳定,冷却设备易烧坏,并且对于已烧坏的冷却设备,其检测技术不完善,炉衬侵蚀情况反应不敏感。

12.3.6.2　开式工业水循环冷却系统

所谓开式工业水循环冷却系统,是指其降温设施采用冷却塔、喷水池等设备,靠蒸发制冷的系统。这种冷却系统致命的弱点是:在冷却设备的通道壁上容易结垢,这些水垢是造成冷却设备过热烧坏的重要原因。为了克服冷却设备上结垢带来的危害,一般采用清洗冷却设备内水垢方法和控制进出水温差的办法。但是这样会对生产、经济不利,并会造成环境污染。

12.3.6.3　软水密闭循环冷却系统

高炉软水密闭循环系统工作原理见图 12-21。它是一个完全密闭的系统,用软水作为冷却介质。软水由循环泵送往冷却设备,冷却设备排出的冷却水经膨胀罐送往空气冷却器,经空气冷却器散发于大气中,然后再经循环泵送往冷却设备,由此循环不已。

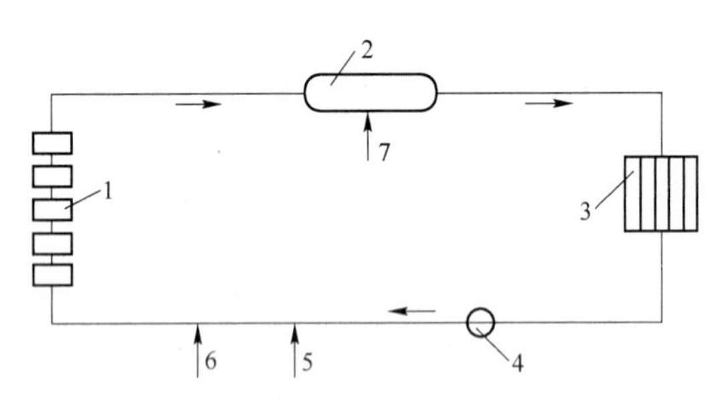

图 12-21　软水密闭循环系统原理

1—冷却设备;2—膨胀罐;3—空气冷却器;4—循环泵;5—补水;6—加药;7—充氮

膨胀罐为一圆柱形密闭容器,其中充以氮气,用以提高冷却介质压力,提高饱和蒸汽的温度,进而提高饱和蒸汽与冷却设备内冷却水实际温度之差,即提高冷却水的欠冷度。膨胀罐具有补偿由于温度的变化和水的泄漏而引起的系统冷却水体积的变化,稳定冷却系统的运转,并且通过罐内水位的变化,判断系统泄漏情况和合理补充软水。

空气冷却设备由风机和散热器组成,用来散发热量,降低冷却水温度。

软水密闭循环系统的特点有:

(1) 工作稳定可靠。由于冷却系统内具有一定的压力,所以冷却介质具有较大的欠冷度。例如,当系统压力为 0.15 MPa 时,水的沸点为 127℃,系统中回水最高温度是膨胀罐内温度,一般控制不大于 65℃,此时欠冷度为 62℃,通常欠冷度等于或小于 50℃时,即不会产生蒸汽和汽塞现象。

(2) 冷却效果好,高炉寿命长。它使用的冷却介质是软(纯)水,是经过化学处理即除去水中硬度和部分盐类的水。这就从根本上解决了在冷却水管或冷却设备内壁结垢的问题,保证有效冷却并能延长冷却设备的寿命。

(3) 节水。因为整个系统完全处于密闭状态,所以没有水的蒸发损失,而流失也很少。根据国内外高炉的操作经验,正常时软水补充量仅为循环流量的0.1%。

(4) 电能耗量低。闭路系统循环水泵的扬程仅取决于系统的阻力损失,不考虑供水点的位能和剩余水头。因此,软水密闭循环系统的总装机容量为开式循环系统的2/3左右。

软水密闭循环冷却是高炉冷却发展的方向,目前大型高炉软水密闭循环系统使用范围愈来愈大。

12.4 高炉钢结构

高炉钢结构包括炉壳、炉体框架、炉顶框架、平台和梯子等。高炉钢结构是保证高炉正常生产的重要设施。设计高炉钢结构应考虑的主要因素有:

(1) 高炉是庞大的竖炉,设备层层叠叠,钢结构设计必须考虑到各种设备安装、检修、更换的可行性,要考虑到大型设备的运进运出,吊上吊下,临时停放等可能性。

(2) 高炉是高温高压反应器,某些钢结构构件应具有耐高温高压、耐磨和可靠的密封性。

(3) 运动装置运动轨迹周围,应留有足够的净空尺寸,并且要考虑到安装偏差和受力变形等因素。

(4) 对于支撑构件,要认真分析荷载条件,做强度计算。主要荷载包括:工作中的静荷载、动荷载、事故荷载(例如崩料、坐料引起的荷载等),检修、安装时的附加荷载,以及外荷载(风载、地震等)。

(5) 露天钢结构和扬尘点附近钢结构应避免积尘积水。

(6) 合理设置走梯、过桥和平台,使操作方便,安全可靠。

12.4.1 高炉本体钢结构

高炉本体钢结构,主要是解决炉顶荷载、炉身荷载传递到炉基的方式方法,并且要解决炉壳密封等。目前高炉本体钢结构主要有以下几种形式(见图12-22(a)~(d))。

12.4.1.1 炉缸支柱式

炉顶荷载及炉身荷载由炉身外壳通过炉缸支柱传到基础上(见图12-22(a))。其特点是节省钢材,但风口平台拥挤,炉前操作不方便,并且大修时更换炉壳不方便。高炉生产过程中应注意炉身部位的冷却,特别是炉龄后期,由于受热和承重炉壳有可能变形,这将影响装料设备的准确性。我国255 m^3 以下高炉多用这种结构。

12.4.1.2 炉缸炉身支柱式

炉顶装料设备和煤气导出管、上升管等的重量经过炉身炉壳传递到炉腰托圈,炉顶框架、大小钟荷载则通过炉身支柱传递到炉腰托圈,然后再通过炉缸支柱传递到基础上(见图12-22(b))。煤气上升管和炉顶平台分别设有座圈和托座,大修更换炉壳时炉顶煤气导出管和装料设备等荷载可作用在平台上。这种结构降低了炉壳的负荷,安全可靠。但耗费钢材较多、投资高,因此只适用于大型高炉。我国20世纪五六十年代所建大型高炉多采用这种结构。

12.4.1.3　炉体框架式

近年来我国新建大型高炉多采用这种结构(见图12-22(c))。其特点是:由4根支柱连接成框架,而框架是一个与高炉本体不相连接的独立结构。框架下部固定在高炉基础上,顶端则支撑在炉顶平台。因此炉顶框架的重量、煤气上升管的重量、各层平台及水管重量,完全由大框架直接传给基础。只有装料设备重量经炉壳传给基础。

这种结构由于取消了炉缸支柱,框架离开高炉一定距离,所以风口平台宽敞,炉前操作方便,还有利于大修时高炉容积的扩大。

12.4.1.4　自立式

炉顶全部荷载均由炉壳承受,炉体周围没有框架或支柱,平台走梯也支撑在炉壳上,并通过炉壳传递到基础上。其特点是:结构简单,操作方便,节约钢材,炉前宽敞便于更换风口和炉前操作。设计时应尽量减少炉壳转折点,制造时折点部位要平缓过渡,减小热应力。高炉生产过程中应加强炉壳冷却,特别是炉龄末期炉壳可能变形,需要增设外部喷水冷却。另外,高炉大修时炉顶设备需要另设支架。我国中小型高炉多采用这种结构(见图12-22(d))。

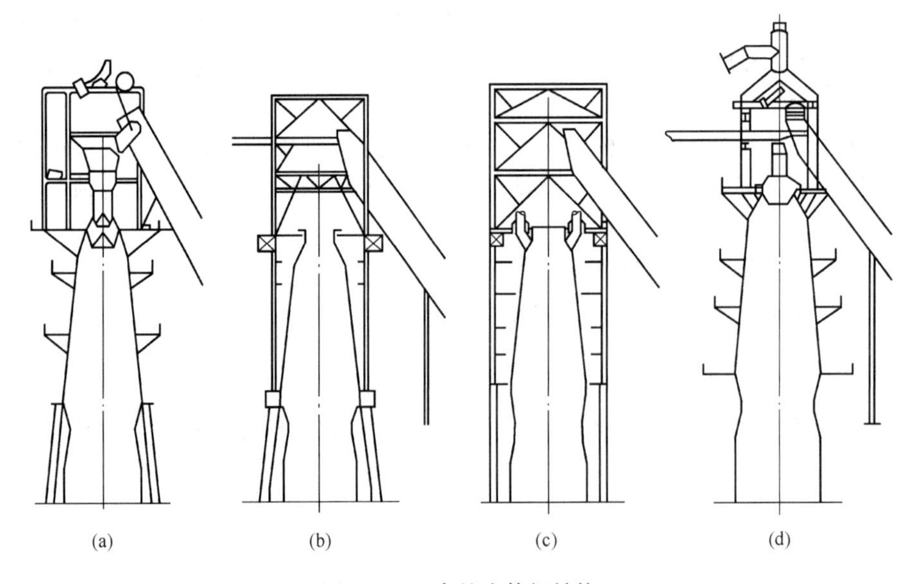

图12-22　高炉本体钢结构

(a) 炉缸支柱式;(b) 炉缸炉身支柱式;(c) 炉体框架式;(d) 自立式

12.4.2　炉壳

炉壳是高炉的外壳,里面有冷却设备和炉衬,顶部有装料设备和煤气上升管,下部坐落在高炉基础上,是不等截面的圆筒体。

炉壳的主要作用是固定冷却设备、保证高炉砌砖的牢固性、承受炉内压力和起到炉体密封作用,有的还要承受炉顶荷载和起到冷却内衬作用(外部喷水冷却时)。因此,炉壳必须具有一定强度。

炉壳外形与炉衬和冷却设备配置要相适应。炉壳存在着转折点,转折点减弱炉壳的强度。由于固定冷却设备,炉壳需要开孔。炉壳折点和开孔应避开在同一个截面。炉缸下部转折点应在铁口框以下100 mm以上,炉腹转折点应在风口大套法兰边缘以上大于100 mm处,炉壳开口处需补焊加强板。

炉壳厚度应与工作条件相适应,各部位厚度可由式(12–15)计算:

$$\delta = kD \tag{12-15}$$

式中 δ——计算部位炉壳厚度,mm;

D——计算部位炉壳外弦带直径(对圆锥壳体采用大端直径),m;

k——系数,mm/m,与弦带位置有关(见图12–23),其值见表12–9。

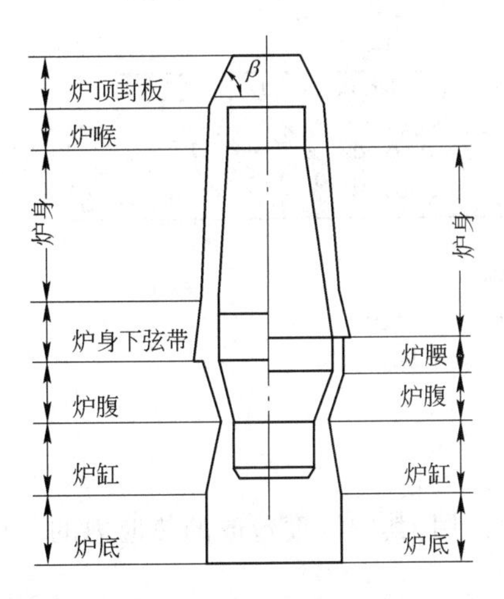

图12–23 高炉炉体各弦带分界示意图

表12–9 高炉各弦带 k 值

部位		k
炉顶封板与炉喉	$50° < \beta < 55°$	4.0
	$\beta > 55°$	3.6
高炉炉身		2.0
高炉炉身下弦带		2.2
风口带到炉腹上折点		2.7
炉缸及炉底		3.0

炉身下弦带高度一般不超过炉身高度的1/4 ~ 1/3.5。高炉下部钢壳较厚,是因为这个部位经常受高温的作用,以及安装渣口、铁口和风口,开孔较多的缘故。我国某些高炉炉壳厚度见表12–10。

表12–10 我国某些高炉炉壳厚度

高炉容积/m^3		100	255	620	620	1000	1513	2025	4063
高炉结构类型		炉缸支柱	自立式	炉缸支柱	自立式	炉体框架	炉缸支柱	炉体框架	炉体框架
高炉炉壳厚度/mm	炉　底	14	16	25	28	28/32	36	36	65,铁口区90
	风口区	14	16	25	28	32	32	36	90
	炉　腹	14	16	22	28	28	30	32	60
	炉　腰	14	16	22	22	28	30	30	60
	托　圈	16		30			36		
	炉身下部	8	14	18	20	25	30	28	炉身由下至上依次为55,50,40,32,40
	炉顶及炉喉	14	14	25	25	25	36	32	
	炉身其他部位	8	12	18	18	20	24	24	

12.5 高炉基础

高炉基础是高炉下部的承重结构,它的作用是将高炉全部荷载均匀地传递到地基。高炉基础由埋在地下的基座部分和露出地面的基墩部分组成,见图12–24。

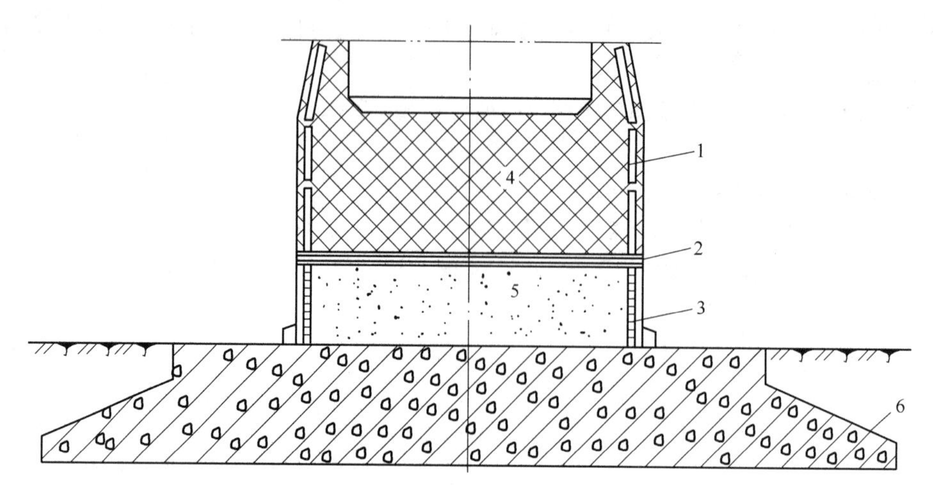

图 12-24　高炉基础

1—冷却壁；2—水冷管；3—耐火砖；4—炉底砖；
5—耐热混凝土基墩；6—钢筋混凝土基座

12.5.1　高炉基础的负荷

高炉基础承受的荷载有静负荷、动负荷、热应力的作用，其中温度造成的热应力的作用最危险。

12.5.1.1　静负荷

高炉基础承受的静负荷包括高炉内部的炉料重量、渣、铁液重量、炉体本身的砌砖重量、金属结构重量、冷却设备及冷却水重量、炉顶设备重量等，另外还有炉下建筑物、斜桥、卷扬机等分布在炉身周围的设备重量。就力的作用情况来看，前者是对称的，作用在炉基上，后者则常常是不对称的，是引起力矩的因素，可能产生不均匀下沉。

12.5.1.2　动负荷

生产中常有崩料、坐料等，加给炉基的动负荷是相当大的，设计时必须考虑。

12.5.1.3　热应力的作用

炉缸中贮存着高温的铁液和渣液，炉基处于一定的温度下。由于高炉基础内温度分布不均匀，一般是里高外低、上高下低，这就在高炉基础内部产生了热应力。

12.5.2　对高炉基础的要求

（1）高炉基础应把高炉全部荷载均匀地传给地基，不允许发生沉陷和不均匀的沉陷。高炉基础下沉会引起高炉钢结构变形，管路破裂。不均匀下沉将引起高炉倾斜，破坏炉顶正常布料，严重时不能正常生产。

（2）具有一定的耐热能力。一般混凝土只能在 150℃以下工作，250℃便有开裂，400℃时失去强度，钢筋混凝土 700℃时失去强度。过去由于没有耐热混凝土基墩和炉底冷却设施，炉底破损到一定程度后，常引起基础破坏，甚至爆炸。采用水冷炉底及耐热基墩后，可以保证高炉基础很好地工作。

基墩断面为圆形,直径与炉底相同,高度一般为2.5~3.0 m,设计时可以利用基墩高度调节铁口标高。

基座直径与荷载和地基土质有关,基座底表面积可按式(12-16)计算:

$$A = P/(KS_{允}) \tag{12-16}$$

式中 A——基座底表面积,m^2;

P——包括基础质量在内的总荷载,t;

K——小于1的安全系数,取值视地基土质而定;

$S_{允}$——地基土质允许的承压能力,MPa。

基座厚度由所承受的力矩计算,结合水文地质条件及冰冻线等综合情况确定。

复习思考题

12-1 什么是高炉内型?画出高炉内型图并在图中标出各部位名称。

12-2 什么是高炉有效高度,它的大小对高炉生产有何影响?

12-3 简述高炉炉型各部位的作用。

12-4 炉衬的主要作用是什么?

12-5 简述炉衬的破损机理。

12-6 高炉生产对耐火材料的要求如何,为什么?

12-7 高炉常用耐火材料有哪些,碳质耐火材料有哪些优点?

12-8 高炉基础由哪几部分组成,它的作用是什么,高炉生产对它的要求如何?

12-9 高炉冷却的目的是什么?

12-10 高炉冷却介质有几种,什么是工业水冷却,什么是软水密闭循环冷却,各有何特点?

12-11 高炉冷却设备有哪几种,各用在什么部位?

12-12 风口装置由哪几部分组成,其作用是什么?

12-13 风口损坏机理如何,损坏部位通常在何处?

12-14 渣口装置由哪几部分组成?

12-15 高炉冷却发展趋势如何?

12-16 炉体钢结构有几种形式,各有何特点?

13 原燃料供应系统

现代钢铁联合企业中,炼铁原燃料的供应系统以高炉贮矿槽为界分为两部分。从原燃料进厂到高炉贮矿槽顶属于原料厂管辖范围,它完成原燃料的卸、堆、取、运作业,根据要求还需进行破碎、筛分和混匀作业,起到贮存、处理并供应原燃料的作用。从高炉贮矿槽顶到高炉炉顶装料设备属于炼铁厂管辖范围,它负责向高炉按规定的原料品种、数量、分批地及时供应。现代高炉对原燃料供应系统的要求是:

(1) 保证连续地、均衡地供应高炉冶炼所需的原燃料,并为进一步强化冶炼留有余地。

(2) 在贮运过程中应考虑为改善高炉冶炼所必需的处理环节,如混匀、破碎、筛分等。焦炭在运输过程中应尽量降低破碎率。

(3) 由于原燃料的贮运数量大,对大、中型高炉应该尽可能实现机械化和自动化,提高配料、称量的准确度。

(4) 原燃料系统各转运环节和落料点都有灰尘产生,应有通风除尘设施。

原燃料供应系统包括贮矿槽、贮焦槽、槽下运输和称量、炉料装入料车或皮带机将炉料运送到炉顶。

13.1 供料设施的类型及流程

13.1.1 供料设施的类型

供料设施可分为集中供料设施和专用的高炉供料设施两种。一般大型钢铁联合企业,比较先进的都采用集中供料设施,供应炼铁、炼钢、炼焦、烧结和自备电厂等。它的主要优点是:

(1) 各种原材料集中在一起,可以统一作业,场地紧凑,采用连续运输设备比较方便。

(2) 各种设备的使用和备品备件可以统一维护和管理。

(3) 由于集中管理,而且机械化程度高,可实现自动化操作,减少管理人员。

13.1.2 供料设施流程

供料设施的流程主要指卸车、堆存、取料、运出、破碎、筛分、混匀等工序。

13.1.2.1 卸车

从厂外来的原材料大多由铁路运输,炼铁车间每天有数百个车皮卸车,卸车速度取决于卸车方式和原材料品种,大中型厂普遍采用翻车机,中型厂有的采用铲斗卸车机、螺旋卸车机,而小型厂多数采用抓斗桥式(或门式)起重机,有的则用吊钩起重网斗卸车,最好的卸车方式是采用高道栈桥或地下料槽。

13.1.2.2 贮料场

贮料场的贮存量除了考虑高炉容量之外,还必须考虑厂外原料的供应情况,铁路、船舶正常的运输周期及中途可能发生的阻滞情况等。

一般,铁矿石和锰矿石的贮存量按 30 ~ 45 天计算,石灰石按 20 ~ 30 天考虑。当原料产地较远,使用矿石种类又比较多,原料的贮存天数取上限,反之取下限。

原料的堆存、取料和混匀都在贮料场进行。贮料场的结构形式、堆取料方式与卸车方式、原料的粒度以及混匀破碎筛分等与设备有关。当矿山与高炉车间相距较近,而且有专用的铁路线,矿石又不需要加工混匀时,高炉车间可以不设原料场。

大型高炉的贮矿场可采用堆取分开的堆料机,一般大型集中供料设施中,可采用道轨式斗轮堆取料机进行堆料和取料作业。这种机械是把地面皮带运来的料,经进料车送往悬臂输送带上,最后落在贮料场上,如果要取料,则悬臂输送带作反方向运转,并在末端装上带有旋转斗轮的取料装置,悬臂输送带可以俯仰一定角度达到变幅效果,而且悬臂输送带架支承在旋转的门形架上面,能达到回转的效果。

13.1.2.3 车间之间的运输

由贮料场运往各车间贮料仓的运输方式,一般都采用带式运输机等连续运输设备。它的优点是运输量大,物料的适应性强,工作安全可靠,结构简单,动力消耗少,容易自动化,而且矿槽的结构简单。对用量较少而路程较远的车间,才考虑用自卸汽车。

焦炭不在原料场堆放(个别的例外),直接由炼焦车间运到贮焦槽,既减少焦炭的转运次数,降低破碎率,又避免露天堆放。通常,炼铁车间与炼焦车间是互相毗邻的,可用皮带运输机直接将焦炭运至贮焦槽,只有个别厂采用专用的运焦车运输。

在大型钢铁厂都设有两条皮带,其中一条是备用或与烧结矿共用,烧结矿从冷却机出来也是用带式运输机送到高炉贮矿槽,皮带运输机的缺点是不能输送热的烧结矿和焦炭,一定要冷却到100℃以下,否则将会烧坏皮带。

13.2 槽上运输

新建的炼铁车间,多采用人造富矿(烧结矿和球团矿)为原料,运输设备均采用皮带机。皮带机运输作业率高,原料破碎率低,而且轻便,大大简化了矿槽结构。

13.3 贮矿槽、贮焦槽及槽下运输称量

13.3.1 贮矿槽与贮焦槽

13.3.1.1 作用

贮矿槽是高炉上料系统的核心,其作用如下:

(1) 解决高炉连续上料和车间间断供料之间的矛盾。高炉冶炼要求各种原料要按一定数量和顺序分批加入炉内,每批料的间隔只有 6 ~ 8 min。原料从车间外或车间内的贮矿场按冶炼要求直接加入料车或皮带是不可能的。只有设置贮矿槽这一中间环节,才能保证有计划按比例连续上料。

(2) 起到原料贮备的作用。原燃料生产和运输系统总会发生一些故障和定期检修等,造成原燃料供应中断。若在贮矿槽内贮存足够数量的原燃料,就能够应付这些意外情况,保证高炉正常供料。

(3) 供料系统易实现机械化和自动化。设贮矿槽可使原燃料供应运输线路缩短,控制系统集中,使漏料、称量和装入料车等工作易实现机械化、自动化。

13.3.1.2　贮矿槽的布置

在一列式和并列式高炉平面布置中，贮矿槽的布置常和高炉列线平行。在采用料车上料时，贮矿槽与斜桥垂直。采用皮带机上料时，贮矿槽与上料皮带机中心线应避免互成直角，以缩短贮矿槽与高炉的间距。

13.3.1.3　容积及数目

贮矿槽的容积与数目和高炉容积、使用的原料性质和种类、车间的平面布置等因素有关，一般可参照表13-1选用，也可根据贮存量进行计算，贮矿槽贮存12～18 h的矿石量，贮焦槽贮存6～8 h的焦炭量。

表13-1　贮矿槽、贮焦槽容积与高炉容积的关系

项　目	高炉有效容积/m^3					
	255	600	1000	1500	2000	2500
贮矿槽容积与高炉容积之比	>3.0	2.5	2.5	1.8	1.6	1.6
贮焦槽容积与高炉容积之比	>1.1	0.8	0.7	0.7～0.5	0.7～0.5	0.7～0.5

13.3.1.4　结构

贮矿槽的结构有钢筋混凝土结构和钢－钢筋混凝土混合式结构两种。钢筋混凝土结构是矿槽的周壁和底壁都是用钢筋混凝土浇灌而成。混合式结构是贮矿槽的周壁用钢筋混凝土浇灌，底壁、支柱和轨道梁用钢板焊成，投资较前一种高。我国多用钢筋混凝土结构。为了保护贮矿槽内表面不被磨损，一般要在贮矿槽内加衬板，贮焦槽内衬以废耐火砖或厚25～40 mm的辉绿岩铸石板，在废铁槽内衬以旧铁轨，在贮矿槽内衬以铁屑混凝土或铸铁衬板。为了减轻贮矿槽的重量，有的衬板采用耐磨橡胶板。槽底板与水平线的夹角一般为50°～55°，贮焦槽不小于45°，以保证原料能顺利下滑流出。

13.3.2　槽下运输称量

在贮矿槽下，将原料按品种和数量称量并运到料车（或上料皮带机）的方法有两种：一种是用称量车完成称量、运输、卸料等工序，另一种是用皮带机运输，用称量漏斗称量。

称量车是一个带有称量设备的电动机车。车上有操纵贮矿槽闭锁器的传动装置，还有与上料车数目相同的料斗，每个料斗供一个上料车，料斗的底是一对可开闭的门，借以向料车中放料。在称量车轨道旁边设有配料室，配料室操纵台上设有称量机构的显示和调节系统。操作人员在配料室进行配料作业，控制称量车行走，当称量车停在某一矿槽下时，启动该槽下给料设备，给料并称量，当达到给料量时停止给料。

槽下采用皮带机运输和称量漏斗称量的槽下运输称量系统，焦仓下一般设有振动筛，合格焦炭经焦炭输送机送到焦炭称量漏斗，小粒度的焦粉经粉焦输出皮带机运至粉焦仓。烧结矿仓下也设有振动筛，合格烧结矿运至矿石称量漏斗，粉状烧结矿经矿粉输出皮带机输送至粉矿仓。球团矿直接经给料机、矿石输出皮带机送到矿石集中漏斗。

由皮带机向炉顶供料的高炉，对贮矿槽的要求与料车式基本相同，只是贮矿槽与高炉的距离远些。在装料程序上，将向料车漏料改为向皮带机漏料。

皮带机运输的槽下工艺流程根据筛分和称量设施的布置，可以分为以下三种：

（1）集中筛分，集中称量。料车上料的高炉槽下焦炭系统常采用这种工艺流程。其优点是设备数量少，布置集中，可节省投资，但设备备用能力低，一旦筛分设备或称量设备发生故障，则会影响高炉生产。

（2）分散筛分，分散称量。矿槽下多采用此流程。这种布置操作灵活，备用能力大，便于维护，适于大料批多品种的高炉。

（3）分散筛分，集中称量。焦槽下多采用此种流程。其优点是有利于振动筛的检修，集中称量可以减少称量设备，节省投资。

皮带机与称量车比较具有以下优点：

（1）设备简单，节省投资。而称量车设备复杂，投资高，维护麻烦。另外，称量车工作环境恶劣，传动系统和电器设备很容易出故障，要经常检修，要求有备用车，有的高炉甚至要有两台备用车才能满足生产需要，这就增加了投资。

（2）皮带机运输容易实现沟下操作自动化，能有效地减轻体力劳动和改善劳动条件，有利于工人健康。

（3）采用皮带机运输，可以降低矿槽漏嘴的高度，在贮矿槽顶面高度不变的情况下，可以增大贮矿槽容积。

基于上述原因，我国高炉基本上都选用皮带机作为槽下运输设备。

13.4 料车坑

料车式高炉在贮矿槽下面斜桥下端向料车供料的场所称为料车坑。一般布置在主焦槽的下方。

料车坑的大小与深度取决于其中所容纳的设备和操作维护的要求。小高炉比较简单，只要能容纳装料漏斗和上料小车就可以了，大型高炉则比较复杂。图 13-1 为某厂 1000 m³ 高炉料车坑剖面图。

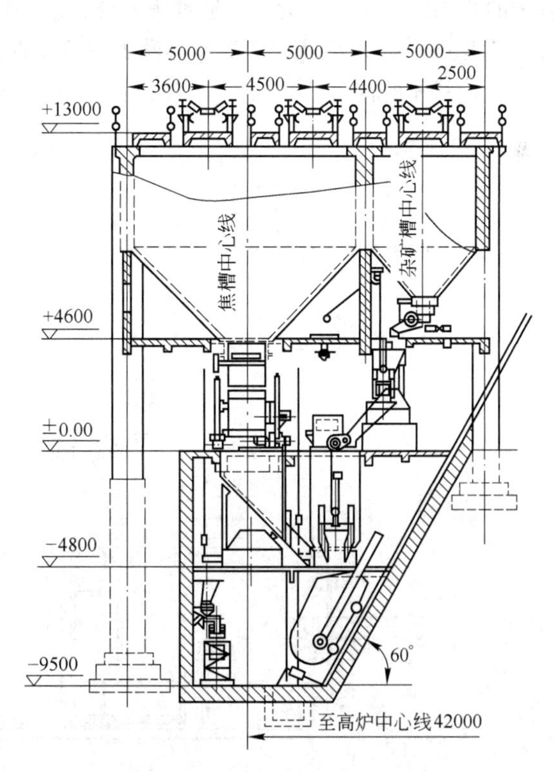

图 13-1 1000 m³ 高炉料车坑剖面图

料车坑四壁一般由钢筋混凝土制成。在地下水位较高地区，料车坑的壁与底应设防水层，料车坑的底应考虑 0.5% ~3% 的排水坡度，将积水集中到排水坑内，再用污水泵排出。

料车坑内所有设备均应设置操作平台或检修平台。在布置设备时应着重考虑各漏斗流嘴在漏料过程中能否准确地漏入料车内，并应注意各设备之间的空间尺寸关系，避免相互碰撞。

料车坑中安装的设备有：

（1）焦炭称量设备，包括振动筛、称量漏斗和控制漏斗的闭锁器。在需要装料时振动筛振动，当给料量达到要求时停止。称量漏斗一般为钢结构，内衬锰钢，其有效容积应与料车的有效容积一致。

（2）矿石称量漏斗。当槽下矿石用皮带机运输时，一般采用矿石称量漏斗。烧结矿在称量之前应筛除小于5 mm的粉末。

（3）碎焦运出设备。经过焦炭振动筛筛出的焦粉，一般由斗式提升机提升到地面上的碎焦贮存槽中。

13.5　上料设备

将炉料直接送到高炉炉顶的设备称为上料机。对上料机的要求是：要有足够的上料能力，不仅能满足正常生产的需要，还能在低料线的情况下很快赶上料线。为满足这一要求，在正常情况下上料机的作业率一般不应超过70%；工作稳妥可靠；最大程度的机械化和自动化。

上料机主要有料罐式、料车式和皮带机上料三种方式。料罐式上料机是上行重罐下行空罐，如果速度快，则吊着的料罐就会摆动不停，所以上料能力低，高炉早已不再采用。近年来随着高炉大型化的发展，料车式上料机也不能满足高炉要求，只有中小型高炉仍然采用。新建的大型高炉，多采用皮带机上料方式。

13.5.1　料车式上料机

料车式上料机一般由三部分组成：料车、斜桥和卷扬机。

13.5.1.1　料车

一般每座高炉两个料车，互相平衡。料车容积大小则随高炉容积的增大而增大，一般为高炉容积的0.7%～1.0%。为了制造维修方便，我国料车的容积有2.0 m^3、4.5 m^3、6.5 m^3和9 m^3几种。随着高炉强化，常用增大料车容积的方法来提高供料能力。

9 m^3料车的构造见图13-2。它由车体、车轮、辕架三部分组成。车体由10～12 mm钢板焊

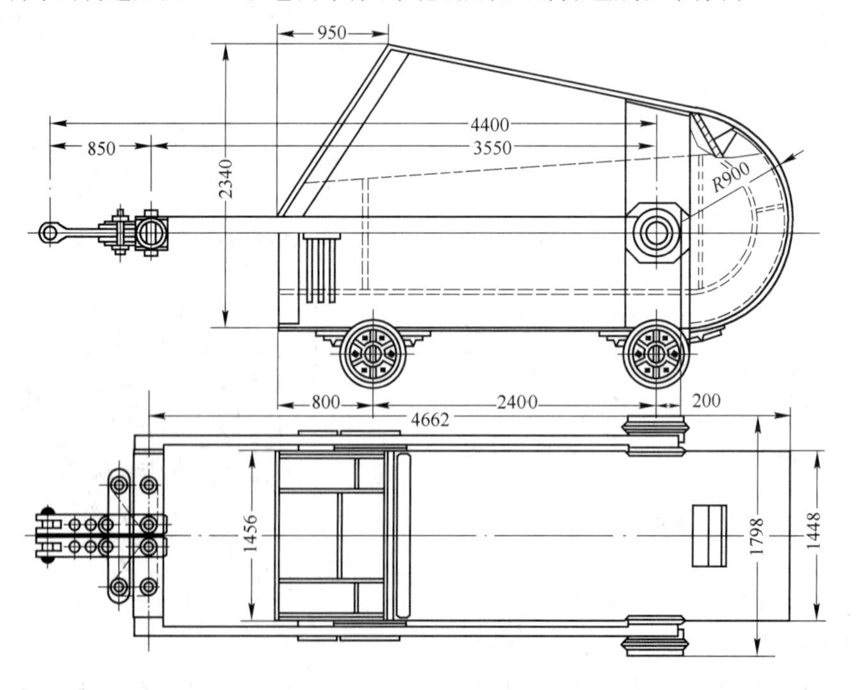

图13-2　9 m^3料车结构示意图

成，底部和侧壁的内表面都镶有铸钢或锰钢衬板加以保护，以免磨损，后部做成圆角以防矿粉黏接，在尾部上方开有一个方孔，供装入料车坑内散碎料。前后两对车轮构造不同，因为前轮只能沿主轨滚动，而后轮不仅要沿主轨滚动，在炉顶曲轨段还要沿辅助轨道——分歧轨滚动，以便倾翻卸料，所以后轮做成具有不同轨距的两个轮面的形状。料车上的四个车轮是各自单独转动的，再加上使用双列向心球面轴承，各个车轮可以互不干涉地单独转动，这就可以完全避免车轮的滑行和不均匀磨损。辕架是一个门形钢框，活动地连接在车体上，车体前部还焊有防止料车仰翻的挡板。一般用两根钢绳牵引料车，这样既安全又可以减小钢绳的刚度。

13.5.1.2　斜桥

斜桥大都采用桁架结构，其倾角取决于铁路线数目和平面布置形式，一般为55°～65°。设两个支点，下端支撑在料车坑的墙壁上，上端支撑在从地面单设的门形架子上，顶端悬臂部分和高炉没有联系，其目的是使结构部分和操作部分分开。有的把上支点放在炉顶框架上或炉体大框架上，在相接处设置滚动支座，允许斜桥在温度变化时自由位移，消除了对框架产生的斜向推力。

为了使料车能自动卸料，料车的走行轨道在斜桥顶端设有轨距较宽的分歧轨，常用的卸料曲轨形式见图13-3。当料车的前轮沿主轨道前进时，后轮则靠外轮面沿分歧轨上升使料车自动倾翻卸料（参阅图13-3（c）），料车的倾角达到60°时停车。卸料后料车能在自重作用下，以较大的加速度返回。图13-3（c）的结构简单，制作方便，但工艺性能稍差，常用在小型高炉上；图13-3（b）和图13-3（a）用于中型高炉，图13-3（a）的工艺性能最好。

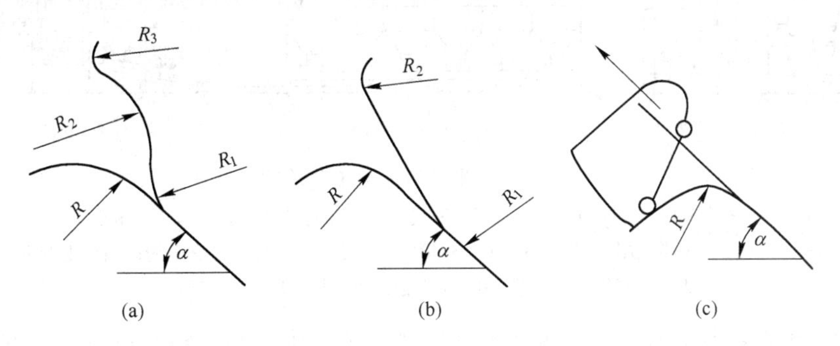

图13-3　卸料曲轨形式

为了使料车上下平稳可靠，通常在走行轨上部装护轮轨。为了使料车装得满些，常将料车坑内的料车轨道倾角加大到60°左右。

13.5.1.3　卷扬机

卷扬机是牵引料车在斜桥上行走的设备。在高炉设备中是仅次于鼓风机的关键设备。要求它运行安全可靠，调速性能良好，终点位置停车准确，能够自动运行。

料车卷扬机系统，主要由驱动电机、减速箱、卷筒、钢绳、安全装置及控制系统等组成。

13.5.2　皮带机上料系统

近年来，由于高炉的大型化，料车式上料机已不能满足高炉生产的要求。如一座3000 m^3 的高炉，料车坑会深达5层楼以上，钢丝绳会粗到难以卷曲的程度，故新建的大型高炉和部分中小型高炉都采用了皮带机上料系统，因为它连续上料，可以很容易地通过增大皮带速度和宽度，满足高炉要求。皮带机上料系统的优点是：

（1）大型高炉有两个以上出铁口和出铁场，高炉附近场地不足，要求将贮矿槽等设施离高炉远些，皮带机上料系统正好适应这一要求。

（2）上料能力大，比料车式上料机效率高而且灵活，炉料破损率低，改间断上料为连续上料。

（3）节省投资，节省钢材。采用皮带机代替价格昂贵的卷扬机和电动机组，既减轻了设备重量，又简化了控制系统。

图 13-4 是宝钢高炉贮矿槽的工艺布置。矿槽和输出皮带机布置在主皮带机的一侧，这种布置的特点是槽下的输出皮带机运输距离较长，而上料皮带机运输距离较短，矿槽标高较低，炼铁车间布置比较灵活，适于岛式或半岛式布置。

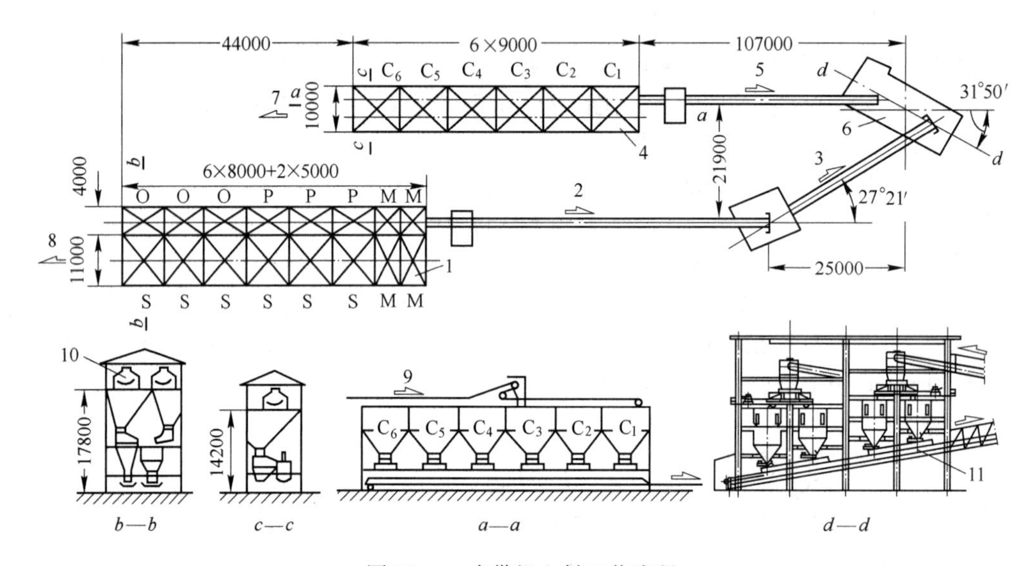

图 13-4　皮带机上料工艺流程

1—贮矿槽（S—烧结矿、O—球团矿、P—块矿、M—杂矿）；2—输出皮带机（一）；3—输出皮带机（二）；4—贮焦槽；5—焦炭输出皮带机；6—中央称量室；7—粉焦输出皮带机；8—粉矿输出皮带机；9—焦炭输入皮带机；10—矿石输入皮带机；11—上料皮带机

贮焦槽和贮矿槽分成两排布置，贮焦槽占一排，烧结矿槽、杂矿槽和熔剂槽占一排，便于施工和检修。当贮矿槽内料位下降到 0.5～0.6 槽内高度时开始上料。料位控制过低，会造成物料粉碎，同时贮量也大大降低；料位控制过高，则会使槽上皮带机输送系统启动、停车频繁。上料皮带机的倾角最小 11°，最大 14°。皮带机宽度随高炉容积不同而变化，保证皮带机运行安全非常重要。

复习思考题

13-1　高炉供料系统应满足哪些要求？

13-2　贮矿槽的作用是什么？

13-3　皮带上料与料车上料相比有哪些优点？

13-4　料车上料包括哪几部分？

14 炉顶装料设备

高炉炉顶装料设备的作用是将上料系统运来的炉料装入高炉并使之合理分布,同时起炉顶密封作用的设备。

高炉炉顶是炉料的入口也是煤气的出口。为了便于人工加料,最早的炉顶是敞开的。后来为了利用煤气,在炉顶安装了简单的料钟与料斗,即单钟式炉顶装料设备,把敞开的炉顶封闭起来,煤气用管导出加以利用,但在开钟装料时仍有大量煤气逸出,这样不仅散失了大量煤气,污染了环境,而且给煤气用户造成很大不便。后改用双钟式炉顶装料设备,交错启闭。为了布料均匀防止偏析,于1906年出现了布料器,最初是马基式旋转布料器,它组成一个完整的密封系统和较为灵活的布料工艺,获得了广泛应用,后来又出现了快速旋转布料器和空转螺旋布料器。随着高压操作的广泛应用,炉顶的密封出现了新的困难,大料钟和大料斗的寿命也成为关键问题。1972年,由卢森堡设计的PW型无钟炉顶,采用旋转溜槽布料,引起炉顶结构的重大变化。目前新建的高炉多数采用无钟炉顶装料设备。

无论何种炉顶装料设备均应满足以下基本要求:

(1) 要适应高炉生产能力。

(2) 能满足炉喉合理布料的要求,并能按生产要求进行炉顶调剂。

(3) 保证炉顶可靠密封,使高压操作顺利进行。

(4) 炉顶设备结构应力求简单和坚固,制造、运输、安装方便,能抵抗急剧的温度变化及高温作用。

(5) 易于实现自动化操作。

14.1 钟式炉顶装料设备

马基式布料器双钟炉顶是钟式炉顶装料设备的典型代表,如图14-1所示。由布料器、装料器、装料设备的操纵装置等组成。

14.1.1 布料器

料车式高炉炉顶装料设备的最大缺点是炉料分布不均。料车只能从斜桥方向将炉料通过受料漏斗装入小料斗中,因此在小料斗中产生偏析现象,大粒度炉料集中在料车对面,粉末料集中在料车一侧,堆尖也在这一侧,炉料粒度越不均匀,料车卸料速度越慢,这种偏析现象越严重。这种不均匀现象在大料斗内和炉喉部位仍然重复着。为了消除这种不均匀现象,通常采用的措施是将小料斗改成旋转布料器,或者在小料斗之上加旋转漏斗。

14.1.1.1 马基式旋转布料器

马基式旋转布料器是过去普遍采用的一种布料器,由小钟、小料斗和小钟杆组成,上边设有受料漏斗。马基式旋转布料器的作用是接受从受料漏斗卸下的炉料,并由小钟的上、下运动与小钟、小料斗共同旋转运动这两个动作过程完成向装料器装料和布料的任务。整个布料器由电机通过传动装置驱动旋转,由于旋转布料器的旋转,所以在小料斗和下部大料斗封盖之间需要密封。

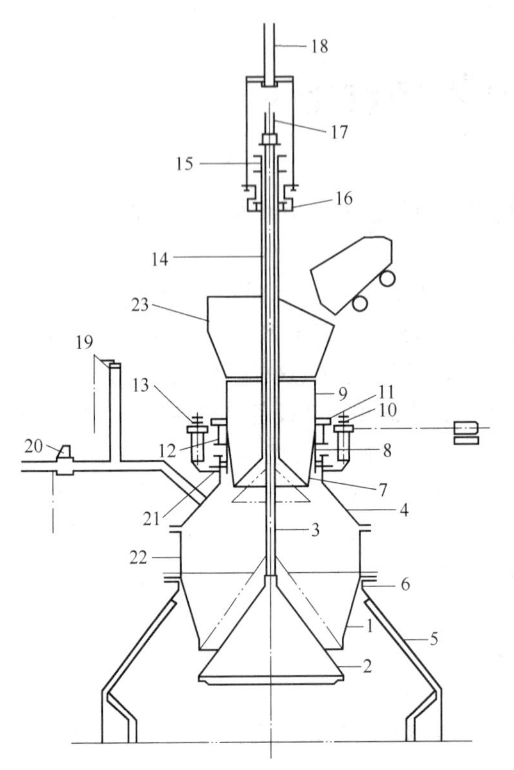

图 14-1　马基式布料器双钟炉顶

1—大料斗；2—大钟；3—大钟杆；4—煤气封罩；5—炉顶封板；6—炉顶法兰；7—小料斗下部内层；8—小料斗下部外层；9—小料斗上部；10—小齿轮；11—大齿轮；12—支撑轮；13—定位轮；14—小钟杆；15—钟杆密封；16—轴承；17—大钟杆吊挂件；18—小钟杆吊挂件；19—放散阀；20—均压阀；21—小钟密封；22—大料斗上节；23—受料漏斗

小钟采用焊接性能较好的 ZG35Mn2 铸成，为了增强抗磨性也有用 ZG50Mn2 的。为便于更换，小钟都铸成两半，两半的垂直结合面用螺栓从内侧连接起来。小钟壁厚约 60 mm，倾角 50°～55°。在小钟与小料斗接触面堆焊硬质合金，或者在整个小钟表面堆焊硬质合金。小钟关闭时与小料斗相互压紧。小钟与小钟杆刚性连接，小钟杆由厚壁钢管制成，为防止炉料的磨损，设有锰钢保护套，保护套由两个半环组成。大钟杆从小钟杆内穿过，两者之间又有相对运动，大、小钟杆一般吊挂在固定轴承上。小料斗由内、外两层组成（见图 14-1），外层为铸钢件，起密封作用和固定传动用大齿轮。内料斗由上、下两部分组成，上部由钢板焊成，内衬以锰钢衬板；下部是铸钢的，承受炉料的冲击与磨损。为防止炉料撒到炉顶平台上，要求小料斗的容积为料车容积的 1.1～1.2 倍。

这种布料设备的特点是：小料斗装料后旋转一定角度，再开启小钟，一般是每批料旋转 60°，即 0°、60°、120°、180°、240°、360°，俗称六点布料，要求每次转角误差不超过 2°，这样小料斗中产生的偏析现象就依次沿炉喉圆周按上述角度分布。落在炉喉某一部位的大块料与粉末，或者每批料的堆尖，沿高度综合起来是均匀的，这种布料方式称为马基式布料。为了操作方便，当转角超过 180°时布料器可以逆转。

这种布料器尽管应用广泛，但存在一定的缺点，一是布料仍然不均，这是由于双料车上料时，料车位置与斜桥中心线有一定夹角，因此堆尘位置受到影响；二是旋转漏斗与密封装置极易磨损，而更换、检修又较困难。为了解决上述问题，出现了快速旋转布料器。

14.1.1.2　快速旋转布料器

快速旋转布料器实现了旋转件不密封、密封件不旋转。它在受料漏斗与小料斗之间加一个旋转漏斗，当上料机向受料漏斗卸料时，炉料通过正在快速旋转的漏斗，使料在小料斗内均匀分布，消除堆尖。其结构示意图见图 14-2（a）。

14.1.1.3　空转螺旋布料器

空转螺旋布料器与快速旋转布料器的构造基本相同，只是旋转漏斗的开口做成单嘴的，并且操作程序不同，见图 14-2（b）。小钟关闭后，旋转漏斗单向慢速空转一定角度，然后上料系统再通过受料漏斗、静止的旋转漏斗向小料斗内卸料。若转角为 60°，则相当于马基式布料器，所以一般每次旋转57°或63°。这种操作制度使高炉内整个料柱比较均匀,料批的堆尖在炉内呈螺旋形,不像马基式布料器那样固定,而是扩展到整个炉喉圆周上,因而能改善煤气的利用。但是,当炉料粒度不均匀时会增加偏析。

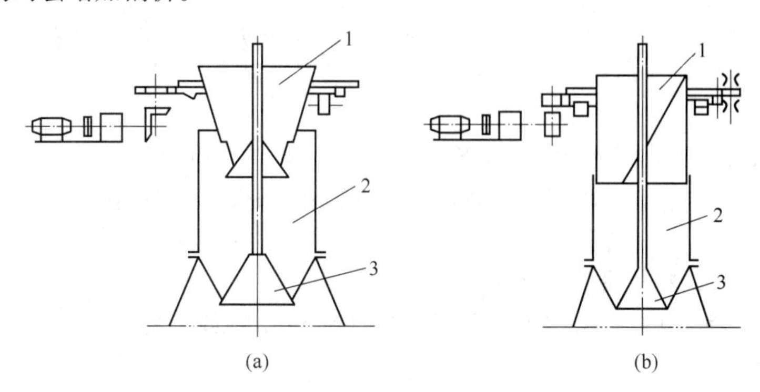

图14-2 布料器结构示意图
(a) 快速旋转布料器;(b) 空转螺旋布料器
1—旋转漏斗;2—小料斗;3—小钟

空转螺旋布料器和快速旋转布料器消除了马基式布料器的密封装置,结构简单,工作可靠,增强了炉顶的密封性能,减小了维护检修的工作量。另外,由于旋转漏斗容积较小,没有密封的压紧装置,所以传动装置的动力消耗较少。例如,255 m^3 高炉用马基式布料器时传动功率为11 kW, 用快速旋转漏斗时为7.5 kW,而空转螺旋布料器则更小,2.8 kW已足够。

14.1.2 装料器

装料器由大钟、大料斗、大钟拉杆、煤气封盖等组成。其主要任务是接受布料器卸下的炉料,由大钟的上、下运动来完成向炉喉布料的任务。

14.1.2.1 大钟

大钟用来分布炉料,一般用35号钢整体铸造。对大型高炉来说,其壁厚不能小于50 mm,一般为60~80 mm。钟壁与水平面成45°~55°,一般为53°,为了保证大钟和大料斗密切接触,减少磨损,大钟与大料斗的接触带都必须堆焊硬质合金并且进行精密加工,要求接触带的缝隙小于0.08 mm。为了减小大钟的扭曲和变形,常做成刚性大钟,即在大钟的内壁增加水平环形刚性环和垂直加强筋。

大钟与大钟杆的连接方式有绞式连接和刚性连接两种。绞式连接的大钟可以自由活动。当大钟与大料斗中心不吻合时,大钟仍能将大料斗很好地关闭。缺点是当大料斗内装料不均匀时,大钟下降时会偏斜和摆动,使炉料分布更不均匀。刚性连接时大钟杆与大钟之间用楔子固定在一起,其优缺点与活动的绞式连接恰好相反,在大钟与大料斗中心不吻合时,有可能扭曲大钟杆,但从布料角度分析,大钟下降后不会产生摇摆,所以偏斜率比绞式连接小。

14.1.2.2 大料斗

大料斗通常由35号钢铸成。对大高炉而言,由于尺寸很大,加工和运输都很困难,所以常将大料斗做成两节,如图4-1中的1和2,这样当大料斗下部磨损时,可以只更换下部,上部继续使用。为了密封良好,与大钟接触的下节要整体铸成,斗壁倾角应大于70°,壁应做得薄些,厚度不超过 55 mm,而且不需要加强筋,这样,高压操作时,在大钟向上的巨大压力下,可以发挥大料斗的弹性作用,使两者紧密接触。

常压高炉大钟可以工作 3 ~ 5 年,大料斗 8 ~ 10 年,高压操作的高炉,当炉顶压力大于 0.2 MPa 时,一般只能工作 1.5 年左右,有的甚至只有几个月。主要原因是大钟与大料斗接触带密封不好,产生缝隙,由于压差的作用,带灰尘的煤气流高速通过,磨损设备。炉顶压力越高,磨损越严重。

为了减小大钟、大料斗间的磨损,延长其寿命,常采取以下措施。

(1) 采用刚性大钟与柔性大料斗结构。在炉喉温度条件下,大钟在煤气托力和平衡锤的作用下,给大料斗下缘一定的作用力,大料斗的柔性使它能够在接触面压紧力的作用下,发生局部变形,从而使大钟与大料斗密切闭合。

(2) 采用双倾斜角的大钟,即大钟上部的倾角为 53°,下部与大料斗接触部位的倾角为 60° ~65°,其优点有:

1) 减小炉料滑下时对接触面的磨损作用。因为大部分炉料滑下时,跳过了接触面直接落入炉内,双倾斜角起了“跳料台”的作用。

2) 可增加大钟关闭时对大料斗的压紧力,从而使大钟与大料斗闭合得更好。

3) 可减小煤气流对接触面以上的大钟表面的冲刷作用。这是由于漏过缝隙的煤气仍沿原方向前进,就进入了大钟与大料斗间的空间。

(3) 在接触带堆焊硬质合金,提高接触带的抗磨性。

(4) 在大料斗内充压,减小大钟上、下压差。这一方法是向大料斗内充入洗涤塔后的净煤气或氮气,使得大钟上、下压差变得很小,甚至没有压差。由于压差的减小和消除,从而使通过大钟与大料斗间缝隙的煤气流速减小或没有流通,也就减小或消除了磨损。

14.1.2.3　煤气封罩

煤气封罩是封闭大小料钟之间的外壳。防止煤气直接进入大气中。煤气封罩上设有两个均压阀管的出口和 4 个人孔,4 个人孔中 3 个小的人孔为日常维修时的检视孔,一个大的椭圆形人孔用来在检修时,放进或取出半个小料钟。

14.2　无钟炉顶装料设备

随着高炉炉容的增大,大钟体积越来越庞大,重量也相应增大,难以制造、运输、安装和维修,寿命短。从大钟锥形面的布料结果看,大钟直径越大,径向布料越不均匀,虽然配用了变径炉喉,但仍不能从根本上解决问题。20 世纪 70 年代初,兴起了无钟炉顶,用一个旋转溜槽和两个密封料斗,代替了原来庞大的大小钟等一整套装置,是炉顶设备的一次革命。

无钟炉顶装料设备根据受料漏斗和称量料罐的布置情况可划分为两种结构,并罐式结构和串罐式结构。

14.2.1　并罐式无钟炉顶装料设备

并罐式无钟炉顶的结构见图 14-3。主要由受料漏斗、称量料罐、中心喉管、气密箱、旋转溜槽等五部分组成。

受料漏斗有带翻板的固定式和带轮子可左右移动的活动式受料漏斗两种。带翻板的固定式受料漏斗通过翻板来控制向哪个称量料罐卸料。带有轮子的受料漏斗,可沿滑轨左右移动,将炉料卸到任意一个称量料罐。

称量料罐有两个，其作用是接受和贮存炉料，内壁有耐磨衬板加以保护。在称量料罐上口设有上密封阀，可以在称量料罐内炉料装入高炉时，密封住高炉内煤气。在称量料罐下口设有下截流阀和下密封阀，下截流阀在关闭状态时锁住炉料，避免下密封阀被炉料磨损，在开启状态时，通过调节其开度，可以控制下料速度，下密封阀的作用是当受料漏斗内炉料装入称量料罐时，密封住高炉内煤气。

中心喉管上面设有一叉形管和两个称量料罐相连，为了防止炉料磨损内壁，在叉形管和中心喉管连接处，焊上一定高度的挡板，用死料层保护衬板，并避免中心喉管磨偏，但是挡板不宜过高，否则会引起卡料。中心喉管的高度应尽量长一些，一般是其直径的两倍以上，以免炉料偏行，中心喉管内径应尽可能小，但要能满足下料速度，并且又不会引起卡料。

旋转溜槽为半圆形的长度为 3～3.5 m 的槽子，旋转溜槽本体由耐热钢（ZGCrgSi2）铸成，上衬有鱼鳞状衬板。鱼鳞状衬板上堆焊 8 mm 厚的耐热耐磨合金材料。旋转溜槽可以完成两个动作，一是绕高炉中心线的旋转运动，二是在垂直平面内可以改变溜槽的倾角，其传动机构在气密箱内。

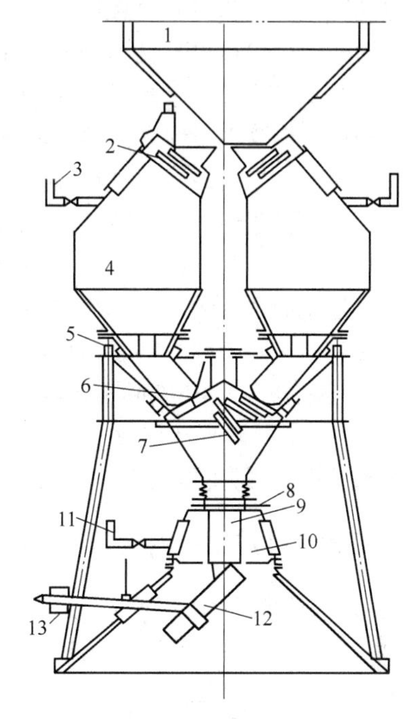

图 14-3　并罐式无钟炉顶装置示意图

1—移动受料漏斗；2—上密封阀；3—均压放散系统；4—称量料罐；5—料罐称量装置；6—截流阀；7—下密封阀；8—眼镜阀；9—中心喉管；10—气密箱；11—气密箱冷却系统；12—旋转溜槽；13—溜槽更换装置

无钟炉顶装料过程的操作程序是：当称量料罐需要装料时，受料漏斗移到该称量料罐上面，打开称量料罐的放散阀放散，然后再打开上密封阀，炉料装入称量料罐后，关闭上密封阀和放散阀。为了减小下密封阀的压力差，打开均压阀，使称量料罐内充入均压净煤气。当探尺发出装料入炉的信号时，打开下密封阀，同时给旋转溜槽信号，当旋转溜槽转到预定布料的位置时，打开截流阀，炉料按预定的布料方式向炉内布料。截流阀开度的大小不同可获得不同的料流速度，一般是卸球团矿时开度小，卸烧结矿时开度大些，卸焦炭时开度最大。当称量料罐发出“料空”信号时，先完全打开截流阀，然后再关闭，以防止卡料，而后再关闭下密封阀，同时当旋转溜槽转到停机位置时停止旋转，如此反复。

并罐式无钟炉顶装料设备与钟斗式炉顶装料设备相比具有以下主要优点：

（1）布料理想，调剂灵活。旋转溜槽既可作圆周方向上的旋转，又能改变倾角，从理论上讲，炉喉截面上的任何一点都可以布有炉料，两种运动形式既可独立进行，又可复合在一起，故装料形式是极为灵活的，从根本上改变了大、小钟炉顶装料设备布料的局限性。

（2）设备总高度较低，大约为钟式炉顶高度的三分之二。它取消了庞大笨重而又要求精密加工的部件，代之以积木式的部件，解决了制造、运输、安装、维修和更换方面的困难。

（3）无钟炉顶用上、下密封阀密封，密封面积大为减小，并且密封阀不与炉料接触，因而密封性好，能承受高压操作。

（4）两个称量料罐交替工作，当一个称量料罐向炉内装料时，另一个称量料罐接受上料系统装料，具有足够的装料能力和赶料线能力。

但是并罐式无钟炉顶也有其不利的一面：

（1）炉料在中心喉管内呈蛇形运动，因而造成中心喉管磨损较快。

（2）由于称量料罐中心线和高炉中心线有较大的间距，会在布料时产生料流偏析现象，称为并罐效应。高炉容积越大，并罐效应就越加明显。在双料罐交替工作的情况下，由于料流偏析的方位是相对应的，尚能起到一定的补偿作用，一般只要在装料程序上稍做调整，即可保证高炉稳定顺行。但是从另一个角度讲，两个料罐所装入的炉料在品种上，质量上不可能完全对等，因而并罐效应始终是高炉顺行的一个不稳定因素。

（3）尽管并列的两个称量料罐在理论上讲可以互为备用，即在一侧出现故障、检修时用另一侧料罐来维持正常装料，但是实际生产经验表明，由于并罐效应的影响，单侧装料一般不能超过6 h，否则炉内就会出现偏行，引起炉况不顺。另外，在不休风并且一侧料罐维持运行的情况下，对另一侧料罐进行检修，实际上也是相当困难的。

14.2.2　串罐式无钟炉顶装料设备

串罐式无钟炉顶也称中心排料式无钟炉顶，其结构如图14-4所示。与并罐式无钟炉顶相比，串罐式无钟炉顶有一些重大的改进：

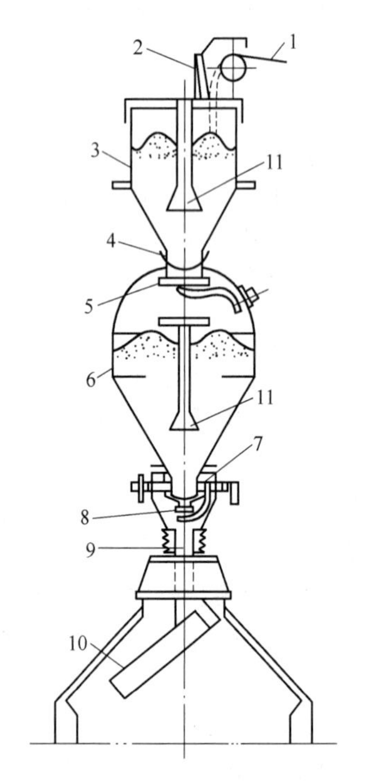

图14-4　串罐式无钟炉顶装置示意图

1—上料皮带机；2—挡板；3—受料漏斗；4—上闸阀；5—上密封阀；6—称量料罐；7—下截流阀；8—下密封阀；9—中心喉管；10—旋转溜槽；11—中心导料器

（1）密封阀由原先单独的旋转动作改为倾动和旋转两个动作，最大限度地降低了整个串罐式炉顶设备的高度，并使得密封动作更加合理。

（2）采用密封阀阀座加热技术，延长了密封圈的寿命。

（3）在称量料罐内设置中心导料器，使得料罐在排料时形成质量料流，改善了料罐排料时的料流偏析现象。

（4）1988年PW公司进一步又提出了受料漏斗旋转的方案，以避免皮带上料系统向受料漏斗加料时由于落料点固定所造成的炉料偏析。

概括起来，串罐式无钟炉顶与并罐式无钟炉顶相比具有以下特点：

（1）投资较低，和并罐式无钟炉顶相比可减少投资10%。

（2）在上部结构中所需空间小，从而使得维修操作具有较大的空间。

（3）设备高度与并罐式炉顶基本一致。

（4）极大地保证了炉料在炉内分布的对称性，减小了炉料偏析，这一点对于保证高炉的稳定顺行是极为重要的。

（5）绝对的中心排料，从而减小了料罐以及中心喉管的磨损，但是，旋转溜槽所受炉料的冲击有所增大，从而对溜槽的使用寿命有一定的影响。

14.2.3 无钟炉顶的布料方式

无钟炉顶的旋转溜槽可以实现多种布料方式，根据生产对炉喉布料的要求，常用的有以下4种基本的布料方式，见图14–5。

（1）环形布料，倾角固定的旋转布料称为环形布料。这种布料方式与料钟布料相似，改变旋转溜槽的倾角相当于改变料钟直径。由于旋转溜槽的倾角可任意调节，所以可在炉喉的任一半径做单环、双环和多环布料，将焦炭和矿石布在不同半径上以调整煤气分布。

（2）螺旋形布料，倾角变化的旋转布料称为螺旋形布料。布料时溜槽做等速的旋转运动，每转一圈跳变一个倾角，这种布料方法能把炉料布到炉喉截面任一部位，并且可以根据生产要求调整料层厚度，也能获得较平坦的料面。

（3）定点布料，方位角固定的布料形式称为定点布料。当炉内某部位发生“管道”或“过吹”时，需用定点布料。

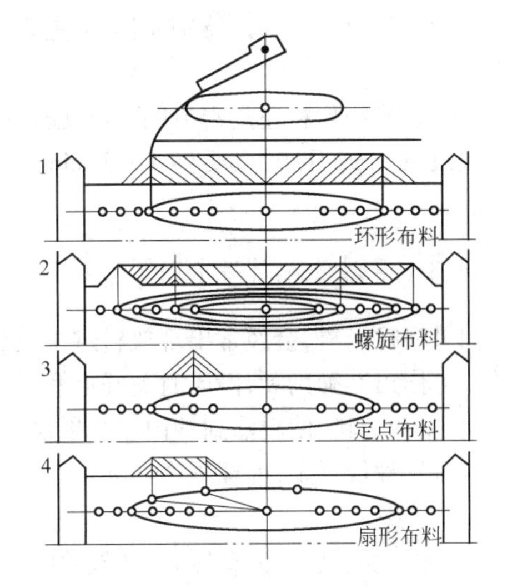

图14–5 无钟炉顶布料形式

（4）扇形布料，方位角在规定范围内反复变化的布料形式称为扇形布料。当炉内产生偏析或局部崩料时，采用该布料方式。布料时旋转溜槽在指定的弧段内慢速来回摆动。

14.2.4 无料钟操作事故的诊断及处理

14.2.4.1 溜槽不转

溜槽不转，是无料钟操作的典型故障之一。溜槽不转的原因很多，最经常出现的是密封室温度过高引起的齿轮传动系统不转。密封室正常温度为35～50℃，最高不超过70℃。超过70℃，常出现溜槽不转故障。溜槽不转要分析原因，不要轻易人工盘车，更不要强制启动，防止烧坏电动机或损坏传动系统。

密封室温度高，应按以下顺序分析，找出原因：

（1）顶温过高引起密封室温度高。

（2）密封室冷却系统故障。用氮气、煤气或水冷却的密封室，应检查冷却介质的温度和流量是否符合技术条件。冷却介质的温度不应超过35℃。

（3）如果以上两项均正常，密封室温度经常偏高，应检查密封室隔热层是否损坏。

虽然溜槽传动系统也可能会因机械原因，如润滑不好、灰尘沉积等造成故障，但在首钢高炉多年的运转中还未发生过。溜槽不转，经常是炉顶温度高引起的，但有时短时间减风或定点加一批料，顶温也能下降，转动溜槽即恢复正常。

14.2.4.2 放料时间过长或料空无信号

料罐放料，有时很长时间放不完料，料空又无信号，不能正常装料。造成这种情况有两种可能：

（1）料罐或导料管有异物，通路局部受阻或全部堵死。

（2）密封阀不严或料罐漏气。

不论哪种原因，都需要作出正确的判断，否则会损失很多时间。料罐漏气，一般不是磨损原因，多半是固定衬板的螺孔处或人孔垫漏气造成的。料罐不密封，放料过程中炉内煤气沿导料管向上流动，阻碍炉料下降，特别是阻碍焦炭下降。在并罐式高炉上一个罐漏气会影响另一个罐放料。

区别是异物阻料还是密封阀不严比较简单。导料管或料罐卡料，可用放风处理做检查。料罐漏风或密封阀不严，只要停 1 ~ 3 min，罐内的炉料很快放空。如果是卡料，停风处理，依然无效。

14.2.4.3　导料管或料罐卡料

如果料罐卡料，会经常出现放料过慢或放不下料，甚至下密封阀关不到位，造成被迫停风的故障。为作出准确判断，停风时关好上密封阀，向罐内充氮气，同时反复开、关截流阀，利用截流阀开关，振动炉料，使料溜到炉内。如果这样处理 3 ~ 4min 还不起作用，即可判断为卡料。

卡料处理较复杂，处理顺序如下：

（1）停风。

（2）停充压氮气，关充压阀，开放散阀。

（3）打开人孔，从人孔将罐内炉料掏出。

（4）观察异物卡料位置，从人孔处将异物取出。

（5）有时在料罐外难以将异物取出，要求进入罐内。

为防止煤气中毒，应采取以下措施：

（1）炉顶点火或关闭炉顶切断阀。

（2）检查罐内气体，CO 的质量浓度不大于 30 mg/m^3。

（3）开上密封阀和放散阀，关充压阀。

（4）用细胶管（一般用氧气带）引入压缩空气。

为防止卡料，要求烧结、焦化、炼铁等工序内，凡炉料经过的设施以及相应除尘罩等，其结构应牢固可靠，特别是闸门和振动筛，最易局部损坏造成部件脱落。对上料设施的焊缝要有检查制度。严格清扫制度，不允许将异物扔到皮带上，在运料皮带上设拾铁器。

14.2.4.4　料过满和重料

造成料过满的原因有两种：

（1）程序错误，一个罐连续装入两批料。

（2）料空信号误发，实际料罐中尚有余料，第二批料（或者第二种料）又装入罐内，造成料满，上密封阀关不上或溢出料罐。

在上密封阀关不到位或根本不能关的情况下，要检查罐重显示，如罐重超过正常限额，可能料过满，旋转炉顶摄像镜头，观察是否有炉料溢出罐外，必要时到炉顶检查。

确认料过满后，应进行放风处理，一般放风 3 ~ 5 min，净一罐料。有时放风料仍不下，需要做停气处理。个别情况下，如停气料也不下，可在停风的同时向料罐充压，强迫炉料下降。

对于并列式料罐，下密封阀不严造成剩料是屡见不鲜的，要保持下密封阀不漏气，应及时更换胶圈。胶圈漏气，易将阀座磨坏。而补焊阀座的劳动条件又很差，焊后还要研磨，费工费时；更换阀座，时间更长。

14.2.4.5 溜槽磨漏

溜槽在炉内,无法直接观察。溜槽从磨损到磨漏有一段过程。磨漏初期因通过磨漏处的炉料较少,一时很难发现。特别是第一次碰到磨漏,一切征兆不明,判断困难,有时甚至误以为是炉料强度或粒度变化引起的而调整装料制度和送风制度,实际上不起作用。

磨漏前后的表现:高炉煤气分布开始变化,初期炉况还能维持,很快高炉失常,中心逐渐加重,边缘减轻;另一个特点是煤气分布不均,几个方向的煤气分布差别很大,而且这种差别是固定的。

发现溜槽磨漏应及时更换。最好利用检修时间定期更换,防止因磨穿溜槽造成巨大损失。

14.3 均压装置

现代大中型高炉都实行高压操作,一般顶压为70~250 kPa,甚至高达300 kPa,在这种情况下,煤气上浮托力可能超过料钟和炉料的重量,因而使料钟下降困难,不均压显然开不了料钟。为顺利开启料钟,应设置均压装置。

所谓煤气均压装置,就是对均压室(钟间或钟阀间)进行充压或泄压的机械设备。

钟式炉顶均压装置的布置如图14-6所示。在煤气封盖上开两个均压孔,每个孔的引出管又分成一个均压用的煤气引入管,它来自于半净煤气管,在它的上面有均压阀,另外一个是排压用的煤气导出管,它一直引到炉顶上端,出口处由放散阀排压。

均压阀多为盘式阀,放散阀为盖式阀。

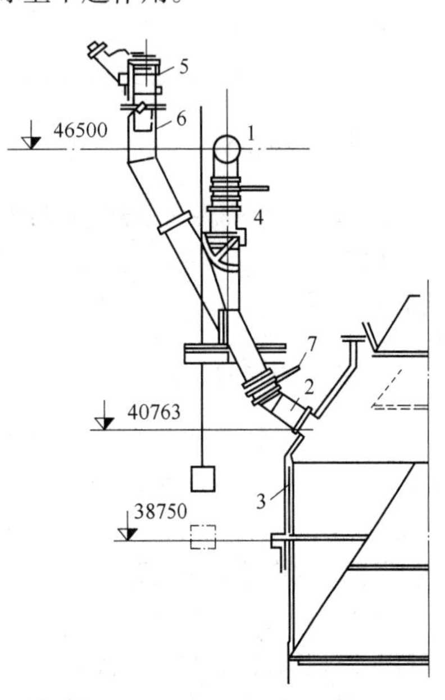

图14-6 均压阀的配置图
1—送半净煤气到大钟均压阀的煤汽管;2—管道接头;3—装料器;4—大钟均压阀;5—小钟均压阀;6—把煤气放到大气去的垂直管;7—闸板阀

14.4 探料装置

探料装置的作用是准确探测料面下降情况,以便及时上料。既可防止料满时开大钟顶弯钟杆,又可防止低料线操作时炉顶温度过高,烧坏炉顶设备。特别是高炉大型化、自动化、炉顶设备不断发展的今天,料面情况是上部布料作业的重要依据。目前使用最广泛的是机械传动的探料尺、微波式料面计和激光式料面计。

14.4.1 探料尺

一般小型高炉常使用长3~4 m、直径25 mm的圆钢,自大料斗法兰处专设的探尺孔插入炉内,每个探尺用钢绳与手动卷扬机的卷筒相连,在卷扬机附近还装有料线的指针和标尺,为避免探尺陷入料中,在圆钢的端部安装一根横棒。

中型和高压操作的高炉多采用自动化的链条式探尺,它是链条下端挂重锤的挠性探尺,见图14-7。探料尺的零点是大钟开启位置的

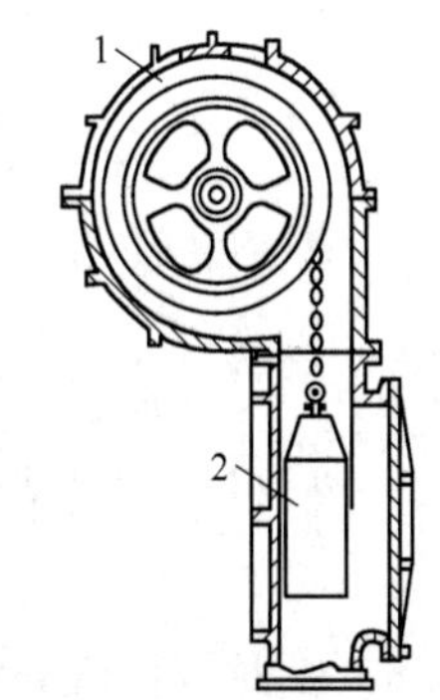

图14-7 链条探料尺
1—链条的卷筒;2—重锤

下缘，探尺从大料斗外侧炉头内侧伸入炉内，重锤中心距炉墙不应小于 300 mm，重锤的升降借助于密封箱内的卷筒传动。在箱外的链轴上，安设一钢绳卷筒，钢绳与探尺卷扬机卷筒相连。探尺卷扬机放在料车卷扬机室内，料线高低自动显示与记录。

每座高炉设有两个探料尺，互成 180°，设置在大钟边缘和炉喉内壁之间，并且能够提升到大钟关闭位置以上，以免被炉料打坏。

这种机械探料尺基本上能满足生产要求，但是只能测两点，不能全面了解炉喉的下料情况。另外，由于探料尺端部直接与炉料接触，容易由于滑尺和陷尺而产生误差。

14.4.2　微波料面计

微波料面计也称微波雷达，分调幅和调频两种。调幅式微波料面计是根据发射信号与接收信号的相位差来决定料面的位置；调频式微波料面计是根据发射信号与接收信号的频率差来测定料面的位置。

14.4.3　激光料面计

激光料面计是 20 世纪 80 年代开发出的高炉料面形状检测装置。它是利用光学三角法测量原理设计的，它由方向角可调的旋转光束扫描器向料面投射氩气激光，在另一侧用摄像机测量料面发光处的光学图像得到各光点的二维坐标，再根据光线断面的水平方位角和摄像机的几何位置，进行坐标变换等处理，找出该点的三维坐标，并在图像字符显示器显示出整个料面形状。

激光料面计已在日本许多高炉上使用，我国也已应用。根据各厂使用的经验，激光料面计与微波料面计相比，各有其优缺点。激光料面计检测精度高，在煤气粉尘浓度相同和检测距离相等的条件下，其分辨率是微波料面计的 25～40 倍。但在恶劣环境下，就仪表的可靠性来说，微波料面计较方便。

14.4.4　用放射性同位素测量高炉料线位置

用放射性同位素 Co^{60} 来测量料面形状和炉喉直径上各点下料速度。图 14-8 是一种简单而在生产中已经使用的方法。放射性同位素的射线能穿透炉喉，而被炉料吸收，使到达接收器的射线强度减弱，从而指示出该点是否有炉料存在。将射源固定在炉喉不同高度水平，每一高度水平沿圆圈每隔 90°安置一个放射源。当料位下降到某一层接收器以下时，该层接收到的射线突然增加，控制台上相应的讯号灯就亮了。这种测试需要配有自动记录仪器。

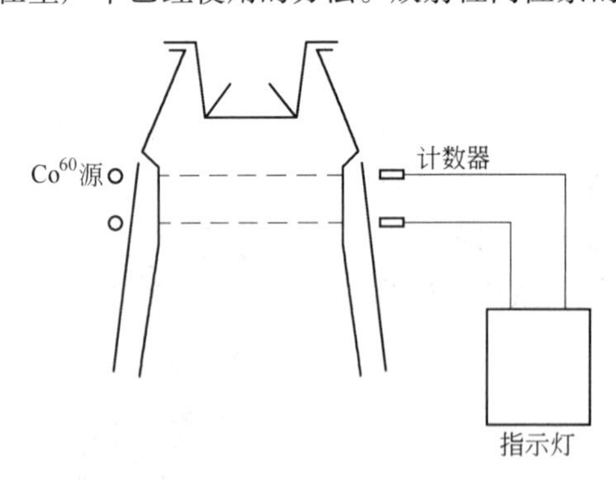

图 14-8　射线仪测量高炉料线

放射性探料与机械料尺相比，前者结构简单，体积小，可以远距离控制，无需在炉顶开孔，结构轻巧紧凑，所占空间小，检测的准确性和灵敏度比较高，可以记录出任何方面的偏料及平面料面，但射线对人体有害，需要加以防护。

14.4.5　高炉料面红外线摄像技术

现代高炉料面红外线摄像技术是用安装在炉顶的金属外壳微型摄像机获取炉内影像，通过具有红外线功能的 CCD 芯片将影像传到高炉值班室监视器上，在线显示整个炉内料面的气流分布图像,如将上述图像送入计算机,经过处理还可得到料面气流分布和温度分布状况的定量数据,绘制出各种图和分布曲线。

红外线摄像仪工作的特点是:

(1) 红外线摄像仪直接测得料面温度,真实反映炉顶的煤气和炉料的分布。

(2) 红外线摄像仪可根据操作者的需要显示任何位置上的径向温度分布,消除了十字测温装置温度曲线的局限性。

(3) 红外线摄像仪可在高炉值班室内观察布料溜槽或大钟工作状况和料流流股情况。

(4) 红外线摄像仪还可监视高炉料柱内管道、塌料等异常情况。

复习思考题

14-1 对炉顶装料设备有哪几方面的要求?

14-2 大钟和大料斗的结构如何?

14-3 大钟和大料斗损坏的原因是什么?

14-4 双钟炉顶装料设备由哪几部分组成,其缺点有哪些?

14-5 无钟炉顶由哪几部分组成,其优点有哪些?

14-6 炉顶为什么要均压,均压装置的组成?

14-7 什么是探料装置,它有哪几种形式?

15 送风系统

高炉送风系统包括鼓风机、冷风管路、热风炉、热风管路以及管路上的各种阀门等。热风带入高炉的热量约占总热量的四分之一，目前鼓风温度一般为1000～1200℃，最高可达1400℃，提高风温是降低焦比的重要手段，也有利于增大喷煤量。

准确选择送风系统鼓风机，合理布置管路系统，阀门工作可靠，热风炉工作效率高，是保证高炉优质、高产、低耗的重要因素之一。

15.1 高炉鼓风机

高炉鼓风机是用来提供燃料燃烧所必需的氧气的设备，热空气和焦炭在风口燃烧所生成的煤气，又是在鼓风机提供的风压下才能克服料柱阻力从炉顶排出。因此没有鼓风机的正常运行，就不可能有高炉的正常生产。

15.1.1 高炉冶炼对鼓风机的要求

（1）要有足够的鼓风量。高炉鼓风机要保证向高炉提供足够的空气，以保证焦炭的燃烧。入炉风量通过物料平衡计算得到，也可以按照下列公式近似计算：

$$V_0 = \frac{V_u I V}{1440} \tag{15-1}$$

式中 V_0——标态入炉风量，m^3/min；

V_u——高炉有效容积，m^3；

I——高炉冶炼强度，$t/(m^3 \cdot d)$；

V——每吨干焦消耗标态风量，m^3/t。

每吨干焦消耗标态风量主要与焦炭灰分和鼓风湿度有关，一般在2450～2800 m^3/t之间，可根据炉料及生铁、煤气的成分计算。

（2）要有足够的鼓风压力。高炉鼓风机出口风压应能克服送风系统的阻力损失、克服料柱的阻力损失、保证高炉炉顶压力符合要求。鼓风机出口风压可用下式表示：

$$P = P_t + \Delta P_{LS} + \Delta P_{FS} \tag{15-2}$$

式中 P——鼓风机出口风压，Pa；

P_t——高炉炉顶压力，Pa；

ΔP_{LS}——高炉料柱阻力损失，Pa；

ΔP_{FS}——高炉送风系统阻力损失，Pa。

常压高炉炉顶压力应能满足煤气除尘系统阻力损失和煤气输送的需要。高压操作可使高炉获得良好的冶炼效果，目前大中型高炉广为采用，大型高炉炉顶压力已达到0.25～0.40 MPa。料柱阻力损失与高炉有效高度及炉料结构有关。送风系统阻力损失取决于管路布置、结构形式和热风炉类型。

（3）既能均匀、稳定地送风，又要有良好的调节性能和一定的调节范围。高炉冶炼要求固定风量操作，以保证炉况稳定顺行，此时风量不应受风压波动的影响。但有时需要定风压操作，如在解决高炉炉况不顺或热风炉换炉时，需要变动风量但又必须保证风压的稳定。此外高炉操作中常需加、减风量，如在不同气象条件下、采用不同炉顶压力，或料柱阻力损失变化时，都要求鼓风机出口风量和风压能在较大范围内变化。因此，鼓风机要有良好的调节性能和一定的调节范围。

15.1.2 高炉鼓风机工作原理及特性

常用的高炉鼓风机有离心式和轴流式两种。下面简单介绍它们的工作原理及特性。

15.1.2.1 离心式鼓风机

离心式鼓风机的工作原理,是靠装有许多叶片的工作叶轮旋转所产生的离心力,使空气达到一定的风量和风压。高炉用的离心式鼓风机一般都是多级的,级数越多,鼓风机的出口风压也越高。

图15-1为四级离心式鼓风机。空气由进风口进入第一级叶轮,在离心力的作用下提高了

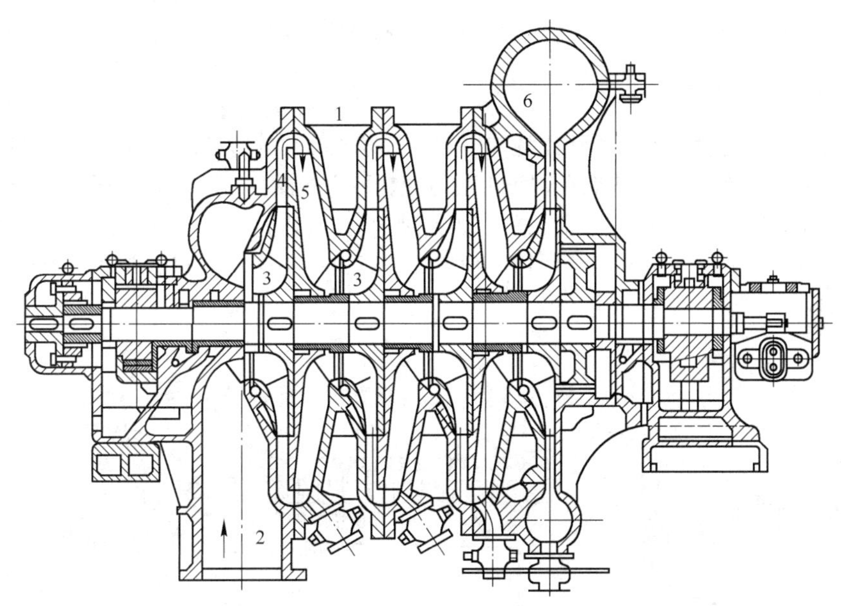

图15-1 四级离心式鼓风机

1—机壳;2—进气口;3—工作叶轮;4—扩散器;5—固定导向叶片;6—排气口

运动速度和密度,并由叶轮顶端排出,进入环形空间扩散器,在扩散器内空气的部分动能转化为压力能,再经固定导向叶片流向下一级叶轮,经过四级叶轮,将空气压力提高到出口要求的水平,经排气口排出。

鼓风机的性能用特性曲线表示。该曲线表示出在一定条件下鼓风机的风量、风压、功率及转速之间的变化关系。鼓风机的特性曲线,一般都是在一定试验条件下通过对鼓风机做试验运行实测得到的。鼓风机的特性曲线是选择鼓风机的主要依据。图15-2为K4250-41-1型离心式鼓风机特性曲线。

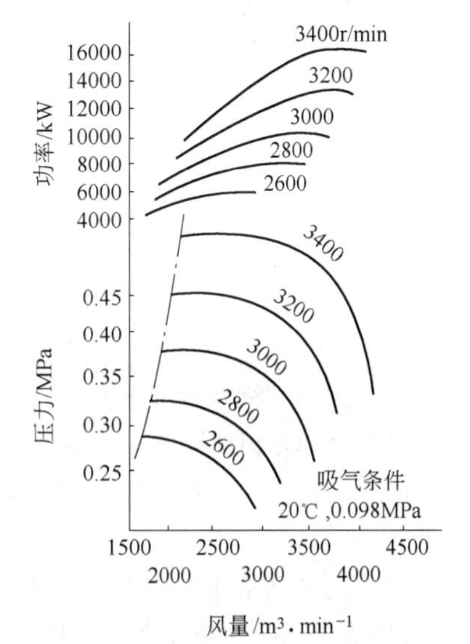

图15-2 K-4250-41-1型离心式鼓风机特性曲线

离心式鼓风机特性如下:

(1) 在某一转速下,管网阻力增加(或减小)出口风压上升(或下降),风量将下降(或上升)。当管网阻力一定时改变转速,风压和风量都将随之改变。为了稳定风量,风机上装有风量自动调节机构,管网阻力变化时可自动调节转速和风压,保证风量稳定在某一要求的数值。

（2）风量和风压随转速而变化，转速可作为调节手段。

（3）风机转速愈高，风压－风量曲线曲率愈大。并且曲线尾部较陡，即风量增大时，压力降很大。在中等风量时曲线平坦，即风量风压变化较小，此区域为高效率经济运行区域。

（4）风压过高时，风量迅速减小，如果再提高压力，则产生倒风现象，此时的风机压力称为临界压力。将不同转速的临界压力点连接起来形成的曲线称为风机的飞动曲线。风机不能在飞动曲线的左侧工作，一般在飞动曲线右侧风量增加20%以上处工作。

（5）风机的特性曲线是在某一特定吸气条件下测定的，当风机使用地点及季节不同时，由于大气温度、湿度和压力的变化，鼓风压力和质量都有变化。同一转速夏季出口风压比冬季低20%～25%，风量也低30%左右，应用风机特性曲线时应给予折算。

15.1.2.2　轴流式鼓风机

轴流式鼓风机是由装有工作叶片的转子和装有导流叶片的定子以及吸气口、排气口组成，其结构见图15-3。工作原理是依靠在转子上装有扭转一定角度的工作叶片随转子一起高速旋转，由于工作叶片对气体做功，使获得能量的气体沿轴向流动，达到一定的风量和风压。转子上的一列工作叶片与机壳上的一列导流叶片构成轴流式鼓风机的一个级。级数越多，空气的压缩比越大，出口风压也越高。

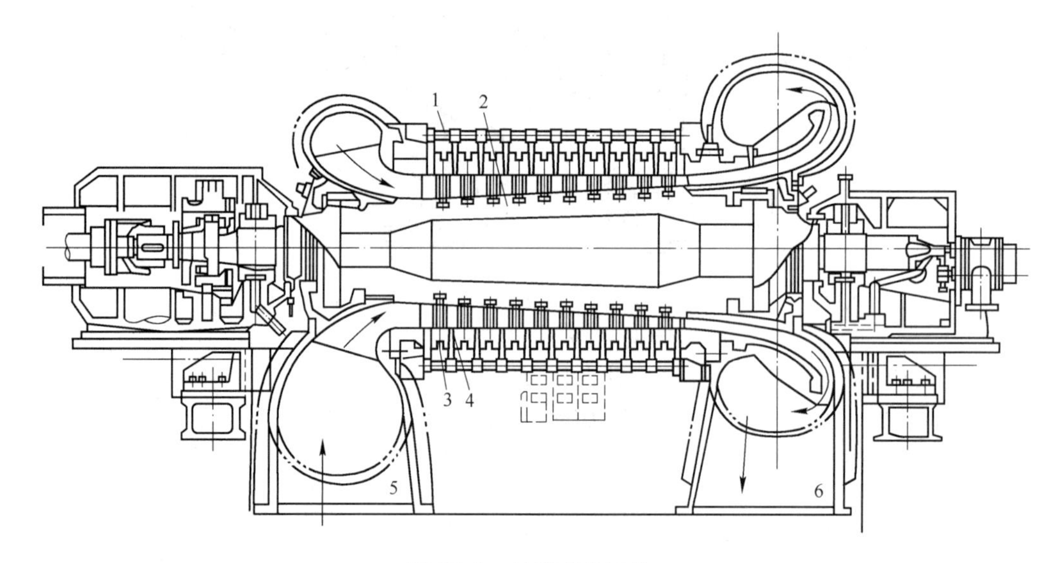

图15-3　轴流式鼓风机

1—机壳；2—转子；3—工作叶片；4—导流叶片；5—吸气口；6—排气口

轴流式鼓风机特性如下：

（1）气体在风机中沿轴向流动，转折少，风机效率高，可达到90%左右。

（2）工作叶轮直径较小，结构紧凑、质量小，运行稳定，功率大，更能适应大型高炉冶炼的要求。

（3）汽轮机驱动的轴流式鼓风机，可通过调整转速调节排风参数，采用电动机驱动的轴流风机，可调节导流叶片角度来调节排风参数，两者都有较宽的工作范围。

（4）特性曲线斜度很大，近似等流量工作，适应高炉冶炼要求。

（5）但是，飞动曲线斜度小，容易产生飞动现象，使用时一般采用自动放风。

15.2 内燃式热风炉

热风炉实质上是一个热交换器。现代高炉普遍采用蓄热式热风炉。由于燃烧和送风交替进行,为保证向高炉连续供风,通常每座高炉配置三座或四座热风炉。热风炉的大小及各部位尺寸,取决于高炉所需要的风量及风温。

根据燃烧室和蓄热室布置形式的不同,热风炉分为三种基本结构形式,即内燃式热风炉(传统型和改进型)、外燃式热风炉和顶燃式热风炉。

15.2.1 传统型内燃式热风炉

传统型内燃式热风炉基本结构见图 15-4。它由炉衬、燃烧室、蓄热室、炉壳、炉箅子、支柱、管道及阀门等组成。燃烧室和蓄热室砌在同一炉壳内,之间用隔墙隔开。其基本原理是煤气和空气由管道经阀门送入燃烧器并在燃烧室内燃烧,燃烧的热烟气向上运动经过拱顶时改变方向,再向下穿过蓄热室,然后进入烟道,经烟囱排入大气。在热烟气穿过蓄热室时,将蓄热室内的格子砖加热。格子砖被加热并蓄存一定热量后,热风炉停止燃烧,转入送风。送风时冷风从下部冷风管道经冷风阀进入蓄热室,通过格子砖时被加热,经拱顶进入燃烧室,再经热风出口、热风阀、热风总管送至高炉。

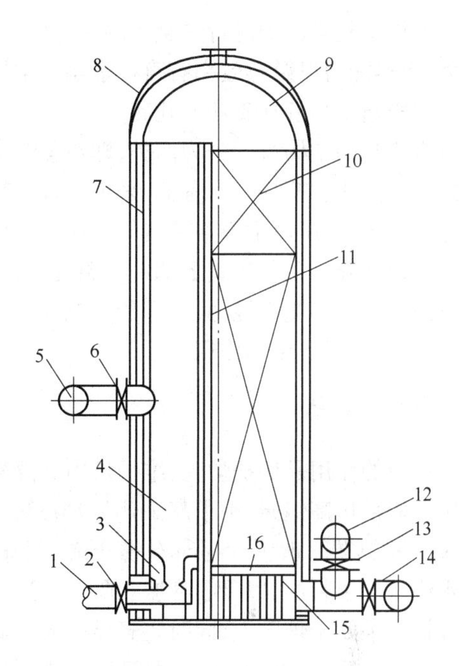

图 15-4 内燃式热风炉
1—煤气管道;2—煤气阀;3—燃烧器;4—燃烧室;5—热风管道;6—热风阀;7—大墙;8—炉壳;9—拱顶;10—蓄热室;11—隔墙;12—冷风管道;13—冷风阀;14—烟道阀;15—支柱;16—炉箅子

热风炉主要尺寸是外径和全高,而高径比(H/D)对热风炉的工作效率有直接影响,一般新建热风炉的高径比在5.0左右。高径比过低时会造成气流分布不均,格子砖不能很好利用;高径比过高热风炉不稳定,并且可能导致下部格子砖不起蓄热作用。

15.2.1.1 燃烧室

燃烧室是燃烧煤气的空间,内燃式热风炉位于炉内一侧紧靠大墙。燃烧室断面形状有三种:圆形、眼睛形和复合形,见图 15-5。

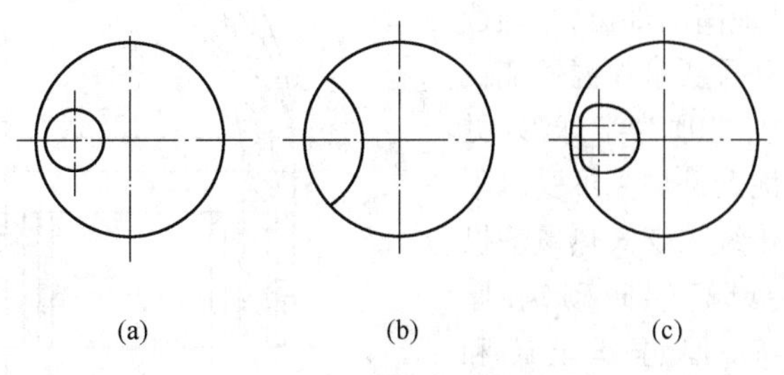

(a) (b) (c)

图 15-5 燃烧室断面形状
(a) 圆形;(b) 眼睛形;(c) 复合形

圆形形状简单,稳定性好,热应力小,较好,但占地面积大,蓄热室死角大,相对减少了蓄热面积。眼睛形燃烧室蓄热室死角小,烟气流在蓄热室分布均匀,但结构稳定性差,不利于煤气燃烧。复合形兼备上述两种形状的优点,但砌筑复杂。

燃烧室隔墙一般由两层互不错缝的高铝砖砌成,大型高炉用一层 345 mm 和一层 230 mm 高铝砖砌成,中、小型高炉用两层 230 mm 高铝砖砌成。互不错缝是为受热膨胀时,彼此没有约束。燃烧室比蓄热室要高出 300 ~ 500 mm,以保证烟气流在蓄热室内均匀分布。

15.2.1.2　蓄热室

蓄热室是热风炉进行热交换的主体,它由格子砖砌筑而成。格子砖的特性对热风炉的蓄热能力、换热能力以及热效率有直接影响。常用的格子砖类型有板状格子砖和块状穿孔格子砖,目前高炉普遍采用五孔砖和七孔砖。

蓄热室的结构可以分为两类,即在整个高度上格孔截面不变的单段式和格孔截面变化的多段式。从传热和蓄热角度考虑,采用多段式较为合理。热风炉工作中,希望蓄热室上部高温段多贮存一些热量,所以上部格子砖应体积较大而受热面积较小,这样送风期间不致冷却太快,以免风温急剧下降。在蓄热室下部由于温度低,气流速度也较低,对流传热效果减弱,所以应设法提高下部格子砖热交换能力,较好的办法是采用波浪形格子砖或截面互变的格孔,以增加紊流程度,改善下部对流传热作用。

15.2.1.3　炉墙

炉墙的作用是保护炉壳,维护炉内高温减少热损失。炉墙一般由砌砖、填料层、隔热层组成。砌砖一般采用高铝砖,中小高炉热风炉厚度为 230 mm,大高炉热风炉厚度为 345 mm,砖缝小于 2 mm。隔热砖一般为 65 mm 硅藻土砖、紧靠炉壳砌筑。在隔热砖和砌砖之间留有 60 ~ 145 mm 的水渣石棉填料层,以吸收膨胀和隔热。近年来有的厂将水渣石棉填料层去掉,用 2 层 30 mm 厚的硅铝纤维贴于炉壳上,同时将轻质砖置于硅铝纤维与大墙之间,取得较好效果。在炉壳内喷涂 20 ~ 40 mm 不定形耐火材料,可起到隔热、保护炉壳的作用。为减少热损失,在上部高温区砌砖外增加一层 113 mm 或 230 mm 的轻质高铝砖,在两种隔热砖之间填充 50 ~ 90 mm 隔热填料层,其材料为水渣石棉粉、干水渣、硅藻土粉、蛭石粉等。

15.2.1.4　拱顶

拱顶是连接燃烧室和蓄热室的砌筑结构,在高温气流作用下应保持稳定,并能够使燃烧的烟气均匀分布在蓄热室断面上。由于拱顶是热风炉温度最高的部位,必须选择优质耐火材料砌筑,并且要求保温性能良好。传统内燃式热风炉,拱顶为半球形,见图 15-6。这种结构的优点是炉壳不受水平推力,炉壳不易开裂。传统内燃式热风炉拱顶一般以优质黏土砖或高铝砖砌筑,厚 450 mm,向外是 230 mm 厚硅藻土砖和 113 mm 填料层,在拱顶砌体的上部与炉壳之间留有 300 ~ 600 mm 膨胀间隙。

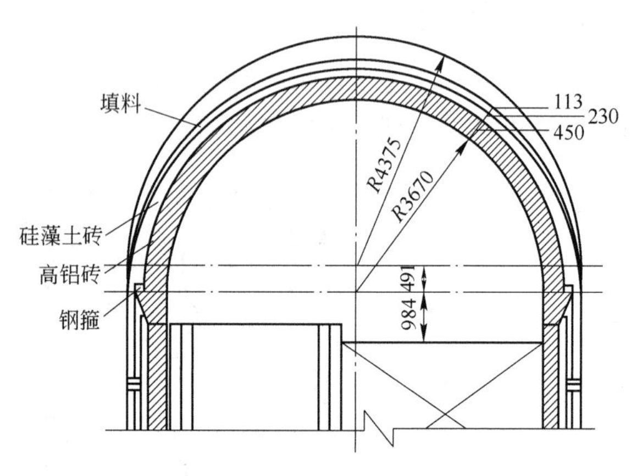

图 15-6　热风炉半球形拱顶

由于拱顶支撑在大墙上，大墙受热膨胀，使拱顶受压容易损坏，故改进型热风炉，除加强拱顶的保温绝热外，还在结构上将拱顶与大墙分开，拱顶坐在环梁上，外形呈蘑菇状即锥球形拱顶。这样使拱顶消除因大墙热胀冷缩而产生的不稳定因素，同时也减轻了大墙的荷载。锥球形拱顶如图 15-7 所示。

15.2.1.5 支柱及炉箅子

蓄热室全部格子砖都通过炉箅子支持在支柱上。当废气温度不超过 350℃，短期不超过 400℃时，用普通铸铁就能稳定地工作；当废气温度较高时，可用耐热铸铁或高硅耐热铸铁。为避免堵住格孔，支柱和炉箅子的结构应和格孔相适应，如图 15-8 所示。支柱高度要满足安装烟道和冷风管道的净空需要，同时保证气流畅通。炉箅子的块数与支柱数相同，而炉箅子的最大外形尺寸，要能从烟道口进出。

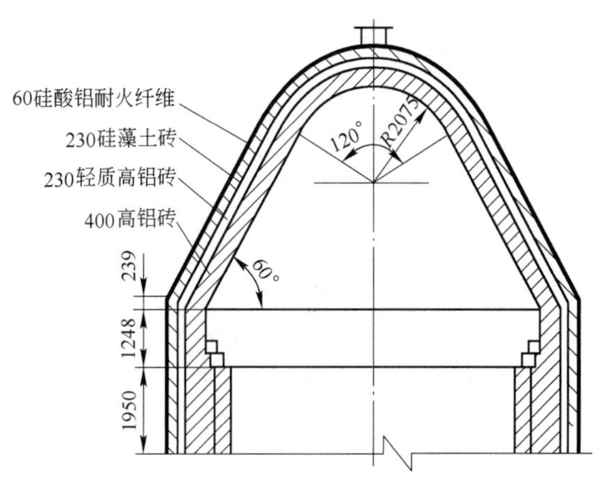

图 15-7 热风炉锥球形拱顶

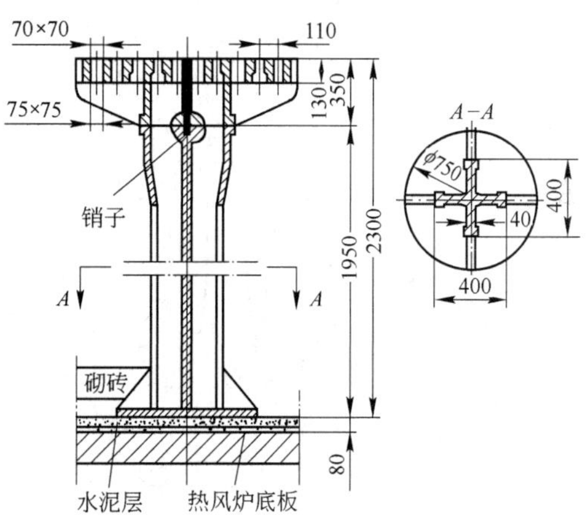

图 15-8 支柱和炉箅子的结构

15.2.1.6 热风炉附属设备

A 燃烧器

燃烧器是用来将煤气和空气混合，并送进燃烧室内燃烧的设备。燃烧器种类很多，我国常见的有套筒式和栅格式，就其材质而言又分金属燃烧器和陶瓷燃烧器。

a 金属燃烧器

金属燃烧器由钢板焊成，见图 15-9。煤气道与空气道为一套筒结构，进入燃烧室后相混合并燃烧。这种燃烧器的优点是结构简单，阻损小，调节范围大，不易发生回火现象，因此，过去国内热风炉广泛采用这种燃烧器。

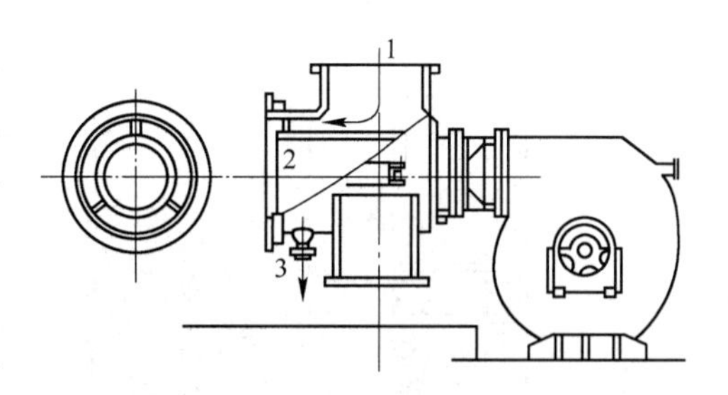

图 15-9 金属燃烧器
1—煤气；2—空气；3—冷凝水

金属燃烧器的缺点是：

(1) 由于空气与煤气平行喷出，流股没有交角，故混合不好，燃烧时需较大体积的燃烧室才能完成充分燃烧。

（2）由于混合不均，需较大的空气过剩系数来保证完全燃烧，因此降低了燃烧温度，增大了废气量，热损失大。

（3）由于燃烧器方向与热风炉中心线垂直，造成气流直接冲击燃烧室隔墙，折回后又产生"之"字形运动。前者给隔墙造成较大温差，加速隔墙的破损，甚至"短路"，后者"之"字运动与隔墙的碰点，可造成隔墙内层掉砖，还会造成燃烧室内气流分布不均。

（4）燃烧能力小。

由上述分析，金属燃烧器已不适应热风炉强化和大型化的要求，正在迅速被陶瓷燃烧器所取代。

b　陶瓷燃烧器

陶瓷燃烧器是用耐火材料砌成的，安装在热风炉燃烧室内部。图 15-10 为几种常用的陶瓷燃烧器。

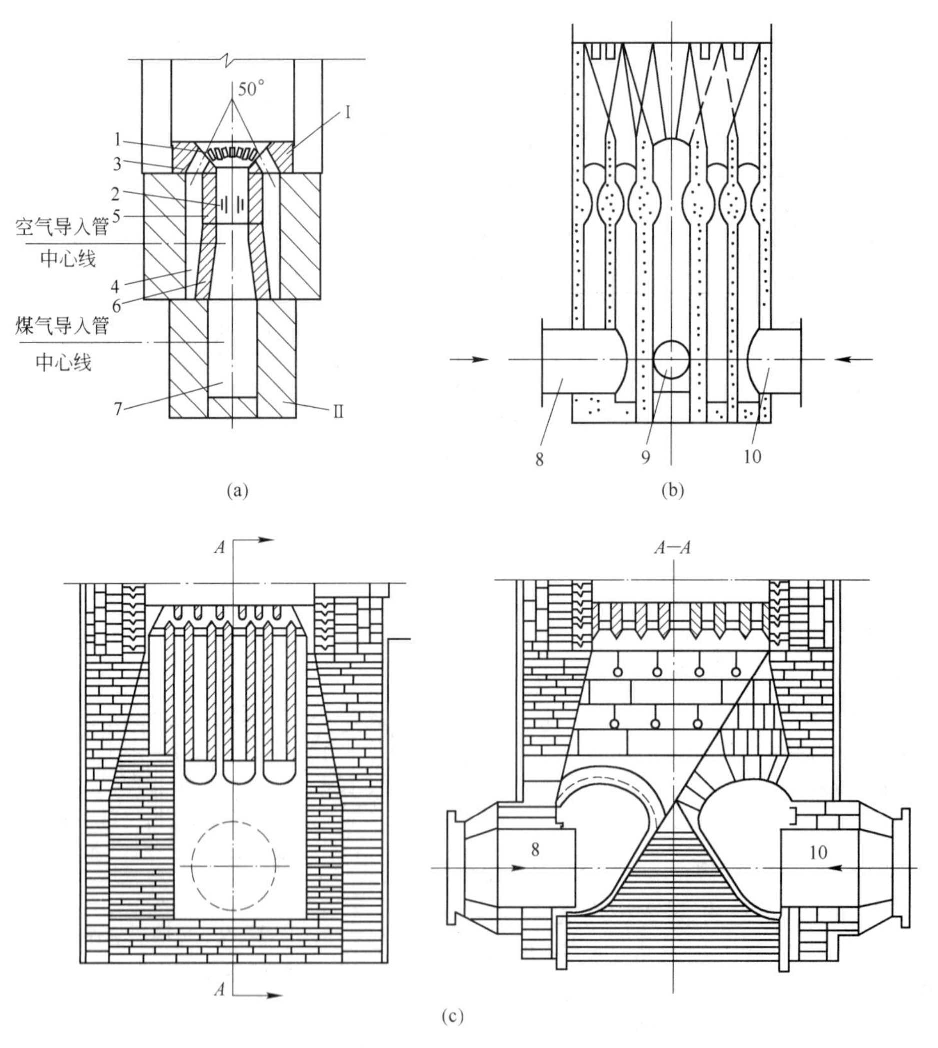

图 15-10　几种常用的陶瓷燃烧器

（a）套筒式陶瓷燃烧器；（b）栅格式陶瓷燃烧器；（c）三孔式陶瓷燃烧器

1—二次空气引入孔；2—一次空气引入孔；3—空气帽；4—空气环道；5—煤气直管；6—煤气收缩管；7—煤气通道；8—助燃空气入口；9—焦炉煤气入口；10—高炉煤气入口

(1) 套筒式陶瓷燃烧器。套筒式陶瓷燃烧器是目前国内热风炉用得最普遍的一种燃烧器。这种燃烧器由两个套筒和空气分配帽组成,如图 15-10(a)所示。燃烧时,空气从一侧进入到外面的环形套筒内,从顶部的环状圈空气分配帽上的狭窄喷口中喷射出来。煤气从另一侧进入到中心管道内,并从其顶部出口喷出,由于空气喷出口中心线与煤气管中心线成一定交角,所以空气与煤气在进入燃烧室时能充分混合,完全燃烧。

套筒式陶瓷燃烧器的主要优点是结构简单,构件较少,加工制造方便。但燃烧能力较小,一般适合于中、小型高炉的热风炉。

(2) 栅格式陶瓷燃烧器。这种燃烧器的空气通道与煤气通道呈间隔布置,如图 15-10(b)所示。燃烧时,煤气和空气都从被分隔成若干个狭窄通道中喷出,在燃烧器上部的栅格处得到混合后进行燃烧。这种燃烧器与套筒式燃烧器比较,其优点是空气与煤气混合更均匀,燃烧火焰短,燃烧能力大,耐火砖脱落现象少。但其结构复杂,构件形式种类多,并要求加工质量高。大型高炉的外燃式热风炉,多采用栅格式陶瓷燃烧器。

(3) 三孔式陶瓷燃烧器。图 15-10(c)为三孔式陶瓷燃烧器示意图,这种燃烧器的结构特点是有三个通道,即中心部分为焦炉煤气通道,外侧圆环为高炉煤气通道,二者之间的圆环形空间为助燃空气通道。在燃烧器的上部设有气流分配板,各种气流从各自的分配板孔中喷射出来,被分割成小的流股,使气体充分地混合,同时进行燃烧。

三孔式陶瓷燃烧器的优点是不仅使气流混合均匀,燃烧充分,燃烧火焰短,而且采取了低发热值的高炉煤气将高发热值的焦炉煤气包围在中间燃烧的形式,防止高温气流烧坏隔墙,特别是避免了热风出口处的砖被烧坏的弊病。另外,采取高炉煤气和焦炉煤气在燃烧器内混合,要比它们在管道中混合,效果好得多。燃烧时,由于焦炉煤气是从燃烧器的中心部位喷出的,所以燃烧气流的中心温度比边缘温度高,约 200℃左右。这种燃烧器的主要缺点是结构复杂,使用砖型种类多,施工复杂。目前只有部分大型高炉的外燃式热风炉采用这种燃烧器。

陶瓷燃烧器有如下优点:

(1) 助燃空气与煤气流有一定交角,并将空气或煤气分割成许多细小流股,因此混合好,能完全燃烧。

(2) 气体混合均匀,空气过剩系数小,可提高燃烧温度。

(3) 燃烧气体向上喷出,消除了“之”字形运动,不再冲刷隔墙,延长了隔墙的寿命,同时改善了气流分布。

(4) 燃烧能力大,为进一步强化热风炉和热风炉大型化提供了条件。

B 热风炉管道与阀门

a 管道

热风系统设有冷风总管和支管、热风总管和支管、热风围管、混风管、倒流修风管、净煤气主管和支管、助燃空气主管和支管。

管道直径根据气体在管道内的流量和合适流速来决定。可按式(15-3)计算:

$$d = \sqrt{\frac{4v_0}{\pi w_0}} \tag{15-3}$$

式中 d——管道内径,mm;

v_0——气体在标准状态下的单位体积流量,m^3/s;

w_0——气体在标准状态下的流速,m/s。

(1) 冷风管道:冷风管道常用厚 4 ~ 12 mm 的钢板焊接而成。由于冷风温度在冬季和夏季差别较大,为了消除热应力,故在冷风管道上设置伸缩圈,以便冷风管能自由伸缩。

(2) 热风管道:热风管道由约10 mm厚的普通钢板焊成,要求密封性好且热损失小,故管内衬耐火砖,砖衬外砌绝热砖(轻质黏土砖或硅藻土砖)。最外层垫石棉板以加强绝热。近年,有些厂在热风管道内表面喷涂绝热层。

(3) 混风管:混风管是为了稳定热风温度而设的,它根据热风炉的出口温度高低而掺入一定量的冷风。

(4) 倒流休风管:倒流休风管实际上是安设在热风总管后端上的烟囱,用约10 mm厚的钢板焊接而成,因为倒流时气体温度很高,所以下部要砌一段耐火砖,并安装有水冷阀门(与热风阀同),平时关闭,倒流时才打开。

b　阀门

热风炉用的阀门应该是设备坚固,能承受一定的温度,保证高压下密封性好,使漏气减到最少,开关灵活使用方便,设备简单易于检修和操作。

(1) 阀门类型:热风炉系统的阀门按工作原理可分为三种基本形式。

1) 闸式阀:闸式阀的闸板开闭方向和气体流动方向相垂直,构造较复杂,但密封性好。适用于洁净气体的切断。

2) 盘式阀:盘式阀阀盘开闭的运动方向与气流方向平行,构造比较简单,多用于切断含尘气体,密封性差。气流经过阀门时方向转90°,故阻力较大。

3) 蝶式阀:蝶式阀是中间有轴可以自由旋转的翻板,其开度大小可以调节气体流量。它调节灵活准确,但密封性差,故不能用于切断。

(2) 阀门种类:阀门按用途可分为燃烧系统的阀门和送风系统的阀门。

属于燃烧系统的有煤气调节阀、煤气切断阀、烟道阀;属于送风系统的有放风阀、热风阀、冷风阀、混风阀、废气(风)阀。

1) 煤气调节阀:为蝶式阀,用来调节煤气流量。自动控制燃烧时,煤气调节阀由电动执行机构来带动。

2) 煤气切断阀:为闸式阀,是用来在送风期时切断煤气的。

3) 烟道阀:为盘式阀,用于热风炉在燃烧期时打开,将废气排入烟道;在送风期时,则关闭以隔断热风炉与烟道的联系。

4) 燃烧阀:为带水冷的闸式阀,这种阀仅在使用套筒式燃烧器的高炉上采用。用在燃烧期时,将煤气等送入燃烧器,在送风期时切断煤气管道和热风炉的联系。

5) 冷风阀:为闸式阀,它是冷风进入热风炉的闸门,安装在冷风支管上,在燃烧期时关闭,在送风期打开。冷风阀结构如图15-11所示。在大闸板上带有均压用小阀,这是由于烧好的热风炉,关闭烟道阀前后,炉内处于烟道负压相同的水平,冷风支管上的压力是鼓风压力,闸板上下压差很大,直接打开闸板是不行的,故主体阀上有一个小均压阀孔,易于打开,使冷风先从小孔中灌入,待闸板两侧压力均等后,主阀就很容易打开了。

6) 热风阀:为闸式阀,送风期打开,燃烧期关闭,用于燃烧期隔断热风炉与热风管道之间的联系。

7) 废气阀又称废风阀、旁通阀:为盘式阀。其作用有二:

第一,当高炉需要紧急放风,而放风阀失灵或炉台上无法进行放风操作时,可通过废气阀将风放掉。

第二,当热风炉从送风期转为燃烧期时,炉内充满高压风,而烟道阀盘的下面却是烟道负压,故烟道阀阀盘上下压差很大,必须用另一小阀将高压废风旁通引入烟道,降低炉内压力。废气的温度虽然很高,但由于作用时间短,故不需冷却。对大型高压高炉,废气阀盘中央有一个小的均压阀,工作原理与冷风阀相同。

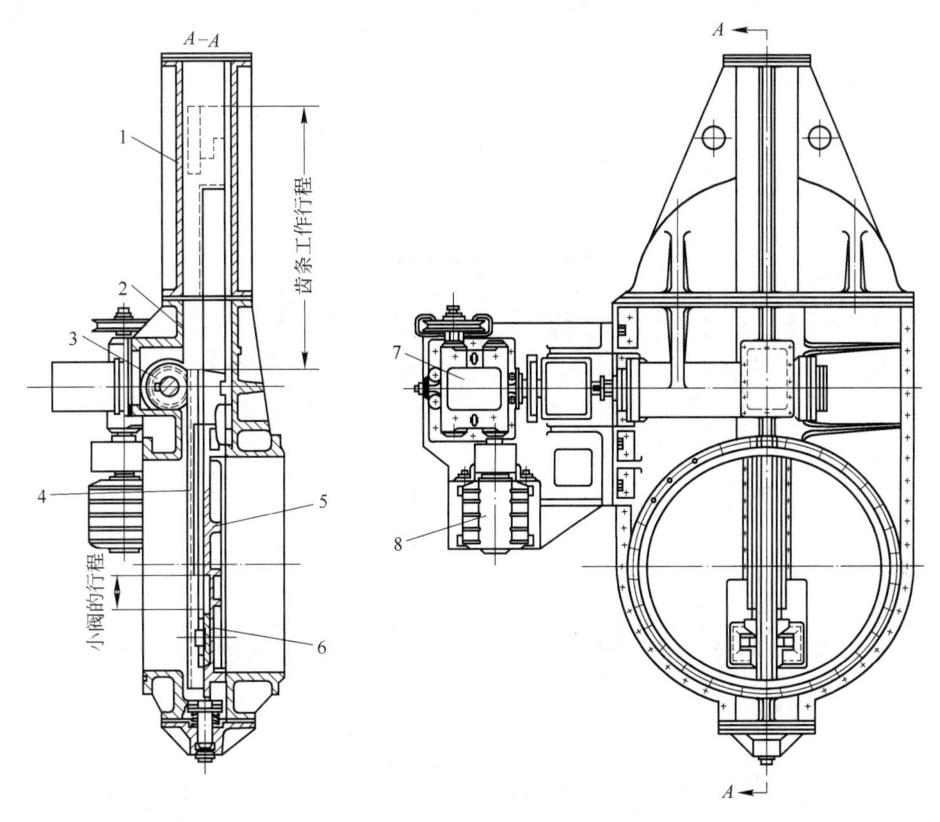

图 15-11 冷风阀

1—阀盖;2—阀壳;3—小齿轮;4—齿条;5—主闸板;6—小通风闸板;7—差动减速器;8—电动机

8) 混风阀:混风阀的作用是向热风总管内掺入一定量的冷风,以保持热风温度稳定不变。它由混风调节阀和混风隔断阀两部分组成。

混风调节阀为蝶式阀,利用它的开启度大小来控制掺入冷风量的多少。

混风隔断阀为闸式阀,它是为防止冷风管道内压力降低(如高炉休风)时,热风或高炉炉缸煤气进入冷风管道而设的。当高炉休风时,关闭此阀,以切断高炉和冷风管道的联系,故此阀又称混风保护阀。

9) 放风阀和消声器:放风阀安装在鼓风机与热风炉组之间的冷风管道上。在鼓风机不停止工作的情况下,用放风阀把一部分或全部鼓风排放到大气中的方法来调节入炉风量。

放风阀是由蝶形阀和活塞阀用机械连接形式组合的阀门(见图 15-12)。送入高炉的风量由蝶形阀调节,当通向高炉的通道被蝶形阀隔断时,连杆连接的活塞将阀壳上通往大气的放气孔打开(图中位置),鼓风从放气孔中逸出。放气孔是倾斜的,活塞环

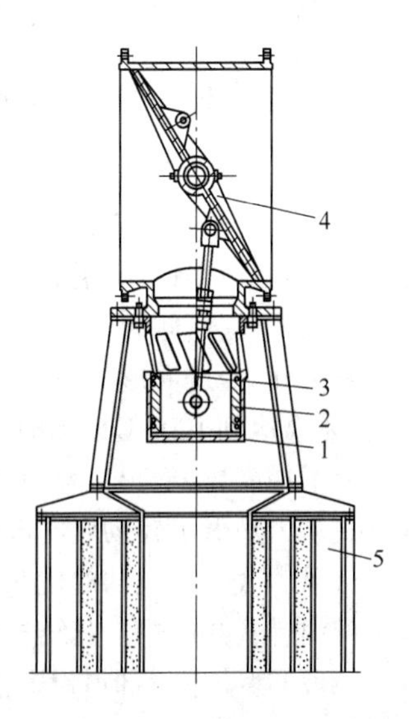

图 15-12 放风阀及消声器

1—阀壳;2—活塞;3—连杆;4—蝶形阀板;5—消声器

受到均匀磨损。

放风时高能量的鼓风激发强烈的噪声，影响劳动环境，危害甚大。放风阀上必须设置消声器。

C　各阀门的安装位置与管道布置

热风炉管道与阀门布置形式因热风炉结构形式的不同而各不相同。外燃式热风炉的管道与阀门的布置如图 15-13 所示。

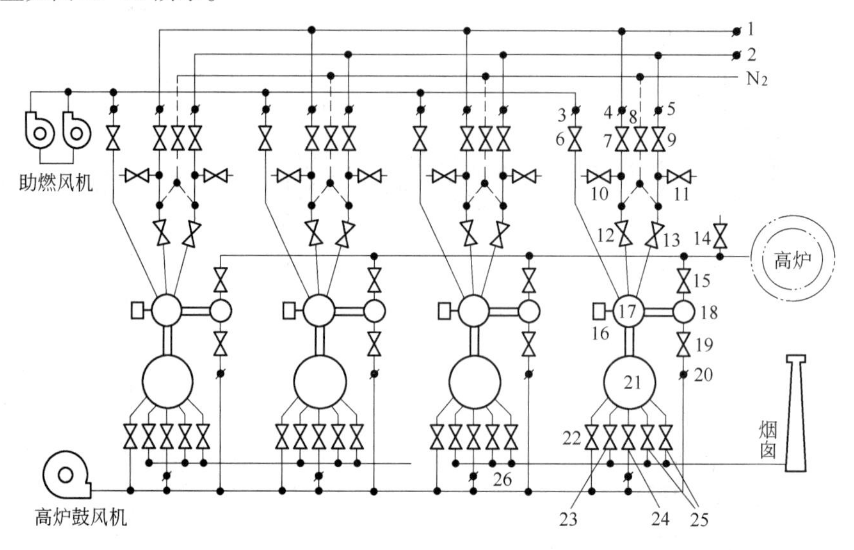

图 15-13　外燃式热风炉阀门布置图

1—焦炉煤气压力调节阀；2—高炉煤气压力调节阀；3—空气流量调节阀；4—焦炉煤气流量调节阀；5—高炉煤气流量调节阀；6—空气燃烧阀；7—焦炉煤气阀；8—吹扫阀；9—高炉煤气阀；10—焦炉煤气放散阀；11—高炉煤气放散阀；12—焦炉煤气燃烧阀；13—高炉煤气燃烧阀；14—热风放散阀；15—热风阀；16—点火装置；17—燃烧室；18—混合室；19—混风阀；20—混风流量调节阀；21—蓄热室；22—充风阀；23—废风阀；24—冷风阀；25—烟道阀；26—冷风流量调节阀

15.2.2　改进型内燃式热风炉

20 世纪 60 年代以前，各国高炉热风炉普遍采用传统型内燃式热风炉。由于燃烧器中心线与燃烧室纵向轴线垂直，即与隔墙垂直，煤气在燃烧室的底部燃烧，高温烟气流对隔墙产生强烈冲击，使隔墙产生振动，引起隔墙机械破损。同时，隔墙下部的燃烧室侧为最高温度区，蓄热室侧为最低温度区，两侧温度差很大，产生很大的热应力，再加上荷重等多种因素的影响，隔墙下部很容易发生开裂，进而形成隔墙两侧短路，严重时甚至会发生隔墙倒塌等事故。这种热风炉风温较低，当风温达到 1000℃以上时，会引起拱顶裂缝掉砖，寿命缩短。

为了提高风温，延长寿命，1972 年，荷兰霍戈文艾莫伊登厂在新建的 7 号高炉（3667 m^3）上对内燃式热风炉做了较彻底的改进，年平均风温达 1245℃，热风炉寿命超过两代高炉炉龄，成为内燃式热风炉改造最成功的代表。改进后的内燃式热风炉，在国外称霍戈文内燃式热风炉，我国称改进型内燃式热风炉。其结构如图 15-14 所示。其主要特征为：（1）悬链线拱顶且拱顶与大墙脱开。（2）燃烧室下部增设隔热砖层和耐热钢板层，以减少隔墙温度差和提高其密封性。（3）眼睛形火井和与之相配的陶瓷燃烧器，以消除金属套筒燃烧器火焰对隔墙的冲击现象。经改进后热风炉送风温度可达到 1200℃，热风炉寿命较长。内燃式热风炉主要特点是：结构较为简单，钢材及耐火材料消耗量较少，建设费用较低，占地面积较小。不足之处是蓄热室烟气分布不均匀，限制了热风炉直径进一步扩大;燃烧室隔墙结构复杂,易损坏;送风温度超过1200℃有困难。

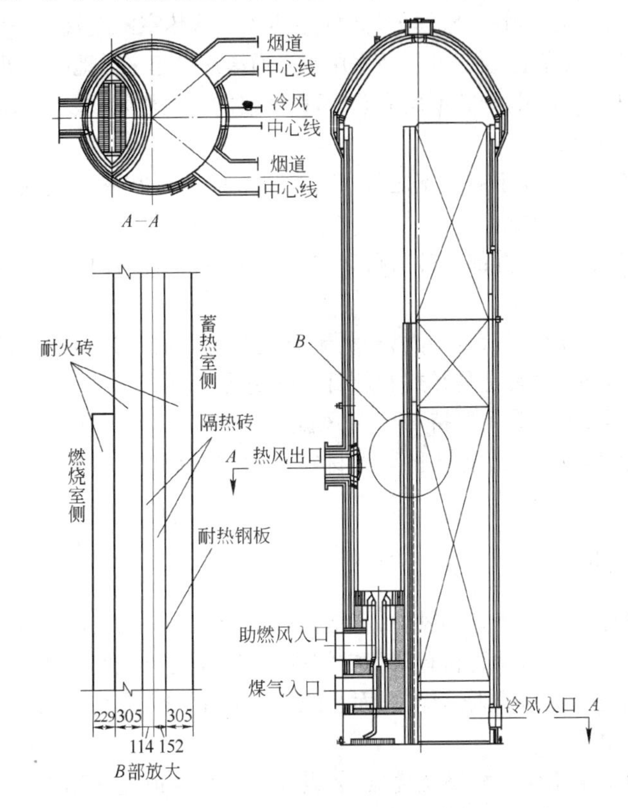

图15-14 改进型内燃式热风炉

15.3 外燃式热风炉

外燃式热风炉由内燃式热风炉演变而来,其工作原理与内燃式热风炉完全相同,只是燃烧室和蓄热室分别在两个圆柱形壳体内,两个室的顶部以一定方式连接起来。不同形式外燃式热风炉的主要差别在于拱顶形式,就两个室的顶部连接方式的不同可以分为四种基本结构形式,见图15-15。

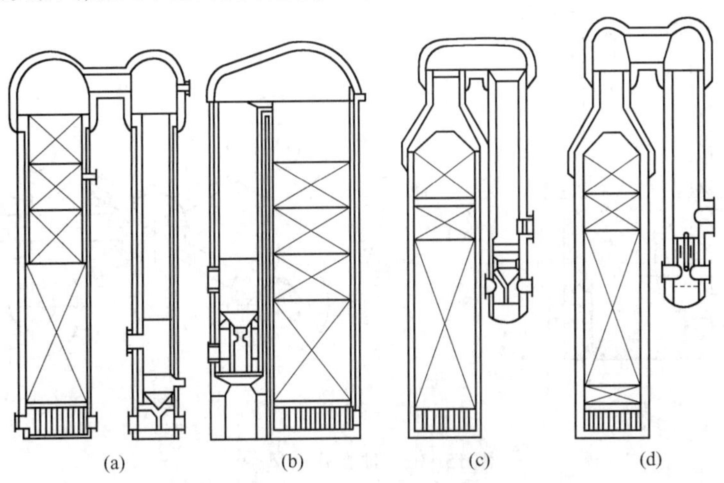

图15-15 外燃式热风炉结构示意图

(a) 拷贝式;(b) 地得式;(c) 马琴式;(d) 新日铁式

地得式外燃热风炉拱顶由两个直径不等的球形拱构成，并用锥形结构相互连通。拷贝式外燃热风炉的拱顶由圆柱形通道连成一体。马琴式外燃热风炉蓄热室的上端有一段倒锥形，锥体上部接一段直筒部分，直径与燃烧室直径相同，两室用水平通道连接起来。地得式外燃热风炉拱顶造价高，砌筑施工复杂，而且需用多种形式的耐火砖，所以新建的外燃热风炉多采用拷贝式和马琴式。

外燃式热风炉的特点：

（1）由于燃烧室单独存在于蓄热室之外，消除了隔墙，不存在隔墙受热不均而破坏的现象，有利于强化燃烧，提高热风温度。

（2）燃烧室、蓄热室、拱顶等部位砖衬可以单独膨胀和收缩，结构稳定性较内燃式热风炉好，可以承受高温作用。

（3）燃烧室断面为圆形，当量直径大，有利于煤气燃烧。由于拱顶的特殊连接形式，有利于烟气在蓄热室内均匀分布，尤其是马琴式和新日铁式更为突出。

（4）送风温度较高，可长时间保持 1300℃ 风温。

（5）结构复杂，占地面积大，钢材和耐火材料消耗多，基建费用高。一般用于新建的大型高炉。

15.4　顶燃式热风炉

顶燃式热风炉又称为无燃烧室热风炉，其结构如图 15–16（a）所示。它是将煤气直接引入拱顶空间内燃烧。为了在短暂的时间和有限的空间内，保证煤气和空气很好地混合并完全燃烧，就必须使用能力很大的短焰烧嘴或无焰烧嘴，而且烧嘴的数量和分布形式应满足燃烧后的烟气在蓄热室内均匀分布的要求。

首钢顶燃式热风炉采用 4 个短焰燃烧器，装设在热风炉拱顶上，燃烧火焰成涡流状态进入蓄热室。图 15–16（b）所示为顶燃式热风炉平面布置图。4 座热风炉呈方块形布置，布置紧凑，占地面积小，而且热风总管较短，可提高热风温度 20 ~ 30℃。

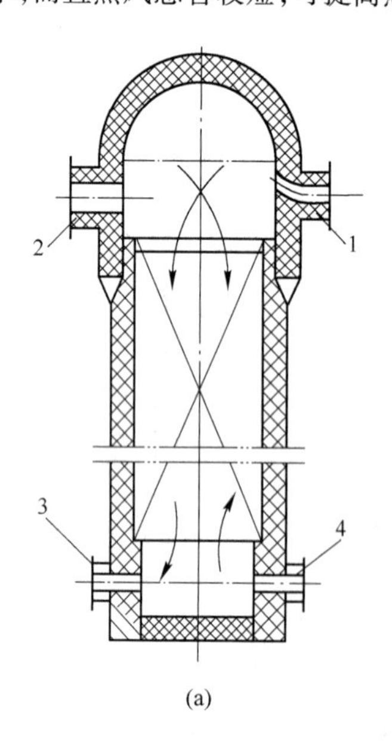

(a)

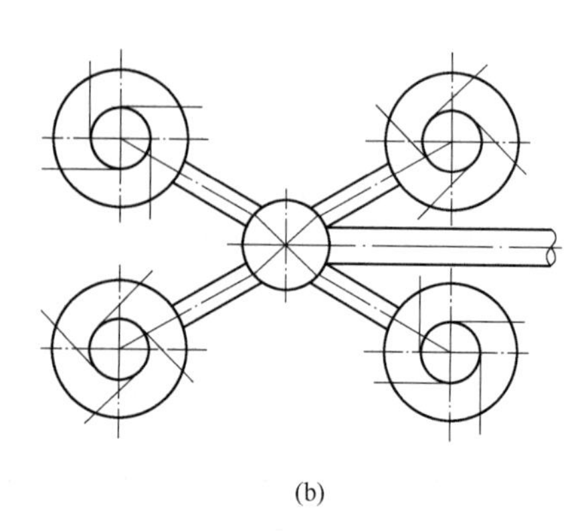

(b)

图 15–16　顶燃式热风炉

（a）结构示意图；（b）平面布置图

1—燃烧器；2—热风出口；3—烟气出口；4—冷风入口

顶燃式热风炉的耐火材料工作负荷均衡,上部温度高,重量载荷小;下部重量载荷大,温度较低。顶燃式热风炉结构对称,稳定性好。蓄热室内气流分布均匀,效率高,更加适应高炉大型化的要求。顶燃式热风炉还具有节省钢材和耐火材料,占地面积较小的优点。

15.5 球式热风炉

球式热风炉的结构与顶燃式热风炉相同,所不同的是蓄热室用自然堆积的耐火球代替格子砖。由于球式热风炉需要定期卸球,故目前仅用于小型高炉的热风炉。

耐火球重量大,因此蓄热量多。从传热角度分析,气流在球床中的通道不规则,多呈紊流状态,有较大的热交换能力,热效率较高,易于获得高风温。

球式热风炉要求耐火球质量好,煤气要干净,煤气压力要高,助燃风机的风压、风量要大,否则煤气含尘多时,会造成耐火球间隙堵塞,甚至耐火球表面渣化黏结,变形破损,大大增加了阻力损失,使热交换变差,风温降低。煤气压力和助燃空气压力大,才能充分发挥球式热风炉的优越性。

15.6 提高风温的途径

近代高炉冶炼,由于原燃料条件的改善和喷煤技术的发展,具备了接受高风温的可能性。目前大型高炉设计风温多在 1200 ~ 1350℃。获得高风温的主要途径是改进热风炉的结构和操作。如:

(1) 增加蓄热面积。

(2) 采用高效率格子砖。

(3) 提高煤气热值。随着高炉生产水平的提高,燃料比逐渐降低,高炉煤气的发热值也随之降低。这就存在一矛盾,高炉生产时要降低煤气中 CO 含量,以提高煤气的利用率,而热风炉则希望煤气中 CO 含量高些,提高煤气的发热值,为了解决这一矛盾,保证热风炉的风温水平,就要提高高发热值燃料的比例。简单易行的方法是在高炉煤气中混入焦炉煤气或天然气。另外,高炉煤气除尘系统采用干法除尘时,也可以提高高炉煤气的发热值。

(4) 预热助燃空气和煤气。拱顶温度是决定热风炉风温水平的重要参数之一。为了获得高的拱顶温度,利用热风炉烟道废气预热助燃空气和煤气的方法是经济而可行的,有利于能源的二次利用。目前国内许多钢铁企业已经采用这种方法,并且取得了良好的经济效益。

(5) 热风炉自动控制。热风炉自动控制的目的是为了充分发挥热风炉的设备能力,提高热效率,包括燃烧自动控制,换炉自动控制,风温自动制度。

(6) 交错并联送风。大型高风温热风炉几乎都采用交错并联送风,即两座热风炉同时送风,其中一座热风炉送风温度高于指定风温,另一座送风温度低于指定风温(先行炉)。进入两座热风炉的风量由设在冷风阀前的冷风调节阀控制。因此,是理想状态下的交错送风,混风调节阀只是调节换炉时的风温波动。交错并联送风时,由于先行炉可在低于指定风温条件下送风,故蓄热室格子砖的周期温差大,故而蓄热室的有效蓄热能力增加,燃烧期热交换效率亦提高,废气温度也有所降低。据日本君津四号高炉经验,热效率可提高 10%。这样,在相同的热负荷条件下,可以降低拱顶温度,如果维持相同拱顶温度,则可以提高风温。

复习思考题

15-1 送风系统指的是什么?

15-2　高炉生产对鼓风机有哪些要求,为什么?
15-3　鼓风机种类有哪些,为什么国内外都趋向于使用轴流式鼓风机?
15-4　简述热风炉工作原理,为什么要对鼓入高炉的空气进行加热?
15-5　内燃式热风炉的结构如何,画出其结构示意图。其本体包括哪几部分?
15-6　燃烧室结构有哪种形式,各有何特点?
15-7　外燃式热风炉有何特点,它有几种布置形式?
15-8　顶燃式热风炉有何特点,画出其结构示意图并标出各部位名称。
15-9　热风系统设有哪些管道、阀门?
15-10　提高风温的途径有哪些?

16 高炉喷吹煤粉系统

高炉经风口喷吹煤粉已成为节焦和改进冶炼工艺最有效的措施之一。它不仅可以代替日益紧缺的焦炭,而且有利于改进冶炼工艺:扩展风口前的回旋区,缩小呆滞区;降低风口前的理论燃烧温度,有利于提高风温和采用富氧鼓风,特别是喷吹煤粉和富氧鼓风相结合,在节焦和增产两方面都能取得非常好的效果;可以提高一氧化碳的利用率,提高炉内煤气含氢量,改善还原过程等等。总之,高炉喷煤既有利于节焦增产,又有利于改进高炉冶炼工艺和促进高炉顺行,受到世界各国的普遍重视。

高炉喷煤系统主要由原煤贮运、煤粉制备、煤粉喷吹、热烟气和供气等几部分组成(其工艺流程如图16-1所示)。

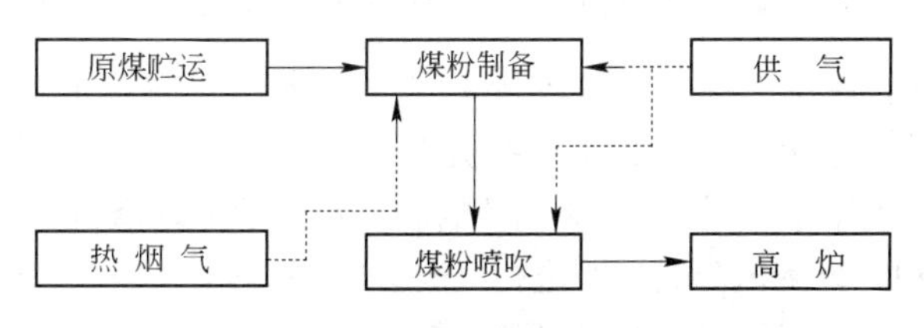

图16-1　高炉喷煤系统工艺流程

(1) 原煤贮运系统:原煤用汽车或火车运至原煤场进行堆放、贮存、破碎、筛分及去除其中金属杂物等,同时将过湿的原煤进行自然干燥。根据总图布置的远近,用皮带机将原煤送入煤粉制备系统的原煤仓内。

(2) 煤粉制备系统:将原煤经过磨碎和干燥制成煤粉,再将煤粉从干燥气中分离出来存入煤粉仓内。

(3) 煤粉喷吹系统:在喷吹罐组内充以氮气,再用压缩空气将煤粉经输送管道和喷枪喷入高炉风口。根据现场情况,喷吹罐组可布置在制粉系统的煤粉仓下面,直接将煤粉喷入高炉;也可布置在高炉附近,用设在制粉系统煤粉仓下面的仓式泵,将煤粉输送到高炉附近的喷吹罐组内。

(4) 热烟气系统:将高炉煤气在燃烧炉内燃烧生成的热烟气送入制粉系统,用来干燥煤粉。

(5) 供气系统:供给整个喷煤系统的压缩空气、氮气、氧气及少量的蒸汽。压缩空气用于输送煤粉,氮气用于烟煤制备和喷吹系统的气氛惰化,蒸汽用于设备保温。

16.1 煤粉制备系统

16.1.1 煤粉制备工艺

煤粉制备工艺是指通过磨煤机将原煤加工成粒度及水分含量均符合高炉喷煤要求的工艺过程。高炉喷吹系统对煤粉的要求是:粒径小于74 μm的占80%以上,水分不大于1%。根据磨煤设备,煤粉制备工艺可分为球磨机制粉工艺和中速磨制粉工艺两种。

16.1.1.1 球磨机制粉工艺

图16-2(a)所示为20世纪80年代广为采用的球磨机制粉工艺流程示意图。原煤仓1中的原煤由给煤机2送入球磨机9内进行研磨。干燥气经切断阀14和调节阀15送入球磨机,干燥

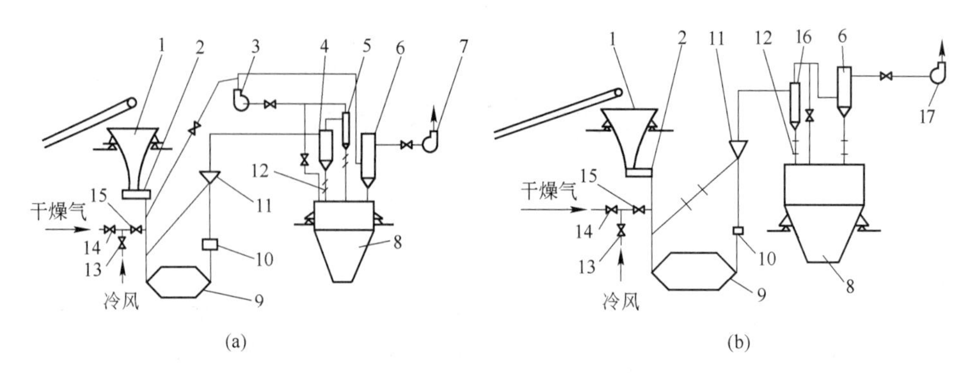

图 16-2　球磨机制粉工艺流程图

(a) 20 世纪 80 年代球磨机制粉工艺流程图;(b) 20 世纪 90 年代球磨机制粉工艺流程图
1—原煤仓;2—给煤机;3—一次风机;4—一级旋风分离器;5—二级旋风分离器;6—布袋收粉器;
7—二次风机;8—煤粉仓;9—球磨机;10—木屑分离器;11—粗粉分离器;12—锁气器;
13—冷风调节阀;14—切断阀;15—调节阀;16—旋风分离器;17—排粉风机

气温度通过冷风调节阀 13 调节混入的冷风量来实现,干燥气的用量通过调节阀 15 进行调节。干燥气和煤粉混合物中的木屑及其他大块杂物被木屑分离器 10 捕捉后由人工清理。煤粉随干燥气垂直上升,经粗粉分离器 11 分离,分离后不合格的粗粉返回球磨机再次碾磨,合格的细粉再经一级旋风分离器 4 和二级旋风分离器 5 进行气粉分离,分离出来的煤粉经锁气器 12 落入煤粉仓 8 中,尾气经布袋收粉器 6 过滤后由二次风机排入大气。

在 20 世纪 90 年代初很多厂家对上述工艺流程进行了改造,改造后的工艺流程如图 16-2(b)所示。改造的主要内容有:(1)取消一次风机,使整个系统负压运行。(2)取消二级旋风分离器或完全取消旋风分离器。改造后大大简化了工艺流程,减小了系统阻力损失,减少了设备故障点。目前厂家多采用中速磨制粉工艺如图 16-3 所示。

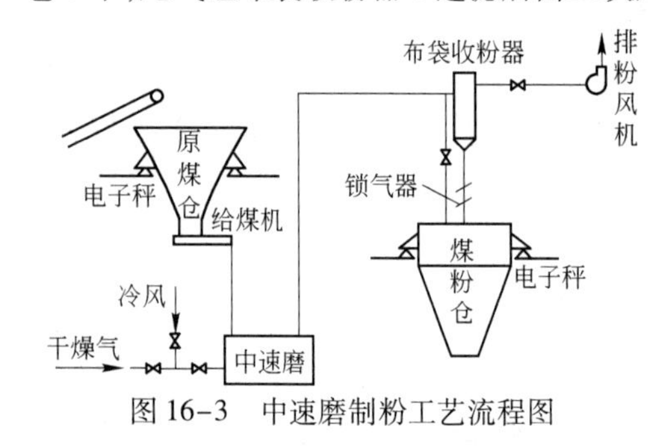

图 16-3　中速磨制粉工艺流程图

16.1.1.2　中速磨制粉工艺

中速磨制粉工艺如图 16-3 所示。原煤仓中的原煤经给煤机送入中速磨中进行碾磨,干燥气用于干燥中速磨内的原煤,冷风用于调节干燥气的温度。中速磨煤机本身带有粗粉分离器,从中速磨出来的气粉混合物直接进入布袋收粉器,被捕捉的煤粉落入煤粉仓,尾气经排粉风机排入大气。中速磨不能磨碎的粗硬煤粒从主机下部的清渣孔排出。

按磨制的煤种可分为烟煤制粉工艺、无烟煤制粉工艺和烟煤与无烟煤混合制粉工艺,三种工艺流程基本相同。基于防爆要求,烟煤制粉工艺和烟煤与无烟煤混合制粉工艺增加以下几个系统:

(1) 氮气系统。用于惰化系统气氛。

(2) 热风炉烟道废气引入系统。热风炉烟道废气作为干燥气,以降低气氛中含氧量。

(3) 系统内 O_2、CO 含量的监测系统。当系统内 O_2 含量及 CO 含量超过某一范围时报警并采取相应措施。

烟煤和无烟煤混合制粉工艺增加配煤设施,以调节烟煤和无烟煤的混合比例。

16.1.2　制粉主要设备

16.1.2.1　磨煤机

根据磨煤机的转速可以分为低速磨煤机和中速磨煤机。低速磨煤机又称钢球磨煤机或球磨机，筒体转速为16～25 r/min。中速磨煤机转速为50～300 r/min，中速磨优于钢球磨，是目前制粉系统广泛采用的磨煤机。

A　球磨机

球磨机是20世纪80年代广泛采用的磨煤机，其结构如图16-4所示。

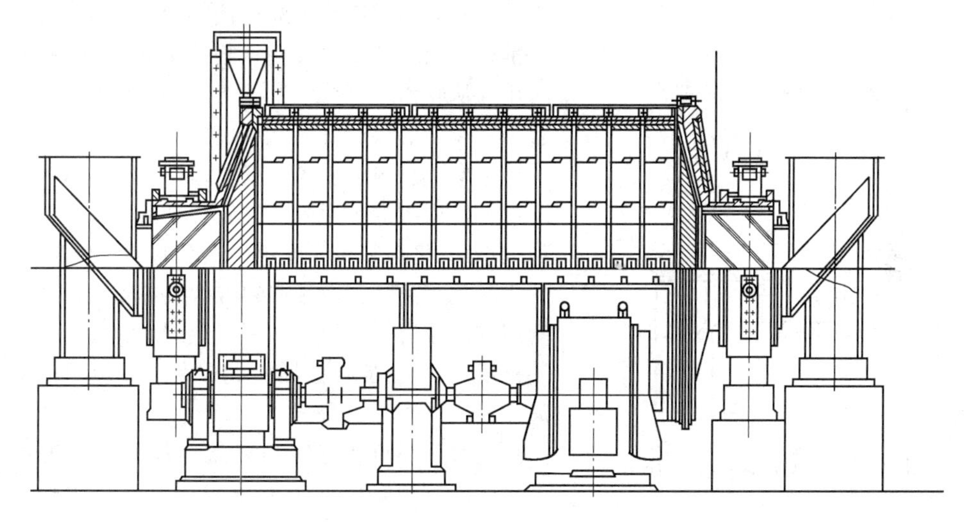

图16-4　球磨机结构示意图

球磨机主体是一个大圆筒筒体，筒内镶有波纹形锰钢钢瓦，钢瓦与筒体间夹有隔热石棉板，筒外包有隔音毛毡，毛毡外面是用薄钢板制作的外壳。筒体两头的端盖上装有空心轴，它由大瓦支承。空心轴与进、出口短管相接，内壁有螺旋槽，螺旋槽能使空心轴内的钢球或煤块返回筒内。

圆筒的转速应适宜，如果转速过快，钢球在离心力作用下紧贴圆筒内壁而不能落下，致使原煤无法磨碎。相反，如果转速过慢，会因钢球提升高度不够而减弱磨煤作用，降低球磨机的效率。

球磨机的优点是：对原煤品种的要求不高，它可以磨制各种不同硬度的煤种，并且能长时间连续运行。其缺点是：设备笨重，系统复杂，建设投资高，金属消耗多，噪声大，电耗高，即使在断煤的情况下球磨机的电耗也不会明显下降。

B　中速磨

中速磨是目前制粉系统普遍采用的磨煤机，主要有三种结构形式：平盘磨、碗式磨和MPS磨。

中速磨具有结构紧凑、占地面积小、基建投资低、噪声小、耗水量小、金属消耗少和磨煤电耗低等优点。中速磨在低负荷运行时电耗明显下降，单位煤粉耗电量增加不多，当配用回转式粗粉分离器时，煤粉均匀性好，均匀指数高。中速磨的缺点是磨煤元件易磨损，尤其是平盘磨和碗式磨的磨煤能力随零件的磨损明显下降。由于磨煤机干燥气的温度不能太高,磨制含水分高的原煤较为困难。另外,中速磨不能磨硬质煤,原煤中的铁件和其他杂物必须全部去除。

中速磨转速过低时磨煤能力低,转速过高时煤粉粒度过粗,因此转速要适宜,以获得最佳效果。

(1) 平盘磨。图 16-5 为平盘磨的结构示意图,转盘和辊子是平盘磨的主要部件。电动机通过减速器带动转盘旋转,转盘带动辊子转动,煤在转盘和辊子之间被研磨,它是依靠碾压作用进行磨煤的。碾压煤的压力包括辊子的自重和弹簧拉紧力。

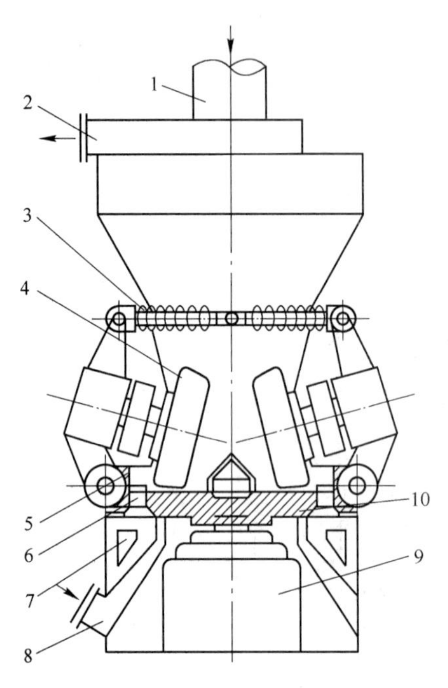

图 16-5　平盘磨结构示意图

1—原煤入口;2—气粉出口;3—弹簧;4—辊子;
5—挡环;6—干燥气通道;7—气室;
8—干燥气入口;9—减速箱;10—转盘

原煤由落煤管送到转盘的中部,依靠转盘转动产生的离心力使煤连续不断地向转盘边缘移动,煤在通过辊子下面时被碾碎。转盘边缘上装有一圈挡环,可防止煤从转盘上直接滑落出去,挡环还能保持转盘上有一定厚度的煤层,提高磨煤效率。

干燥气从风道引入风室后,以大于 35 m/s 的速度通过转盘周围的环形风道进入转盘上部。由于气流的卷吸作用,将煤粉带入磨煤机上部的粗粉分离器,过粗的煤粉被分离后又直接回到转盘上重新磨制。在转盘的周围还装有一圈随转盘一起转动的叶片,叶片的作用是扰动气流,使合格煤粉进入磨煤机上部的粗粉分离器。

此种磨煤机装有 2 ~ 3 个锥形辊子,辊子轴线与水平盘面的倾斜角一般为 15°,辊子上套有用耐磨钢制成的辊套,转盘上装有用耐磨钢制成的衬板。辊子和转盘磨损到一定程度时就应更换辊套和衬板,弹簧拉紧力要根据煤的软硬程度进行适当的调整。

为了保证转动部件的润滑,此种磨煤机的进风温度一般应小于 300 ~ 350℃。干燥气通过环形风道时应保持稍高的风速,以便托住从转盘边缘落下的煤粒。

(2) 碗式磨。此种磨煤机由辊子和碗形磨盘组成,故称碗式磨,沿钢碗圆周布置 3 个辊子。钢碗由电机经蜗轮蜗杆减速装置驱动,做圆周运动。弹簧压力压在辊子上,原煤在辊子与钢碗壁之间被磨碎,煤粉从钢碗边溢出后即被干燥气带入上部的煤粉分离器,合格煤粉被带出磨煤机,粒度较粗的煤粉再次落入碾磨区进行碾磨,原煤在被碾磨的同时被干燥气干燥。难以磨碎的异物落入磨煤机底部,由随同钢碗一起旋转的刮板扫至杂物排放口,并定时排出磨煤机体外。磨煤机结构如图 16-6 所示。

(3) MPS 磨煤机。MPS 型辊式磨煤机结构见图 16-7。该机属于辊与环结构,它与其他形式的中速磨煤机相比,具有出力大和碾磨件使用寿命长,磨煤电耗低,设备可靠以及运行平稳等特点。新建的中速磨制粉系统采用这种磨煤机的较多。它配置 3 个大磨辊,磨辊的位置固定,互成 120°角,与垂直线的倾角为 12° ~ 15°,在主动旋转着的磨盘上随着转动,在转动时还有一定程度的摆动。磨碎煤粉的碾磨力可以通过液压弹簧系统调节。原煤的磨碎和干燥借助干燥气的流动来完成,干燥气通过喷嘴环以 70 ~ 90 m/s 的速度进入磨盘周围,用于干燥原煤,并且提供将煤粉输送到粗粉分离器的能量。合格的细颗粒煤粉经过粗粉分离器被送出磨煤机,粗颗粒煤粉则再次跌落到磨盘上重新碾磨。原煤中较大颗粒的杂质可通过喷嘴口落到机壳底座上经刮板机构刮落到排渣箱中。煤粉粒度可以通过粗粉分离器挡板的开度进行调节,煤粉越细,能耗越高。在低负荷运行时,同样的煤粉粒度,单位煤粉的能耗会提高。

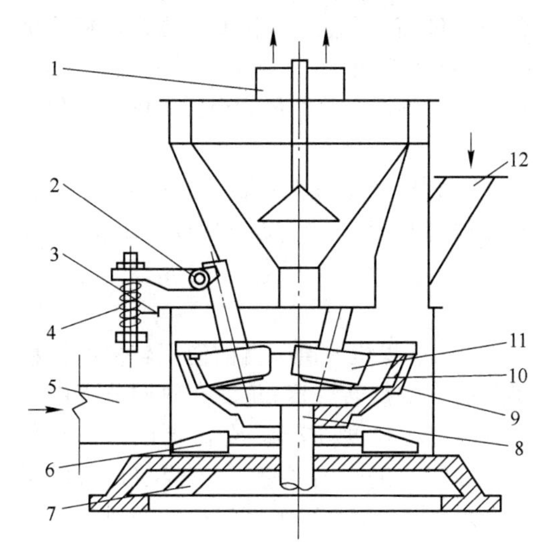

图 16-6 碗式磨结构示意图

1—气粉出口;2—耳轴;3—调整螺丝;4—弹簧;
5—干燥气入口;6—刮板;7—杂物排放口;8—转动轴;
9—钢碗;10—衬圈;11—辊子;12—原煤入口

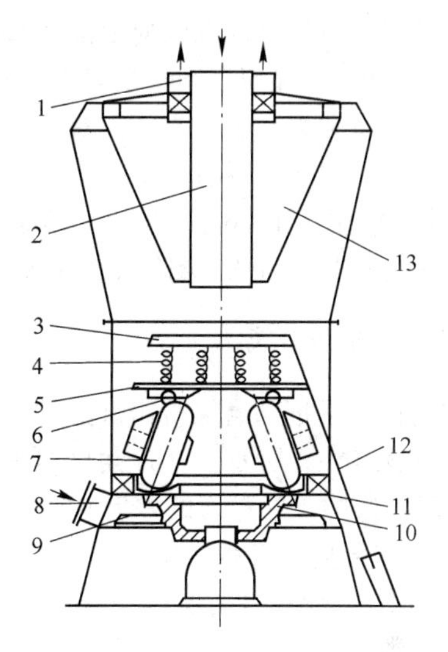

图 16-7 MPS 磨煤机结构示意图

1—煤粉出口;2—原煤入口;3—压紧环;4—弹簧;
5—压环;6—滚子;7—磨辊;8—干燥气入口;9—刮板;
10—磨盘;11—磨环;12—拉紧钢丝绳;13—粗粉分离器

16.1.2.2 给煤机

给煤机位于原煤仓下面,用于向磨煤机提供原煤,目前常用埋刮板给煤机。图 16-8 为埋刮板给煤机结构示意图。此种给煤机便于密封,可多点受料和多点出料,并能调节刮板运行速度和输料厚度,能够发送断煤信号。

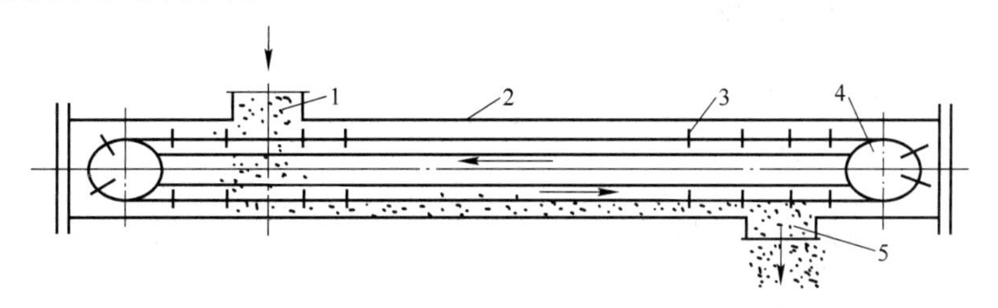

图 16-8 埋刮板给煤机结构示意图

1—进料口;2—壳体;3—刮板;4—星轮;5—出料口

埋刮板给煤机由链轮、链条和壳体组成。壳体内有上下两组支承链条滑移的轨道和控制料层厚度的调节板,刮板装在链条上,壳体上下设有一个或数个进出料口和一台链条松紧器。链条由电动机通过减速器驱动。原煤经进料口穿过上刮板落入底部后由下部的刮板带走。埋刮板给煤机对原煤的要求较严,不允许有铁件和其他大块夹杂物,因此在原煤贮运过程中要增设除铁器,去除其中的金属器件。

16.1.2.3 煤的干燥

原煤经过给料机,按需要均匀地进入磨煤机。利用热风炉的废气和燃烧炉的烟气混合物作为原煤的干燥剂,由制粉系统中一次风机形成的负压吸入磨煤机中。煤在磨碎的过程中同时干燥。干燥剂一般不允许超过350℃。

磨煤机出口温度的下限应保证在布袋吸尘器处气体温度高于露点。上限则应根据煤粉系统防爆安全条件,即煤粉在制粉系统内的着火点及着火的可能性来决定,它决定于燃料种类、燃料中挥发分含量和煤粉制备方式。对无烟煤磨煤机后的煤粉空气混合物的最后允许温度是不限制的。而对于烟煤,不应超过120~130℃。

煤粉的允许湿度小于2%。干燥煤粉不仅是冶炼上的要求,也是煤粉破碎和运输的要求,因为湿度大的煤粉黏性大,会降低破碎效率,并且容易堵塞管道和喷枪,也容易使喷吹罐下料不畅。

16.1.2.4 粗粉分离器

它的任务是把从磨煤机出来的过粗煤粉分离出来,送回磨煤机再磨。目前使用较多的粗粉分离器如图16-9所示。叶片角度可调,从而改变煤粉气流的旋转强度,角度有效调节范围是30°~75°。影响煤粉粒度的除叶片角度外,还有分离器的容积强度,即流经分离器的干燥剂量(通风量)与分离器容积之比。对一定容积的分离器,如果提高磨煤通风量,从磨煤机出来的煤粉分离度增加,而在分离器里停留时间又将缩短,结果,煤粉将变粗。可见磨煤机的通风量是一个重要参数。

16.1.2.5 旋风分离器

其任务是把粗粉分离器出来的合格煤粉送入煤粉仓。一般采用二级旋风分离器。典型旋风分离器如图16-10所示。一般地说,经二级旋风的收尘率可达75%~85%。

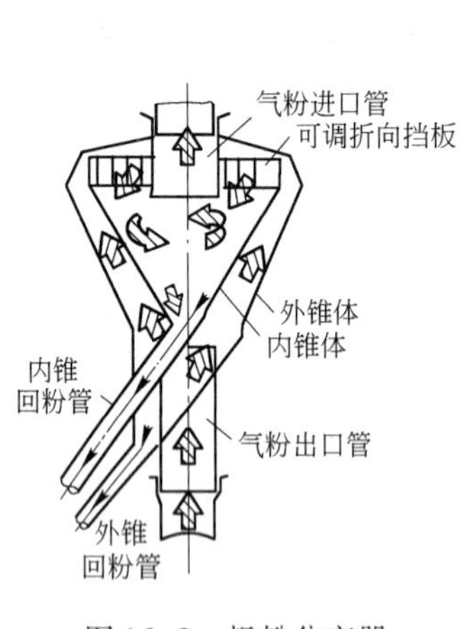

图16-9 粗粉分离器

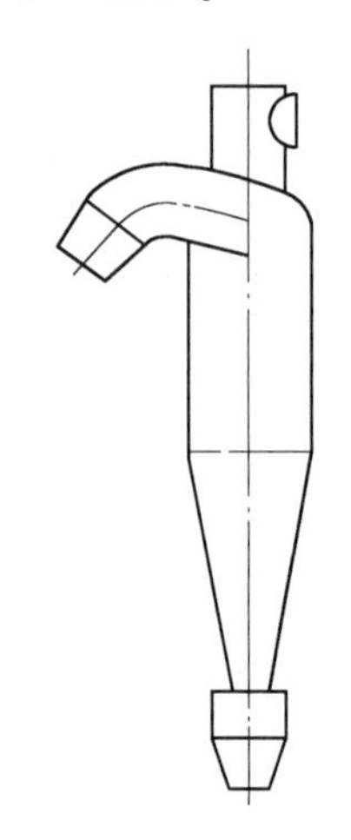

图16-10 旋风分离器

16.1.2.6 锁气器

锁气器是装在旋风分离器下部的卸粉装置。其任务是只让煤粉通过而不允许气体通过。常用的锁气器如图16-11所示。重锤质量可以调节,煤粉积到一定程度时活门开启一次,煤粉通过后又迅速关闭。为了达到气流无法上流的锁气目的,常两台锁气器联合使用。

16.1.2.7 布袋收集器

旋风除尘器出来的气流经过排粉风机(一次风机)后送入布袋收集器进行精除尘,见

图 16-12。布袋收集器收集的煤粉直接落入煤粉仓。为了减轻布袋的负荷和调节磨煤机的进口温度,在一次风机的排风管上有的设有围风管,使一部分气体不再经过布袋而在系统内循环。布袋收集器下设星形阀,细粉通过它落到细粉仓中。为了避免布袋收集器正压情况下漏风排出煤粉污染环境,有的厂将它改为负压下工作,这时,在布袋收集器后要设置二次风机,用它将气体由布袋收集器抽出后放到大气中。这样一来整个制粉系统为全负压操作,没有外泄煤粉,生产时没有粉尘飞扬,车间内空气含尘量小,生产环境好。

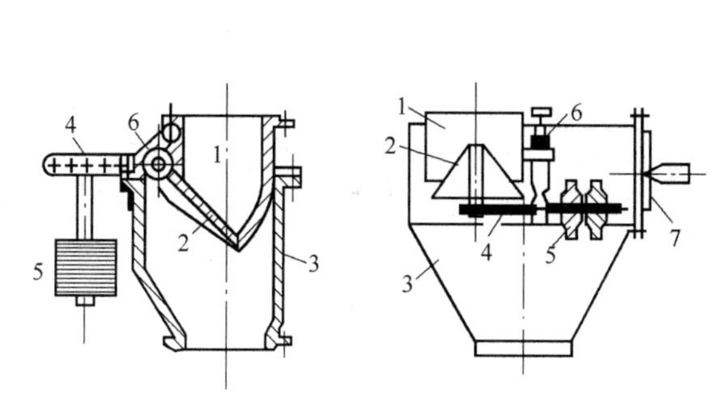

图 16-11　锁气器
1—煤粉管道;2—活门;3—外壳;4—杠杆;
5—重锤;6—支点;7—手孔

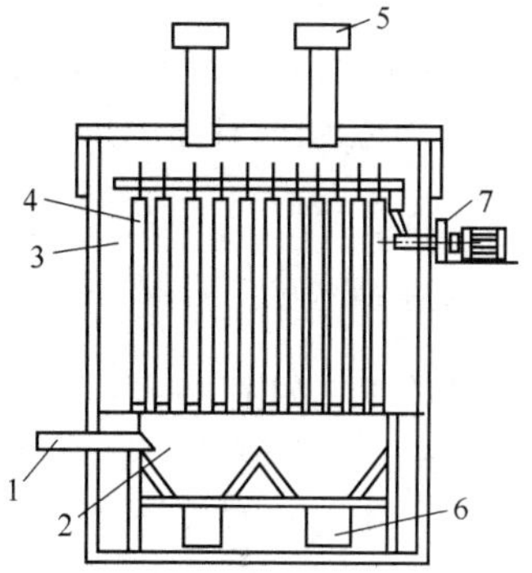

图 16-12　简易布袋除尘器示意图
1—进气管;2—集灰器;3—布袋室;4—布袋;
5—风帽;6—出灰管;7—振打装置

16. 1. 2. 8　螺旋泵

目前,螺旋泵在常压喷吹系统是采用比较广泛的设备,在它的后边连接瓶式分配器直接将煤粉送到风口。在制粉车间与喷吹装置距离较远时,它也是用管道输送煤粉的主要设备。螺旋泵的构造见图 16-13。煤粉由煤粉仓底部经过阀门进入螺旋泵的煤粉入口,再由旋转的螺杆将煤粉压入混合室,借助于通入混合室的压缩空气将煤粉送出。

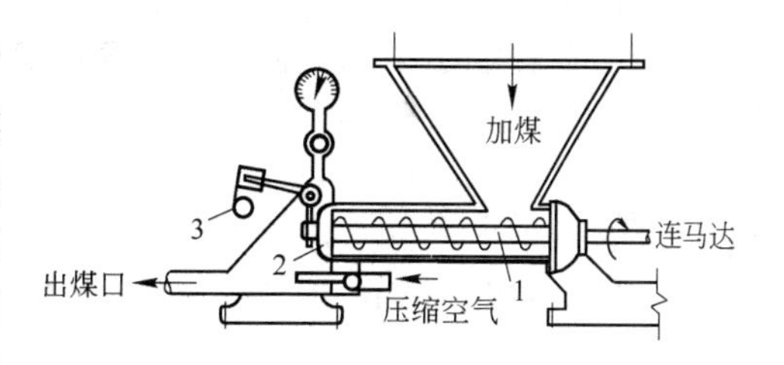

图 16-13　螺旋泵构造示意图
1—螺杆;2—压盖;3—可调的压重

16. 2　煤粉喷吹系统

16. 2. 1　喷吹工艺

从制粉系统的煤粉仓后面到高炉风口喷枪之间的设施属于喷吹系统,主要包括煤粉输送、煤粉收集、煤粉喷吹、煤粉的分配及风口喷吹等。高炉喷煤工艺可分为间接和直接喷吹两种方式。

(1) 间接喷吹工艺。制粉系统和高炉旁喷吹站分开,通过罐车或仓式泵气力输送,将煤粉送至高炉附近的喷吹站,再向高炉喷吹煤粉。其主要特点:一是可充分发挥磨煤机生产能力,任一磨煤机均可向任一喷吹站供粉,临时故障也能保证高炉连续喷吹。二是喷吹站距高炉很近,可最大限度地提高喷煤能力。三是不易堵塞,适应性较强,可向多座高炉供粉,特别适于老厂改造新增制粉站远,高炉座数又多的冶金企业。其缺点是投资较高,动力消耗较大。这种喷吹工艺在国内外高炉都有使用。

（2）直接喷吹工艺。制粉系统与高炉喷吹站共建在一个厂房内，磨煤机制备的煤粉，通过煤粉仓下的喷吹罐组直接喷入高炉。其特点是取消了煤粉输送系统，流程简化。新建高炉大都采用这种工艺。该工艺尤其适用于单座高炉喷吹，多座高炉但高炉距制粉系统较近的情况也可采用。

根据煤粉容器受压情况将喷吹设施分为常压和高压两种。根据喷吹系统的布置可分为串罐喷吹和并罐喷吹两大类，根据喷吹管路的条数分为单管路喷吹和多管路喷吹。

16.2.1.1　串罐喷吹

串罐喷吹工艺如图 16-14 所示，它将 3 个罐重叠布置，从上到下 3 个罐依次为煤粉仓、中间罐和喷吹罐。打开上钟阀 6，煤粉由煤粉仓 3 落入中间罐 10 内，装满煤粉后关上钟阀。当喷吹罐 17 内煤粉下降到低料位时，中间罐开始充压，向罐内充入氮气，使中间罐压力与喷吹罐压力相等，依次打开均压阀 9、下钟阀 14 和中钟阀 12，待中间罐煤粉放空时，依次关闭中钟阀 12、下钟阀 14 和均压阀 9，开启放散阀 5 直到中间罐压力为零。

串罐喷吹系统的喷吹罐连续运行，喷吹稳定，设备利用率高，厂房占地面积小。

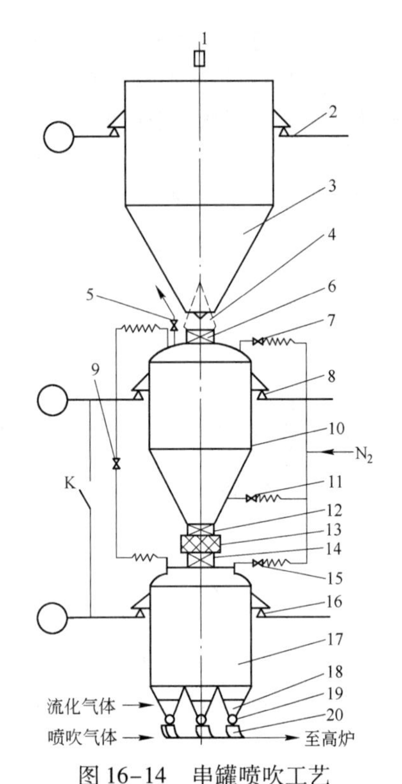

图 16-14　串罐喷吹工艺

1—塞头阀；2—煤粉仓电子秤；3—煤粉仓；4—软连接；5—放散阀；6—上钟阀；7—中间罐充压阀；8—中间罐电子秤；9—均压阀；10—中间罐；11—中间罐流化阀；12—中钟阀；13—软连接；14—下钟阀；15—喷吹罐充压阀；16—喷吹罐电子秤；17—喷吹罐；18—流化器；19—给煤球阀；20—混合器

16.2.1.2　并罐喷吹

并罐喷吹工艺如图 16-15 所示，两个或多个喷

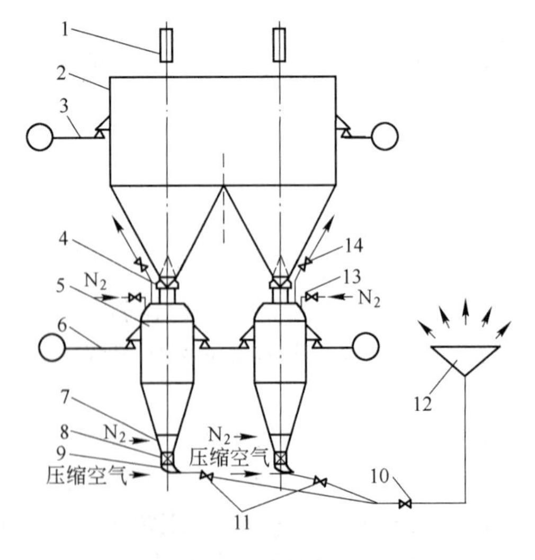

图 16-15　并罐喷煤系统

1—塞头阀；2—煤粉仓；3—煤粉仓电子秤；4—软连接；5—喷吹罐；6—喷吹罐电子秤；7—流化器；8—下煤阀；9—混合器；10—安全阀；11—切断阀；12—分配器；13—充压阀；14—放散阀

吹罐并列布置,一个喷吹罐喷煤时,另一个喷吹罐装煤和充压,喷吹罐轮流喷吹煤粉。并罐喷吹工艺简单,设备少,厂房低,建设投资少,计量方便,常用于单管路喷吹。

16.2.1.3　单管路喷吹

喷吹罐下只设一条喷吹管路的喷吹形式称为单管路喷吹。单管路喷吹必须与多头分配器配合使用。各风口喷煤量的均匀程度取决于多头分配器的结构形式和支管补气调节的可靠性。

单管路喷吹工艺具有如下优点:工艺简单、设备少、投资低、维修量小、操作方便以及容易实现自动计量;由于混合器较大,输粉管道粗,不易堵塞;在个别喷枪停用时,不会导致喷吹罐内产生死角,能保持下料顺畅,并且容易调节喷吹速率;在喷煤总管上安装自动切断阀,以确保喷煤系统安全。

在喷吹高挥发分的烟煤时,采用单管路喷吹,可以较好地解决由于死角处的煤粉自燃和因回火而引起爆炸的可能性。因此,目前高炉多采用单管路喷吹。

16.2.1.4　多管路喷吹

从喷吹罐引出多条喷吹管,每条喷吹管连接一支喷枪的形式称为多管路喷吹。下出料喷吹罐的下部设有与喷吹管数目相同的混合器,采用可调式混合器可调节各喷吹支管的输煤量,以减少各风口间喷煤量的偏差。上出料式喷吹罐设有一个水平安装的环形沸腾板即流态化板,其下面为气室。喷吹支管是沿罐体四周均匀分布的,一般都采用改变支管补气量的方法来减少各风口间喷煤量的偏差。

多管路系统与单管路分配器系统相比较,多管路系统存在许多明显的缺点:首先是多管路系统设备多、投资高、维修量大。在多管路喷煤系统中,每根支管都要有相应的切断阀、给煤器、安全阀以及喷煤量调节装置等,高炉越大,风口越多,上述设备越多;单管路系统一般只需一套上述设备,因而设备数量比多管路系统少得多,节省投资。其次是多管路系统喷煤阻损大,不适于远距离输送,也不能用于并罐喷吹系统。据测定,在相同的喷煤条件下,多管路系统因喷煤管道细,阻损比单管路系统(包括分配器的阻损)高10%~15%,即同样条件下要求更高的喷煤压力。多管路系统不适于远距离喷吹,一般输送距离不宜超过150 m;而单管路系统输煤距离可达500~600 m。多管路系统因管道细,容易堵塞,影响正常喷吹;而单管路系统几乎不存在管路堵塞问题。单管路系统对煤种变化的适应性也比多管路系统大得多。另外,多管路喷吹只能用于串罐喷吹系统;单管路系统既可用于串罐系统,又可用于并罐系统。

16.2.2　喷吹主要设备

16.2.2.1　混合器

混合器是将压缩空气与煤粉混合并使煤粉启动的设备,由壳体和喷嘴组成,如图16-16所示。混合器的工作原理是利用从喷嘴喷射出的高速气流所产生的相对负压将煤粉吸附、混匀和启动的。

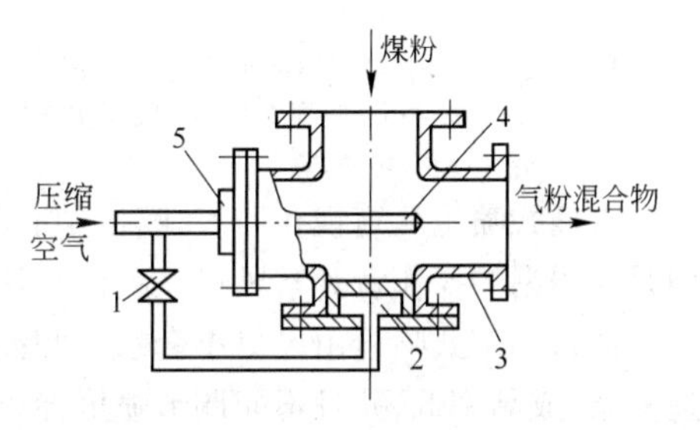

图16-16　沸腾式混合器

1—压缩空气阀门;2—气室;3—壳体;4—喷嘴;5—调节帽

16.2.2.2　分配器

单管路喷吹必须设置分配器。煤粉由设在喷

吹罐下部的混合器供给，经喷吹总管送入分配器，在分配器四周均匀布置了若干个喷吹支管，喷吹支管数目与高炉风口数相同，煤粉经喷吹支管和喷枪喷入高炉。目前使用效果较好的分配器有瓶式、盘式和锥形分配器等几种。瓶式、盘式和锥形分配器的结构示意图见图 16-17。

16.2.2.3　喷煤枪

喷煤枪是高炉喷煤系统的重要设备之一，由耐热无缝钢管制成，直径 15 ~ 25 mm。根据喷枪插入方式可分为三种形式，如图 16-18 所示。斜插式从直吹管插入，喷枪中心与风口中心线有一夹角，一般为 12° ~ 14°。斜插式喷枪的操作较为方便，直接受热段较短，不易变形，但是煤粉流冲刷直吹管壁。

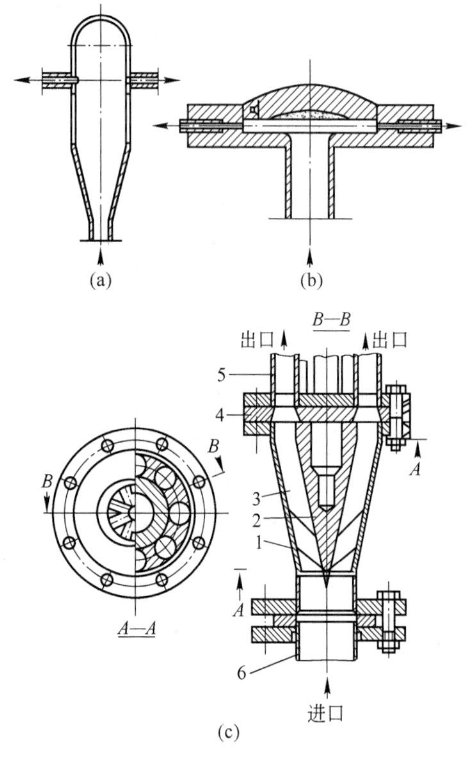

图 16-17　分配器结构示意图

(a) 瓶式；(b) 盘式；(c) 锥形

1—分配器外壳；2—中央锥体；3—煤粉分配刀；4—中间法兰；5—喷煤支管；6—喷煤主管

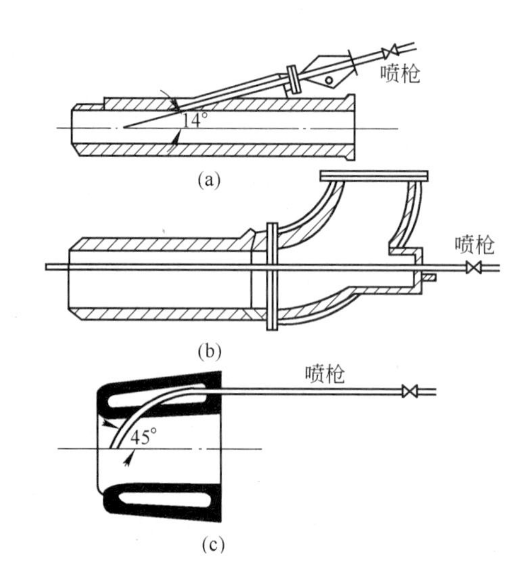

图 16-18　喷煤枪

(a) 斜插式；(b) 直插式；(c) 风口固定式

直插式喷枪从窥视孔插入，喷枪中心与直吹管的中心线平行，喷吹的煤粉流不易冲刷风口，但是妨碍高炉操作者观察风口。喷枪受热段较长，喷枪容易变形。

风口固定式喷枪由风口小套水冷腔插入，无直接受热段，停喷时不需拔枪，操作方便，但是制造复杂，成品率低，并且不能调节喷枪伸入长度。

16.2.2.4　氧煤枪

由于喷煤量的增大，风口回旋区理论燃烧温度降低太多，不利于高炉冶炼。补偿的方法主要有两种，一是通过提高风温实现，二是通过提高氧气浓度即采取富氧操作实现。但是欲将1100～1250℃的热风温度进一步提高非常困难，因此提高氧气浓度即采用富氧操作成为首选的方法。

高炉富氧的方法有两种。一是在热风炉前将氧气混入冷风，二是将有限的氧气在风口及直吹管之间，用适当的方法加入。氧气对煤粉燃烧的影响主要是热解以后的多相反应阶段，并且在这一阶段氧气浓度越高，越有利于燃烧过程。因此，将氧气由风口及直吹管之间加入非常有利，它可以将有限的氧气用到最需要的地方，而实现这一方法的有效途径是采用氧煤枪。氧煤枪的结构见图16-19。

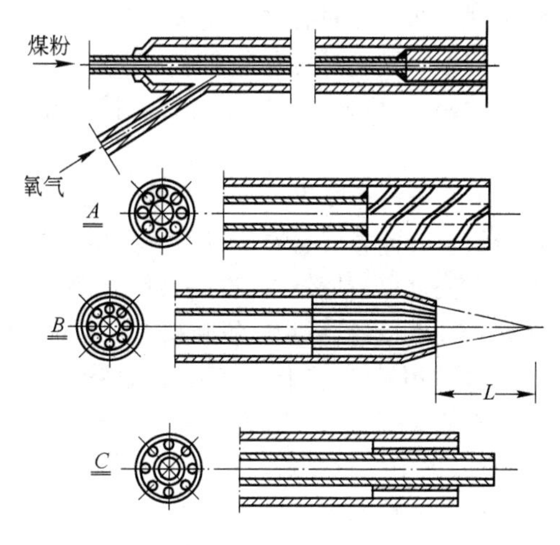

图16-19　氧煤枪

氧煤枪枪身由两支耐热钢管相套而成，内管吹煤粉，内、外管之间的环形空间吹氧气。枪嘴的中心孔与内管相通，中心孔周围有数个小孔，氧气从小孔以接近声速的速度喷出。图16-18中(a)、(b)、(c)三种结构不同，氧气喷出的形式也不一样。(a)为螺旋形，它能迫使氧气在煤股四周做旋转运动，以达到氧煤迅速混合燃烧的目的；(b)为向心形，它能将氧气喷向中心，氧煤股的交点可根据需要预先设定，其目的是控制煤粉开始燃烧的位置，以防止过早燃烧而损坏枪嘴或风口结渣现象的出现；(c)为退后形，当枪头前端受阻时，该喷枪可防止氧气回灌到煤粉管内，以达到保护喷枪和安全喷吹的目的。

16.2.2.5　仓式泵

仓式泵有下出料和上出料两种，下出料仓式泵与喷吹罐的结构相同，上出料仓式泵实际上是一台容积较大的沸腾式混合器，其结构如图16-20所示。

仓式泵仓体下部有一气室，气室上方设有沸腾板，在沸腾板上方出料口呈喇叭状，与沸腾板的距离可以在一定范围内调节。仓式泵内的煤粉沸腾后由出料口送入输粉管。

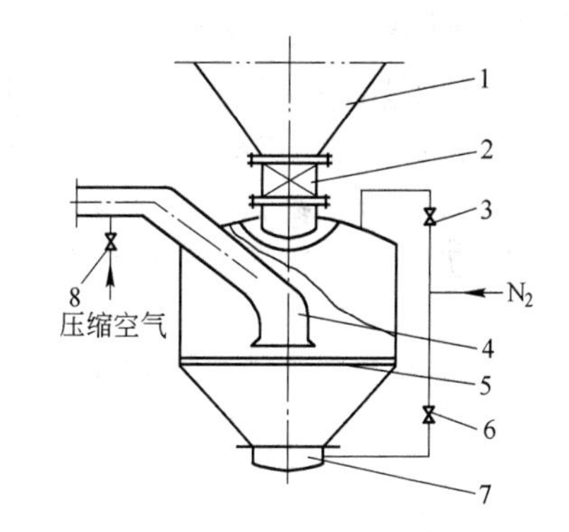

图16-20　上出料仓式泵

1—煤粉仓；2—给煤阀；3—充压阀；4—喷出口；5—沸腾板；6—沸腾阀；7—气室；8—补气阀

16.3　喷煤技术的发展

高炉实际应用喷煤技术始于20世纪60年代，但由于受能源价格因素的影响，喷煤技术并没有得到大的发展。20世纪70年代末，发生了第二次石油危机，世界范围内高炉停止喷油。为了避免全焦操作，大量的高炉开始喷煤，喷煤成为高炉调剂和降低成本的手段。进入20世纪90年代，西欧、美国和日本的一批焦炉开始老化，由于环保及投资等原因，很难新建和改造焦炉。为保持原有的钢铁生产能力，必须大幅度降低焦炭消耗。喷煤已不仅是高炉调剂和降低成本的手段，也是弥补焦炭不足，从而不新建焦炉的战略性技术。另外，全世界炼焦用煤资源日益短缺，在世界范围内大量喷煤，用煤粉代替焦炭就成为高炉技术发展的必然趋势，并且发展速度越来越快。喷煤技术的进步主要体现在以下几方面：

（1）喷煤设备大型化和装备水平的提高。现代高炉炼铁技术进步的特点之一是不断提高生产率，喷吹更多煤粉，大幅度降低焦比。欧洲高炉的煤比每吨铁已突破200 kg，焦比降至每吨铁300 kg左右，正向煤比250 kg，焦比250 kg的目标迈进。我国宝钢高炉喷吹煤比每吨铁已实现295 kg，进入世界先进行列。喷吹煤粉绝对量的增大，要求喷煤设备大型化和提高装备水平。喷煤设备装备水平的提高集中表现在喷煤自动控制及计量和调节精度方面。喷煤量可以按照高炉要求自动调节，喷煤量计量精度可以控制在1%误差范围内，各风口喷吹煤粉的均匀性控制在3%的误差范围内。

（2）高炉富氧喷煤。富氧喷煤是实现高炉稳产、高产、优质、低耗的必备手段，是高炉炼铁技术进步的重要标志。高炉富氧和喷吹煤粉是互为条件、互为依存的。喷煤量增加到一定程度，需要用氧气促进煤粉燃烧，以提高煤焦置换比和保证高炉顺行。实践证明，当风温1000℃时，在不富氧的条件下，煤粉喷吹量每吨铁不宜超过100 kg，否则，煤粉不能完全燃烧，引起煤焦置换比下降，并且可能引起高炉难行。相反，如果不喷吹煤粉，富氧使高炉风口前的理论燃烧温度过高，引起高炉不能顺行。只有富氧和喷煤相结合，才能大幅度提高产量，降低焦炭消耗。生产实践证明，高炉鼓风中富氧率每增加1%，喷煤量每吨铁约增加13～23 kg，生铁产量增加3%左右。国外大喷煤量高炉的用氧量已达到每吨铁40～70 m^3。

（3）喷吹烟煤或烟煤与无烟煤混合喷吹。我国长期喷吹无烟煤，其优点是含碳量高，挥发分低，喷吹安全。但是不易燃烧，煤质硬，制粉能耗高；随着无烟煤储藏量的减少，无烟煤质量逐年下降，灰分含量增多，使得煤焦置换比降低，高炉冶炼的渣量增大，不利于高炉生产。改喷烟煤，扩大了喷煤煤种，从煤的储量及分布看，烟煤储量较多，分布较广，保证了充足的喷煤资源。烟煤挥发分高，燃烧性能好，含氢量高，有利于高炉顺行，并且煤质软，易磨碎，制粉能耗低。但是喷吹烟煤时，特别是喷吹高挥发分、强爆炸性烟煤时，安全性差，易爆易燃，必须采取相应的安全保护措施。目前我国喷吹烟煤技术已经成熟。

目前我国部分高炉采用烟煤和无烟煤混合喷吹技术取得了良好的效果，表现为燃烧率明显提高，置换比上升。生产实践表明，无烟煤中配加一定比率的烟煤后，其燃烧率明显提高。

（4）浓相输送。高炉喷煤采用气力输送，按单位气体载运煤粉量的多少，可分为稀相输送和浓相输送。浓相输送的特点是单位气体载运的煤粉量大，或者说输送单位煤粉消耗的气体量小，管径细，输送速度较低。气力输送过程中，一般稀相输送的速度在20 m/s以上，而浓相输送的速度则小于10 m/s。由于煤粉流速的降低，对管道及设备的磨损会大大减小。

16.4　烟煤喷吹的安全措施

16.4.1　煤粉爆炸的条件

与喷吹无烟煤相比，喷吹烟煤的最大优点是煤粉中挥发分含量高，在高炉风口区燃烧的热效率高，但其安全性较差。喷吹烟煤的关键是防止煤粉爆炸。产生爆炸的基本条件是：

（1）必须具备一定的含氧量。煤粉在容器内燃烧后体积膨胀，压力升高，其压力超过容器的抗压能力时容器爆炸。容器内氧浓度越高，越有利于煤粉燃烧，爆炸力越大。控制含氧量即可控制助燃条件，即控制煤粉爆炸的条件。因此，喷吹烟煤时，必须严格控制气氛中的含氧量。至于含氧量控制在什么范围才安全，目前有两种意见，一种认为控制在15%以下；另一种则认为控制在10%以下。因为煤粉爆炸的气氛条件还与烟煤本身的特性即挥发分多少、煤粉粒度组成及混合浓度的高低等有关，故只能针对特定的煤种，在模拟实际生产的条件下进行试验，来确定该煤粉的含氧量。

（2）一定的煤粉悬浮浓度。试验证明，煤粉在气体中的悬浮浓度达到一个适宜值时才可能发生爆炸，高于或低于此值时均无爆炸可能。发生爆炸的适宜浓度值随着烟煤的成分组成、煤粉粒度组成以及气体含氧量的不同而改变，这些数值需要由试验得出。

（3）煤粉温度达到着火点。烟煤煤粉沉积后逐步氧化、升温以及外来火源都是引爆条件，彻底消除火源即可排除爆炸的可能性。

以上3个条件必须同时具备，否则煤粉就不会爆炸。实际生产中应该采取一系列必要的措施，防止煤粉爆炸的发生。

16.4.2　高炉喷吹烟煤的安全措施

喷吹烟煤的关键是防止煤粉爆炸，烟煤爆炸具有上述3个必要条件，只要消除其中一个即可达到安全运行。由于实际生产条件多变，影响安全生产的因素很多，有些因素难以预计。并且当一个条件变化时常常会引起其他条件的变化，因此，对所有能够控制的条件都应该重视和调节。

（1）控制系统气氛。磨煤机所需的干燥气一般多采用热风炉烟道废气与燃烧炉热烟气的混合气体。为了控制干燥气的含氧量，必须及时调节废气量和燃烧炉的燃烧状况，减少兑入冷风量，防止制粉系统漏风。严格控制系统的氧含量在8%～10%。分别在磨煤机干燥气入口管、脉冲袋式收粉器出口管处设置氧含量和一氧化碳含量的检测装置，达到上限时报警；达到上上限时，系统各处消防充氮阀自动打开，向系统充入氮气。布袋收粉器的脉冲气源一般采用氮气，氮气用量应能够根据需要进行调节。在布袋箱体密封不严的情况下，若氮气压力偏低，则空气被吸入箱体内会提高氧的含量，反之，氮气外逸可能使人窒息。喷吹罐补气气源、充压、流化气源采用氮气，喷吹煤粉的载气使用压缩空气。实际生产中应重视混合器、喷吹管、分配器及喷枪的畅通，否则，喷吹用载气会经喷嘴倒灌入罐内，使喷吹罐内的氧含量增加。在处理煤粉堵塞和磨煤机满煤故障时，使用氮气，严禁使用压缩空气。

（2）设计时要避免死角，防止积粉，如煤粉仓锥形部分倾角应大于70°，或设计为双曲线形煤粉仓。在煤粉仓、中间罐、喷吹罐下部设流化装置。

（3）综合喷吹。可以采取烟煤和无烟煤混合喷吹技术，这样可以降低煤粉中挥发分的含量。各种煤的配比，应根据煤种和煤质特性经过试验而定。若制粉和喷吹工艺条件允许，可在煤粉中加入高炉冶炼所需要的其他粉料，如铁矿粉、石灰石粉、焦粉和炼钢炉尘等，加入这些粉料对烟煤爆炸起着极为明显的抑制作用。

（4）控制煤粉温度。严格控制磨煤机入口干燥气温度不超过290℃及其出口温度不超过90℃。在其他各关键部位，如收粉装置煤粉斗、煤粉仓、中间罐、喷吹罐等都设有温度检测装置。当各点温度达到上限时报警；达到上上限时，系统各处消防充氮阀自动打开，向系统充入氮气。

（5）设备和管道采取防静电措施。管道、阀门及软连接处设防静电接地线，布袋选用防静电滤袋。

（6）喷煤管道设自动切断阀，当喷吹压力低时自动切断阀门，停止喷煤。

另外，系统还应设置消防水泵站和消防水管路系统。各层平台均应有消防器材和火灾报警装置。

复习思考题

16-1　简述制粉工艺流程。

16-2　分别简述球磨机、中速磨的结构与特点。

16-3　直接喷吹和间接喷吹的特点如何?

16-4　单管路喷吹和多管路喷吹的优缺点是什么?

16-5　吹煤粉应注意哪些事项?

16-6　高炉喷吹烟煤时应采取哪些安全措施?

17 高炉煤气处理系统

高炉冶炼过程中，从炉顶排出大量煤气，其中含有 CO、H_2、CH_4 等可燃气体，可以作为热风炉、焦炉、加热炉等的燃料。但是由高炉炉顶排出的煤气温度为 150 ~ 300℃，标态含有粉尘约 40 ~ 100 g/m^3，如果直接使用，会堵塞管道，并且会引起热风炉和燃烧器等耐火砖衬的侵蚀破坏。因此，高炉煤气必须除尘，将含尘量降低到 5 ~ 10 mg/m^3 以下，温度低于 40℃，才能作为燃料使用。

煤气除尘设备分为湿法除尘和干法除尘两种。常见的煤气除尘系统装置见图 17-1 ~ 图 17-6。

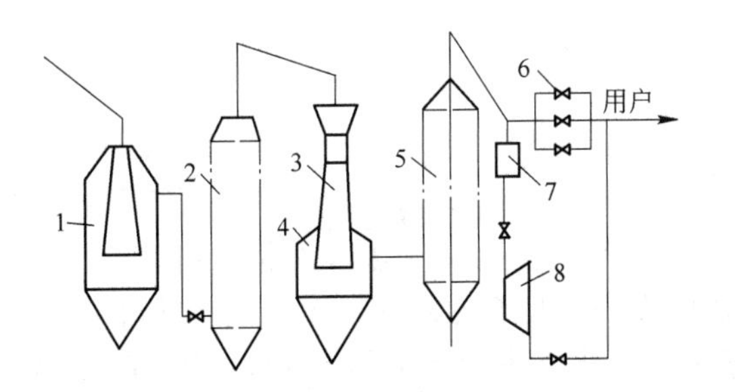

图 17-1　塔文和电除尘器系统

1—重力除尘器；2—洗涤塔；3—文式管；4—灰泥捕集器；5—电除尘器；6—调压阀组；7—预热器；8—余压透平机组

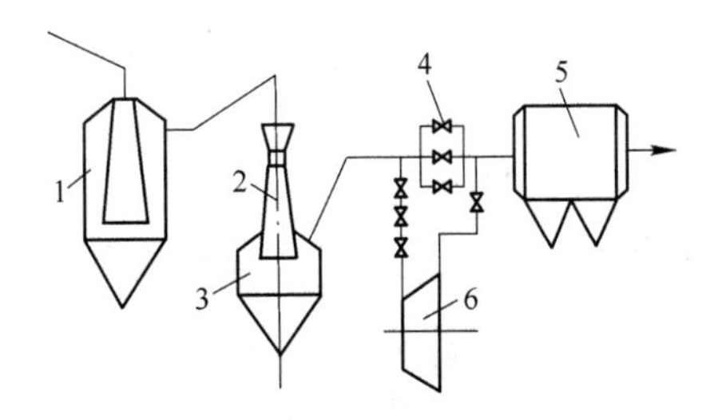

图 17-2　文式管电除尘器系统

1—重力除尘器；2—文式管；3—灰泥捕集器；4—调压阀组；5—电除尘器；6—余压透平机组

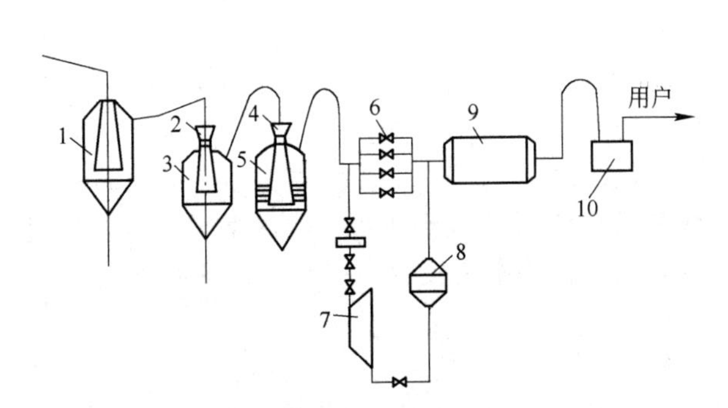

图 17-3　双文氏管串联清洗系统

1—重力除尘器；2—1 级文式管；3—灰泥捕集器；4—2 级文式管；5—填料式灰泥捕集器；6—调压阀组；7—透平机组；8—脱水器；9—消声器；10—煤气切断水封

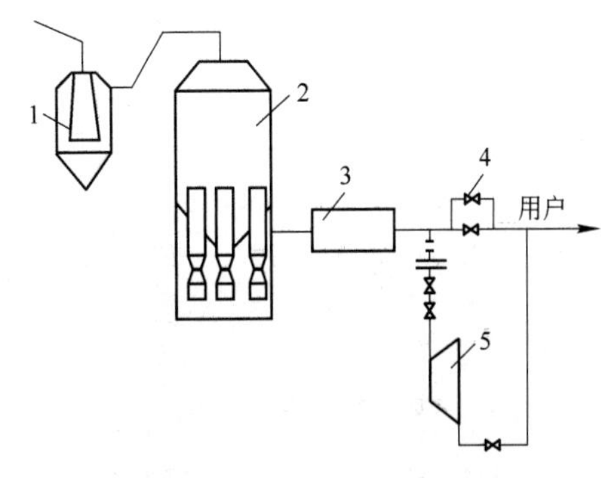

图 17-4　环缝洗涤器清洗系统

1—重力除尘器；2—环缝洗涤器；3—脱水器；4—旁通阀；5—透平机组

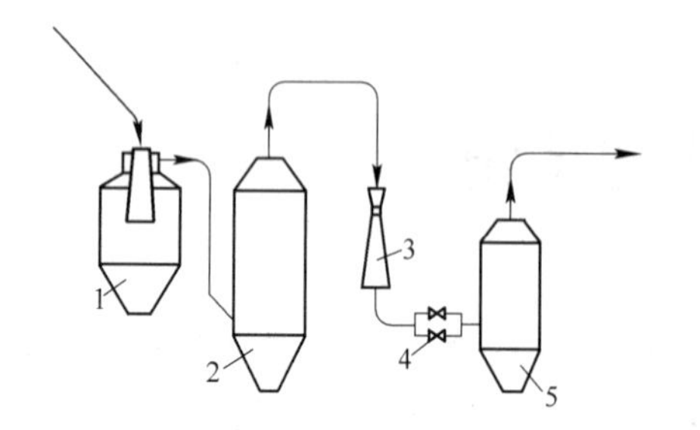

图 17-5　塔后文式管系统

1—重力除尘器;2—洗涤塔;3—文式管;
4—调压阀组;5—脱水器

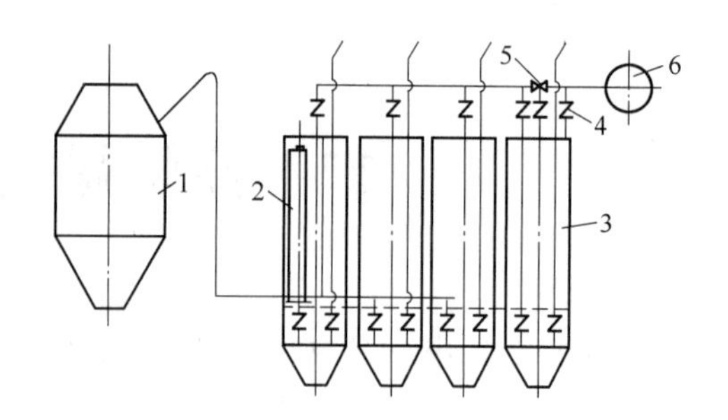

图 17-6　滤袋干式除尘系统

1—重力除尘器;2—1 次滤袋除尘;3—2 次滤袋除尘;
4—蝶阀;5—闸阀;6—净煤气管道

17.1　煤气除尘设备及原理

17.1.1　粗除尘设备

粗除尘设备包括重力除尘器和旋风除尘器。

17.1.1.1　重力除尘器

重力除尘器是高炉煤气除尘系统中应用最广泛的一种除尘设备,其基本结构见图 17-7。其除尘原理是煤气经中心导入管后,由于气流突然转向,流速突然降低,煤气中的灰尘颗粒在惯性力和重力作用下沉降到除尘器底部。欲达到除尘的目的,煤气在除尘器内的流速必须小于灰尘的沉降速度,而灰尘的沉降速度与灰尘的粒度有关。荒煤气中灰尘的粒度与原料状况及炉顶压力有关。

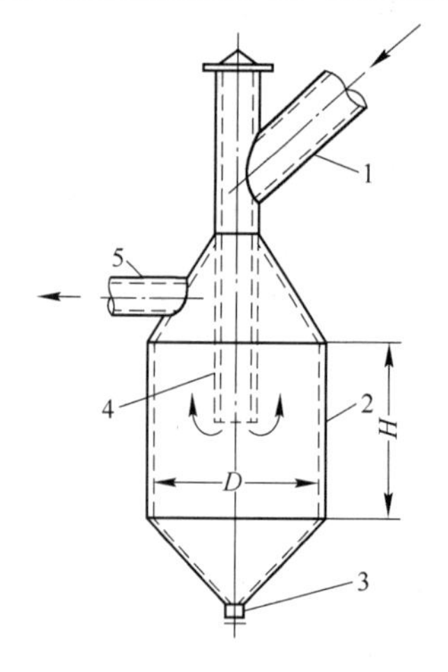

图 17-7　重力除尘器

1—煤气下降管;2—除尘器;3—清灰口;
4—中心导入管;5—塔前管

除尘器中心导入管可以是直圆筒状,也可以做成喇叭状,中心导入管以下高度取决于贮灰体积,一般应满足 3 天的贮灰量。除尘器内的灰尘颗粒干燥而且细小,排灰时极易飞扬,严重影响劳动条件并污染周围环境,目前多采用螺旋清灰器排灰,改善了清灰条件。螺旋清灰器的构造见图 17-8。

通常,重力除尘器可以除去粒度大于 30 μm 的灰尘颗粒,除尘效率可达到 80%,出口煤气含尘可降到 2 ~ 10 g/m^3,阻力损失较小,一般为 50 ~ 200 Pa。

17.1.1.2　旋风除尘器

旋风除尘器的工作原理见图 17-9。含尘煤气以 10 ~ 20 m/s 的标态流速从切线方向进入后,在煤气压力能的作用下产生回旋运动,灰尘颗粒在离心力作用下,被抛向器壁集积,并向下运动进入积灰器。

旋风除尘器一般采用 10 mm 左右的普通钢板焊制而成,上部为圆筒形,下部为圆锥形,顶部的中央为圆形出口。煤气由顶部一侧的矩形断面进气管引入。旋风除尘器可以除去大于 20 μm

的粉尘颗粒，压力损失较大，为 500～1500 Pa。因此，高压操作的高炉一般不用旋风除尘器，只是在常压高炉中使用。

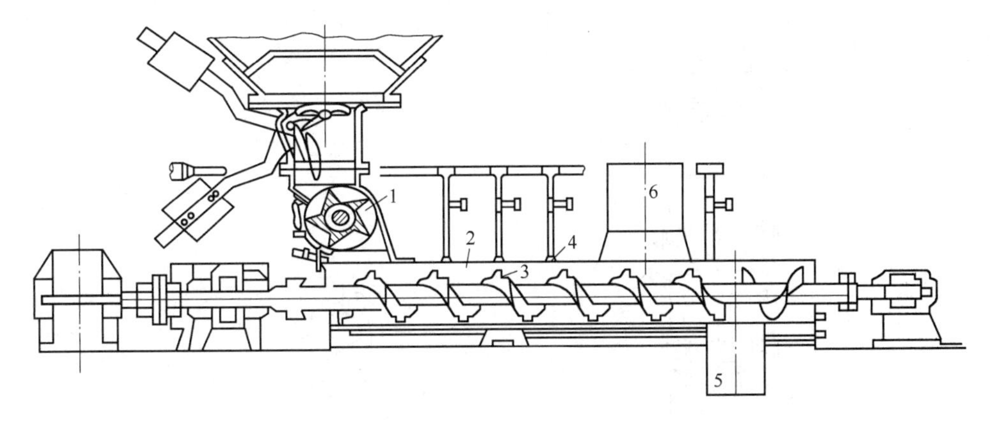

图 17-8　螺旋清灰器

1—筒形给料器；2—出灰槽；3—螺旋推进器；4—喷嘴；5—水和灰泥的出口；6—排气管

17.1.2　半精细除尘设备

半精细除尘设备设在粗除尘设备之后，用来除去粗除尘设备不能沉降的细颗粒粉尘。主要有洗涤塔和溢流文氏管，一般可将煤气标态含尘量降至 800 mg/m^3 以下。

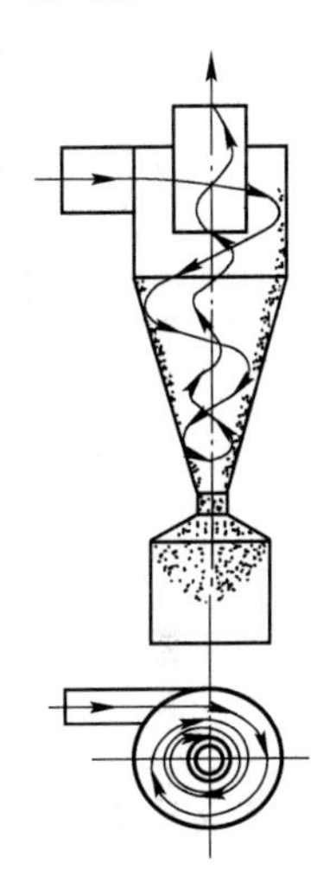

图 17-9　旋风除尘器

17.1.2.1　洗涤塔

洗涤塔属于湿法除尘，结构原理见图 17-10(a)。外壳由 8～16 mm 钢板焊成，内设 3 层喷水管，每层都设有均布的喷头，最上层逆气流方向喷水，喷水量占总水量的 50%，下面两层则顺气流方向喷水，喷水量各占 25%。这样不致造成过大的煤气阻力且除尘效率较高。喷头呈渐开线型，喷出的水呈伞状细小雾滴并与灰尘相碰，灰尘被浸润后沉降塔底，再经水封排出。当含尘煤气穿过水雾层时，煤气与水还进行热交换，使煤气温度降至 40℃以下，从而降低煤气中的饱和水含量。

洗涤塔的排水机构，常压高炉可采用水封排水，见图 17-10(b)，在塔底设有排放淤泥的放灰阀。高压操作的高炉洗涤塔上设有自动控制的排水设备，见图 17-10(c)。

影响洗涤塔除尘效率的主要因素是水的消耗量、水的雾化程度和煤气流速。一般是耗水量越大，除尘效率越高。水的雾化程度应与煤气流速相适应，水滴过小，会影响除尘效率，甚至由于过高的煤气流速和过小的雾化水滴会使已捕集到灰尘的水滴被吹出塔外，除尘效率下降。为防止载尘水滴被煤气流带出塔外，可以在洗涤塔上部设置挡水板，将载尘水滴捕集下来。

洗涤塔的除尘效率可达 80%～85%，压力损失 80～200 Pa。

17.1.2.2　溢流文氏管

溢流文氏管结构见图 17-11。它由煤气入口管、溢流水箱、收缩管、喉口和扩张管等组成。工作时溢流水箱的水不断沿溢流口流入收缩段，保持收缩段至喉口连续地存在一层水膜，当高速煤气流通过喉口时与水激烈冲击，使水雾化，雾化水与煤气充分接触，使粉尘颗粒湿润聚合并随水排出，并起到降低煤气温度的作用。其排水机构与洗涤塔相同。

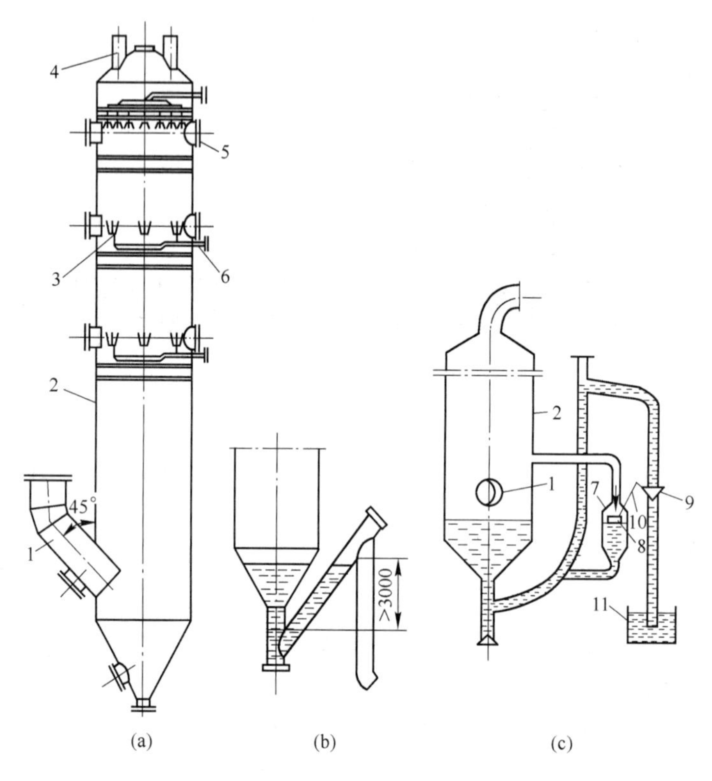

图 17-10　洗涤塔

(a) 空心洗涤塔;(b) 常压洗涤塔水封装置;(c) 高压煤气洗涤塔的水封装置

1—煤气导入管;2—洗涤塔外壳;3—喷嘴;4—煤气导出管;5—人孔;6—给水管;
7—水位调节器;8—浮标;9—碟式调节阀;10—连杆;11—排水沟

溢流文氏管与洗涤塔比较，具有结构简单、体积小的优点，可节省钢材50% ~60%，但阻力损失大，约1500 ~3000 Pa。为了提高溢流文氏管除尘效率，也可采用调径文氏管。

17.1.3　精细除尘设备

高炉煤气经粗除尘和半精细除尘之后，尚含有少量粒度更细的粉尘，需要进一步精细除尘之后才可以使用。精细除尘的主要设备有文氏管、布袋除尘器和电除尘器等。精细除尘后标态煤气含尘量小于10 mg/m^3。

17.1.3.1　文氏管

文氏管由收缩管、喉口、扩张管三部分组成，一般在收缩管前设两层喷水管，在收缩管中心设一个喷嘴。

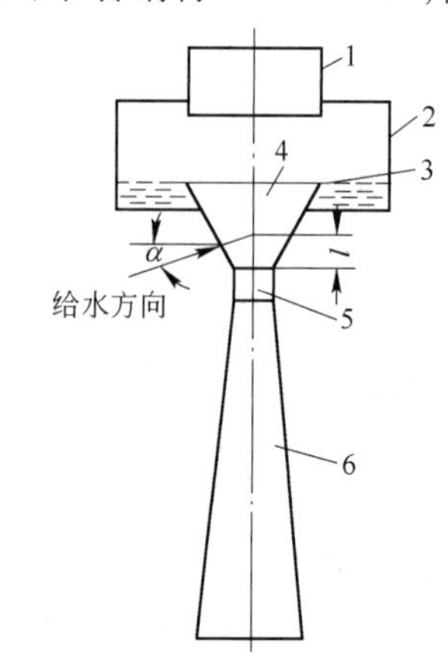

图 17-11　溢流文氏管示意图

1—煤气入口;2—溢流水箱;3—溢流口;
4—收缩管;5—喉口;6—扩张管

文氏管除尘原理与溢流文氏管相同，只是通过喉口部位的煤气流速更大，气体对水的冲击更加激烈，水的雾化更加充分,可以使更细的粉尘颗粒得以湿润凝聚并与煤气分离。

文氏管的除尘效率与喉口处煤气流速和耗水量有关。当耗水量一定时,喉口流速越高则除尘效率越高;当喉口流速一定时,耗水量多,除尘效率也相应提高。但喉口流速不能过分提高,因为喉口流速提高会带来阻力损失的增加。

由于文氏管压力损失较大,适用于高压高炉。文氏管串联使用可以使标态煤气含尘量降至 5 mg/m³ 以下。

17.1.3.2　静电除尘器

静电除尘器的工作原理是当气体通过两极间的高压电场时,由于产生电晕现象而发生电离,带阴离子的气体聚集在粉尘上,在电场力作用下向阳极运动,在阳极上气体失去电荷向上运动并排出。灰尘沉积在阳极上,用振动或水冲的办法使其脱离阳极。

静电除尘器电极形式有平板式和管式两种,通常称负极为电晕极,正极为沉淀极。沉淀极用钢板制成,电晕极由紫铜(或黄铜)线(或片)组成。静电除尘器由煤气入口、煤气分配设备、电晕极与沉淀极、冲洗设备、高压瓷瓶绝缘箱等构成,图 17-12 为 5.5 m³ 套筒式电除尘器结构示意图。

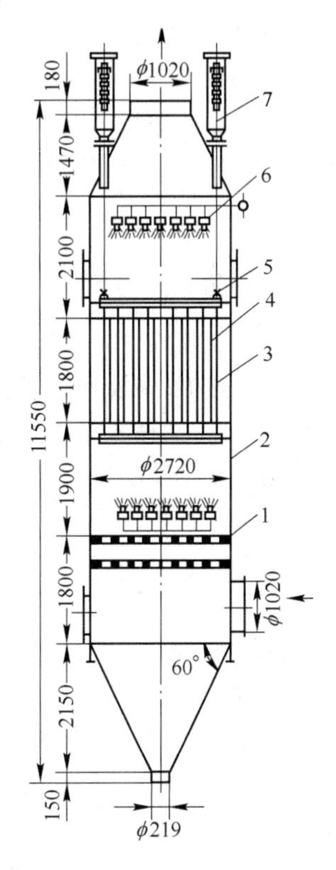

图 17-12　5.5 m³ 套筒式电除尘器

1—分配板;2—外壳;3—电晕极;4—沉淀极;5—框架;6—连续冲洗喷嘴;7—绝缘箱

煤气分配设备是为煤气能均匀地分配到沉淀极之间而设置的,用导向叶片和配气格栅装在煤气入口处。

电除尘器是一种高效率除尘设备,可将煤气含尘量降至 5 mg/m³ 以下,除尘效果不受高炉操作条件的影响,压力损失小,但是一次投资高。

17.1.3.3　布袋除尘器

布袋除尘器是过滤除尘,含尘煤气流通过布袋时,灰尘被截留在纤维体上,而气体通过布袋继续运动,从而得到净化。它属于干法除尘,其优点是不用水洗涤,没有水的污染及污水的处理问题,投资较低,但对煤气温度及含水量有较严格的要求。

布袋除尘器主要由箱体、布袋、清灰设备及反吹设备等构成,见图 17-13。布袋除尘器箱体由钢板焊制而成,箱体截面为圆筒形或矩形,箱体下部为锥形集灰斗,水平倾斜角应大于 60°,以便于清灰时灰尘下滑排出。集灰斗下部设置螺旋清灰器,定期将集灰排出。尘粒被布袋分离出来经历了两个步骤:一是煤气中的尘粒附着在织孔和袋壁上,并逐渐形成灰膜,即初层;二是初层对尘粒的捕集。在实际生产中后一种机制具有更重要的作用,因为在初层形成前,单纯靠布袋纤维捕集的除尘效率不高,而通过粉尘自身成层的作

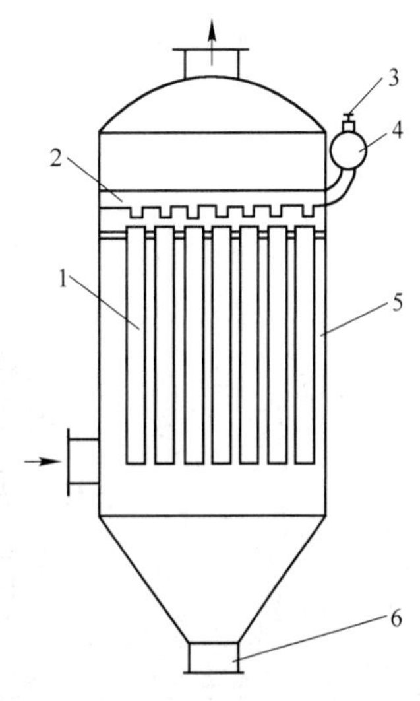

图 17-13　布袋除尘器示意图

1—布袋;2—反吹管;3—脉冲阀;4—脉冲气包;5—箱体;6—排灰口

用,可以捕集 1 μm 左右的微粒。高炉煤气经布袋除尘后,含尘量达 6 mg/m^3 以下。随着过滤的不断进行,布袋的灰膜增厚,阻力增加,达到一定数值时要进行反吹,抖落大部分灰膜使阻力降低,恢复正常的过滤。

布袋除尘器的滤袋一般采用玻璃纤维。目前对布袋除尘器来说,需要解决的主要问题是进一步改进布袋材质,延长布袋使用寿命,准确监测布袋破损,以及控制进入布袋除尘器的煤气温度及湿度。

17.2　脱水器

湿除尘后的煤气含有大量细颗粒水滴,而且水滴吸附有尘泥,这些水滴必须除去,否则会降低净煤气的发热值,腐蚀和堵塞煤气管道,降低除尘效果。因此,在煤气除尘系统精细除尘设备之后设有脱水器,又称灰泥捕集器,使净煤气中吸附有粉尘的水滴从煤气中分离出来。

高炉煤气除尘系统常用的脱水器有重力式脱水器、挡板式脱水器和填料式脱水器等。

17.2.1　重力式脱水器

重力式脱水器示意如图 17-14 所示。其工作原理是气流进入脱水器后,由于气流流速和方向的突然改变,气流中吸附有尘泥的水滴在重力和惯性力作用下沉降,与气流分离。其特点是结构简单,不易堵塞,但脱泥、脱水的效率不高。它通常安装在文氏管后。

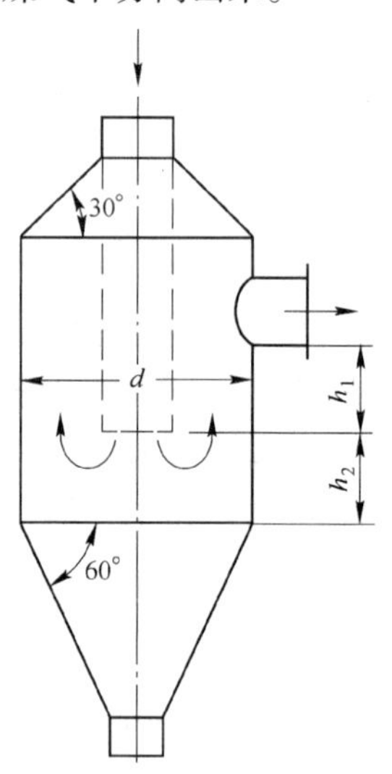

图 17-14　重力式脱水器

17.2.2　挡板式脱水器

挡板式脱水器结构如图 17-15 所示。挡板式脱水器一般设在调压阀组之后,煤气从切线方向进入后,经曲折挡板回路,尘泥在离心力和重力作用下与挡板、器壁接触被吸附在挡板和器壁上、积聚并向下流动而被除去。

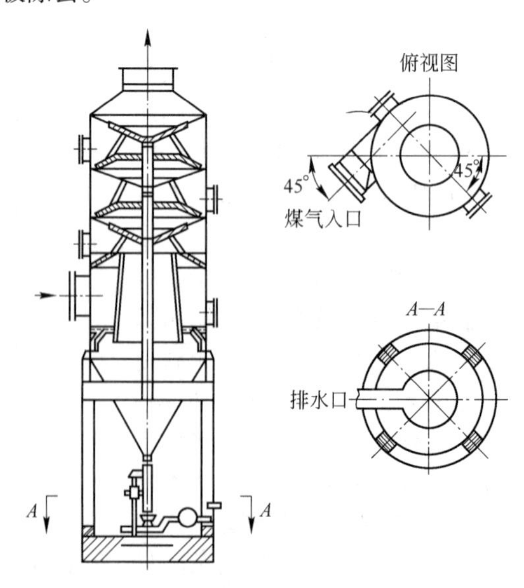

图 17-15　挡板式脱水器

17.2.3 填料式脱水器

填料式脱水器结构见图17-16。其脱水原理是靠煤气流中的水滴与填料相撞失去动能,从而使水滴与气流分离。一般设二层填料。填料式脱水器作为最后一级脱水设备,其脱水效率为85%。

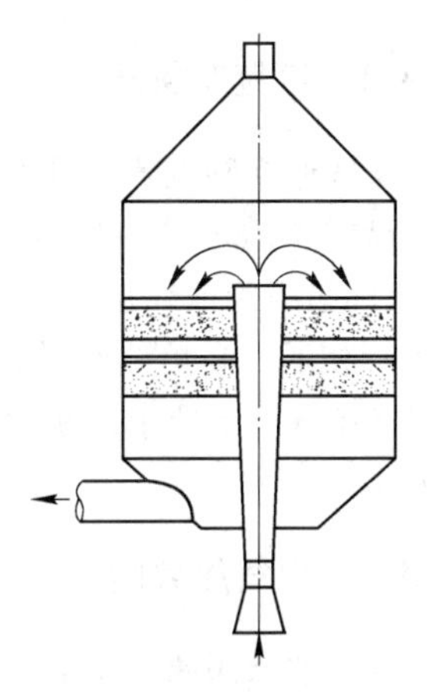

图17-16 填料式脱水器

17.3 煤气除尘系统附属设备

17.3.1 高炉煤气管道

高炉煤气由炉顶封板(炉头)引出,经导出管、上升管、下降管进入重力除尘器,如图17-17所示。从粗除尘设备到半精细除尘设备之间的煤气管道称为荒煤气管道,从半精细除尘设备到精细除尘设备之间的煤气管道称为半净煤气管道,精细除尘设备以后的煤气管道称为净煤气管道。

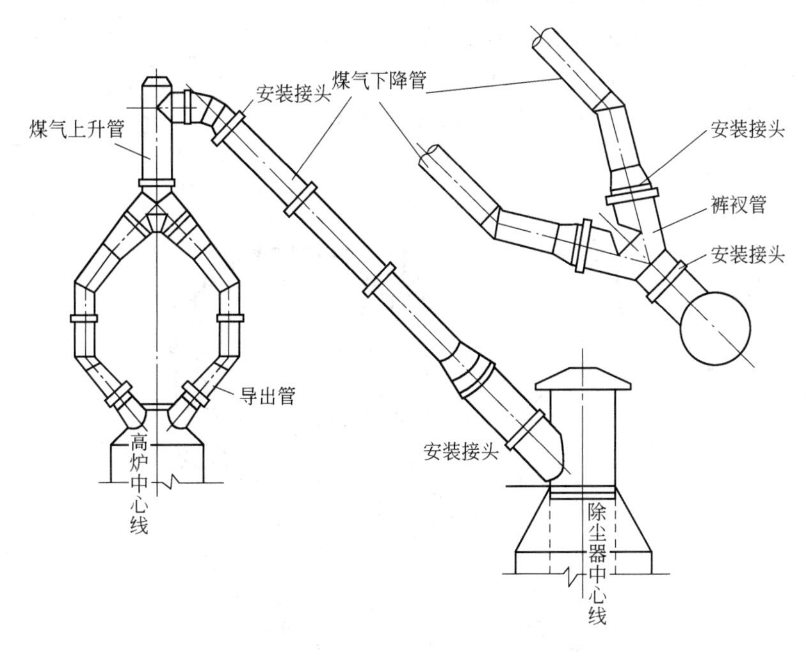

图17-17 高炉炉顶煤气管道

煤气导出管的设置应有利于煤气在炉喉截面上均匀分布,减少炉尘携出量。小型高炉设置两根导出管,大型高炉设有4根导出管,均匀分布在炉头处,总截面积大于炉喉截面积的40%,煤气在导出管内的流速为3~4 m/s,导出管倾角应大于50°,一般为53°,以防止灰尘沉积堵塞管道。

导出管上部成对地合并在一起的垂直部分称为煤气上升管。煤气上升管的总截面积为炉喉截面积的25%~35%,上升管内煤气流速为5~7 m/s。上升管的高度应能保证下降管有足够大的坡度。

由上升管通向重力除尘器的一段为煤气下降管。为了防止煤气灰尘在下降管内沉积堵塞管道,下降管内煤气流速应大于上升管内煤气流速,一般为6~9 m/s,或按下降管总截面积为上升管总截面积的80%考虑,同时应保证下降管倾角大于40°。

17.3.2　煤气遮断阀

煤气遮断阀设置在重力除尘器上部的圆筒形管道内，是一盘式阀，如图 17-18 所示。高炉正常生产时处于常通状态，阀盘提到虚线位置，煤气入口与重力除尘器的中心导入管相通。高炉休风时关闭，阀盘落下，将高炉与煤气除尘系统隔开。要求遮断阀的密封性能良好，开启时压力降要小。

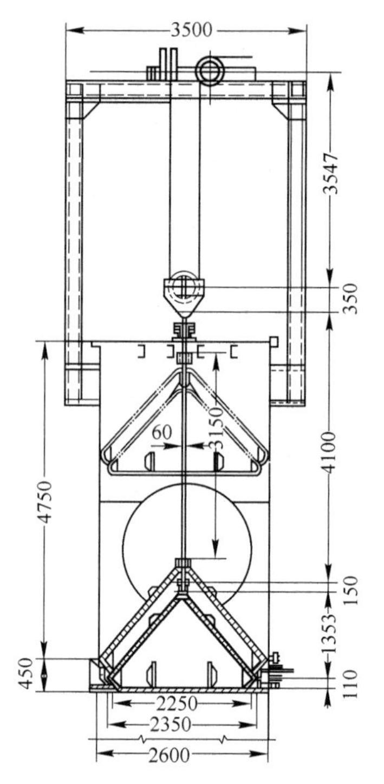

图 17-18　煤气遮断阀(单位:mm)

17.3.3　煤气放散阀

煤气放散阀属于安全装置，设置在炉顶煤气上升管的顶端、除尘器的顶端和除尘系统煤气放散管的顶端，为常关阀。当高炉休风时打开放散阀并通入水蒸气，将煤气驱入大气，操作时应注意不同位置的放散阀不能同时打开。煤气放散阀要求密封性能良好，工作可靠，放散时噪声小。

大型高炉常采用揭盖式盘式阀，见图 17-19，阀盖和阀座接触处，加焊硬质合金，在阀壳内设有防止料块飞出的挡帽。

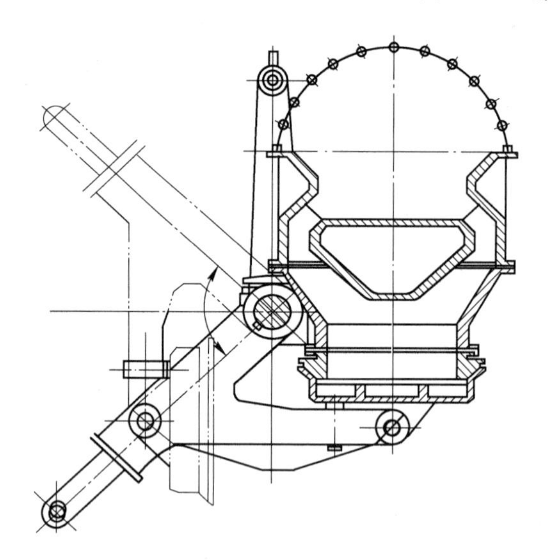

图 17-19　煤气放散阀

17.3.4　煤气切断阀

为了把高炉煤气清洗系统与钢铁联合企业的煤气管网隔开，在精细除尘设备后的净煤气管道上，设有煤气切断阀。

17.3.5　调压阀组

调压阀组又称减压阀组，是高压高炉煤气清洗系统中的减压装置，既控制高炉炉顶压力，又确保净煤气总管压力为设定值。

调压阀组设置在煤气除尘系统二级文氏管之后，用来调节和控制高炉炉顶压力，其构造见图 17-20。调压阀组由四个调节阀和一个常通管道组成。

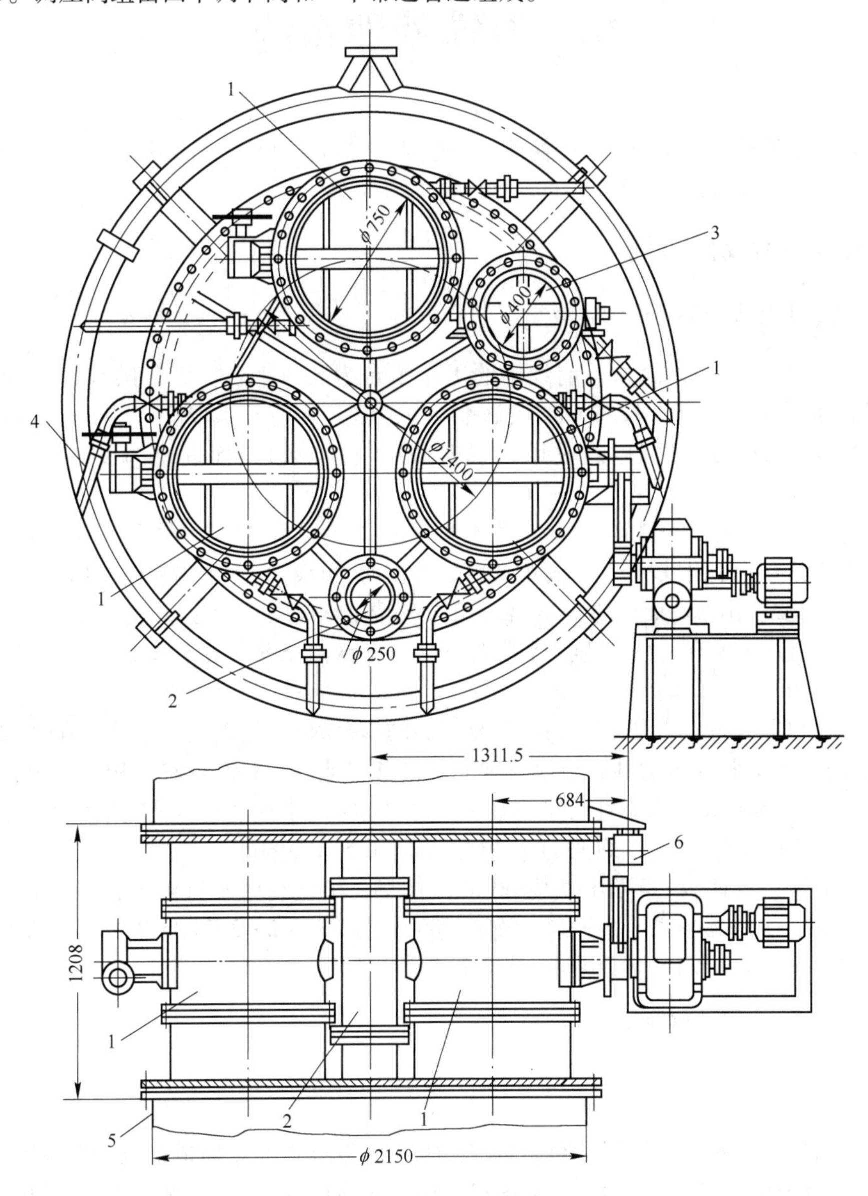

图 17-20　煤气调压阀组

1—电动蝶式调节阀；2—常通管；3—自动控制蝶式调节阀；4—给水管；5—煤气主管；6—终点开关

复习思考题

17-1　煤气为什么要进行除尘？

17-2　煤气除尘设备有哪些，简述各种除尘设备的结构及工作原理。

17-3　煤气系统附属设备有哪些，其作用是什么？

18 渣铁处理系统

及时合理地处理好生铁和炉渣是保证高炉按时正常出铁、出渣，确保高炉顺行，实现高产、优质、低耗和改善环境的重要手段。

18.1 风口平台及出铁场

18.1.1 风口平台及出铁场

在高炉下部，沿高炉炉缸风口前设置的工作平台为风口平台。为了操作方便，风口平台一般比风口中心线低1150～1250 mm，应该平坦并且还要留有排水坡度，其操作面积随炉容大小而异。操作人员在这里可以通过风口观察炉况、更换风口、检查冷却设备、操纵一些阀门等。

在铁口侧的平台称为出铁场，它是布置铁沟、安装炉前设备、进行出铁操作的炉前工作平台。中小高炉一般只有一个出铁场，大型高炉铁口数目多时，可设2～4个出铁场。出铁场一般比风口平台低约1.5 m。出铁场面积的大小，取决于渣铁沟的布置和炉前操作的需要。出铁场长度与铁沟流嘴数目及布置有关，而高度则要保证任何一个铁沟流嘴下沿不低于4.8 m，以便机车能够通过。

风口平台和出铁场的结构有两种：一种是实心的，两侧用石块砌筑挡土墙，中间填充卵石和砂子，以渗透表面积水，防止铁水流到潮湿地面上，造成“放炮”现象，这种结构常用于小高炉；另一种是架空的，它是支在钢筋混凝土柱子上的预制钢筋混凝土板或直接捣制成的钢筋混凝土平台。下面可做仓库和存放沟泥、炮泥，上面填充1.0～1.5 m厚的砂子。

出铁场的形式有两种：矩形出铁场、圆形出铁场。出铁场的布置随具体条件而异。目前1000～2000 m^3 高炉多数设两个出铁口，2000～3000 m^3 高炉设2～3个出铁口，对于3000 m^3 以上的巨型高炉则设4个出铁口，轮流使用，基本上连续出铁。

18.1.2 铁口、渣铁沟和撇渣器

18.1.2.1 铁口

铁口是高炉铁水流出的孔道，由铁口框、保护板、泥套和铁口砖通道组成。开炉生产前的铁口见图18-1，开炉后生产中的铁口见图18-2。比较两图可见，生产中的铁口区域的炉墙被渣、铁冲刷侵蚀而变薄，靠出铁后堵泥新形成的泥包层和渣皮维持。

出铁时，用开口机将铁口孔道内的炮泥钻开一个圆孔，使铁水流出，渣铁出完后，打入炮泥将铁口堵上。渣铁出净时，由于炉缸内铁口区域无液态渣、铁，此时，打入的炮泥被炉内焦炭挡住而紧密附着于旧有泥包和炉墙上，形成新泥包，利于维持铁口的深度，如图18-2所示。当渣铁未出净时，打入的炮泥可能漂浮或被液态渣、铁冲刷而消失，不利于维持铁口的深度。接连出铁不净，铁口将越来越浅，易发生渣、铁流泛滥，造成严重事故。

18.1.2.2 主铁沟

从高炉出铁口到撇渣器之间的一段铁沟称为主铁沟，其构造是在80 mm厚的铸铁槽内砌一

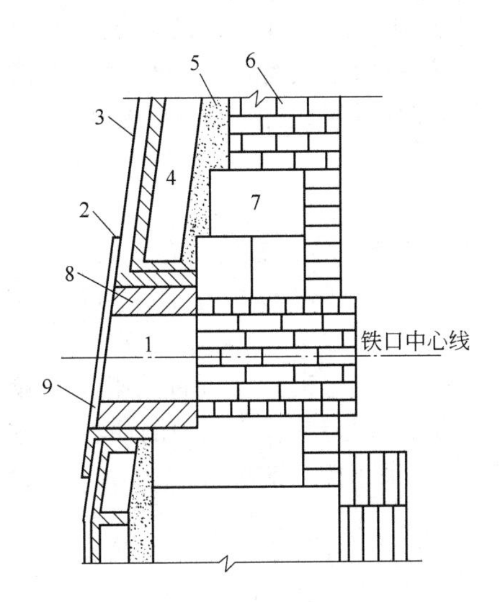

图 18-1　开炉生产前的铁口

1—铁口通道；2—铁口框架；3—炉壳；4—冷却壁；5—填料；6—炉墙砖；7—炉缸环砌炭砖；8—砖套；9—保护板

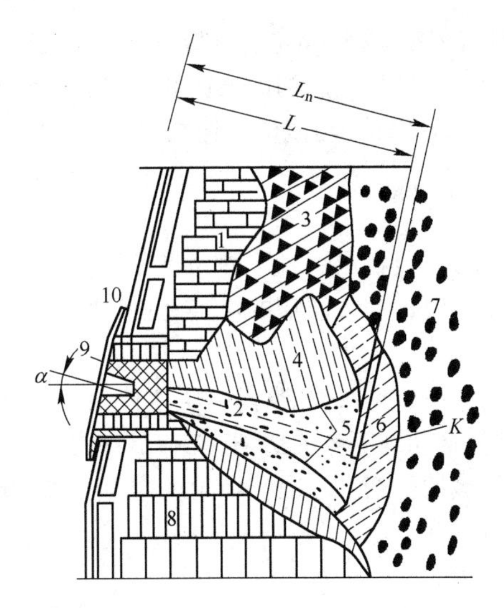

图 18-2　开炉后生产中的铁口状况

L_n—铁口的全深；L—铁臣深度；K—红点（硬壳）；α—铁口角度

1—残存的炉墙砌砖；2—铁口孔道；3—炉墙渣皮；4—旧堵泥；5—出铁时泥包被渣、铁侵蚀的变化；6—新堵泥；7—炉缸焦炭；8—残存的炉底砌砖；9—铁口泥套；10—铁口框架

层 115 mm 的黏土砖，上面捣以炭素耐火泥。容积大于 620 m^3 的高炉主铁沟长度为 10 ~ 14 m，小高炉为 8 ~ 11 m，过短会使渣铁来不及分离。主铁沟的宽度是逐渐扩张的，这样可以减小渣铁流速，有利于渣铁分离，一般铁口附近宽度为 1 m，撇渣器处宽度为 1.4 m 左右。主铁沟的坡度，一般大型高炉为 9% ~12%，小型高炉为 8% ~10%。坡度过小渣铁流速太慢，会延长出铁时间；坡度过大流速太快，会降低撇渣器的分离效果。

18.1.2.3　撇渣器

撇渣器又称渣铁分离器、砂口或小坑，见图 18-3。它是利用渣铁的密度不同，用挡渣板把下渣挡住，只让铁水从下面穿过，达到渣铁分离的目的。近年来对撇渣器进行了不断改进，如用炭捣或炭砖砌筑的撇渣器，寿命大大提高。适当增大撇渣器内贮存的铁水量，一般在 1 t 以上，上面盖以焦末保温，可以 1 周至数周放一次残铁。

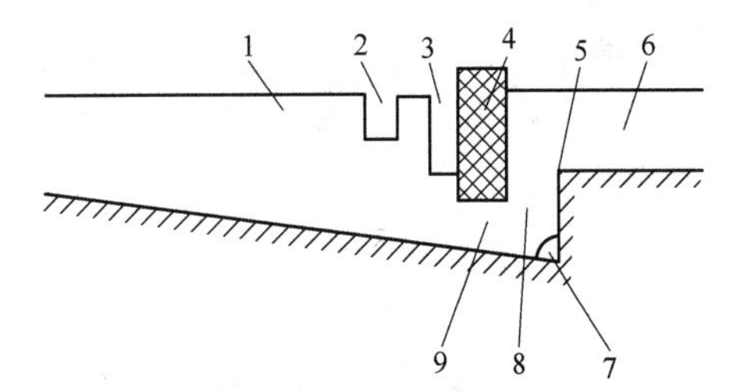

图 18-3　撇渣器示意图

1—主铁沟；2—下渣沟砂坝；3—残渣沟砂坝；4—挡渣板；5—沟头；6—支铁沟；7—残铁孔；8—小井；9—砂口眼

由于主铁沟和撇渣器的清理与修补工作是在高温下进行的，劳动条件十分恶劣，工作非常艰巨，往往由于修理时间长而影响正点出铁。因此，目前大中型高炉多做成活动主铁沟和活动撇渣器，可以在炉前平台上冷态下修好，定期更换。更换时分别将它们整体吊走，换以新做好的主铁沟和撇渣器。

18.1.2.4　支铁沟和渣沟

支铁沟的结构与主铁沟相同，坡度一般为 5% ~6%，在流嘴处可达 10%。

渣沟的结构是在 80 mm 厚的铸铁槽内捣一层垫沟料，铺上河沙即可，不必砌砖衬，这是因为渣液遇冷会自动结壳。渣沟的坡度在渣口附近较大，约为 20% ~30%，流嘴处为 10%，其他地方为 6%。下渣沟的结构与渣沟结构相同。为了控制渣、铁流入指定流嘴，有渣、铁闸门控制。

18.1.3　摆动溜嘴

摆动溜嘴安装在出铁场下面，其作用是把经铁水沟流来的铁水注入出铁场平台下的任意一个铁水罐中。设置摆动溜嘴的优点是：缩短了铁水沟长度，简化了出铁场布置；减轻了修补铁沟的作业。

摆动溜嘴由驱动装置、摆动溜嘴本体及支座组成，如图 18-4 所示。电动机通过减速机、曲柄带动连杆，使摆动溜嘴本体摆动。在支架和摇台上设有限止块，为减轻工作中出现的冲击，在连杆中部设有缓冲弹簧。一般摆动角度为 30°，摆动时间 12 s。在采用摆动溜嘴时，需要有两个铁水罐车。

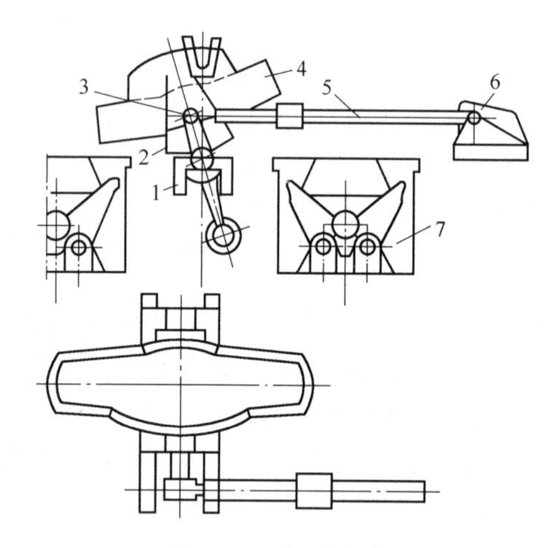

图 18-4　摆动溜嘴

1—支架；2—摇台；3—摇臂；4—摆动溜嘴；5—曲柄连杆传动装置；
6—驱动装置；7—铁水罐车

18.2　炉前主要设备

炉前设备主要有开铁口机、堵铁口泥炮、堵渣机、换风口机、炉前吊车等。

18.2.1　开铁口机

开铁口机就是高炉出铁时打开铁口的设备。开铁口机按其动作原理分为钻孔式和冲钻式两种。

18.2.1.1　钻孔式开铁口机

钻孔式开铁口机的特点是结构简单，操作容易。它是靠旋转钻孔，不能进行冲击，不能进行捅铁口操作。钻孔角度不宜固定。适用于有水炮泥开口作业。

通常用的钻孔式开铁口机，它主要由回转机构，推进机构和钻孔机构三部分组成。构造如图 18-5 所示。

（1）回转机构：钻孔式开铁口机回转机构由电动机、减速机、卷筒、牵引钢绳及横梁组成，横梁的一端用旋转轴固定在热风围管上。开铁口前以铁口为圆心旋转到铁口位置并对准铁口中心线,待钻到红点再往回旋转回到铁口的一侧。

(2) 推进机构:推进机构也称行走机构、送进机构。它由电动机、减速机、卷筒牵引钢绳及滑动小车组成。其主要作用是钻铁口时前后往复运动。

(3) 钻孔机构:钻孔机构主要是用于开铁口时使钻头旋转。它由电动机、减速机、钻头及钻杆组成。

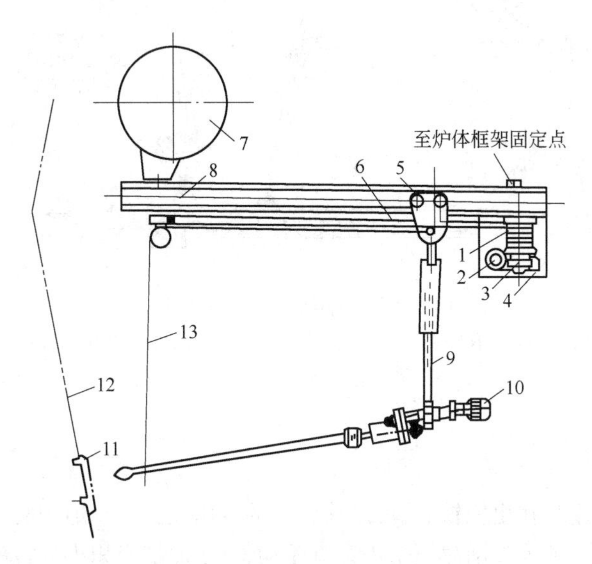

图 18-5 开口机示意图

1—钢绳卷筒;2—推进电动机;3—蜗轮减速机;4—支架;5—小车;6—钢绳;7—热风围管;8—滑轮;9—连接吊挂;10—钻孔机构;11—铁口框;12—炉壳;13—自动抬钻钢绳

钻孔式开铁口机的工作原理是:由于其钻杆和钻头是空心的,钻杆一边旋转一边吹风,这是利用压缩空气在冷却钻头的同时,把钻铁口时削下来的粉尘吹出铁口孔道外,当吹屑中开始带铁花时,说明已经钻到红点,此时应退钻再用捅铁口钢钎或圆钢棍捅开最后的铁口,以免铁水烧坏钻头。

18.2.1.2 冲钻式开铁口机

冲钻式开铁口机由起吊机构、转臂机构和开口机构组成,如图 18-6 所示。开口机构中钻头以冲击运动为主,同时通过旋转机构使钻头产生旋转运动,即钻头既可以进行冲击运动又可以进行旋转运动。

开铁口时,通过转臂机构和起吊机构,使开口机构处于工作位置,先在开口机构上安装好带钻头的钻杆。开铁口过程中,钻杆先只做旋转运动,当钻杆以旋转方式钻到一定深度时,开动正打击机,钻头旋转、正打击前进,直到钻头钻到规定深度时才退出钻杆,并利用开口机上的换钎装置卸下钻杆,再装上钎杆,将钎杆送进铁口通道内,开动打击机,进行正打击,钎杆被打入到铁口前端的堵泥中,直到钎杆的插入深度达到规定深度时停止打击,并松开钎杆连接机构,开口机便退回到原位,钎杆留在铁口内。到放铁时,开口机开到工作位置,钳住插在铁口中的钎杆,进行逆打击,将钎杆拔出,铁水便立即流出。

冲钻式开口机的特点是:钻出的铁口通道接近于直线,可减少泥炮的推泥阻力;开铁口速度快,时间短;自动化程度高,大型高炉多采用这种开铁口机。

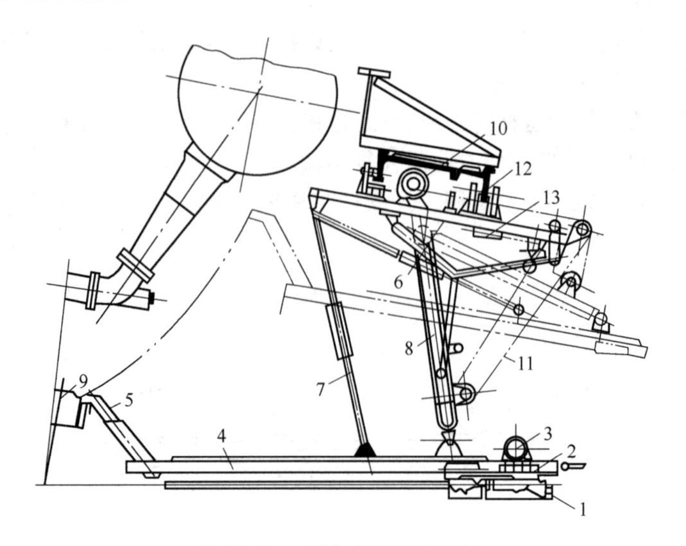

图 18-6　冲钻式双用开口机

1—钻孔机构;2—送进小车;3—风动马达;4—轨道;5—锚钩;6—压紧气缸;7—调节蜗杆;
8—吊杆;9—环套;10—升降卷扬机;11—钢绳;12—移动小车;13—安全钩气缸

18.2.2　堵铁口泥炮

堵铁口泥炮的作用是在出完铁后,用来堵铁口的专用设备。泥炮按驱动方式分为汽动泥炮、电动泥炮和液压泥炮三种。汽动泥炮采用蒸汽驱动,由于泥缸容积小,活塞推力不足,已被淘汰。随着高炉容积的大型化和无水炮泥的使用,要求泥炮的推力越来越大,电动泥炮已难以满足现代大型高炉的要求,只能用于中、小型常压高炉。现代大型高炉多采用液压矮泥炮。

18.2.2.1　电动泥炮

电动泥炮主要由打泥机构、压紧机构、锁炮机构和转炮机构组成。

电动泥炮打泥机构的主要作用是将炮筒中的炮泥按适宜的吐泥速度打入铁口,其结构见图 18-7。当电动机旋转时,通过齿轮减速器带动螺杆回转,螺杆推动螺母和固定在螺母上的活塞前进,将炮筒中的炮泥通过炮嘴打入铁口。

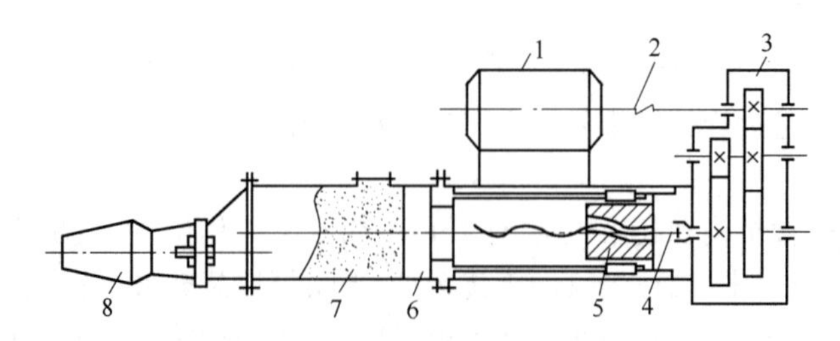

图 18-7　电动泥炮打泥机构

1—电动机;2—联轴器;3—齿轮减速器;4—螺杆;5—螺母;
6—活塞;7—炮泥;8—炮嘴

压紧机构的作用是将炮嘴按一定角度插入铁口,并在堵铁口时把泥炮压紧在工作位置上。

转炮机构要保证在堵铁口时能够回转到对准铁口的位置,并且在堵完铁口后退回原处,一般可以回转 180°。

电动泥炮虽然基本上能满足生产要求,但也存在着不少问题,主要是:活塞推力不足,受到传动机构的限制,如果再提高打泥压力,会使炮身装置过于庞大;螺杆与螺母磨损快,维修工作量大;调速不方便,容易出现炮嘴冲击铁口泥套的现象,不利于泥套的维护。液压泥炮克服了上述电动泥炮的缺点。

18.2.2.2 液压泥炮

液压泥炮由液压驱动。转炮用液压马达,压炮和打泥用液压缸。它的特点是体积小,结构紧凑,传动平稳,工作稳定,活塞推力大,能适应现代高炉高压操作的要求。但是,液压泥炮的液压元件要求精度高,必须精心操作和维护,以避免液压油泄漏。

现代大型高炉多采用液压矮泥炮。所谓矮泥炮是指泥炮在非堵铁口和堵铁口位置时,均处于风口平台以下,不影响风口平台的完整性。

宝钢1号高炉采用的是MHG60型液压矮泥炮,见图18-8。生产实践证明,这种泥炮工作可靠,故障很少,适合于大型高炉。

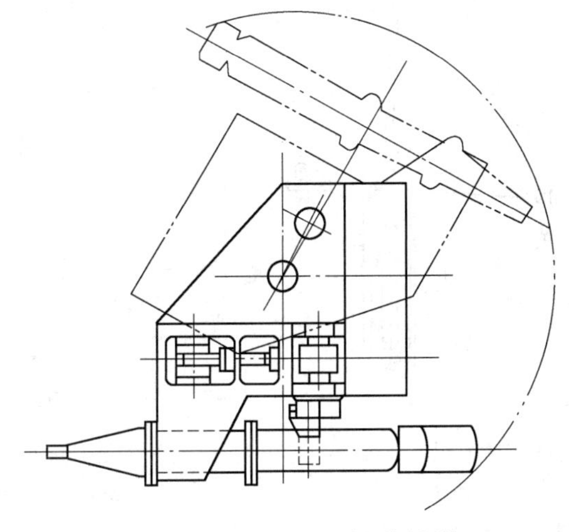

图18-8 MHG60型液压矮泥炮

18.2.3 堵渣口机

堵渣口机是用来堵塞渣口的设备。目前高炉普遍采用电动连杆式堵渣机和液压驱动的折叠式堵渣机。

18.2.3.1 连杆式堵渣机

常用的连杆式堵渣机是平行四连杆机构,如图18-9所示。堵渣机的塞杆和塞头均为空心的,其内通水冷却,塞头堵入渣口,在冷却水的作用下熔渣凝固,起封堵作用。放渣时,堵渣机塞头离开渣口后,人工用钢钎捅开渣壳,熔渣就会流出。这样操作很不方便,且不安全。因此,这种水冷式的堵渣机已逐渐淘汰,由吹风式的堵渣机所代替。

吹风式堵渣机,其构造与水冷式堵渣机相同,只是塞杆变成一个空腔的吹管,在塞头上也钻了孔,中心有一个孔道。堵渣时,高压空气通过孔道吹入高炉炉缸内,由于塞头中心孔在连续不断地吹入压缩空气,这样,渣口就不会结壳。放渣时拔出塞头,熔渣就会自动放出,无须再用人工捅穿渣口,放渣操作方便。塞头内通压缩空气不仅起冷却塞头的作用,而且压缩空气吹入炉内,还能消除渣口周围的死区,延长渣口寿命。

四连杆机构堵渣机存在的问题是，所占空间和运动轨迹大，铰接点太多，连杆太长，连杆变形后导致塞头轨迹发生变化，使塞头不能对准渣口及高温环境下零件寿命短等等。现在国内已开始逐步淘汰而用折叠式结构来代替。

18.2.3.2　液压折叠式堵渣机

液压折叠式堵渣机结构如图 18-10 所示。打开渣口时，液压缸活塞向下移动，推动刚性杆 *GFA* 绕 *F* 点转动，将堵渣杆 3 抬起。在连杆 2 未接触滚轮 5 时，连杆 4 绕铰接点 *D*（*DEH* 杆为刚性杆，此时 *D* 点受弹簧的作用不动）转动。当连杆 2 接触滚轮 5 后就带动连杆 4 和 *DEH* 杆一起绕 *E* 点转动，直到把堵渣杆抬到水平位置。*DEH* 杆转动时弹簧 6 受倒压缩。堵渣杆抬起最高位置离渣口中心线可达 2 m 以上。堵出渣口时，液压缸活塞向上移动，堵渣杆得到与上述相反的运动，迅速将渣口堵塞。

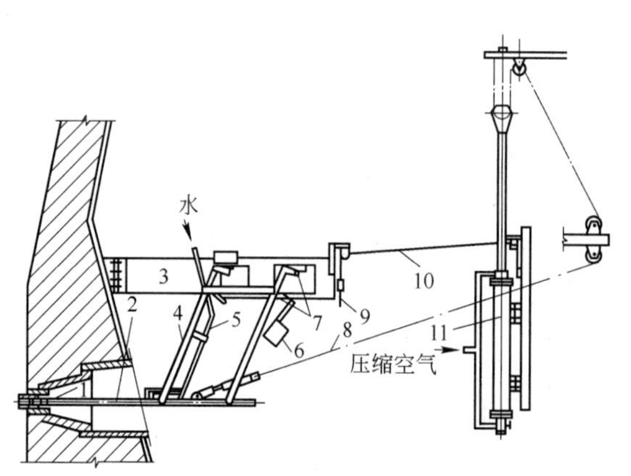

图 18-9　四连杆式堵渣机

1，5—塞头；2—塞杆；3—框架；4—平行四连杆冷却水管；6—平衡重锤；7—固定轴；8—钢绳；9—钩子；10—操纵钩子的钢绳；11—气缸

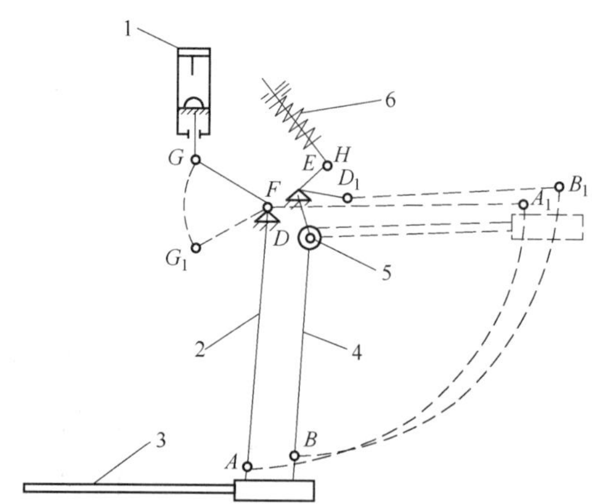

图 18-10　折叠式堵渣机

1—摆动油缸；2，4—连杆；3—堵渣杆；5—滚轮；6—弹簧

18.2.4　炉前吊车

为了减轻炉前劳动强度，均应设置炉前吊车。炉前吊车主要用于吊运炉前的各种材料，清理渣铁沟，更换主铁沟、撇渣器和检修炉前设备等。炉前吊车一般为桥式吊车，其走行轨道设置在出铁场厂房两侧支柱上。

吊车吨位取决于炉前最重设备。吊车跨距有 3 种形式：同时跨渣线与铁线；只跨其中一线；只能在出铁场内运行。一般大型高炉应该考虑跨渣线、铁线。吊车起升高度应满足最高起升能力。

18.2.5　换风口机

炉前作业中，换风口操作相当困难。由于温度高，场地窄，风口装置质量大，导致换风口既不安全又影响生产。目前，使用换风口机的高炉日渐增多，种类也多。按其结构换风口机大致可分为吊车式和地上行走式两类。

18.2.5.1 吊挂式换风口机

吊挂式换风口机由北京钢铁设计院和首钢炼铁厂共同研制。它的主要优点是机构性能良好,操作时间短。采用这种换风口机,更换一个风口大约需要 12 min 左右,操作人员少,一般情况下只需要 2 ~ 3 人就可完成操作。

风口大都与渣、铁水和炉壁粘在一起,不能用静拉的方法取出风口。一般都用冲击力使风口和炉壁冷却器的结合松动,然后再取出风口,所以应采用液压锤来冲击挑杆,使风口和炉壁冷却器的结合松动。

吊挂式换风口机主要由吊挂架、吊挂小车、主柱、伸缩臂和挑杆组成。其结构见图 18-11。吊挂梁安在高炉热风围管下,有两根扇把式环梁,扇把的把柄一段,是为换风口机离开炉旁,停在机库用的。

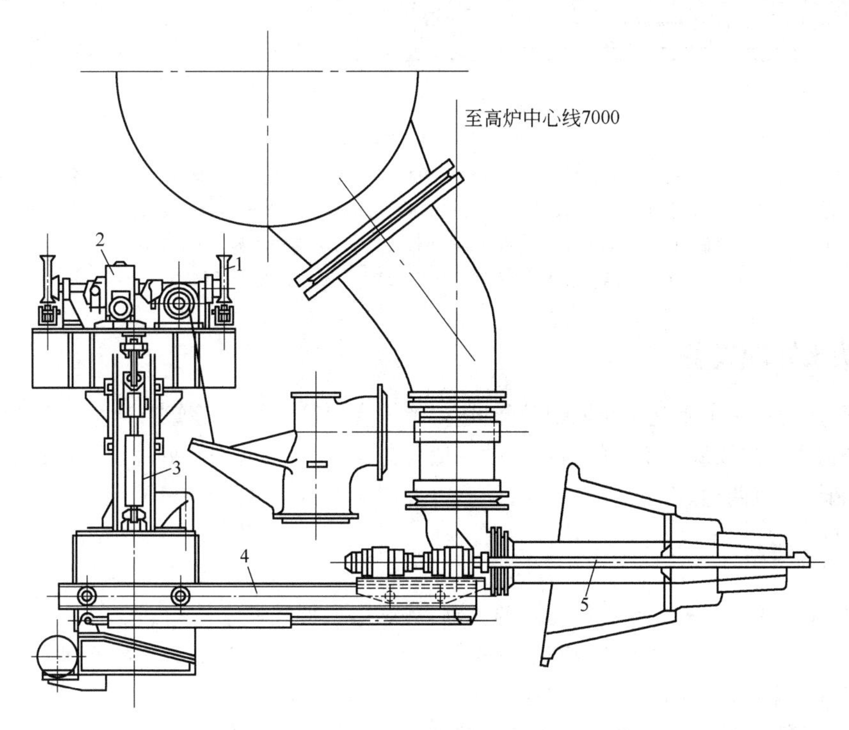

图 18-11 吊挂式换风口机

1—吊挂架;2—吊挂小车;3—主柱;4—伸缩臂;5—挑杆

吊挂小车由电动机驱动,上面装有吊起弯头用的卷扬机。主柱可以升降(靠活塞油缸)和回转。伸缩臂由行程为 1 m 的活塞油缸驱动,在伸缩臂上面有走动的液压锤和挑杆。液压锤分为装风口锤和卸风口锤两部分,两锤结构完全一样,均靠油路控制着浮动活塞左右移动,使油腔内油进出,高压氮气被压缩或迅速膨胀,推动锤头打击芯轴头部。挑杆直径为 70 mm,端头做成倒钩状,以备换风口时钩住环的风口。

18.2.5.2 炉台走行式换风口机

日本 IHI 更换风口装置属于此类。它可以更换高炉进风弯管、直吹管及风口。见图 18-12。行走车有三个轮子(一个尾轮,两个前轮),走行在风口工作平台上。操纵柄可使尾轮转动,尾轮上设有驱动机构,驱动电机为 2.2 kW,走速 10 m/min。它的作业顺序是用连杆取下弯管和直吹管,然后旋转台旋转 180°,将被换的风口用钩子钩出来,再将新风口送进原来的位置。

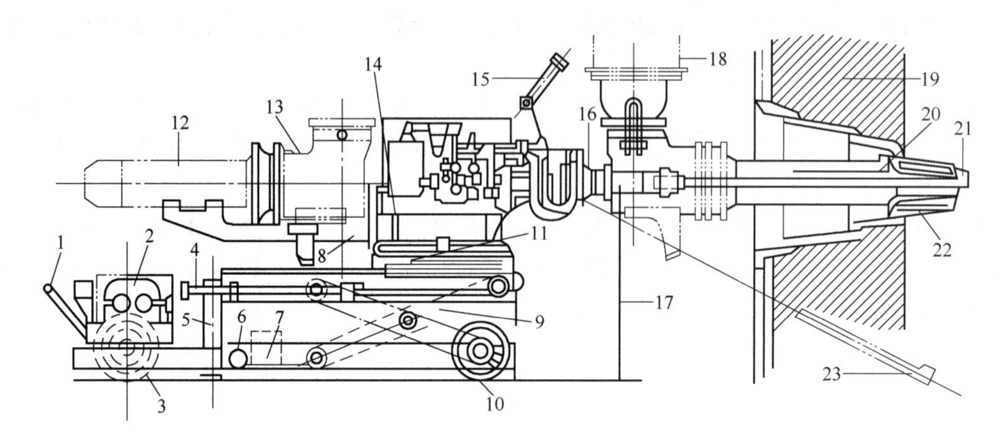

图 18-12　走行式换风口机

1—操作柄;2—驱动机构;3—驱动轮;4—前后移动油缸;5—液压千斤顶;6—液压泵;7—油箱;8—连杆;9—前后行程;10—车轮;11—左右移动油缸;12—直吹管;13—进风弯管;14—旋转台;15—倾斜油缸;16—空气锤气缸;17—旋转台提升高度;18—进风支管;19—高炉内衬;20—安装时钩子位置;21—更换时钩子位置;22—风口;23—取新风口时钩子位置

18.3　铁水处理设备

高炉生产的铁水主要是供给炼钢,同时还要考虑炼钢设备检修等暂时性生产能力配合不上时,将部分铁水铸成铁块。生产的铸造生铁一般要铸成铁块,因此铁水处理设备包括运送铁水的铁水罐车和铸铁机两种。

18.3.1　铁水罐车

铁水罐车是用普通机车牵引的特殊的铁路车辆,由车架和铁水罐组成。铁水罐通过本身的两对枢轴支撑在车架上。另外还设有被吊车吊起的枢轴,供铸铁时翻罐用的双耳和小轴。铁水罐由钢板焊成,罐内砌有耐火砖衬,并在砖衬与罐壳之间填以石棉绝热板。

铁水罐车有两种类型,上部敞开式和混铁炉式,如图 18-13 所示。图 18-13(a)为上部敞开式铁水罐车,这种铁水罐散热量大,但修理铁水罐比较容易。图 18-13(b)为混铁炉式铁水罐车,又称鱼雷罐车,它的上部开口小散热量也小,有的上部可以加盖,但修理罐较困难。

由于混铁炉式铁水罐车容量较大,可达到 200 ~ 600 t,大型高炉上多使用混铁炉式铁水罐车。炉容不同,所用铁水罐车也不同。我国常用的几种铁水罐车性能参数见表 18-1。

表 18-1　常用铁水罐车性能参数

型　号	容量/t	满载时总重/t	吊耳中心距/mm	车钩舌内侧距/mm	通过轨道最小曲率半径/mm	自重/t	外形尺寸(长×宽×高)/mm
ZT-35-1	35	46.4	3050	6580	25	24.0	6730×3250×2700
ZT-65-1	65	85.9	3620	8200	40	39.3	8350×3580×3664
ZT-100-1	100	127.5	3620	8200	40	49.2	8350×3600×4210
ZT-140-1	140	170.8	4250	9550	80	59.3	9700×3700×4500

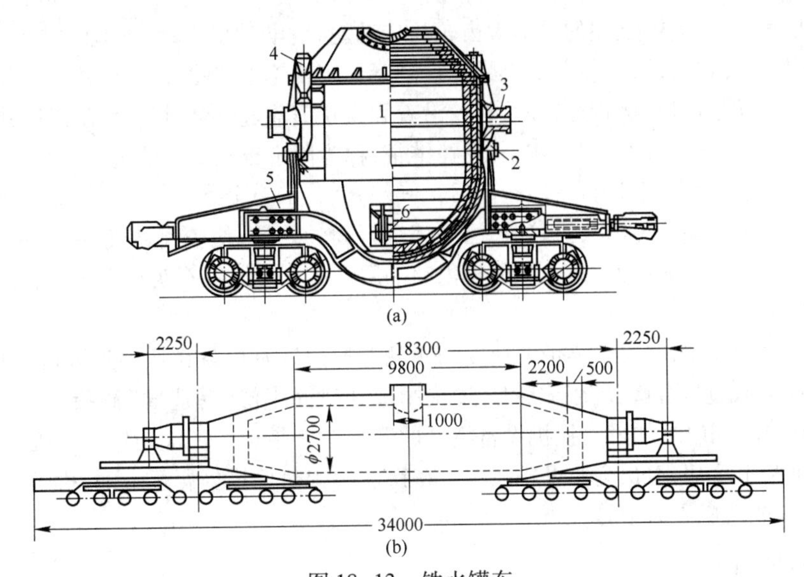

图 18-13　铁水罐车

（a）上部敞开式铁水罐车；（b）420 t 混铁炉式铁水罐车

1—锥形铁水罐；2—枢轴；3—耳轴；4—支承凸爪；5—底盘；6—小轴

18.3.2　铸铁机

铸铁机是把铁水连续铸成铁块的机械化设备。

铸铁机是一台倾斜向上的装有许多铁模和链板的循环链带，如图 18-14 所示。它环绕着上

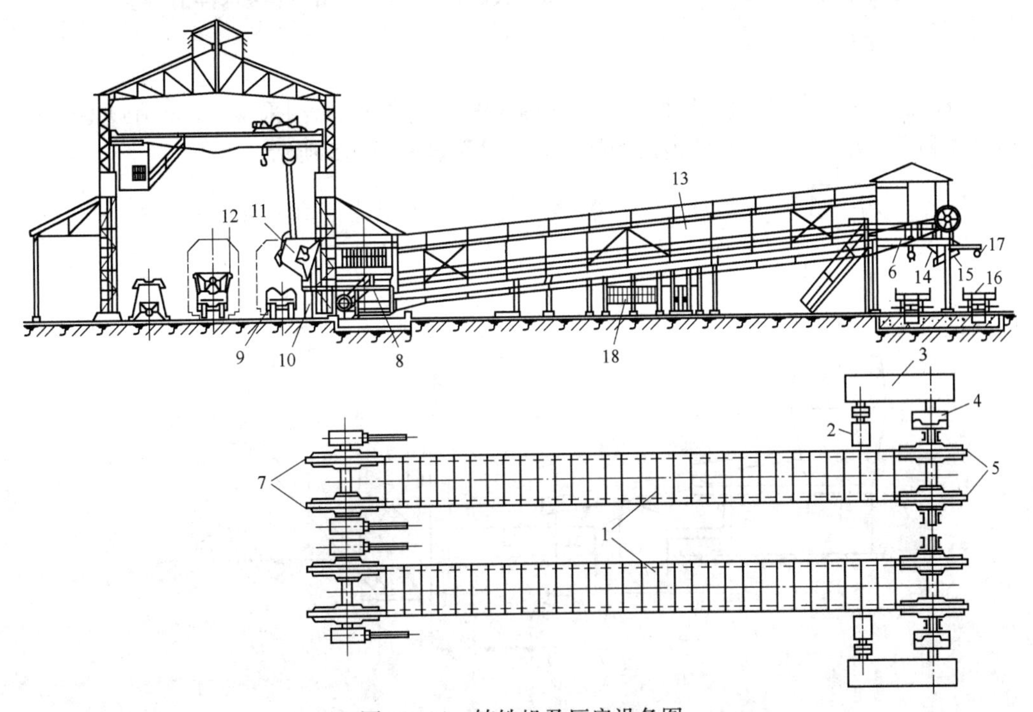

图 18-14　铸铁机及厂房设备图

1—链带；2—电动机；3—减速器；4—联轴器；5—传动轮；6—机架；7—导向轮；8—铸台；9—铁水罐车；10—倾倒铁水罐用的支架；11—铁水罐；12—倾倒耳；13—长廊；14—铸铁槽；15—将铸铁块装入车皮用的槽；16—车皮；17—喷水用的喷嘴；18—喷石灰浆的小室

下两端的星形大齿轮运转，上端的星形大齿轮为传动轮，由电动机带动，下端的星形大齿轮为导向轮，其轴承位置可以移动，以便调节链带的松紧度。按辊轮固定的形式，铸铁机可分为两类：一类是辊轮安装在链带两侧，链带运行时，辊轮沿着固定轨道前进，称为辊轮移动式铸铁机；另一类是把辊轮安装在链带下面的固定支座上，支撑链带，称为固定辊轮式铸铁机。

装满铁水的铁模在向上运行一段距离后，一般为全长的三分之一，铁水表面冷凝，开始喷水冷却。当链带绕过上端的星形大齿轮时，已经完全凝固的铁块，便脱离铁模，沿着铁槽落到车皮上。空链带从铸铁机下面返回，途中向铁模内喷一层 1 ~ 2 mm 厚的石灰与煤泥的混合泥浆，以防止铁块与铁模黏结。

铸铁机的生产能力，取决于链带的速度和倾翻卷扬速度及设备作业率等因素。链带速度一般为 5 ~ 15 m/min，过慢会降低生产能力，过快则冷却时间不够，易造成“淌稀”现象，使铁损增加，铁块质量变差，同时也加速铸铁机设备零件的磨损。链带速度还应与链带长度配合考虑，链带长度短时不利于冷却，太长会使设备庞大。在铁模的预热等措施跟不上时，模子温度不够，喷浆效果就差，可能造成黏模子等。

18.4　炉渣处理设备

高炉炉渣可以作为水泥原料、隔热材料以及其他建筑材料等。高炉炉渣处理方法有炉渣水淬、放干渣及冲渣棉。目前，国内高炉普遍采用水冲渣处理方法，特殊情况时采用干渣生产，在炉前直接进行冲渣棉的高炉很少。

18.4.1　水淬渣生产

水淬渣按过滤方式的不同可分为沉渣池法、底滤法、拉萨法和图拉法水淬渣等。

18.4.1.1　沉渣池法

沉渣池法是一种传统的渣处理工艺，在我国大中型高炉上已普遍采用。它具有设备简单、生产能力高和质量好等特点。沉渣池法的处理工艺流程如图 18-15 所示。

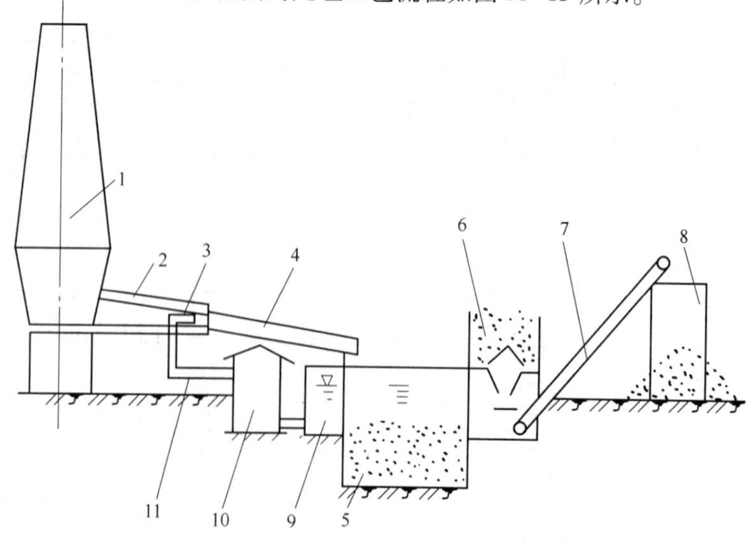

图 18-15　高炉炉渣沉渣池法的处理工艺流程

1—高炉；2—熔渣沟；3—水冲渣喷嘴；4—水冲渣沟；5—沉淀池；6—贮渣槽；7—运输皮带；8—贮渣场；9—吸水井；10—水冲渣泵房；11—高压水管

高炉熔渣流进熔渣沟后，经冲渣喷嘴的高压水水淬成水渣，经过水渣沟流进沉渣池内进行沉淀，水渣沉淀后将水放掉，然后用抓斗起重机将沉渣送到贮渣场或火车内送走。

18.4.1.2　底滤法（OCP）

底滤法（OCP）的工艺和沉渣池法的工艺相似。其工艺流程如图18-16所示。高炉熔渣经熔渣沟进入冲渣喷嘴，由高压水喷射制成水渣，渣水混合物经水渣沟流入底滤式过滤池，过滤池底部铺有滤石，水经滤石池排出，达到渣水分离的目的。水渣用抓斗起重机装入贮渣仓或火车内运走，过滤出来的水通过设在滤床底部的排水管排到贮水池内作为循环水使用。滤石要定期清洗。

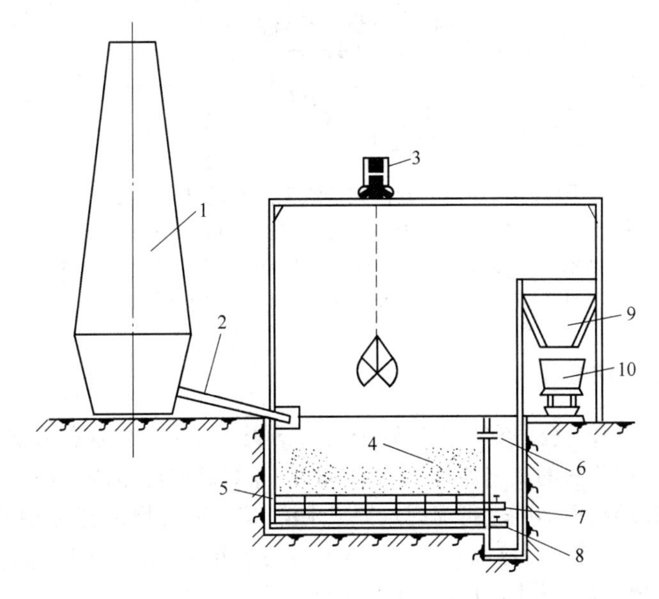

图18-16　底滤法处理高炉熔渣的工艺流程

1—高炉；2—熔渣沟和水冲渣槽；3—抓斗起重机；4—水渣堆；5—保护钢轨；6—溢流水口；7—冲洗空气进口；8—排出水口；9—贮渣仓；10—运渣车

18.4.1.3　沉渣池－过滤池法

这种工艺是将沉渣池法和底滤法组合在一起的工艺。高炉熔渣经熔渣沟流入冲渣喷嘴，被高压水射流水淬成水渣，渣水混合物经水渣沟流入沉渣池，水渣沉淀，水经过溢流流到配水渠中，而分配到过滤池内。过滤池结构和底滤法完全相同，水经过滤床排出，循环使用。此种工艺具有沉渣池法和底滤法的优点。

18.4.1.4　INBA法

INBA法是由卢森堡PW公司开发的一种炉渣处理工艺。水淬后的渣水混合物经水渣槽流入分配器，经缓冲槽落入脱水转鼓中，脱水后的水渣经过转鼓内的胶带机和转鼓外的胶带机运至成品水渣仓内，进一步脱水。滤出的水，经集水斗、热水池、热水泵站送至冷却塔冷却后进入冷却水池，冷却后的冲渣水经粒化泵站送往水渣冲制箱循环使用。其优点是可以连续滤水，环境好，占地少，工艺布置灵活，吨渣电耗低，循环水中悬浮物含量少，泵、阀门和管道的寿命长。该方法在我国宝钢2号、3号高炉，武钢5号高炉，鞍钢10号高炉等已得到应用。INBA法的工艺流程见图18-17。

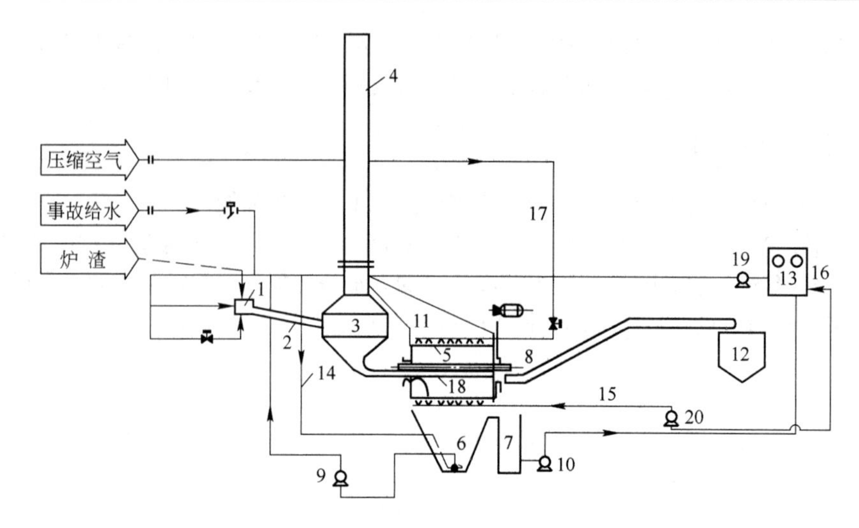

图 18-17　回转圆筒式冲渣工艺流程(INBA 法)

1—冲渣箱;2—水渣沟;3—水渣槽;4—烟囱;5—滚筒过滤;6—温水槽;7—中继槽;8—排料胶带机;9—底流泵;10—温水泵;11—盖;12—成品槽;13—冷却塔;14—搅拌水;15—洗净水;16—补给水;17—洗净空气;18—分配器;19—冲渣泵;20—清洗泵

18.4.1.5　拉萨法(RASA)

拉萨法是由英国 RASA 公司和日本钢管公司共同研究开发的。这种方法于 1967 年开始在日本的高炉上采用。拉萨法的工艺流程见图 18-18。高炉熔渣经熔渣沟进入水冲渣槽,在水冲渣槽中用水渣冲制箱的高压喷嘴进行喷射水淬成水渣,渣水混合物一起流入搅拌槽,水渣在搅拌槽内搅拌,使水渣破碎成细小颗粒(粒度为 1 ~ 3 mm)与水混合成渣浆再用输渣泵送入分配槽中,分配槽将渣浆分配到各脱水槽中,分离出来的水经过脱水槽的金属网汇集到集水管流入沉降槽。在沉降槽里排除混入水中的细粒渣后,水流入循环水槽。其中一部分水用冷却泵打入冷却塔,冷却后再返回循环水槽,用循环水槽的搅拌泵将水温搅拌均匀,然后一部分水作为给水直接送给水

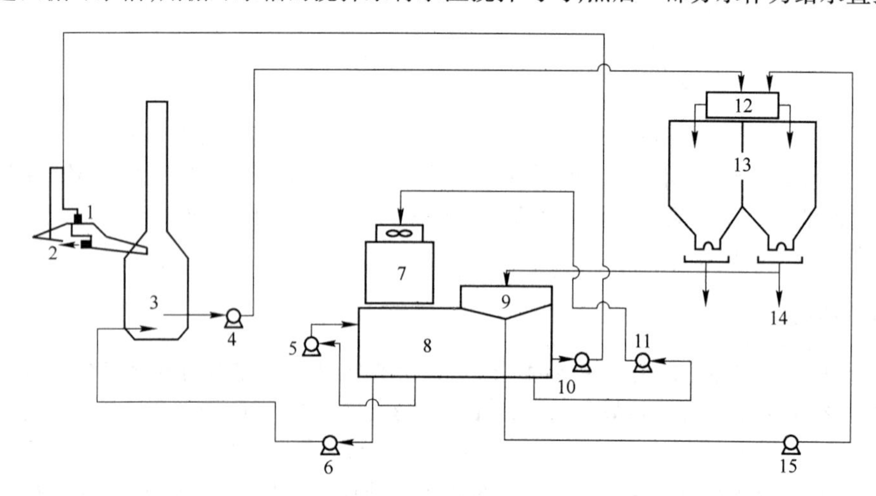

图 18-18　拉萨法处理高炉熔渣工艺流程

1—水渣槽;2—喷水口;3—搅拌槽;4—输渣泵;5—循环槽搅拌泵;6—搅拌槽搅拌泵;7—冷却塔;8—循环水槽;9—沉降槽;10—冲渣给水泵;11—冷却泵;12—分配器;13—脱水槽;14—汽车;15—排泥泵

渣冲制箱，另一部分水用搅拌槽的搅拌泵打入搅拌槽进行搅拌，以防止水渣沉降。在沉降槽里沉淀的细粒水渣用排污泵送给脱水槽，进入再脱水处理。拉萨法在我国宝钢1号高炉得到应用。

18.4.1.6　图拉法（转轮法）

图拉法是由俄罗斯图拉公司开发的，其工艺流程见图18-19。炉渣从熔渣沟流落到转轮粒化器上，粒化器由电机带动旋转，落到粒化器上的液态炉渣被快速旋转的粒化轮上的叶片击碎，并沿切线方向抛射出去，同时，受从粒化器上部喷头喷出的高压水射流冷却与水淬作用而形成水渣。渣水混合物进入到脱水转鼓中，由于喷水只对液态熔渣起到水淬作用和对转轮粒化器的冷却作用，没有输送作用，因此，水量消耗少。转鼓上的筛网将渣水分离，滤走后的水渣落入到受料斗中，再经胶带机输送到堆渣场或渣仓中。经过脱水转鼓过滤的水，经溢流口和回水管进入集水池或集水罐，经循环泵加压后，再打到转轮粒化器喷头上。循环水中仍含有一部分粒径小于0.5 mm的固体颗粒，沉淀在集水池下部。这部分固体沉淀物，用气力提升泵提升到高于脱水器筛斗上部，使其回流进行二次过滤，进一步净化循环水。图拉法在唐钢2560 m^3 高炉上得到应用。

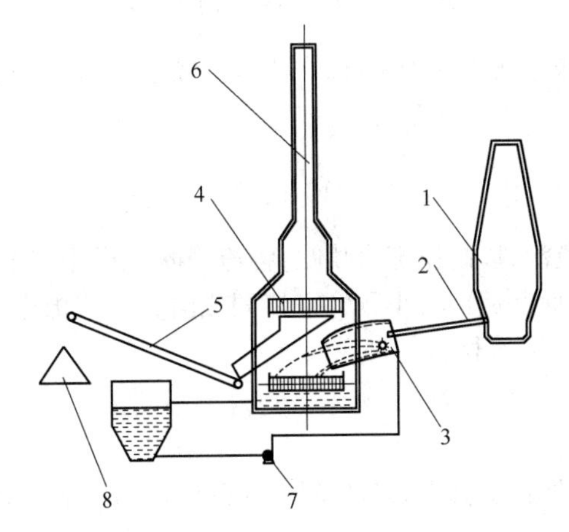

图18-19　图拉法高炉炉渣粒化工艺流程图

1—高炉；2—熔渣沟；3—粒化器；4—脱水器；5—皮带机；6—烟囱；7—循环水泵；8—堆渣场

18.4.1.7　螺旋法

螺旋法水渣工艺为机械脱水工艺的一种方法（其工艺流程参见图18-20）。它是通过螺旋机将渣、水进行分离，螺旋机呈10°～20°倾斜角安装在水渣槽内。螺旋机随着传动机构进行旋转，水渣则通过其螺旋叶片将其从槽底部捞起并输送到水渣运输皮带机上，水则靠重力向下回流到水渣槽内，从而达到渣水分离的目的。浮渣则采用滚筒分离器进行分离，并将其输送到水渣运输皮带机上。水经过水渣槽上部溢流口溢流后，经沉淀、冷却、补充新水等处理后循环使用。该法已在日本部分钢铁厂的大中型高炉上使用。

18.4.2　干渣生产

干渣坑作为炉渣处理的备用手段，用于处理开炉初期炉渣、炉况失常时渣中带铁的炉渣以及在水冲渣系统事故检修时的炉渣。

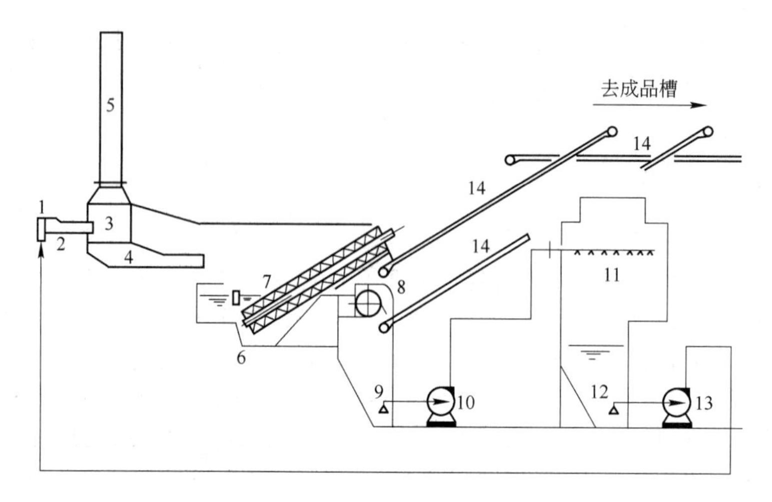

图 18-20　螺旋法工艺流程图

1—冲制箱;2—水渣沟;3—缓冲槽;4—中继槽;5—烟囱;6—水渣槽;
7—螺旋输送分离机;8—滚筒分离器;9—温水槽;10—冷却泵;
11—冷却塔;12—冷水槽;13—给水泵;14—皮带机

干渣生产时将高炉熔渣直接排入干渣坑,在渣面上喷水,使炉渣充分粒化,然后用挖掘机将干渣挖掘运走。

18.4.3　渣棉生产

在渣流嘴处引出一股渣液,以高压蒸汽喷吹,将渣液吹成微小飞散的颗粒,每一个小颗粒都牵有一条渣丝,用网笼将其捕获后再将小颗粒筛掉即成渣棉。渣棉容重小,热导率低,耐火度较高,约 800℃左右,可做隔热、隔音材料。

18.4.4　膨渣生产

膨胀的高炉渣渣珠,简称膨渣。它具有质轻、强度高、保温性能良好的特点,是理想的建筑材料,目前已用于高层建筑。

膨渣生产工艺见图 18-21。高炉炉渣由渣罐倒入或直接流入接渣槽,由接渣槽流入膨胀槽,在接渣槽和膨胀槽之间设有高压水喷嘴,熔渣被高压水喷射、混合后立即膨胀, 沿膨胀槽向下流到

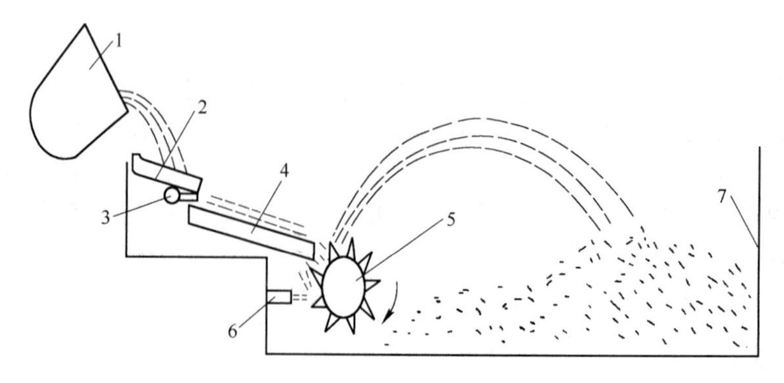

图 18-21　膨渣生产工艺示意图

1—渣罐;2—接渣槽;3—高压喷水管;4—膨胀槽;5—滚筒;6—冷却水管;7—集渣坑

滚筒上，滚筒以一定速度旋转，使膨胀渣破碎并以一定角度抛出，在空中快速冷却然后落入集渣坑中，再用抓斗抓至堆料场堆放或装车运走。

18.4.5　冲渣注意事项

为确保设备和人身安全，保证高炉稳定均衡生产，生产出优质的高炉水渣，高炉放渣工人在冲渣操作时应注意以下几点：

（1）放渣前必须事先检查冲渣沟是否干净，高压水泵是否启动了，水压和水量是否正常，确认正常后方可打开渣口进行冲渣。

（2）冲渣时，放渣工必须控制渣流，不可跑大流，影响水渣质量。

（3）水力冲渣切忌渣中带铁，铁流入水容易发生爆炸，造成设备和人身事故，影响正常生产。

（4）放渣工不可将挂沟的大块炉渣推向渣流带入渣池。大块渣容易造成渣流堵塞，影响冲渣的正常进行，也影响水渣质量。

（5）冲渣工在进行水力冲渣时，要严密监视渣流，渣沟中有局部堵塞时，应随时处理，防止发生跑渣事故。

复习思考题

18-1　试说明开铁口机的作用，按构造不同开铁口机分哪几种？

18-2　分别叙述开铁口机的工作原理、特点及维护方法。

18-3　电动泥炮构造是怎样的，怎样维护？

18-4　液压泥炮与电动泥炮相比具有哪些特点？

18-5　试述连杆式通风堵渣机结构形式、工作原理及存在的问题。

18-6　说明液压折叠式堵渣机结构、特点。

18-7　试述炉前吊车作用？

18-8　炉前常用工具有哪些？

18-9　写出不同铁水罐车种类及它们的特点。

18-10　为什么高炉炉渣通常都是制成水渣，制水渣方法有哪些，冲制水渣时应注意哪些事项？

参考文献

[1] 由文泉. 实用高炉炼铁技术[M]. 北京:冶金工业出版社,2002.
[2] 罗吉敖. 炼铁学[M]. 北京:冶金工业出版社,1996.
[3] 任贵义. 炼铁学[M]. 北京:冶金工业出版社,1996.
[4] 张瑞菡等. 中小高炉炼铁生产及管理[M]. 北京:冶金工业出版社,1995.
[5] 周传典. 高炉炼铁生产技术手册[M]. 北京:冶金工业出版社,2002.
[6] 夏中庆. 高炉操作与实践[M]. 沈阳:辽宁人民出版社,1988.
[7] 丁泽洲. 钢铁厂总平面设计[M]. 北京:冶金工业出版社,1998.
[8] 张树勋. 钢铁厂设计原理(上册)[M]. 北京:冶金工业出版社,1994.
[9] 成兰伯. 高炉炼铁工艺及计算[M]. 北京:冶金工业出版社,1991.
[10] 王筱留. 钢铁冶金学(炼铁部分). 第2版[M]. 北京:冶金工业出版社,2000.
[11] 薛立基,万真雅. 钢铁冶金设计原理(上册)[M]. 重庆:重庆大学出版社,1992.
[12] 杨天钧,苍大强,丁玉龙. 高炉富氧煤粉喷吹[M]. 北京:冶金工业出版社,1996.
[13] 杨天钧,刘应书,杨珉. 高炉富氧喷煤——氧煤混合与燃烧[M]. 北京:科学出版社,1998.
[14] 郝素菊等. 高炉炼铁设计原理[M]. 北京:冶金工业出版社,2003.

冶金工业出版社部分图书推荐